최상위 수학

중 2/1

Structure

상위권을 위한 심화 학습 교재,
최상위 수학

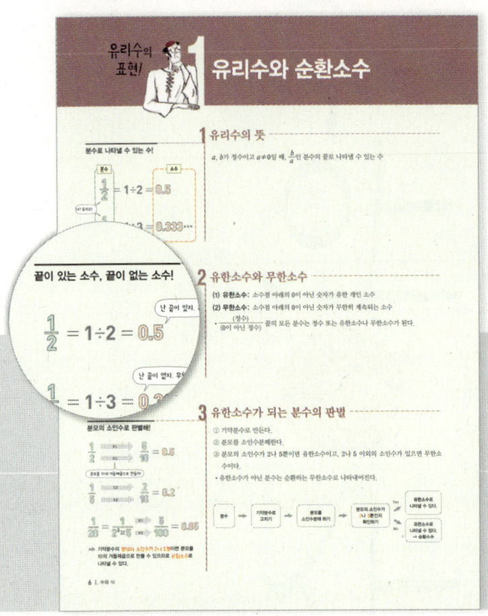

중단원 개념 정리

학습할 내용을 한눈에 파악할 수 있도록 핵심
내용만을 **이미지화**하여 정리했습니다.

1STEP ▶ 주제별 실력 다지기

고난도 문제 유형들을 주제별로 정리하여 차근
차근 실력을 쌓을 수 있도록 하였습니다.

❶ **고등까지 연결되는 중등개념**을 통해 학년별
내용을 연계하여 파악하고 연계된 내용 안에서
의 핵심을 볼 수 있도록 하였습니다

최상위수학 ————————————————————

이 책을 만드신 선생님

최문섭 최희영 한송이 송낙천 김종군 민승기 남덕우 김의진

이 책을 검토하신 선생님

최상위에듀 집필연구소

최상위수학 중 2-1

펴낸날 [초판 1쇄] 2024년 11월 1일 [초판 2쇄] 2025년 3월 15일
펴낸이 이기열
펴낸곳 (주)디딤돌 교육
주소 (03972) 서울특별시 마포구 월드컵북로 122 청원선와이즈타워
대표전화 02-3142-9000
구입문의 02-322-8451
내용문의 02-336-7918
팩시밀리 02-335-6038
홈페이지 www.didimdol.co.kr
등록번호 제10-718호

단원에서 학습한 내용을 토대로 종합적인 형태의
문제 해결 능력을 키우는 문제들로 구성하였습니다.

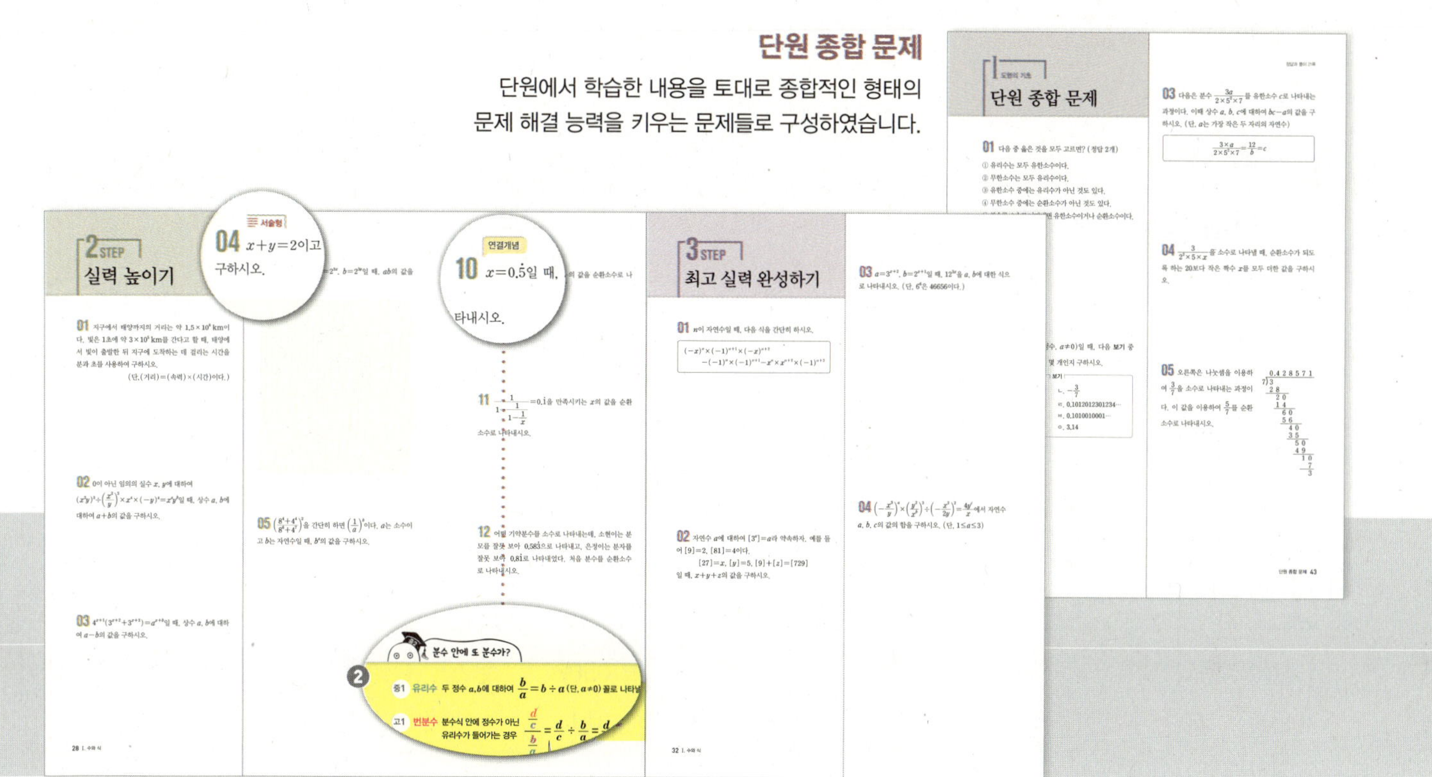

2 STEP 실력 높이기

보다 심도깊게 설계된 문제들을 통해 실전
감각을 익히고, **서술형 문항**을 통해 논리적인
사고를 키울 수 있도록 하였습니다.

❷ 다른 단원이나 고학년, 고등까지 연계되는
연결 개념들을 소개하여 보다 깊이있는 개념
학습을 할 수 있도록 하였습니다.

3 STEP 최고 실력 완성하기

문제해결력을 요구하는 심화문제들을 통해서
최고의 실력을 완성할 수 있도록 하였습니다.

미리보는 고등수학

중단원 내용과 연계되는 고등 개념을 소개하고,
확장된 개념과 배경지식을 보여주어 이후의
학습에 대한 방향성을 제시하였습니다.

Contents

I

수와 식

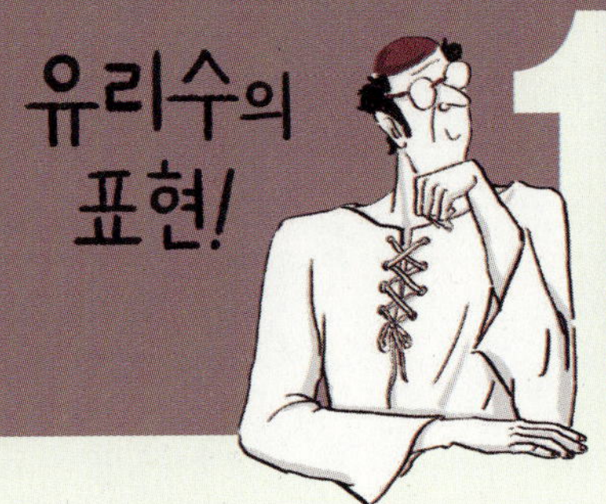

1 유리수와 순환소수

1 유리수의 뜻

a, b가 정수이고 $a \neq 0$일 때, $\dfrac{b}{a}$인 분수의 꼴로 나타낼 수 있는 수

분수로 나타낼 수 있는 수!

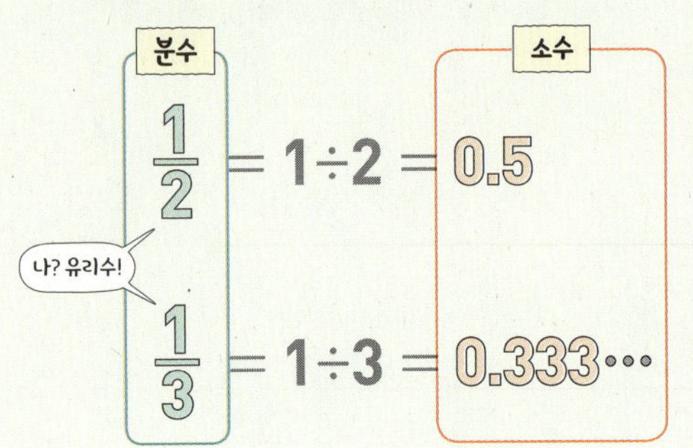

2 유한소수와 무한소수

(1) 유한소수: 소수점 아래의 0이 아닌 숫자가 유한 개인 소수

(2) 무한소수: 소수점 아래의 0이 아닌 숫자가 무한히 계속되는 소수

- $\dfrac{(정수)}{(0이\ 아닌\ 정수)}$ 꼴의 모든 분수는 정수 또는 유한소수나 무한소수가 된다.

끝이 있는 소수, 끝이 없는 소수!

$$\dfrac{1}{2} = 1 \div 2 = 0.5$$

$$\dfrac{1}{3} = 1 \div 3 = 0.333\cdots$$

3 유한소수가 되는 분수의 판별

① 기약분수로 만든다.

② 분모를 소인수분해한다.

③ 분모의 소인수가 2나 5뿐이면 유한소수이고, 2나 5 이외의 소인수가 있으면 무한소
   수이다.

- 유한소수가 아닌 분수는 순환하는 무한소수로 나타내어진다.

분모의 소인수로 판별해!

$$\dfrac{1}{2} \xrightarrow[\times 5]{\times 5} \dfrac{5}{10} = 0.5$$

분모를 10의 거듭제곱으로 만들기!

$$\dfrac{1}{5} \xrightarrow[\times 2]{\times 2} \dfrac{2}{10} = 0.2$$

$$\dfrac{1}{20} = \dfrac{1}{2^2 \times 5} \xrightarrow[\times 5]{\times 5} \dfrac{5}{100} = 0.05$$

➡ 기약분수의 **분모의 소인수가 2나 5뿐**이면 분모를
   10의 거듭제곱으로 만들 수 있으므로 **유한소수로**
   나타낼 수 있다.

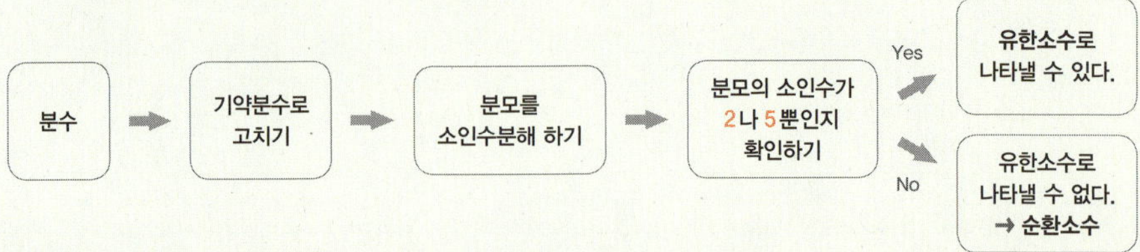

4 순환소수

(1) **순환소수**: 소수점 아래의 어떤 자리에서부터 일정한 숫자의 배열이 한없이 되풀이되는 소수

(2) **순환마디**: 순환소수에서 일정하게 되풀이되는 소수점 아래의 한 부분

(3) **순환소수의 표현**: 순환마디의 숫자가 한 개이면 그 수 위에 점을 찍어 나타내고, 순환마디의 숫자가 여러 개이면 순환마디의 양 끝의 숫자 위에 점을 찍어 나타낸다.

5 순환소수의 분수 표현

(1) **순환소수를 분수로 나타내는 방법**

① 주어진 순환소수를 x로 놓는다.

② 양변에 10, 100, 1000, ⋯의 적당한 수를 곱하여 소수 첫째 자리부터 순환마디가 시작되도록 두 식을 만든다.

③ 두 식을 변끼리 빼서 순환하는 부분을 없앤 후 x의 값을 구한다.

(2) 순환소수는 다음과 같이 간단히 분수로 나타낼 수 있다.

① 소수점 아래 바로 순환마디가 오는 순환소수

$$0.\dot{a}\dot{b} = \frac{ab}{99}$$
→ 분자: 순환마디의 숫자를 그대로 쓴다.
→ 분모: 순환마디의 숫자 개수만큼 9를 쓴다.

② 소수점 아래 바로 순환마디가 오지 않는 순환소수

$$0.a\dot{b}\dot{c} = \frac{abc-a}{990}$$
→ 분자: (전체의 수) − (순환하지 않는 수)
→ 분모: 순환마디의 숫자 개수만큼 9를 쓰고, 그 뒤에 소수점 아래의 순환하지 않는 숫자 개수만큼 0을 연이어 쓴다.

$$x = 1.234444\cdots$$
$$1000x = 1234.4444\cdots$$
$$-)\ \ 100x = \ \ 123.4444\cdots$$
$$900x = 1111$$

$$\therefore x = \frac{1111}{900}$$

6 수의 체계

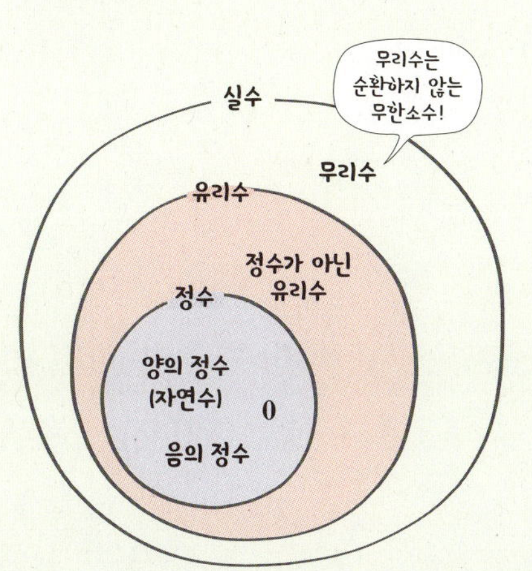

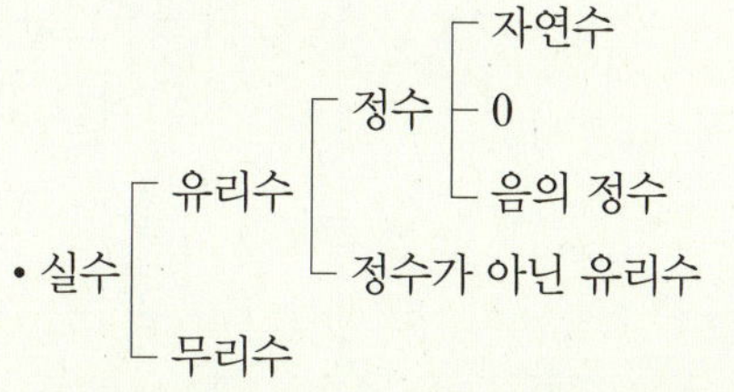

- 실수
  - 유리수
    - 정수
      - 자연수
      - 0
      - 음의 정수
    - 정수가 아닌 유리수
  - 무리수

- 실수 : real number
- 유리수 : rational number
- 무리수 : irrational number
- 정수 : integer
- 자연수 : natural number

- 무리수는 중학교 3학년 과정에서 배우는 수이고, 유리수와 무리수를 합하여 실수라 한다.

- 원주율 π는 3.1415926535⋯로 소수점 아래에서 숫자의 배열이 일정하게 순환하는 것이 아니므로 순환소수가 아니다. 이런 수를 무리수라 한다.

주제별 실력다지기

유리수 찾기

유리수

a, b가 정수이고 $a \neq 0$일 때, $\dfrac{b}{a}$인 분수의 꼴로 나타낼 수 있는 수

01 m, n은 정수, $m \neq 0$일 때, 다음 중 $\dfrac{n}{m}$의 꼴로 나타낼 수 <u>없는</u> 수를 모두 고르면? (정답 2개)

① 3.14 ② $0.12753102\cdots$ ③ $-1.\dot{2}$

④ 원주율 π ⑤ 0

02 $x = \dfrac{b}{a}$ $\left(\text{단, } a, b\text{는 정수, } a \neq 0\right)$일 때, 다음 중 x에 해당하는 수를 모아놓은 것을 모두 고르면? (정답 2개)

① 무한소수 ② $1.\dot{4}$, $-\dfrac{1}{3}$

③ 3.14, $\dfrac{1}{2}$, $0.\dot{2}$ ④ $0.\dot{6}$, 원주율 π, 0

⑤ 순환하지 않는 무한소수

분수를 유한소수로 나타내기

분모를 10의 거듭제곱 꼴로 만들 수 있는 분수는 유한소수로 나타낼 수 있다.

03 다음 중 유한소수로 나타낼 수 있는 분수의 개수를 구하시오.

$$\dfrac{5}{8} \quad \dfrac{1}{6} \quad \dfrac{7}{9} \quad \dfrac{63}{2^2 \times 3^2} \quad \dfrac{68}{3 \times 5^2 \times 17}$$

04 분수 $\dfrac{3}{20}$은 $\dfrac{a}{10^n}$의 꼴로 고쳐서 유한소수로 나타낼 수 있다. 이때 자연수 a, n에 대하여 $a+n$의 값 중 가장 작은 값을 구하시오.

05 분수 $\dfrac{11}{250}$은 $\dfrac{y}{10^x}$의 꼴로 고쳐서 유한소수로 나타낼 수 있다. 이때 자연수 x, y에 대하여 $x+y$의 값 중 가장 작은 값을 구하시오.

06 다음은 $\dfrac{3}{40}$ 을 유한소수로 나타내는 과정이다. 이때 $\dfrac{4ac}{b}$ 의 값을 소수로 나타내시오.

$$\frac{3}{40}=\frac{3}{2^3\times 5}\times\frac{a}{a}=\frac{b}{10^3}=c$$

유한소수·순환소수가 되는 분수 만들기

(1) 유한소수가 되는 분수 만들기: 분모에 2나 5 이외의 소인수가 있으면 적당한 수를 곱하여 없앤다.
(2) 순환소수가 되는 분수 만들기: 분모에 적당한 수를 곱하여 2나 5 이외의 소인수가 생기도록 한다.

07 분수 $\dfrac{26}{2^3\times 5^2\times x}$ 을 소수로 나타내면 순환소수가 된다고 할 때, 가장 작은 두 자리의 자연수 x를 구하시오.

08 분수 $\dfrac{3\times a}{84}$ 를 소수로 나타내면 유한소수가 될 때, a의 값이 될 수 있는 수 중에서 가장 큰 두 자리의 자연수를 구하시오.

09 분수 $\dfrac{7}{2^3\times a}$ 을 소수로 나타내면 무한소수가 된다. a가 $1\le a\le 10$인 자연수일 때, a가 될 수 있는 수의 개수를 구하시오.

10 $x=\dfrac{n}{70}$ 이고 n은 $1\le n\le 100$인 자연수일 때, 이를 만족시키는 x의 값 중 정수가 아닌 유한소수의 개수를 구하시오.

11 $\dfrac{x}{45}$를 기약분수로 나타내면 $\dfrac{2}{y}$가 되고, 이것을 소수로 나타내면 유한소수가 된다. 이때 $x+y$의 값을 구하시오. (단, $10<x<20$)

12 x는 20 이하의 소수이고 $y=\dfrac{3\times11}{2\times5^2\times x}$일 때, y가 유한소수가 되게 하는 x의 개수를 구하시오.

13 두 분수 $\dfrac{7}{15}$, $\dfrac{5}{33}$의 순환마디를 차례대로 구하시오.

14 다음 중 순환소수의 표현이 옳은 것은?

① $1.2333\cdots=1.2\dot{3}$
② $4.0404\cdots=\dot{4}.\dot{0}$
③ $5.125125\cdots=5.\dot{1}2\dot{5}$
④ $7.23555\cdots=7.23\dot{5}$
⑤ $0.454454\cdots=0.\dot{4}\dot{5}$

15 다음 식을 계산하여 순환소수로 나타내시오.

$$7+\left(\dfrac{3}{10^2}+\dfrac{3}{10^4}+\dfrac{3}{10^6}+\cdots\right)$$

순환마디를 이용하여 소수점 아래 특정 자리의 숫자 찾기

① 분수는 순환마디를 찾을 때까지 나누어 소수로 나타낸다.

② 순환마디가 몇 개의 숫자로 이루어져 있는지 확인한다.

③ 구하고자 하는 자리가 순환마디의 몇 번째 숫자인지 파악한다.

16 분수 $\dfrac{23}{12}$을 소수로 나타낼 때, 순환마디와 소수점 아래 199번째 자리의 숫자를 각각 구하시오.

17 분수 $\dfrac{8}{13}$을 소수로 나타낼 때, 소수점 아래 50번째 자리의 숫자와 100번째 자리의 숫자의 합을 구하시오. $\left(\text{단, }\dfrac{8}{13}=0.\dot{6}1538\dot{4}\right)$

18 분수 $\dfrac{2}{35}$를 소수로 나타낼 때, 소수점 아래 35번째 자리의 숫자를 x, 70번째 자리의 숫자를 y라 하자. 이때 $|2x-y|$의 값을 구하시오. $\left(\text{단, }\dfrac{2}{35}=0.0\dot{5}7142\dot{8}\right)$

순환소수를 분수로 고치는 방법 (1)

$0.\dot{a}\dot{b}=\dfrac{ab}{99}$ → 분자: 순환마디의 숫자를 그대로 쓴다.
→ 분모: 순환마디의 숫자 개수만큼 9를 쓴다.

(예) $x=0.\dot{a}\dot{b}=0.abab\cdots$라 하면

$$100x=ab.abab\cdots$$
$$-)\quad x=\ 0.abab\cdots$$
$$99x=ab \qquad \therefore x=\dfrac{ab}{99}$$

19 다음 중 $x=43.\dot{1}\dot{2}$를 분수로 고칠 때, 가장 적당한 식은?

① $100x-x$

② $100x-10x$

③ $1000x-x$

④ $10000x-x$

⑤ $10000x-10x$

20 순환소수 $x=0.2\dot{1}\dot{3}$과 순환소수 $x=2.1\dot{3}$을 각각 분수로 나타낼 때, 다음 중 공통으로 사용할 수 있는 식은?

① $1000x-x$

② $10000x-x$

③ $1000000x-x$

④ $1000000x-10x$

⑤ $1000000x-1000x$

21 $1.\dot{5}$의 역수를 a라 하고, $12.\dot{4}$를 b라 할 때, ab의 값을 구하시오.

22 $0.\dot{5}$와 $0.\dot{8}$ 사이의 분모가 90인 분수 중 소수로 나타내었을 때, 유한소수가 되는 것의 개수를 구하시오.

순환소수를 분수로 고치는 방법 (2)

$$0.a\dot{b}\dot{c}==\frac{abc-a}{990}$$ → 분자: (전체의 수) − (순환하지 않는 수)

→ 분모: 순환마디의 숫자 개수만큼 9를 쓰고, 그 뒤에 소수점 아래의 순환하지 않는 숫자 개수만큼 0을 연이어 쓴다.

(예) $x=0.1\dot{2}=0.1222\cdots$라 하면

$$100x=12.222\cdots$$
$$-\,)\ 10x=\ 1.222\cdots$$
$$90x=11 \qquad \therefore x=\frac{12-1}{90}=\frac{11}{90}$$

23 $x=5.63535\cdots$라 할 때, $x=\dfrac{b}{a}$에 대하여 $b-a$의 값을 구하시오. (단, a, b는 서로소인 자연수)

24 $x=1.3\dot{2}\dot{7}$일 때, $10000x-nx$의 값이 정수가 되도록 하는 가장 작은 자연수 n의 값을 구하시오.

25 $2.34\dot{5}=2322\times\boxed{}$ 일 때, $\boxed{}$ 안에 알맞은 순환소수를 구하시오.

26 순환소수 $1.9\dot{4}$에 어떤 자연수 m을 곱하면 유한소수가 될 때, 가장 작은 m의 값을 구하시오.

27 $0.2\dot{7}\times x$가 유한소수가 되기 위한 x의 값 중 가장 작은 자연수를 a라 하고, 가장 큰 두 자리의 자연수를 b라 할 때, $b-7a$의 값을 구하시오.

순환소수의 대소 비교

(1) 순환마디를 풀어 무한소수의 꼴로 고쳐서 비교한다.
(2) 분모가 같은 분수로 고쳐서 비교한다.

28 다음 중 가장 큰 수는?

① 0.542 ② $0.54\dot{2}$ ③ $0.5\dot{4}\dot{2}$
④ $0.\dot{5}4\dot{2}$ ⑤ $0.\dot{5}42\dot{0}$

29 다음 중 두 수의 대소 관계가 옳지 <u>않은</u> 것을 모두 고르면? (정답 2개)

① $0.\dot{3}<0.\dot{3}\dot{1}$ ② $0.42=0.4\dot{2}$
③ $0.333\cdots=3\times0.\dot{1}$ ④ $0.8\dot{1}<0.8\dot{1}$
⑤ $\dfrac{12}{99}<0.1\dot{2}$

30 다음 중 $\dfrac{5}{11}$보다 크고 $\dfrac{8}{11}$보다 작은 수를 모두 고르면? (정답 2개)

① $0.\dot{4}$ ② $0.4\dot{6}$ ③ $0.\dot{5}\dot{2}$
④ $0.7\dot{3}$ ⑤ $0.7\dot{8}$

순환소수의 사칙계산

(1) 순환마디를 풀어 무한소수의 꼴로 고쳐서 계산한다.
(2) 분수로 고쳐서 계산한다. 특히, 곱셈이나 나눗셈은 반드시 분수로 고쳐서 계산한다.

31 다음을 계산하여 순환소수로 나타내시오.

(1) $2.\dot{5}+5.\dot{3}-1.\dot{2}$
(2) $5.\dot{6}\dot{7}-4.1\dot{5}+2.3\dot{4}\dot{6}$

32 다음을 계산하여 순환소수로 나타내시오.

(1) $1.9\dot{4}\times0.\dot{2}\div1.5\dot{1}$
(2) $3.\dot{2}-1.0\dot{5}\div0.\dot{5}$

순환소수를 포함하는 방정식과 부등식

순환소수를 분수로 고쳐서 방정식 또는 부등식을 만들어 푼다.

33 방정식 $1.2\dot{3}x-1.0\dot{1}x=0.0\dot{5}$의 해를 구하시오.

34 등식 $0.3\dot{x}=\dfrac{7+x}{30}$를 만족시키는 한 자리 자연수 x를 구하시오.

35 부등식 $\dfrac{1}{8}<0.\dot{x}<\dfrac{3}{4}$을 만족시키는 한 자리 자연수 x의 모든 값의 합을 구하시오.

36 x가 방정식 $0.\dot{2}x+0.\dot{8}=2.\dot{2}$의 해일 때, 부등식 $\dfrac{1}{x}<\dfrac{y}{6}\leq0.\dot{x}$를 만족시키는 자연수 y의 모든 값의 합은?

① 3   ② 6   ③ 9

④ 18   ⑤ 27

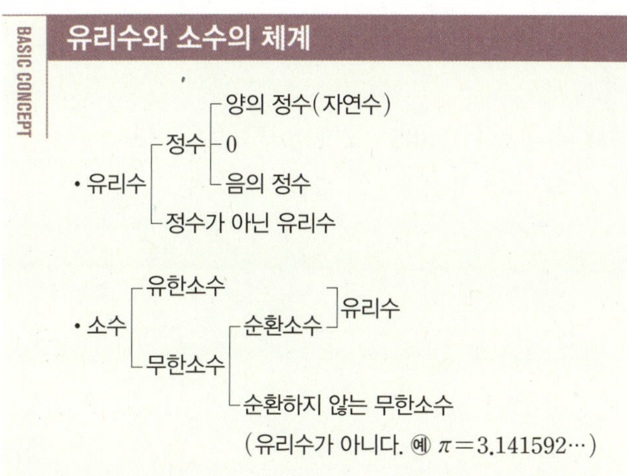

37 다음 **보기** 중 옳은 것을 모두 고르시오.

┌─── 보기 ───┐

ㄱ. 순환소수는 유리수이다.

ㄴ. 0은 유리수가 아니다.

ㄷ. 유한소수는 유리수이다.

ㄹ. 무한소수는 유리수이다.

ㅁ. 유한소수가 아닌 소수는 순환소수이다.

ㅂ. 순환소수는 무한소수이다.

ㅅ. 순환소수는 분수로 나타낼 수 있다.

ㅇ. 기약분수를 소수로 고치면 모두 유한소수가 된다.

ㅈ. 유한소수로 나타낼 수 없는 분수는 순환소수로 나타낼 수 있다.

38 유한소수로 나타낼 수 없는 순환소수와 유한소수에 대하여 다음 **보기** 중 항상 옳은 것을 모두 고르시오.

┌─── 보기 ───┐

ㄱ. (순환소수)＋(순환소수)＝(순환소수)

ㄴ. (순환소수)－(순환소수)＝(순환소수)

ㄷ. (순환소수)×(순환소수)＝(순환소수)

ㄹ. (순환소수)÷(순환소수)＝(순환소수)

ㅁ. (유한소수)＋(순환소수)＝(순환소수)

ㅂ. (유한소수)－(순환소수)＝(순환소수)

ㅅ. (유한소수)×(순환소수)＝(순환소수)

ㅇ. (유한소수)÷(순환소수)＝(순환소수)

39 다음 중 옳지 <u>않은</u> 것을 모두 고르면? (정답 2개)

① 순환소수 중에는 분모, 분자가 정수인 분수로 나타낼 수 없는 것도 있다.

② 모든 순환소수는 유리수이다.

③ 두 무한소수의 합은 항상 무한소수이다.

④ 유한소수가 아닌 기약분수는 모두 순환소수이다.

⑤ 정수가 아닌 유리수 중 유한소수로 나타낼 수 없는 것은 순환소수로 나타낼 수 있다.

실력 높이기

01 다음 설명 중 옳지 <u>않은</u> 것은?

① 어떤 기약분수가 유한소수인지 알아보려면 분모가 2
와 5만을 소인수로 갖는지 확인하면 된다.

② 유리수 중에서 정수 또는 유한소수로 나타낼 수 없는
수는 모두 순환소수로 나타낼 수 있다.

③ 무한소수는 순환소수와 순환하지 않는 무한소수로
나뉜다.

④ 모든 순환소수는 유리수이다.

⑤ 순환소수 중에는 분모가 0이 아닌 정수이고, 분자가
정수인 분수로 나타낼 수 없는 것도 있다.

02 서로소인 두 자연수 m, n에 대하여
$2.3\dot{4}\times m=0.\dot{4}\times n$일 때, $m-n$의 값을 구하시오.

03 순환소수 $0.\dot{2}$에 자연수 A를 곱하여 어떤 자연수
의 제곱이 되게 하려고 한다. A의 값 중에서 가장 작은
자연수를 구하시오.

04 순환소수 $0.30\dot{5}\times x$가 유한소수가 되도록 하는 가
장 큰 두 자리 자연수 x의 값을 구하시오.

05 $\dfrac{51}{70}$, $\dfrac{52}{70}$, $\dfrac{53}{70}$, $\cdots$, $\dfrac{300}{70}$ 중에서 정수는 제외하
고 소수로 고쳤을 때, 유한소수가 되는 분수의 개수를
구하시오.

06 부등식 $\dfrac{3}{14} < 0.\dot{a} - 0.0\dot{a} < \dfrac{2}{3}$ 를 만족시키는 한 자리의 자연수 a의 모든 값의 합을 구하시오.

08 어떤 자연수에 $1.\dot{5}$를 곱해야 할 것을 잘못하여 1.5를 곱하였더니 정답과 오답의 차가 $0.\dot{3}$이 되었다. 어떤 자연수를 구하시오.

07 서술형
$\dfrac{1}{3}$보다 크고 $\dfrac{3}{5}$보다 작은 유리수 $\dfrac{15}{x}$를 유한소수로 나타낼 수 있을 때, x가 될 수 있는 가장 작은 자연수를 구하시오.

09 서술형
한 자리의 자연수 a, b에 대하여 (a, b)를 $(a, b) = 0.\dot{a} + 0.0\dot{b}$라 하자. $(1, 2) = 12 \times A$일 때, A를 순환소수로 나타내시오.

10 $x=0.\dot{5}$일 때, $x-\cfrac{1}{1-\cfrac{1}{x}}$의 값을 순환소수로 나타내시오.

11 $\cfrac{1}{1-\cfrac{1}{1-\cfrac{1}{x}}}=0.\dot{1}$을 만족시키는 x의 값을 순환소수로 나타내시오.

12 어떤 기약분수를 소수로 나타내는데, 소현이는 분모를 잘못 보아 $0.58\dot{3}$으로 나타내고, 은정이는 분자를 잘못 보아 $0.8\dot{1}$로 나타내었다. 처음 분수를 순환소수로 나타내시오.

13 a, b는 10보다 작은 짝수이고, 두 순환소수 $0.\dot{a}\dot{b}$와 $0.\dot{b}\dot{a}$의 합이 $0.\dot{6}$이다. 이때 두 순환소수의 차를 순환소수로 나타내시오. (단, $a>b>0$)

14 서로 다른 한 자리의 자연수 a, b, c, d에 대하여 $abcd=1000a+100b+10c+d$이고 $ab=10a+b$라고 하자. $\cfrac{2157}{9900}=\cfrac{abcd-ab}{9900}=0.a\dot{b}c\dot{d}$일 때, $|a-b+c+d|$의 값을 구하시오.

🎓 **분수 안에 또 분수가?**

중1 **유리수** 두 정수 a,b에 대하여 $\cfrac{b}{a}=b\div a$ (단, $a\neq0$) 꼴로 나타낼 수 있는 수

고1 **번분수** 분수식 안에 정수가 아닌 유리수가 들어가는 경우 $\cfrac{\ \frac{d}{c}\ }{\frac{b}{a}}=\cfrac{d}{c}\div\cfrac{b}{a}=\cfrac{d}{c}\times\cfrac{a}{b}=\cfrac{ad}{bc}$

$\cfrac{\blacksquare}{\bullet}=\blacksquare\div\bullet$을 이용!

15 분수 $\dfrac{3}{700}$ 을 소수로 나타낼 때, 소수점 아래 100번째 자리의 숫자를 x, 소수점 아래 150번째 자리의 숫자를 y라 하자. 이때 $0.\dot{y}\dot{x}-0.\dot{x}\dot{y}$의 값을 순환소수로 나타내시오. $\left(\text{단, } \dfrac{3}{700}=0.00\dot{4}2857\dot{1}\right)$

16 순환소수 $x=0.5\dot{6}\dot{7}$에 대하여 $1-x$를 소수로 나타낼 때, 소수점 아래 11번째 자리의 숫자를 구하시오.

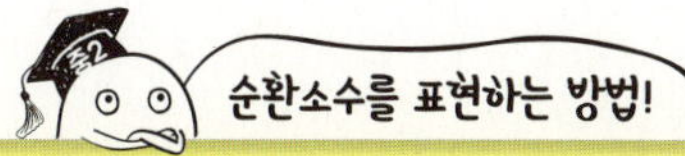

17 다음 식을 계산하여 순환소수로 나타내시오.

$$715\times\left(\dfrac{1}{10^4}+\dfrac{1}{10^8}+\dfrac{1}{10^{12}}+\dfrac{1}{10^{16}}+\cdots\right)$$

18 x에 대한 일차방정식 $12x+5=10a$의 해를 소수로 나타내면 유한소수가 된다. 이를 만족시키는 한 자리의 자연수 a를 모두 구하시오.

19 $x=\dfrac{n}{12}$이고 n은 200 이하의 자연수일 때, 이를 만족시키는 x의 값 중 정수가 아닌 유한소수의 개수를 구하시오.

20 분수 $\dfrac{a}{150}$를 소수로 나타내면 유한소수가 되고, 이 수를 기약분수로 나타내면 $\dfrac{b}{c}$가 된다. 이를 만족시키는 자연수 a, b, c에 대하여 $a+b+c$의 값 중 가장 작은 수를 구하시오. (단, $30<a<40$)

순환소수를 표현하는 방법!

중2 순환소수 $0.1111\cdots = 0.\dot{1}$

고2 무한등비급수 $0.1111\cdots = 0.1+0.01+0.001+0.0001+\cdots$
$$= \dfrac{1}{10}+\dfrac{1}{100}+\dfrac{1}{1000}+\dfrac{1}{10000}+\cdots$$

➡ 순환소수는 등비수열의 각 수들을 무한히 더한 것과 같다.
무한등비급수

01 $\dfrac{x}{120}$를 소수로 나타내면 유한소수이고, 기약분수로 나타내면 $\dfrac{1}{y}$이다. x가 $10<x<20$인 자연수일 때, $2x-y$의 값으로 옳은 것을 모두 고르면? (정답 2개)

① 14　　　② 16　　　③ 22

④ 32　　　⑤ 37

02 분수 $\dfrac{1}{3500}$을 소수로 나타내면 $0.000\dot{2}8571\dot{4}$이다. 분수 $\dfrac{1}{3500}$의 소수점 아래 x번째 자리의 숫자를 A_x라 할 때, $A_1+A_2+A_3+A_4+\cdots+A_{45}$의 값을 구하시오.

03 $0.\dot{4}=a\times0.\dot{1}$, $0.4\dot{0}=b\times0.0\dot{1}$, $0.40\dot{0}=c\times0.00\dot{1}$일 때, $|ab-c|$의 값을 구하시오.

04 순환소수 $0.x\dot{y}$를 분수로 나타내면 $\dfrac{z}{18}$이고, 순환소수 $0.y\dot{x}$를 분수로 나타내면 $\dfrac{5}{6}$일 때, $x+y-z$의 값을 구하시오. (단, x, y는 한 자리의 자연수이다.)

05 서로 다른 한 자리의 자연수 a, b, c에 대하여 $[a, b, c]$를 $[a, b, c]=0.a+0.0\dot{b}+0.00\dot{c}$라 할 때, $[5, 6, 7]=517\times A$로 나타내어진다. 이때 A의 값을 순환소수로 나타내시오.

06 두 수 a, b는 $a<b$인 한 자리의 자연수이다. $(0.0\dot{a})^2=0.\dot{2}\times0.00\dot{b}$일 때, $a+b$의 값을 구하시오.

07 $x=0.\dot{a}$일 때, $1-\dfrac{1}{1+\dfrac{1}{x}}=0.\dot{8}\dot{1}$이라 한다. 한 자리의 자연수 a의 값을 구하시오.

08 순환소수 $0.\dot{x}\dot{y}$를 기약분수로 나타내면 $\dfrac{z}{11}$이다. 이때 가능한 자연수 z의 개수를 구하시오.

(단, x는 한 자리 홀수이다.)

09 x, y는 자연수이고 $30<y<40$일 때, 1보다 작은 기약분수 $\dfrac{x}{y}$를 소수로 나타내었더니 소수점 아래 첫 번째 자리의 숫자가 0이고 소수점 아래 두 번째 자리의 숫자가 6이었다. 이때 $x+y$의 값 중 가장 큰 값을 구하시오.

2 단항식의 계산

1 지수법칙

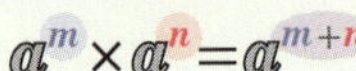

· 지수의 합   · 지수의 곱

$$a^m \times a^n = a^{m+n} \qquad (a^m)^n = a^{m \times n}$$

· 지수의 차

$$a^m \div a^n = \begin{cases} m > n \text{일 때} & a^{m-n} \\ m = n \text{일 때} & 1 \\ m < n \text{일 때} & \dfrac{1}{a^{n-m}} \end{cases}$$

· 지수의 분배

$$(ab)^m = a^m b^m \qquad \left(\dfrac{a}{b}\right)^m = \dfrac{a^m}{b^m}$$

$a \neq 0$이고, m, n이 자연수일 때

(1) $a^m \times a^n = a^{m+n}$

(2) $(a^m)^n = a^{mn}$

(3) $a^m \div a^n = \begin{cases} a^{m-n} & (m > n) \\ 1 & (m = n) \\ \dfrac{1}{a^{n-m}} & (m < n) \end{cases}$

(4) $(ab)^n = a^n b^n$, $\left(\dfrac{a}{b}\right)^n = \dfrac{a^n}{b^n}$ (단, $b \neq 0$)

(5) $(a^m b^n)^p = a^{mp} b^{np}$, $\left(\dfrac{a^m}{b^n}\right)^p = \dfrac{a^{mp}}{b^{np}}$ (단, $b \neq 0$, p는 자연수)

2 지수의 확장

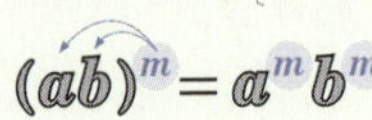

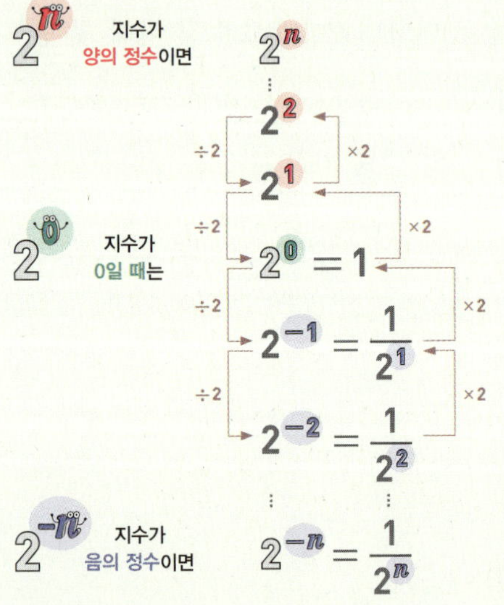

$a \neq 0$이고, n이 자연수일 때

$a^0 = 1$, $a^{-n} = \dfrac{1}{a^n}$

3 지수를 이용한 대소 관계

(1) a, b가 양수이고, n이 자연수일 때, $a^n < b^n$이면 $a < b$이다.

(2) a가 양수이고, m, n이 자연수일 때

① $a > 1$이고, $a^m > a^n$이면 $m > n$

② $0 < a < 1$이고, $a^m > a^n$이면 $m < n$

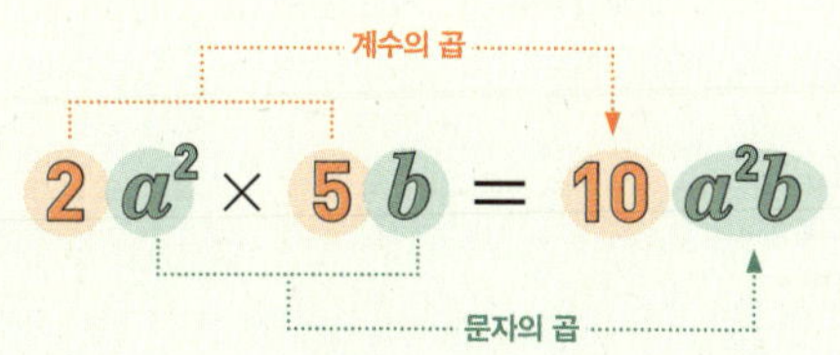

4 단항식의 곱셈

계수는 계수끼리, 문자는 같은 문자끼리 곱하여 계산한다.

(예) $2a^2 \times 8a^5 = (2 \times 8) \times (a^2 \times a^5) = 16a^7$

5 단항식의 나눗셈

[방법 1]

나누는 식의 역수를 곱하여 계수는 계수끼리, 문자는 같은 문자끼리 계산한다.

(예) $(6ab - 3a) \div 3a = (6ab - 3a) \times \dfrac{1}{3a} = 6ab \times \dfrac{1}{3a} - 3a \times \dfrac{1}{3a} = 2b - 1$

[방법 2]

분수의 꼴로 바꾸어 분자의 각 항을 분모로 나눈다.

(예) $(6ab - 3a) \div 3a = \dfrac{6ab - 3a}{3a} = \dfrac{6ab}{3a} - \dfrac{3a}{3a} = 2b - 1$

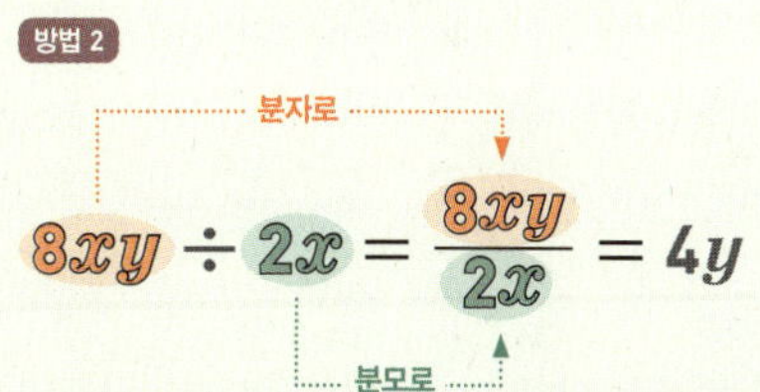

6 단항식의 곱셈과 나눗셈의 혼합 계산

단항식의 곱셈과 나눗셈의 혼합 계산은 다음과 같은 순서로 계산한다.

① 괄호가 있으면 지수법칙을 이용하여 괄호를 푼다.

② 나눗셈을 곱셈으로 바꾼다.

③ 부호를 결정한 후 계수는 계수끼리, 문자는 같은 문자끼리 계산한다.

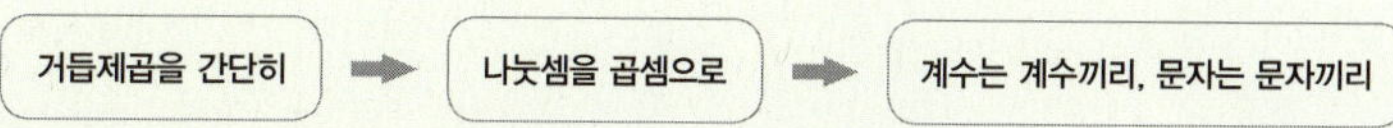

주제별 실력다지기

지수법칙

$a \neq 0$이고, m, n이 자연수일 때
(1) $a^m \times a^n = a^{m+n}$, $(a^m)^n = a^{mn}$
(2) $a^m \div a^n = \begin{cases} a^{m-n} & (m > n) \\ 1 & (m = n) \\ \dfrac{1}{a^{n-m}} & (m < n) \end{cases}$
(3) $(ab)^n = a^n b^n$, $\left(\dfrac{a}{b}\right)^n = \dfrac{a^n}{b^n}$ (단, $b \neq 0$)

01 다음 식을 간단히 하시오.

(1) $(xy^2)^2 \div (xy^3)^2 \times (x^2 y)^3$

(2) $\left(\dfrac{x^3}{y}\right)^3 \times \left(\dfrac{y^2}{x^4}\right)^3 \div \left(\dfrac{y^2}{x^3}\right)^4$

02 다음 중 옳은 것을 모두 고르면? (정답 2개)

① $a^5 \div a^8 \times a^3 = 1$

② $a^4 \times (a^2)^2 \div a^5 = a$

③ $a^5 \div \dfrac{1}{a^2} \times a^2 = a^9$

④ $\dfrac{1}{a^4} \div a^3 \div \left(\dfrac{1}{a^2}\right)^3 = \dfrac{1}{a^{13}}$

⑤ $a^{10} \times a^5 \div \left(\dfrac{1}{a^2}\right)^4 = \dfrac{1}{a^3}$

03 $\dfrac{4^2 \times 4^2}{4^2 + 4^2} \times \dfrac{2^2 \times 2^2 \times 2^2 \times 2^2}{2^2 + 2^2 + 2^2 + 2^2} = 2^a$일 때, a의 값을 구하시오.

04 어떤 수 S는 a^b $(a > 0,\ b > 0)$의 밑과 지수를 각각 3배한 수와 같고, S는 a^b과 x^b의 곱과 같다. 이때 x를 a에 대한 식으로 나타내시오. (단, $x > 0$)

간단한 지수방정식

지수에 미지수가 있는 방정식에서는 양변을 밑이 같은 지수의 형태로 변형한 후 지수를 비교한다.
$a^{f(x)} = a^{g(x)}$ (단, $a \neq 0$, $a \neq 1$) $\Rightarrow$ $f(x) = g(x)$

05 $2^{x+4} \times 8^{x-2} = 32^{x-2}$일 때, x의 값을 구하시오.

06 $2^{x+3}+2^x=72$를 만족시키는 x의 값을 구하시오.

07 자연수 m, n에 대하여 $125^n \times (0.8)^6 = 10^n \times 2^{3m}$일 때, mn의 값을 구하시오.

08 다음 중 옳은 것은?

① $(-a^2b)^3 \times (2a^2b)^2 = 4a^{10}b^5$

② $4x^3y \div 8x^4y^2 = 32x^7y^3$

③ $(8x^3-4x^2) \div \dfrac{2}{3}x^2 = 12x-2$

④ $(2a^2b)^3 \div (-ab^2)^2 \div (-5a^3) = -\dfrac{8a}{5b}$

⑤ $-10a^2b^5 \div 6a^4b^{12} \times (-3a^3b^4) = -\dfrac{5a}{b^3}$

---

09 모든 양수 x, y에 대하여 $\left(\dfrac{by^2}{x^3}\right)^a = \dfrac{64y^c}{x^{18}}$일 때, 상수 a, b, c에 대하여 $a+b+c$의 값을 구하시오.

(단, b는 양수)

10 $x=3$, $y=-2$일 때, $x^3y^5 \div \left(-\dfrac{2}{5}x^4y^3\right)^2 \times 6x^4y^2$의 값을 구하시오.

11 다음 □ 안에 알맞은 식을 써넣으시오.

$$(x^2y^3)^2 \div \left(\frac{y}{-2x}\right)^3 \div \boxed{} = (-2x^2y)^3$$

12 $a^2b = \dfrac{2}{7}$일 때,

$10a^3b^3x \times (-7a^2b^4x)^2 \div (-5ab^3x)^3$의 값을 구하시오.

13 $2^n = A$, $3^n = B$라 할 때, $\dfrac{1}{8^n} \times 27^n \div 6^n$과 같은 것은?

① $\dfrac{B^2}{A^3}$ ② $-\dfrac{B^2}{A^3}$ ③ $\dfrac{B^4}{A^3}$

④ $-\dfrac{B^4}{A^3}$ ⑤ $\dfrac{B^2}{A^4}$

14 $a = 5^{x+1}$일 때, 5^{2x-1}을 a를 이용하여 나타낸 것은?

① $\dfrac{a^2}{125}$ ② $\dfrac{a^2}{25}$ ③ $\dfrac{a^2}{5}$

④ $5a^2$ ⑤ $25a^2$

15 m은 짝수, n은 홀수일 때, $\dfrac{(-a)^{m+3} \times (-1)^{mn}}{a^{m+1} \times (-1)^{m-n}}$을 간단히 하시오.

$$(단,\ a \neq 0,\ m > n)$$

16 어떤 식을 $\dfrac{2b^2}{a}$ 으로 나누어야 하는데 잘못하여 곱하였더니 $8a^2b^2$이 되었다. 바르게 계산한 식을 구하시오.

지수법칙의 확장

$a \neq 0$이고, n이 자연수일 때
(1) $a^0 = 1$
(2) $a^{-n} = \dfrac{1}{a^n}$

17 $a^{-n} = \dfrac{1}{a^n}$ (n은 자연수)로 약속할 때, 다음 네 수 A, B, C, D를 가장 큰 수부터 순서대로 쓰시오.

$$A = 3^3 \times 9^{-2} \qquad B = 4^2 \times 8^{-2} \div 16$$
$$C = (0.5)^{-2} \times 5^{-1} \qquad D = 3^2 \div 3^{-2}$$

18 $c^{-1} = \dfrac{1}{c}$로 약속할 때, $\dfrac{a + b^{-1}}{a^{-1} + b} = 6$을 만족시키는 자연수 a, b에 대하여 $\dfrac{a - 2b}{2a + b}$의 값을 구하시오.

19 $a^{-n} = \dfrac{1}{a^n}$로 약속하고, $a^{-2} = 3$일 때, $\dfrac{a^3 - a^{-3}}{a^3 + a^{-3}}$의 값을 구하시오. (단, n은 자연수)

01 지구에서 태양까지의 거리는 약 1.5×10^8 km이다. 빛은 1초에 약 3×10^5 km를 간다고 할 때, 태양에서 빛이 출발한 뒤 지구에 도착하는 데 걸리는 시간을 분과 초를 사용하여 구하시오.

$$(\text{단}, (\text{거리}) = (\text{속력}) \times (\text{시간})\text{이다}.)$$

02 0이 아닌 임의의 실수 x, y에 대하여 $(x^2 y)^3 \div \left(\dfrac{x^2}{y}\right)^3 \times x^4 \times (-y)^4 = x^a y^b$일 때, 상수 a, b에 대하여 $a+b$의 값을 구하시오.

03 $4^{x+1}(3^{x+2} + 3^{x+3}) = a^{x+b}$일 때, 상수 a, b에 대하여 $a-b$의 값을 구하시오.

04 $x+y=2$이고 $a=2^{3x}$, $b=2^{3y}$일 때, ab의 값을 구하시오.

05 $\left(\dfrac{8^4 + 4^4}{8^6 + 4^7}\right)^2$을 간단히 하면 $\left(\dfrac{1}{a}\right)^b$이다. a는 소수이고 b는 자연수일 때, b^a의 값을 구하시오.

06 $2^{x+2}+2^{x+1}+2^x=56$일 때, x의 값을 구하시오.

07 $2^{19}\times5^{22}$은 n자리 자연수이다. n의 값을 구하시오.

08 다음 **보기**의 네 수 중에서 가장 큰 수와 가장 작은 수를 차례대로 고르시오.

보기
2^{40} 3^{30} 5^{20} 15^{10}

09 오른쪽 그림과 같이 $\angle B=90°$인 직각삼각형 ABC에서 $\overline{AB}=a^3b$, $\overline{BC}=4ab^2$이다. 직각삼각형 ABC를 $\overline{AB}$와 $\overline{BC}$를 회전축으로 하여 1회전 시킬 때 생기는 두 회전체의 부피를 각각 P, Q라 하자. 이때 $\dfrac{P}{Q}$의 값을 구하시오.

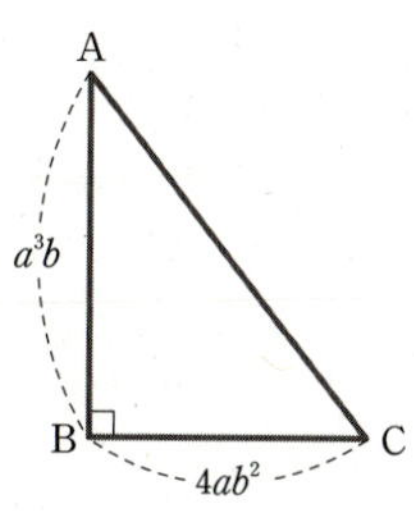

10 n이 자연수일 때, 다음 식의 값을 구하시오.

$$(-1)^n+(-1)^{n+1}-(-1)^{n+2}-(-1)^{n+3}$$

11 $x^2=2$, $y^3=-5$일 때,

$(-2x^2y)^2 \div \left(-\dfrac{1}{3}xy^3\right)^2 \times \left(-\dfrac{1}{6}x^2y\right)$의 값을 구하시오.

12 0이 아닌 실수 x, y에 대하여 $2x-y=x-3y$일

때, $\dfrac{1}{2}xy^2 \times (3x^5y)^2 \div (4x^3y^2)^3$의 값을 구하시오.

13 $2^{2^2} \times 9^x = 54^y$을 만족시키는 자연수 x, y에 대하여

$x+y$의 값을 구하시오.

14 $3^a(3^b-1)=216$을 만족시키는 양의 정수 a, b의

값을 각각 구하시오.

15 $2^{12}-2^{11}+2^{10}-2^9+\cdots+2^2-2$의 값을 구하시오.

16 2^{10}을 10^3으로 계산할 때, 0.4^{10}을 소수로 나타내시오.

17 자연수 m의 일의 자리의 숫자를 $\{m\}$으로 나타내면 $\{8^1\}=8$, $\{8^2\}=4$, $\{8^3\}=2$, $\{8^4\}=6$, $\cdots$이 된다. $\{8^{10}+8^{31}\}$의 값을 구하시오.

18 n이 1보다 큰 자연수일 때, $3^{n-1}(2^{n+1}+2^{n+2})$을 간단히 하면 2^a3^b이다. 이때 $a-b$의 값을 구하시오.

19 $(-2xy^2z)^2 \div \{(-2x^2yz^3)^5 \div (-2yz^4)^3\}$
$$\div (-2x^3y^2)^2 = \frac{1}{(-2)^a x^b y^c z^d}$$
을 만족시키는 자연수 a, b, c, d의 합을 구하시오.

20 x가 자연수일 때, $x^{x+2}=x^{2x}$을 만족시키는 x의 값을 모두 구하시오.

최고 실력 완성하기

01 n이 자연수일 때, 다음 식을 간단히 하시오.

$$(-x)^n \times (-1)^{n+1} \times (-x)^{n+2}$$
$$-(-1)^n \times (-1)^{n+1} - x^n \times x^{n+2} \times (-1)^{n+3}$$

02 자연수 a에 대하여 $[3^a]=a$라 약속하자. 예를 들어 $[9]=2$, $[81]=4$이다.
$$[27]=x, \ [y]=5, \ [9]+[z]=[729]$$
일 때, $x+y+z$의 값을 구하시오.

03 $a=3^{x+2}$, $b=2^{x+1}$일 때, 12^{3x}을 a, b에 대한 식으로 나타내시오. (단, 6^6은 46656이다.)

04 $\left(-\dfrac{x^3}{y}\right)^a \times \left(\dfrac{y^2}{x^b}\right)^3 \div \left(-\dfrac{x^2}{2y}\right)^2 = \dfrac{4y^c}{x}$에서 자연수 a, b, c의 값의 합을 구하시오. (단, $1 \le a \le 3$)

05 오른쪽 그림과 같이 원기둥 내부에 구와 원뿔이 각각 내접하고 있다. 원기둥의 부피를 V_1, 구의 부피를 V_2, 원뿔의 부피를 V_3이라 할 때, $\dfrac{V_1}{V_2+V_3}$의 값을 구하시오.

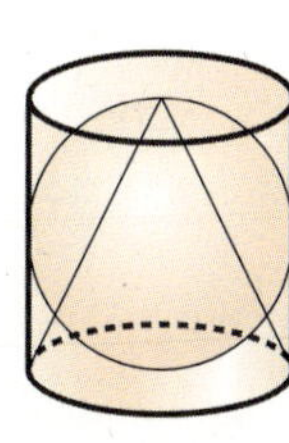

06 임의의 자연수 a, b에 대하여 $x^a y^b = \left(\dfrac{1}{2}\right)^{a-b}$, $x^b y^a = \left(\dfrac{1}{2}\right)^{b-a}$일 때, xy의 값을 구하시오.

07 자연수 m, n에 대하여
$$(-9)^7 \div (-3)^{n+1} = -(-3)^{m-5} \div (-27)$$
을 만족시키는 순서쌍 (m, n)의 개수를 구하시오.

08 음이 아닌 수 m, n에 대하여
$$2^m + 2^n \leq 1 + 2^{m+n}$$
(단, 등호는 $m=0$ 또는 $n=0$일 때 성립한다.)
이라 한다. 음이 아닌 수 a, b, c에 대하여 $a+b+c=4$일 때, $2^a + 2^b + 2^c$의 값 중 가장 큰 값을 구하시오.

지수의 확장

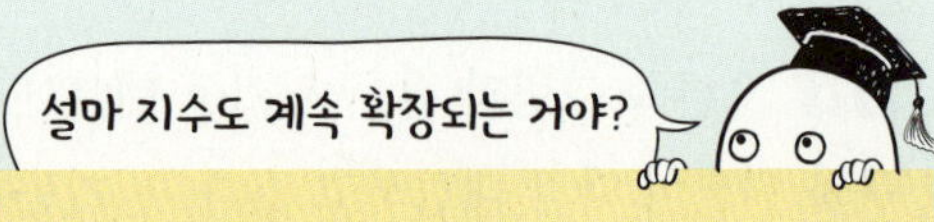

중

$a \neq 0$이고,
지수가 **자연수**일 때

고2 : 지수법칙

고

$a \neq 0$이고,
지수가 **정수**일 때

지수의 **합**

$$a^m \times a^n = a^{m+n}$$

$$a^m \times a^n = a^{m+n}$$

지수의 **곱**

$$(a^m)^n = a^{m \times n}$$

$$(a^m)^n = a^{m \times n}$$

지수의 **차**

$$a^m \div a^n = \begin{cases} a^{m-n} & (m > n \text{일 때}) \\ 1 & (m = n \text{일 때}) \\ \dfrac{1}{a^{n-m}} & (m < n \text{일 때}) \end{cases}$$

$$a^m \div a^n = a^{m-n}$$

$a \neq 0$이고, n이 양의 정수일 때,
다음과 같이 정의한다.

$$a^0 = 1, \quad a^{-n} = \frac{1}{a^n}$$

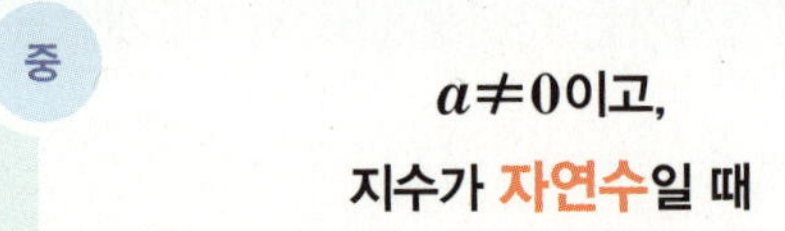

Q → 다음 □ 안에 알맞은 수를 구하시오.

❶ $2^0 = \boxed{}$

❷ $(-3)^0 = \boxed{}$

❸ $5^{-2} = \dfrac{1}{5^{\boxed{}}} = \boxed{}$

❹ $(-2)^{-3} = \dfrac{1}{(-2)^{\boxed{}}} = \boxed{}$

정수까지 확장된 지수법칙

아주 큰 수를 나타내거나 아주 작은 수를 나타낼 때 거듭제곱을 이용하면
간단히 나타낼 수 있다. 예를 들어 지구에서 태양까지의 거리는
약 150000000000 m이고 지수를 사용하여 1.5×10^{11} m로 나타낼 수 있다.
이와 같이 아주 큰 수나 아주 작은 수는 지수를 이용하여 간단히 나타낼 수
있고, 지수법칙을 통해 보다 쉽게 계산할 수 있다.

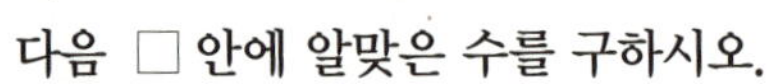
정답 ❶ 1　❷ 1　❸ 2, $\dfrac{1}{25}$　❹ 3, $-\dfrac{1}{8}$

3 다항식의 계산

1 다항식의 덧셈과 뺄셈

문자의 종류가 2개 이상인 다항식의 덧셈, 뺄셈은 괄호를 풀고 동류항끼리 모아서 간단히 정리한다.

① 덧셈은 동류항끼리 모아서 계산한다.

② 뺄셈은 괄호를 풀고 동류항끼리 모아서 계산한다.

③ 괄호는 일반적으로 ( ) → { } → [ ]의 순서로 푼다.

같은 종류끼리 모아 간단히!

❶ 일차식의 덧셈과 뺄셈

괄호 안의 부호에 주의해!

$$(2x+y)-(x-y)$$
$$=2x+y-x+y$$ ← 괄호 풀기
$$=\underline{2x-x}+\underline{y+y}$$ ← 동류항끼리
$$=x+2y$$

2 이차식의 계산

(1) **이차식**: 동류항을 모두 정리한 식에서 차수가 가장 높은 항이 이차항인 다항식

(2) **이차식의 덧셈과 뺄셈**: 괄호를 풀고 동류항끼리 계산한다.

❷ 이차식의 덧셈과 뺄셈

괄호 안의 부호에 주의해!

$$(2x^2+x+1)-(x^2-x-2)$$
$$=2x^2+x+1-x^2+x+2$$ ← 괄호 풀기
$$=\underline{2x^2-x^2}+\underline{x+x}+\underline{1+2}$$ ← 동류항끼리
$$=x^2+2x+3$$

3 단항식과 다항식의 곱셈과 나눗셈

(1) **단항식과 다항식의 곱셈**: 분배법칙을 이용하여 다항식의 각 항에 단항식을 곱하여 계산한다.

$$① \ A(B+C)=AB+AC, \ A(B+C+D)=AB+AC+AD$$

$$② \ (B+C)A=BA+CA, \ (B+C+D)A=BA+CA+DA$$

(2) **다항식과 단항식의 나눗셈**

[방법 1] (다항식)÷(단항식)=(다항식)$\times\dfrac{1}{(단항식)}$로 고친 다음 분배법칙을 이용한다.

[방법 2] (다항식)÷(단항식)=$\dfrac{(다항식)}{(단항식)}$으로 고쳐서 분자의 각 항을 분모로 나눈다.

(3) 덧셈, 뺄셈, 곱셈, 나눗셈이 혼합되어 있는 경우는 곱셈과 나눗셈을 계산한 후 덧셈과 뺄셈을 한다.

괄호를 풀고 간단히!

• 단항식과 다항식의 곱셈

$$3x(x+1)=3x\times x+3x\times 1=3x^2+3x$$

• 다항식과 단항식의 나눗셈

방법 1

곱셈으로

$$(4xy+y^2)\div\frac{y}{2}=(4xy+y^2)\times\frac{2}{y}$$

역수로

방법 2

분자로

$$(16xy+4y^2)\div 2y=\frac{16xy+4y^2}{2y}$$

분모로

4 식의 대입

어떤 식의 문자에 그 문자를 나타내는 다른 식을 대입하여 원래의 식을 변형한다.

(예) $x=2a$, $y=3b$일 때, $3x-2y+1$을 a, b를 사용하여 나타내시오.

⇨ $3x-2y+1$에 $x=2a$, $y=3b$를 대입하면 $6a-6b+1$

대입하고 간단히!

$A=2x+1$, $B=x+2$

대입

괄호를 꼭 사용해야 해!

$$A-B=(2x+1)-(x+2)$$
$$=2x+1-x-2=x-1$$

주제별 실력다지기

BASIC CONCEPT

다항식의 덧셈과 뺄셈

(1) 다항식의 덧셈과 뺄셈
　① 다항식의 덧셈은 동류항끼리 모아서 계산한다.
　② 다항식의 뺄셈은 괄호를 풀고 동류항끼리 모아서 계산한다.
　③ 괄호는 일반적으로 ( ) → { } → [ ]의 순서로 푼다.

(2) 이차식의 덧셈과 뺄셈
　① 이차식 : 다항식의 각 항의 차수 중 최고 차수가 2인 다항식
　② 이차식의 덧셈과 뺄셈 : 괄호를 풀고 동류항끼리 모아서 계산한다.

01 $x-[2x-(y-x)-\{x-(2x-2y)\}]$를 간단히 하시오.

02 두 다항식 $-2x^2+5xy-3y^2$, $3x^2-4xy+2y^2$의 합을 간단히 하면 $px^2-qxy+ry^2$일 때, $pr-q^2$의 값은? (단, p, q, r는 상수)

① -2　　　② -1　　　③ 0
④ 1　　　⑤ 2

03 x에 대한 이차식 A, B에 대하여 A에 x^2-2x-3을 더하면 $4x^2+5x+2$가 되고, B에서 x^2-2x-3을 빼면 x^2-x+2가 된다. 이때 $A-B$를 구하시오.

04 $4a-5b+3$에 어떤 식 A를 더해야 할 것을 잘못하여 뺐더니 $7a-3b+3$이 되었다. 이때 바르게 계산한 식을 구하시오.

BASIC CONCEPT

단항식과 다항식의 곱셈과 나눗셈

(1) 단항식과 다항식의 곱셈: 분배법칙을 이용하여 다항식의 각 항에 단항식을 곱하여 계산한다.
(2) (다항식)÷(단항식)의 계산
　[방법 1] (다항식)÷(단항식)＝(다항식)×$\dfrac{1}{(단항식)}$로 고친 다음 분배법칙을 이용한다.
　[방법 2] (다항식)÷(단항식)＝$\dfrac{(다항식)}{(단항식)}$으로 고쳐서 분자의 각 항을 분모로 나눈다.

05 $(-4x^2y^5+A-8x^3y^4)\div(2xy^2)^2=x-y$를 만족시키는 단항식 A를 구하시오.

06 $2xy(4x+3y)-(12x^3y-9x^2y^2)\div 3x$
$$+\left(\frac{2}{3}x^2y-\frac{3}{4}xy^2\right)\times 12$$

를 간단히 하시오.

07 $(0.\dot{4}a^2bc-0.\dot{3}ab^2c)\div 0.1\dot{6}ab$
$$-2abc\times\left(-\frac{3}{2a}+\frac{2}{3b}\right)$$

를 간단히 하시오.

08 어떤 다항식에 $2xy$를 나누어야 할 것을 잘못하여 곱하였더니 $32x^3y^2-48x^2y^3$이 되었다. 이때 바르게 계산한 식을 구하시오.

---

09 $A=x-3y,\ B=-3y,\ C=-x+4$일 때, $B-2(A-3C)-(6C-B-2A)$를 $x,\ y$에 대한 식으로 나타내시오.

10 $A=2x^2+x,\ B=4x^2-x-2$일 때, $6A-3B$를 간단히 하시오.

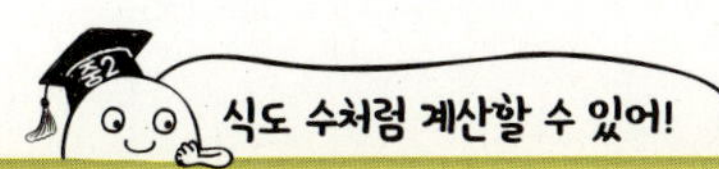

초3 (자연수)÷(자연수)	중1 (유리수)÷(유리수)	중2 (다항식)÷(단항식)	고등 (다항식)÷(다항식)

초3 (자연수)÷(자연수)
$$3\overline{)41}^{\,13}$$
$$\frac{3}{}$$
$$\frac{11}{}$$
$$\frac{9}{2}$$

중1 (유리수)÷(유리수)
$$\frac{2}{3}\div\frac{4}{3}=\frac{2}{3}\times\frac{3}{4}=\frac{1}{2}$$

중2 (다항식)÷(단항식)
$$(4xy^2+2x^2)\div 2x$$
$$=(4xy^2+2x^2)\times\frac{1}{2x}$$
$$=2y^2+x$$

고등 (다항식)÷(다항식)
$$x+1\overline{)x^2+x+1}\quad\text{몫}$$
$$\underline{x^2+x}$$
$$1\ \text{나머지}$$

11 $A=x^2-2x-3$, $B=(9x^3-6x^2-3x)\div(-3x)$,
$C=(x^2y^2)^3\div(x^3y^3)^2$일 때,
$A-[B-\{2A-(B+C)\}]$를 간단히 하시오.

12 $A=-x^2-x-1$, $B=x^2-2x+3$,
$C=x^2+2x-4$일 때, $3A+[3B-5\{B+2(A-C)\}]$
를 간단히 하면 ax^2+bx+c이다. 상수 a, b, c의 값을
각각 구하시오.

13 $A=(12x^5y^4-8x^4y^5)\div(-2xy^2)^2$,
$B=x^3-2x^2y+x-2y$일 때,
$A-(B-2C)=2x^3+3x+4y$를 만족시키는 다항식 C
를 구하시오.

14 $a:b=3:4$일 때, $\dfrac{ab}{a^2+b^2}$의 값을 구하시오.

15 $a:b:c=2:3:4$일 때, $\dfrac{ab+bc+ca}{a^2+b^2+c^2}$의 값을
구하시오.

2 STEP
실력 높이기

01 $3x(Bx+5)+A(Bx+5)=6x^2+Cx-10$일 때, $A+B+C$의 값을 구하시오. (단, A, B, C는 상수)

서술형

02 $x-[x^2-2x-\{x-(x^2-x+1)\}]$을 간단히 하시오.

03 $A=x(2x+1)-(2x+1)$,
$B=(8x^3+2x^2-6x)\div(-2x)$,
$C=(2x^4y^2)^3\div(2x^5y^3)^2$일 때,
$A-[2B-\{A-2(B+C)\}]$를 간단히 하시오.

04 $A=(8x^3y^4-16x^3y^5-4x^2y^5)\div(-2xy^2)^2$,
$B=2x(1-2x+y)-y(1-2x+y)$일 때,
$B-(A+C)=4xy-y^2$을 만족시키는 다항식 C를 구하시오.

05 x에 대한 두 단항식 A, B에 대하여
$\dfrac{A-8x^4}{2x^3}=2x^4+B$일 때, $\dfrac{A}{B}$를 간단히 하시오.
(단, A의 차수가 B의 차수보다 크다.)

06 $x=-1$, $y=2$, $z=-3$일 때, $2x+y-[2x+y-2z-\{3x-(x+y)\}]$의 값을 구하시오.

07 오른쪽 그림과 같은 직사각형에서 색칠한 부분의 넓이를 구하시오.

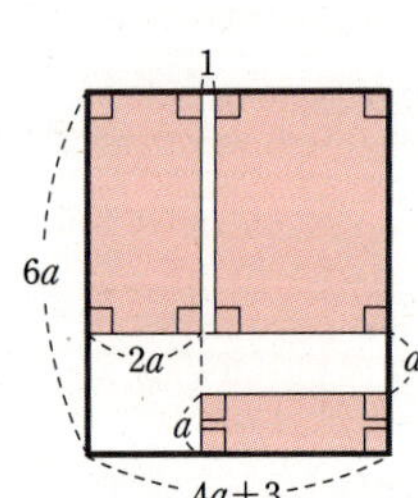

08 어떤 다항식에서 $-x^2-2x+4$를 빼야 할 것을 잘못하여 더하였더니 $4x^2+x-3$이 되었다. 바르게 계산한 식을 구하시오.

09 자연수 a에 대하여 $147a+441(a-3)$이 자연수 b의 제곱이 될 때, a, b의 최솟값의 합은?

① 20   ② 22   ③ 24

④ 26   ⑤ 28

10 $a : b : c = 1 : 2 : 3$일 때,

$4\left(\dfrac{2}{3}a^2bc - \dfrac{1}{12}abc^2 + \dfrac{1}{3}b^2c^2\right) \div \dfrac{1}{3}ab^2c$의 값을 구하시오.

11 $a : b = 3 : 4$, $b : c = 3 : 5$일 때, $\dfrac{a-b+c}{a+b-c}$의 값을 구하시오.

12 $x : y : z = a : b : c$일 때,

$\left(\dfrac{x^3}{a^2} + \dfrac{y^3}{b^2} + \dfrac{z^3}{c^2}\right) : \dfrac{(x+y+z)^3}{(a+b+c)^2}$을 가장 간단한 자연수의 비로 나타내시오.

13 세 개의 수가 있다. 이 수들을 두 개씩 더하면 각각 a, b, c가 되고, 처음 세 수를 곱하면 1이 된다고 한다. 이때 처음 세 수를 두 개씩 곱한 수들의 역수의 합을 a, b, c로 나타낸 것은?

① $a+b+c$ ② $\dfrac{a+b+c}{2}$ ③ $\dfrac{a+b+c}{3}$

④ $\dfrac{a+b+c}{4}$ ⑤ $\dfrac{a+b+c}{5}$

14 오른쪽 그림과 같이 $\overline{AC} = \overline{BC} = 6\ \text{cm}$인 직각이등변삼각형 ABC에서 점 P와 점 Q는 각각 점 B와 점 C를 동시에 출발하여 삼각형의 변을 따라 시계 반대 방향으로 매초 $3\ \text{cm}$, $2\ \text{cm}$의 속력으로 움직여 각각 점 C와 점 A에 도착하면 정지한다고 한다. 출발한 지 t초 후에 $\overline{BP} : \overline{BC} = \overline{AQ} : \overline{AC}$일 때, t의 값을 구하시오.

(단, 점 P와 점 Q의 속력은 일정하다.)

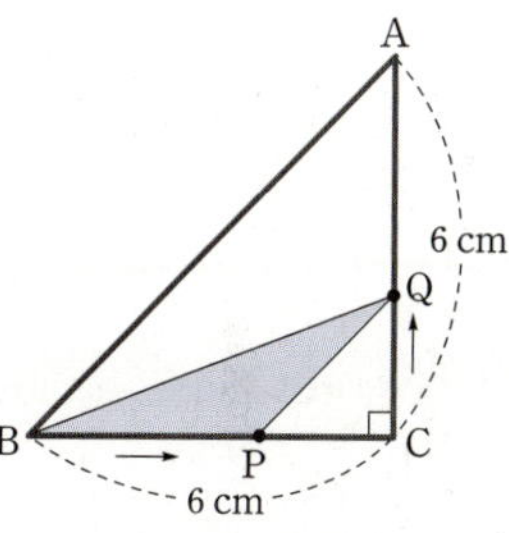

01 $2a+7b=-5$일 때, $2b-\dfrac{2a-3b}{5}+\dfrac{2a-5b}{3}$의 값을 구하시오.

02 $\dfrac{1}{a}-\dfrac{1}{b}=6$일 때, $\dfrac{3a-3b-2ab}{a-b}$의 값을 구하시오.

03 $a:b=2:1$, $b:c=2:3$일 때, $\dfrac{a(ab+bc)+b(bc+ca)+c(ca+ab)}{abc}$의 값을 구하시오.

04 서로 다른 두 자연수 x, y의 최소공배수는 60이고, $2x-3y=24$일 때, $x-y$의 값은?

① 6   ② 12   ③ 18

④ 30   ⑤ 36

05 어떤 도시에 거주하는 사람들의 수를 조사해 보았더니 남녀의 비는 5 : 6이고, 이 도시의 동부 지역에서 거주하는 남녀의 비는 9 : 10, 서부 지역에서 거주하는 남녀의 비는 4 : 5였다. 남녀 각각에 대해 동부 지역과 서부 지역에 거주하는 사람들의 수의 비를 구하시오. (단, 도시 전체는 동부 지역과 서부 지역으로만 나누어져 있다.)

단원 종합 문제

01 다음 중 옳은 것을 모두 고르면? (정답 2개)

① 유리수는 모두 유한소수이다.
② 무한소수는 모두 유리수이다.
③ 유한소수 중에는 유리수가 아닌 것도 있다.
④ 무한소수 중에는 순환소수가 아닌 것도 있다.
⑤ 분수를 소수로 나타내면 유한소수이거나 순환소수이다.

02 $x = \dfrac{b}{a}$ (a, b는 정수, $a \neq 0$)일 때, 다음 **보기** 중 x에 해당하는 수는 모두 몇 개인지 구하시오.

$$\begin{array}{ll} \text{ㄱ. } 2.0\dot{1} & \text{ㄴ. } -\dfrac{3}{7} \\ \text{ㄷ. } -0.06 & \text{ㄹ. } 0.1012012301234\cdots \\ \text{ㅁ. } \pi & \text{ㅂ. } 0.1010010001\cdots \\ \text{ㅅ. } 0 & \text{ㅇ. } 3.14 \end{array}$$

03 다음은 분수 $\dfrac{3a}{2 \times 5^2 \times 7}$ 를 유한소수 c로 나타내는 과정이다. 이때 상수 a, b, c에 대하여 $bc - a$의 값을 구하시오. (단, a는 가장 작은 두 자리의 자연수)

$$\frac{3 \times a}{2 \times 5^2 \times 7} = \frac{12}{b} = c$$

04 $\dfrac{3}{2^2 \times 5 \times x}$ 을 소수로 나타낼 때, 순환소수가 되도록 하는 20보다 작은 짝수 x를 모두 더한 값을 구하시오.

05 오른쪽은 나눗셈을 이용하여 $\dfrac{3}{7}$을 소수로 나타내는 과정이다. 이 값을 이용하여 $\dfrac{5}{7}$를 순환소수로 나타내시오.

$$\begin{array}{r} 0.428571 \\ 7)\overline{3} \\ \underline{28} \\ 20 \\ \underline{14} \\ 60 \\ \underline{56} \\ 40 \\ \underline{35} \\ 50 \\ \underline{49} \\ 10 \\ \underline{7} \\ 3 \end{array}$$

06 다음 중 옳지 <u>않은</u> 것은?

① $(-a^2b) \times 3ab^3 = -3a^3b^4$

② $(2x^3y)^2 \div (-2x^2) = x^4y^2$

③ $\dfrac{6a^2b^4}{ab^2} \div \dfrac{3b}{a} = 2a^2b$

④ $\dfrac{8}{3}x^2y \div (2x)^2 = \dfrac{2}{3}y$

⑤ $5a^3 \times \dfrac{1}{2}a = \dfrac{5}{2}a^4$

07 $(-2x)^\square \div 4y^3 \times 6y \div (-y)^\square = -\dfrac{6x^\square}{y^5}$ 에서 $\square$ 안에 알맞은 수들의 합을 구하시오.

08 $ax(2x+b) - 5(2x+b)$를 간단히 하면 $cx^2 + 2x - 20$이 된다. 이때 상수 a, b, c의 값을 각각 구하시오.

09 $(-6xy + 12x^2y) \div A = B - 2x$를 만족시키는 단항식 A, B의 합을 모두 구하시오.

10 $3^5 \div 3^x = \dfrac{1}{27}$ 을 만족시키는 x의 값을 구하시오.

11 $56 = 2^m(2^n - 1)$을 만족시키는 양의 정수 m, n의 차를 구하시오.

12 $\dfrac{3}{13}$을 소수로 나타낼 때, 소수점 아래 55번째 자리의 숫자를 x, 소수점 아래 77번째 자리의 숫자를 y라 하자. 이때 $|2x - y|$의 값을 구하시오.

$$\left(\text{단, } \dfrac{3}{13} = 0.\dot{2}3076\dot{9} \right)$$

13 분수 $\dfrac{21}{5x}$을 소수로 나타내면 순환소수가 될 때, 20보다 작은 자연수 x의 모든 합을 구하시오.

14 $a = \dfrac{1}{5}$, $b = \dfrac{1}{2}$일 때, $5 \times a^5 \times b^4 = \dfrac{1}{10^x}$을 만족시키는 x의 값은?

① 1   ② 3   ③ 4
④ 5   ⑤ 8

15 $x : y : z = 2 : 1 : 3$일 때, $\dfrac{x - 3y + z}{2x + y - 3z}$의 값을 구하시오.

16 하은, 영서, 희선, 나연 네 사람이 이어달리기를 하려고 한다. 하은이는 시속 4 km로 x km를, 영서는 시속 5 km로 2.5 km를, 희선이는 시속 6 km로 $2x$ km를, 나연이는 시속 8 km로 x^2 km를 달리기로 할 때, 총 걸리는 시간을 Ax^2+Bx+C로 나타낼 수 있다. 이때 $\dfrac{C}{A}-12B$의 값을 구하시오.

(단, A, B, C는 상수이고, 네 사람의 속력은 일정하다.)

17 $\dfrac{0.\dot{1}}{0.1}+\dfrac{0.\dot{2}}{0.2}+\dfrac{0.\dot{3}}{0.3}+\cdots+\dfrac{0.\dot{8}}{0.8}$ 을 계산하시오.

18 분수 $\dfrac{x}{45}$ 는 유한소수로 나타낼 수 있고, 기약분수로 고치면 $\dfrac{11}{y}$ 이 된다. x가 $50<x<100$인 정수일 때, $x+y$의 값을 구하시오.

19 한 자리의 자연수 a, b에 대하여 두 무한소수 $0.\dot{a}\dot{b}$와 $0.\dot{b}\dot{a}$의 합이 $0.\dot{4}$일 때, 두 무한소수의 차를 순환소수로 나타내시오. (단, $a>b$)

20 오른쪽 그림에서 x의 값을 구하시오.

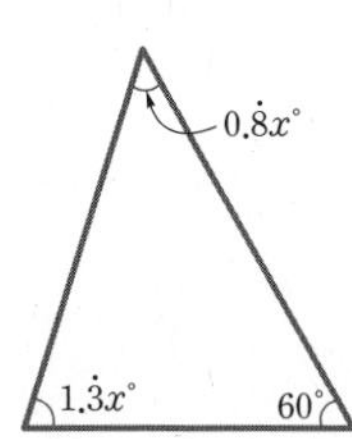

21 $0.\dot{6}$에 어떤 수를 곱하였더니 $2.\dot{6}$이 되었다. 이때 어떤 수를 구하시오.

22 어떤 자연수에 $1.2\dot{4}$를 곱해야 할 것을 잘못해서 1.24를 곱하였더니 바르게 계산한 값보다 8만큼 작아졌다. 이때 어떤 자연수를 구하시오.

23 a, b, c가 자연수일 때, $x=0.\dot{5}\times a$, $y=0.\dot{7}\times b$, $z=\square\times c$이다. z는 x이면서 동시에 y가 되는 수일 때, $\square$ 안에 알맞은 가장 작은 수를 순환소수로 나타내시오.

24 $3^{2x}=a$일 때, $\dfrac{3^{5x}}{3^{3x}+3^{x}}$을 a에 대한 식으로 나타내면?

① a ② a^2 ③ $\dfrac{a}{a+1}$

④ $\dfrac{a^2}{a+1}$ ⑤ $\dfrac{a^2}{a^2+1}$

25 $2-\dfrac{1}{1+\dfrac{3}{a}}=1.\dot{8}\dot{1}$이고 $a=0.\dot{x}$일 때 한 자리의 자연수 x의 값을 구하시오.

26 $x=0.\dot{3}$일 때, $1-\cfrac{1}{1-\cfrac{1}{x}}$의 값을 구하시오.

27 $0.21\dot{6}$, $\dfrac{11}{70}$에 어떤 자연수 A를 각각 곱하여 모두 유한소수로 나타내려고 할 때, 가장 작은 A의 값을 구하시오.

28 a, b가 한 자리의 자연수이고 $0.\dot{a}\dot{b}+0.\dot{b}\dot{a}=0.\dot{7}$일 때, $a+b$의 값을 구하시오.

29 $275 \times \left(\dfrac{1}{10^3} + \dfrac{1}{10^6} + \dfrac{1}{10^9} + \cdots \right)$을 계산하시오.

30 오른쪽 그림과 같은 직사각형 ABCD에서 △APQ의 넓이를 a와 b에 대한 식으로 나타내시오.

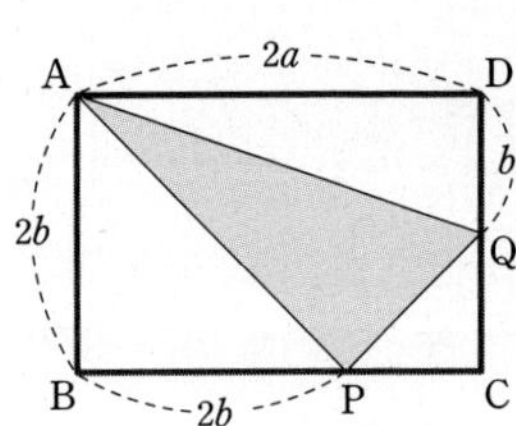

II 부등식

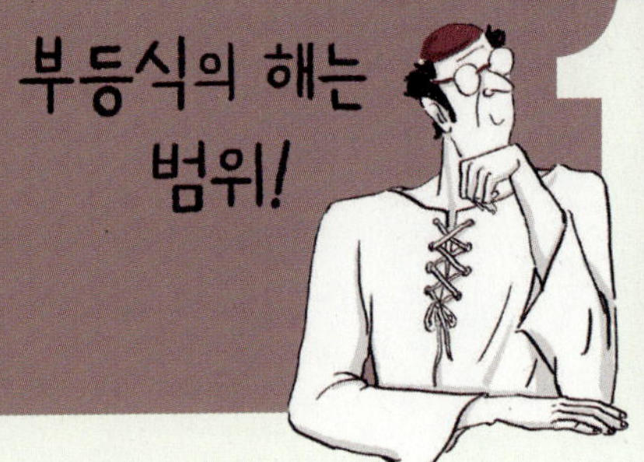

1 일차부등식

1 부등식과 그 해

(1) **부등식**: 두 수 또는 두 식의 대소 관계를 부등호($>$, $<$, $\geq$, $\leq$)를 써서 나타낸 식을 부등식이라 한다. 이때 부등호의 왼쪽 부분을 좌변, 오른쪽 부분을 우변이라 하고 좌변과 우변을 통틀어 양변이라 한다.

(2) **부등식의 해**: 부등식을 참이 되게 하는 미지수의 값

(3) **부등식을 푼다**: 부등식의 해를 구하는 것

부등호가 있는 식, 부등식!

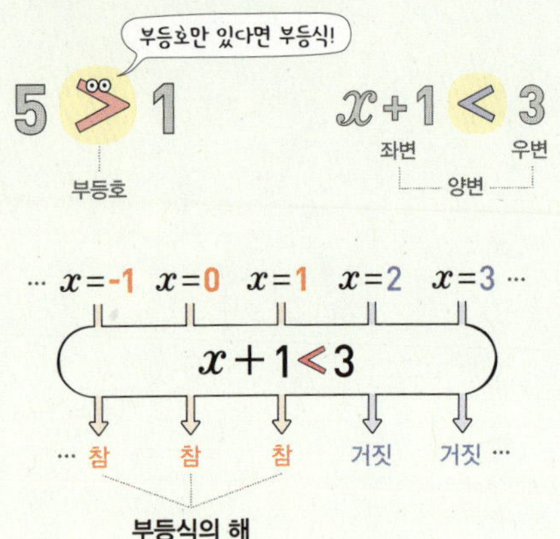

2 부등식의 성질

(1) 부등식의 양변에 같은 수를 더하거나 빼도 부등호의 방향은 바뀌지 않는다. 즉,
$a<b$이면 $a+c<b+c$, $a-c<b-c$

(2) 부등식의 양변에 같은 양수를 곱하거나 나누어도 부등호의 방향은 바뀌지 않는다.
즉, $a<b$, $c>0$이면 $ac<bc$, $\dfrac{a}{c}<\dfrac{b}{c}$ (부등호 방향 그대로)

(3) 부등식의 양변에 같은 음수를 곱하거나 나누면 부등호의 방향이 바뀐다. 즉,
$a<b$, $c<0$이면 $ac>bc$, $\dfrac{a}{c}>\dfrac{b}{c}$ (부등호 방향 반대로)

참고 $c=0$인 경우는 다루지 않고, 위의 (1), (2), (3)에서 $<$를 $\leq$로 바꾸어도 성립한다.

수의 대소 관계가 부등호의 방향을 결정해!

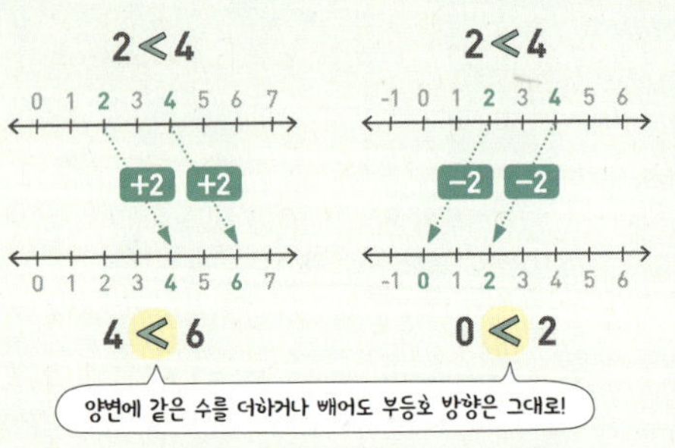

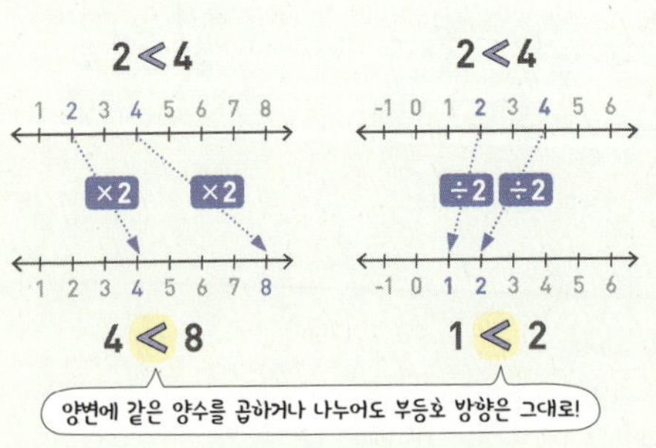

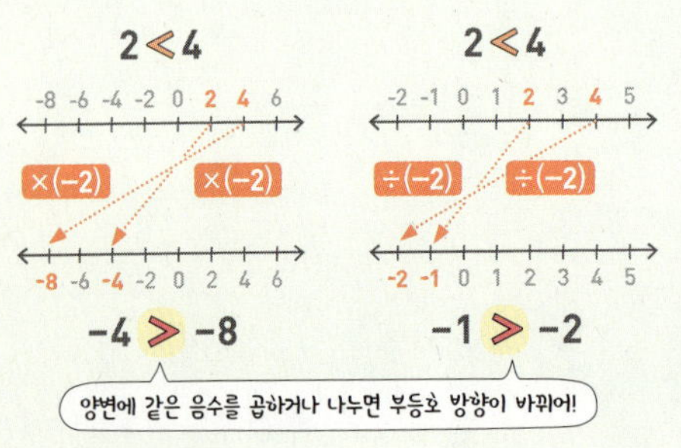

3 일차부등식의 풀이

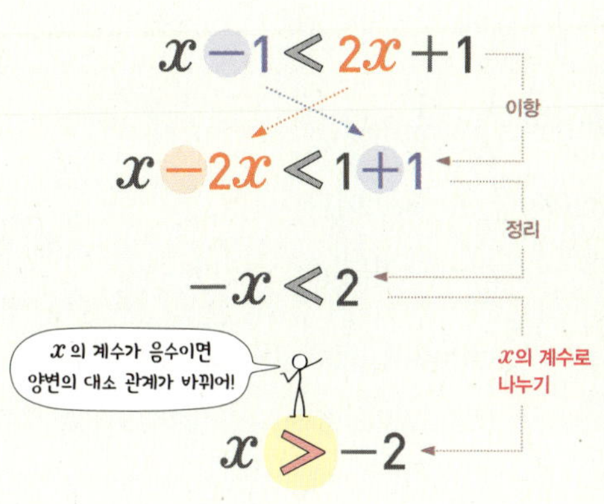

(1) **일차부등식**: (일차식)>0, (일차식)<0, (일차식)≥0, (일차식)≤0의 꼴로 변형되는 부등식

(2) **일차부등식의 풀이**

① 주어진 부등식의 x항은 좌변으로, 상수항은 우변으로 이항한다. 이때

　괄호가 있으면 먼저 괄호를 푼다.

　계수가 분수이면 먼저 양변에 분모의 최소공배수를 곱하여 계수를 정수로 고친다.

　계수가 소수이면 먼저 양변에 10의 거듭제곱을 곱하여 계수를 정수로 고친다.

② 양변을 간단히 하여 $ax>b$, $ax<b$, $ax\geq b$, $ax\leq b$ $(a\neq0)$의 꼴로 만든다.

③ 양변을 x의 계수로 나눈다. 이때 계수가 음수이면 부등호의 방향을 바꾼다.

4 절댓값 기호를 포함한 일차부등식

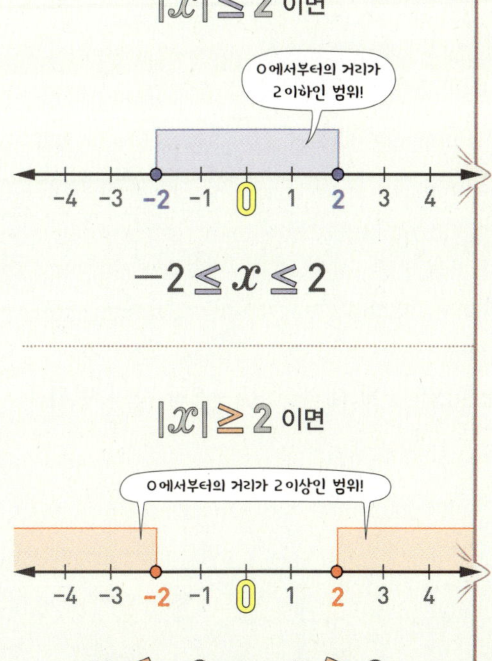

(1) |(일차식)|이 나오는 부등식은 (일차식)≥0인 경우와 (일차식)<0인 경우로 나누어서 푼다.

(2) a가 양수일 때, $\begin{cases} |(일차식)|\leq a \Rightarrow -a\leq(일차식)\leq a \\ |(일차식)|\geq a \Rightarrow (일차식)\leq -a \text{ 또는 } (일차식)\geq a \end{cases}$

　예 $|2x+1|\leq3$에서 $-3\leq2x+1\leq3$ 　∴ $-2\leq x\leq1$

주제별 실력다지기

부등식의 성질

(1) $a<b$이면 $a+c<b+c$, $a-c<b-c$

(2) $a<b$, $c>0$이면 $ac<bc$, $\dfrac{a}{c}<\dfrac{b}{c}$ (부등호 방향 그대로)

(3) $a<b$, $c<0$이면 $ac>bc$, $\dfrac{a}{c}>\dfrac{b}{c}$ (부등호 방향 반대로)

---

01 $a>b$일 때, 다음 **보기** 중 항상 성립하는 것을 모두 고르시오.

┌─────── 보기 ───────┐

ㄱ. $\dfrac{1}{a}<\dfrac{1}{b}$ (단, $ab\neq0$)   ㄴ. $a^2>b^2$

ㄷ. $a+c>b+c$ ㄹ. $ac>bc$

ㅁ. $\dfrac{a}{c}<\dfrac{b}{c}$ (단, $c\neq0$)   ㅂ. $3a-1>3b-1$

ㅅ. $-2a-c<-2b-c$ ㅇ. $a^3>b^3$

└──────────────────┘

02 $a>b$이고 $c>d$일 때, 다음 **보기** 중 항상 성립하는 것을 모두 고르시오.

┌─────── 보기 ───────┐

ㄱ. $ac>bd$

ㄴ. $\dfrac{a}{c}>\dfrac{b}{d}$ (단, $cd\neq0$)

ㄷ. $a+c>b+d$

ㄹ. $a-c>b-d$

ㅁ. $c<0$, $b>0$이면 $\dfrac{d}{c}>\dfrac{b}{a}$

ㅂ. $ab<0$, $d>0$이면 $ad<bc$

ㅅ. $a=0$, $d<0$이면 $ac<bd$

ㅇ. $a<0$, $c<0$이면 $ac<bd$

└──────────────────┘

03 다음 중 옳지 <u>않은</u> 것은?

① $a<b<0$, $c<0$이면 $ac<bc$이다.

② $ab>0$, $a>b$이면 $\dfrac{1}{a}<\dfrac{1}{b}$이다.

③ $a>b>0$, $c<0$이면 $ac<bc$이다.

④ $-3(a-5)>-3(b-5)$이면 $a<b$이다.

⑤ $x<-1$이면 $x<\dfrac{1}{x}$이다.

04 $a-b>0$, $a+b<0$, $a>0$일 때, 다음 중 옳지 <u>않</u>은 것은?

① $a>b$ ② $|a|<|b|$ ③ $b<0$

④ $a^2>b^2$ ⑤ $\dfrac{1}{a}>\dfrac{1}{b}$

05 $-3<x\leq2$인 x에 대하여 $3x-2$의 값의 범위를 구하시오.

06 $-2\leq x<7$인 x에 대하여 $A=-2x+5$일 때, A의 값의 범위는 $a<A\leq b$이다. 이때 $a+b$의 값을 구하시오.

계수가 분수 또는 소수인 일차부등식

(1) 계수가 분수이면 양변에 분모의 최소공배수를 곱하여 계수를 정수로 고친다.
(2) 계수가 소수이면 양변에 10의 거듭제곱을 곱하여 계수를 정수로 고친다.

---

07 일차부등식 $0.16x-0.05>0.05x+0.72$를 만족시키는 자연수 x의 값 중 가장 작은 값을 구하시오.

08 일차부등식 $0.3x+\dfrac{1}{2}<1.2+\dfrac{1}{5}x$를 만족시키는 자연수 x의 개수를 구하시오.

09 일차부등식 $0.6x-0.2<0.3x+1$의 해를 $x<a$라 하고, 일차부등식 $\dfrac{x}{3}-\dfrac{1}{4}<\dfrac{x}{2}+\dfrac{1}{12}$의 해를 $x>b$라 할 때, $a+b$의 값을 구하시오.

10 두 일차부등식 $0.2x-1.5\leq 0.5x+0.6$과 $\dfrac{x-2}{2}-\dfrac{x-3}{3}\leq 1$을 모두 만족시키는 정수 x의 개수를 구하시오.

계수가 미지수인 부등식

부등식 $ax>b$의 풀이
(1) $a>0$일 때, $x>\dfrac{b}{a}$
(2) $a<0$일 때, $x<\dfrac{b}{a}$
(3) $\begin{cases} a=0,\ b>0\text{일 때, 해가 없다. (불능)} \\ a=0,\ b=0\text{일 때, 해가 없다. (불능)} \\ a=0,\ b<0\text{일 때, 해가 무수히 많다. (부정)} \end{cases}$

---

11 $a<0$일 때, 부등식 $-ax<1$을 푸시오.

12 $a<3$일 때, 부등식 $(a-3)x>2a-6$을 푸시오.

13 x에 대한 부등식 $ax-3b<3a-bx$를 푸시오.

(단, a, b는 상수)

해가 주어진 일차부등식

미지수가 있는 부등식을 풀어 주어진 해와 비교한다. 이때 부등호의 방향에 주의한다.

14 부등식 $3x-a<0$의 해가 $x<-1$일 때, 상수 a의 값을 구하시오.

15 부등식 $ax<3x-18$의 해가 $x>4$일 때, 상수 a의 값을 구하시오.

16 부등식 $ax+4>0$의 해가 $x<2$일 때, 부등식 $-ax>1$을 푸시오. (단, a는 상수)

17 일차부등식 $ax+b<0$의 해가 $x>2$일 때, 부등식 $(a-b)x+(a+b)>0$의 해를 구하시오.

(단, $a\neq0$, a, b는 상수)

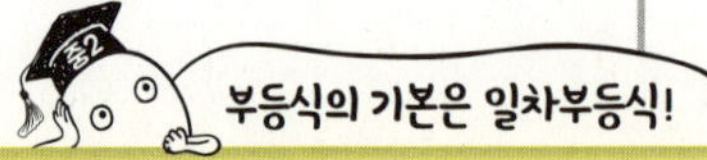

중2 **일차부등식**	고1 **연립일차부등식**	**이차부등식**
부등식의 성질을 이용하여 $x>(수)$ $x<(수)$ $x\geq(수)$ $x\leq(수)$ 의 꼴로 고쳐 해를 구할 수 있다.	$\begin{cases} x+2>1 \\ 2x\leq x+3 \end{cases}$ 각 일차부등식의 해를 구하여 공통 범위를 구한다.	$x^2-2x-3<0$ $(x+1) \times (x-3)$ 일차식의 곱의 형태로 만들어 해를 구한다.

해의 조건이 주어진 부등식(정수의 개수)

부등식을 간단히 정리한 후, 해의 조건을 만족하도록 수직선에 나타내어 미지수의 값을 정한다.

18 부등식 $x<a+2$를 만족시키는 x의 값 중 양의 정수가 2개일 때, a의 값의 범위를 구하시오.

19 부등식 $5x-2(3-x)\leq3x+a$의 자연수인 해가 2개 이상일 때, 상수 a의 값 중 가장 작은 값은?

① -1 ② 0 ③ 1
④ 2 ⑤ 3

20 두 개의 주사위 A, B가 있다. 주사위 A의 각 면에는 $a\leq x\leq6$인 유리수 x를 6개 적어 넣었고, 주사위 B의 각 면에는 $5\leq y\leq6$인 유리수 y를 6개 적어 넣었다. 두 주사위를 던져 나온 두 수의 합이 정수인 경우는 10, 11, 12뿐일 때, 유리수 a의 값의 범위를 구하시오.

절댓값 기호를 포함한 일차부등식

(1) |(일차식)|이 나오는 부등식은 (일차식)≥0인 경우와 (일차식)<0인 경우로 나누어서 푼다.

(2) a가 양수일 때,
$$\begin{cases} |(일차식)|\leq a \Longrightarrow -a\leq(일차식)\leq a \\ |(일차식)|\geq a \Longrightarrow (일차식)\leq -a \text{ 또는 } (일차식)\geq a \end{cases}$$

21 $|x-1|<3$일 때, x의 값의 범위를 구하시오.

22 $|y-1|\geq5$일 때, y의 값의 범위를 구하시오.

23 $|x|\leq3$이고 x는 정수일 때, 부등식 $-x+5<2x+2$의 해를 모두 구하시오.

실력 높이기

01 $a>b$, $c>0$, $d\leq0$일 때, $\dfrac{ad}{c}$와 $\dfrac{bd}{c}$의 대소 관계를 부등호를 이용하여 나타내시오.

02 네 수 a, b, c, d가 $a<b<0<c<d$일 때, 다음 중 옳은 것을 모두 고르면? (정답 2개)

① $ad>bc$ 　　　② $d-a>c-b$

③ $b-a<d-c$ 　　④ $\dfrac{a+b}{a}<\dfrac{c+d}{d}$

⑤ $\dfrac{d-a}{c}>\dfrac{d-b}{c}$

03 부등식 $ax+1>bx+3$의 해에 대한 다음 설명 중 옳지 <u>않은</u> 것은?

① $a>b$일 때, $x>\dfrac{2}{a-b}$

② $a<b$일 때, $x<\dfrac{2}{a-b}$

③ $a=b$일 때, 해가 모든 수이다.

④ $a=0$, $b>0$일 때, $x<-\dfrac{2}{b}$

⑤ $a=0$, $b<0$일 때, $x>-\dfrac{2}{b}$

04 두 수 a, b에 대하여 $a\circ b=\begin{cases} b\ (a\geq b) \\ a\ (a<b) \end{cases}$ 이고 $-2<x<1$일 때, 부등식 $(x+3)\circ 5-(4-2x)\circ 8<2$의 해를 구하시오.

05 x에 대한 방정식 $x-\dfrac{1}{5}(x-2a)=6$의 해가 15보다 클 때, 상수 a의 값의 범위를 구하시오.

서술형

06 x에 대한 부등식 $ax+1<3x+b$의 해가 없을 때, $a+b$의 값 중 가장 큰 값을 구하시오. (단, a, b는 상수)

07 x에 대한 부등식 $ax-5>bx+4$를 푸시오.
(단, a, b는 서로 다른 상수)

서술형

08 $x+y=5$일 때, 부등식 $1<2x-y\leq7$을 만족시키는 x의 값의 범위를 구하시오.

연결개념

09 $|2x-1|<8$이고 $\dfrac{x+1}{2}$은 정수일 때, 이를 만족시키는 x의 값을 모두 구하시오.

10 부등식 $|ax+1|\leq b$를 만족시키는 x의 값의 범위가 $-2\leq x\leq 4$일 때, 정수 a, b의 값을 각각 구하시오.
(단, $a\neq 0$)

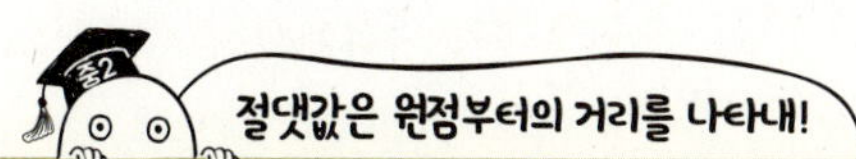

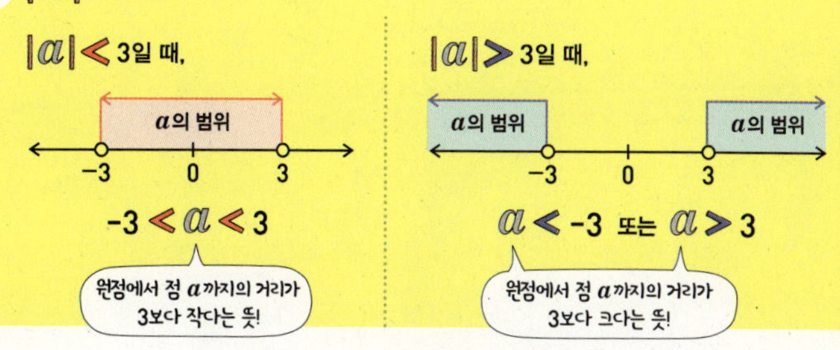

11 부등식 $3x-a\leq2(1-x)$를 만족시키는 자연수인 해가 존재하지 않을 때, 상수 a의 값의 범위를 구하시오.

12 부등식 $\dfrac{5x-1}{2}-a\leq x+3$을 만족시키는 자연수인 해가 3개일 때, 상수 a의 값의 범위를 구하시오.

13 부등식 $(a+b)x+2a-3b>0$의 해가 $x<\dfrac{1}{3}$일 때, 부등식 $(a-3b)x+b-2a>0$을 푸시오.

(단, a, b는 상수)

14 부등식 $(a+2b)x-2a-b>0$의 해가 $x>1$일 때, 부등식 $(a-2b)x+2a-5b<0$을 푸시오.

15 부등식 $4\times2^{x}+18<50$을 만족시키는 홀수 x와 상수 a, b에 대하여 $2ax+b=5a+2bx-5$가 성립할 때, $3a+b$의 값을 구하시오.

3 STEP

최고 실력 완성하기

01 기호 $[a]$가 a를 소수 첫째 자리에서 반올림한 정수를 나타낸다고 하면 $[3.49]=3$이고 $[7.5]=8$이다. 이때 부등식 $2<\left[\dfrac{x}{4}-1\right]<5$를 만족시키는 x의 값의 범위를 구하시오.

02 다음 두 부등식에 대하여 ㉠의 해가 ㉡의 해에 포함될 때, 상수 a의 값 중 가장 작은 정수를 구하시오.

$$3x+1>x+3 \quad \cdots\cdots ㉠$$
$$a+2x>1 \quad \cdots\cdots ㉡$$

03 다음은 우리나라 프로야구 10개 구단의 어느 해 8월 중순의 순위표이다.

순위	팀명	경기	승	패	무	승률	최근 10경기	연속
1	KIA	111	64	45	2	0.587	4승0무6패	1승
2	LG	109	59	48	2	0.551	6승0무4패	5승
3	삼성	112	59	51	2	0.536	7승0무3패	2승
4	두산	114	58	54	2	0.518	6승0무4패	1패
5	SSG	111	55	55	1	0.500	4승0무6패	2승
6	KT	111	53	56	2	0.486	4승0무6패	3패
7	NC	108	49	57	2	0.462	2승0무8패	6패
8	롯데	105	47	55	3	0.461	7승0무3패	2승
9	한화	108	48	58	2	0.453	5승0무5패	3패
10	키움	109	48	61	0	0.440	6승0무4패	1패

최근 10경기의 승패가 남은 경기 동안 동일하게 지속된다고 가정할 때, 키움이 KT보다 높은 순위에 있기 위해서는 적어도 몇 경기를 더 해야 되는지 구하시오.

$$\left(\text{단, }(\text{승률})=\dfrac{(\text{이긴 경기의 수})}{(\text{전체 경기의 수})-(\text{무승부한 경기의 수})}\right)$$

04 연립방정식 $\begin{cases} x+y=6 \\ y+z=10 \\ z+x=a \end{cases}$ 의 해가 모두 양수일 때, 정수 a의 개수를 구하시오.

05 부등식 $a-3b-5 < (a+2b)x < 2a+b-1$을 만족시키는 x의 값의 범위가 $2 < x < 3$이 되도록 하는 정수 a, b의 값을 각각 구하시오.

06 75보다 작은 자연수 n이 있다. $\dfrac{n}{75}$을 소수로 나타내면 소수 첫째 자리의 수는 1, 소수 셋째 자리의 수는 3이다. 또, $\dfrac{n+1}{75}$을 소수로 나타내면 소수 둘째 자리의 수는 8이다. 이때 n의 값을 구하시오.

07 $x \geq y \geq 5$, $z \geq 5$일 때, 방정식 $\dfrac{1}{x}+\dfrac{1}{y}-\dfrac{1}{z}=\dfrac{1}{3}$의 정수인 해의 순서쌍 (x, y, z)를 모두 구하시오.

부등식 $ax > b$의 풀이

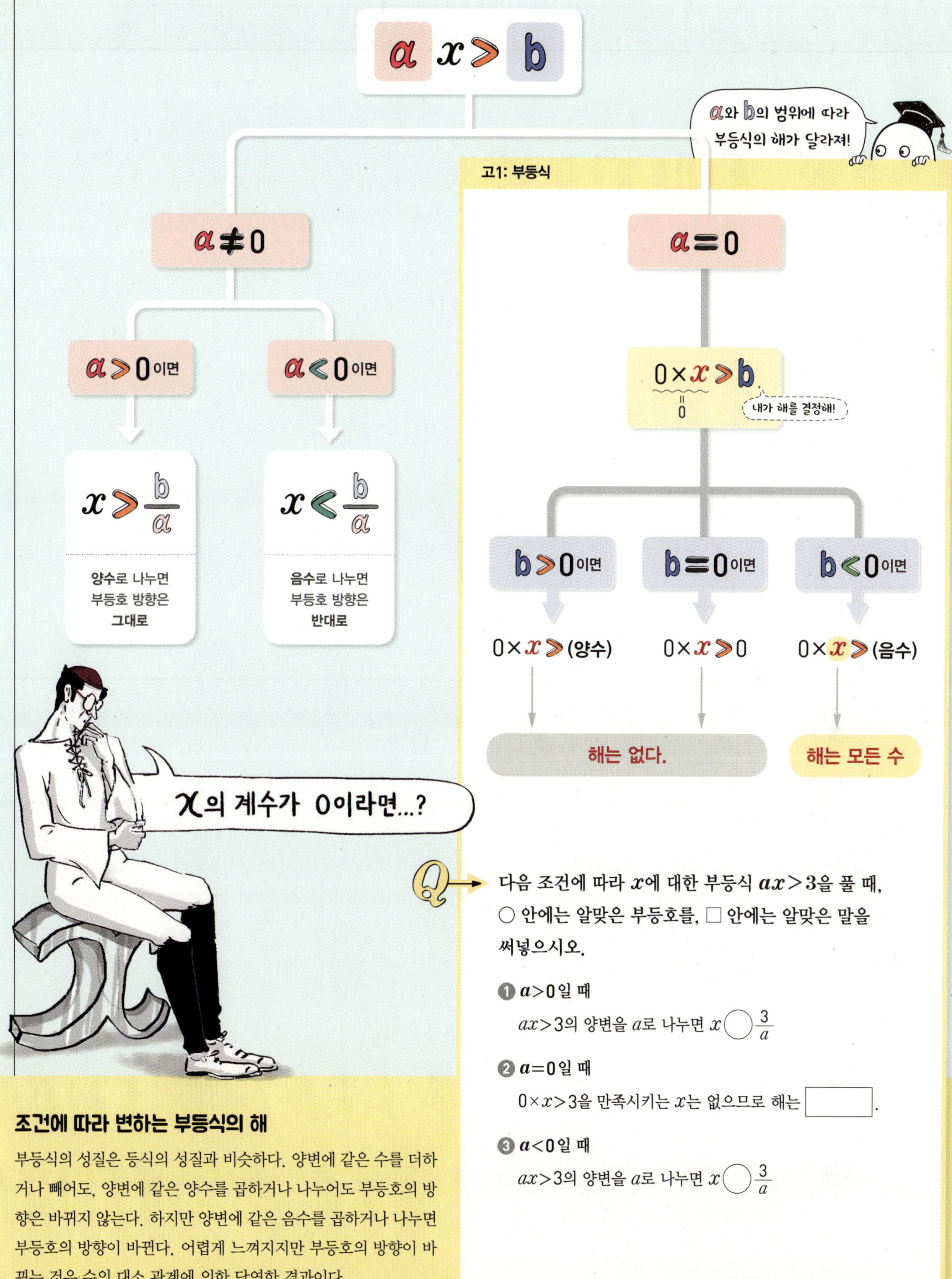

Q 다음 조건에 따라 x에 대한 부등식 $ax > 3$을 풀 때, ○ 안에는 알맞은 부등호를, □ 안에는 알맞은 말을 써넣으시오.

❶ $a > 0$일 때

　$ax > 3$의 양변을 a로 나누면 $x \bigcirc \dfrac{3}{a}$

❷ $a = 0$일 때

　$0 \times x > 3$을 만족시키는 x는 없으므로 해는 □.

❸ $a < 0$일 때

　$ax > 3$의 양변을 a로 나누면 $x \bigcirc \dfrac{3}{a}$

조건에 따라 변하는 부등식의 해

부등식의 성질은 등식의 성질과 비슷하다. 양변에 같은 수를 더하거나 빼어도, 양변에 같은 양수를 곱하거나 나누어도 부등호의 방향은 바뀌지 않는다. 하지만 양변에 같은 음수를 곱하거나 나누면 부등호의 방향이 바뀐다. 어렵게 느껴지지만 부등호의 방향이 바뀌는 것은 수의 대소 관계에 의한 당연한 결과이다. (음수) < 0 < (양수)임을 기억하고 부등호의 방향을 생각한다.

정답 ❶ > ❷ 없다 ❸ <

2 일차부등식의 활용

1 일차부등식의 활용 문제를 푸는 순서

모르는 것을 x로 놓고 부등식을 세워!

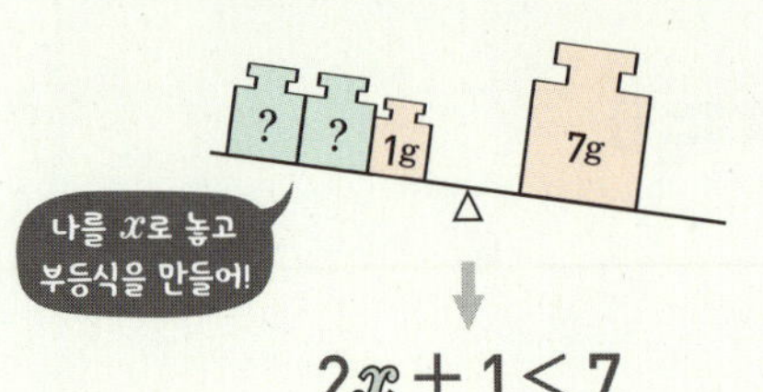

(1) 문제의 뜻을 파악하고 무엇을 미지수 x로 나타낼 것인가를 정한다.

(2) x를 사용하여 문제의 뜻에 맞는 일차부등식을 세운다.

(3) 이 일차부등식을 풀어 x의 값의 범위를 구한다.

(4) 구한 해가 문제의 뜻에 맞는지 확인한다.

2 부등식을 이용한 여러 가지 활용 문제

1 거리 · 속력 · 시간

① 1km를 1시간 이내에 갈 때, 중간에 속력이 바뀌면

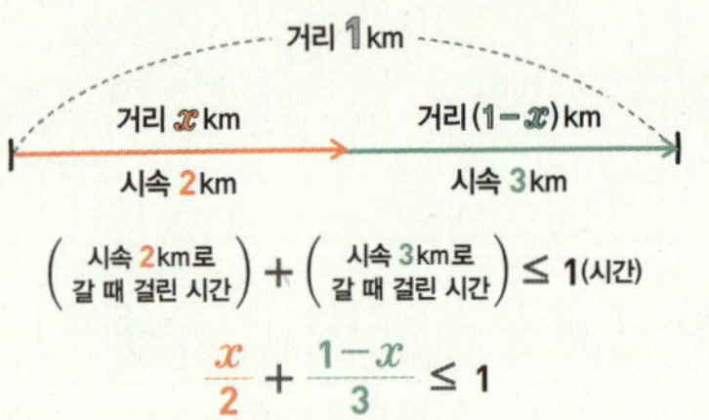

$$\left(\begin{array}{c}\text{시속 2km로}\\\text{갈 때 걸린 시간}\end{array}\right) + \left(\begin{array}{c}\text{시속 3km로}\\\text{갈 때 걸린 시간}\end{array}\right) \leq 1\text{(시간)}$$

$$\frac{x}{2} + \frac{1-x}{3} \leq 1$$

② $x$km를 1시간 이내에 왕복하면

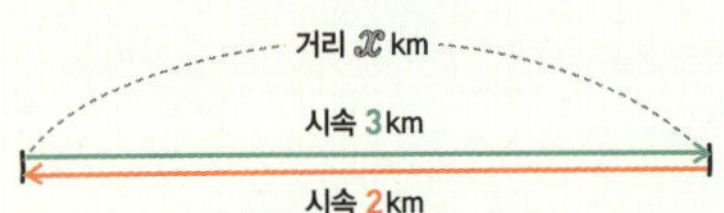

$$(\text{갈 때 걸린 시간}) + (\text{올 때 걸린 시간}) \leq 1\text{(시간)}$$

$$\frac{x}{3} + \frac{x}{2} \leq 1$$

③ x시간 동안 동시에 반대로 움직여 5km 이상 떨어지면

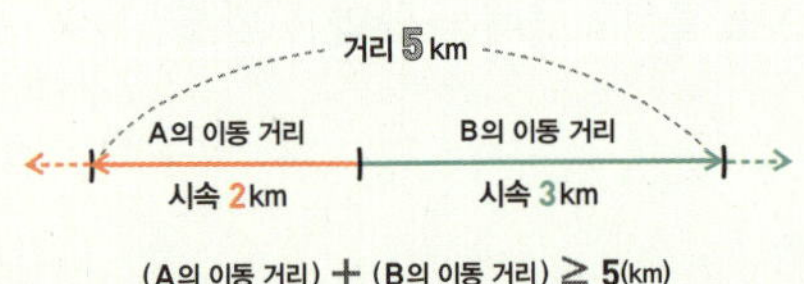

$$(\text{A의 이동 거리}) + (\text{B의 이동 거리}) \geq 5\text{(km)}$$

$$2x + 3x \geq 5$$

2 소금물의 농도

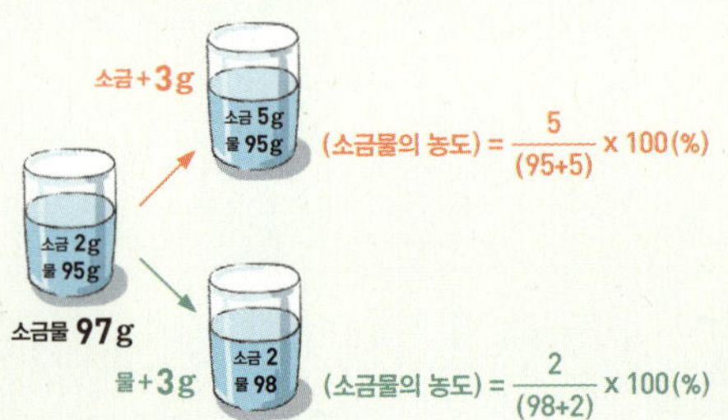

(1) 수에 관한 문제

① (물건의 총 판매 금액) = (단가) × (수량)

② (두 자리의 자연수) $= 10x + y$

(2) 시간 · 거리 · 속력에 관한 문제

① $(\text{속력}) = \dfrac{(\text{거리})}{(\text{시간})}$

② $(\text{시간}) = \dfrac{(\text{거리})}{(\text{속력})}$

③ (거리) = (속력) × (시간)

(3) 소금물의 농도에 관한 문제

① $(\text{소금물의 농도}) = \dfrac{(\text{소금의 양})}{(\text{소금물의 양})} \times 100(\%)$

② $(\text{소금의 양}) = \dfrac{(\text{소금물의 농도})}{100} \times (\text{소금물의 양})$

(4) 증감에 관한 문제

① x가 $a\,\%$ 증가 : $x\left(1 + \dfrac{a}{100}\right)$

② y가 $b\,\%$ 감소 : $y\left(1 - \dfrac{b}{100}\right)$

(5) 도형에 관한 문제

① 삼각형일 때, (두 변의 길이의 합) > (나머지 한 변의 길이)

② 도형의 넓이

(삼각형의 넓이) $= \dfrac{1}{2} \times (\text{밑변의 길이}) \times (\text{높이})$

(직사각형의 넓이) = (가로의 길이) × (세로의 길이)

(사다리꼴의 넓이) $= \dfrac{1}{2} \times \{(\text{윗변의 길이}) + (\text{아랫변의 길이})\} \times (\text{높이})$

(평행사변형의 넓이) = (밑변의 길이) × (높이)

1 STEP

주제별 실력다지기

시간 · 거리 · 속력에 관한 문제

속력은 단위 시간에 간 평균 거리이므로

(1) $(속력) = \dfrac{(거리)}{(시간)}$

(2) $(시간) = \dfrac{(거리)}{(속력)}$

(3) $(거리) = (속력) \times (시간)$

01 ㉮시에서 40 km 떨어진 ㉯시까지 가는데 처음에는 시속 12 km로 자전거를 타고 가다가 도중에 자전거가 고장나서 시속 4 km로 걸었더니 4시간 이하가 걸렸다. 이때 자전거가 고장난 곳은 ㉮시로부터 몇 km 이상 떨어진 지점인지 구하시오.

02 소현이가 집에서 학교까지 갈 때는 시속 4 km, 올 때는 같은 길로 시속 2 km로 걸어서 왕복하는 데 걸리는 시간이 2시간 이하일 때, 집에서 학교까지의 거리는 몇 km 이하인지 구하시오.

03 기차역에서 기차를 기다리는 1시간을 이용하여 상점에서 물건을 사오려고 한다. 시속 4 km로 걸어서 왕복하고 물건을 사는 데 15분이 걸린다고 하면 역에서 몇 km 이내에 있는 상점을 이용할 수 있는지 구하시오.

04 A 지점으로부터 24 km 떨어져 있는 B 지점까지 가는데 처음에는 시속 6 km로 걷다가 10분을 쉬고, 그 후에는 시속 4 km로 걸어서 전체 걸린 시간을 4시간 30분 이하로 하려고 한다. 이때 시속 6 km로 걸어야 할 거리는 몇 km 이상인지 구하시오.

소금물의 농도에 관한 문제

농도는 용액에 대한 용질의 비의 백분율이므로

(1) $(소금물의 농도) = \dfrac{(소금의 양)}{(소금물의 양)} \times 100 (\%)$

(2) $(소금의 양) = \dfrac{(소금물의 농도)}{100} \times (소금물의 양)$

05 10 %의 소금물 450 g에 물을 더 넣어서 8 % 이하의 소금물로 만들려면 더 넣는 물은 몇 g 이상이어야 하는지 구하시오.

06 8 %의 소금물 450 g에 소금을 더 넣어서 소금물의 농도를 10 % 이상으로 만들려고 한다. 더 넣는 소금은 몇 g 이상이어야 하는지 구하시오.

07 10 %의 소금물 200 g에서 물을 증발시켜 12 % 이상의 소금물을 만들려면 증발시키는 물은 몇 g 이상이어야 하는지 구하시오.

08 15 %의 소금물과 10 %의 소금물을 섞어서 농도가 12 % 이하인 소금물 200 g을 만들려고 한다. 이때 15 %의 소금물은 몇 g 이하를 섞어야 하는지 구하시오.

금액에 관한 문제

(저금 총액)
＝(처음 가지고 있던 금액)＋(매달 저금하는 액수)×(달 수)

09 현재 형은 25000원, 동생은 40000원을 예금하였다. 다음 달부터 매월 형은 5000원씩, 동생은 2000원씩 저금한다면 몇 개월 후부터 형의 예금액이 동생보다 많아지는지 구하시오.

10 A, B 두 사람에게 6000원을 나누어 주는데 A의 몫의 2배는 B의 몫의 3배 이상이 되도록 하려면 A가 받을 몫은 적어도 얼마인지 구하시오.

<table>
<tr><td>BASIC CONCEPT</td><td>원가 · 정가에 관한 문제</td></tr>
</table>

(이윤)＝(정가)－(원가)

(1) 원가가 x원인 상품에 $a\,\%$의 이윤을 붙인 정가:

$$x\left(1+\dfrac{a}{100}\right)원$$

(2) 정가가 y원인 상품을 $b\,\%$ 할인한 가격: $y\left(1-\dfrac{b}{100}\right)원$

---

11 원가에 20 %의 이익을 붙여 정한 정가에서 1000원을 할인하여 팔았을 때, 이익이 원가의 10 % 이상이었다면 원가는 얼마 이상인지 구하시오.

12 원가가 3000원인 물건을 정가의 10 %를 할인하여 팔아서 원가의 20 % 이상의 이익을 얻으려고 한다. 정가는 얼마 이상으로 정하면 되는지 구하시오.

13 원가에 60 %의 이익을 붙여서 정가를 정한 상품이 있다. 이 상품의 정가를 할인하여 손해는 보지 않고 팔려고 할 때, 정가의 몇 % 이하로 할인하면 되는지 구하시오.

<table>
<tr><td>BASIC CONCEPT</td><td>입장료에 관한 문제</td></tr>
</table>

(1) (할인된 단체 입장료) < (입장료) × (입장객 수)일 때, 경제적이다.

(2) x에서 $a\,\%$를 할인: $x\left(1-\dfrac{a}{100}\right)$

---

14 동물원의 단체 입장료가 20명까지는 10000원이고 20명에서 한 명이 증가할 때마다 200원씩 더 내도록 되어 있다. 20명 이상의 단체가 입장할 때, 한 사람의 입장료가 평균 400원 이하가 되도록 하려면 몇 명 이상 입장해야 하는지 구하시오.

15 공원 입장료가 1인당 1000원이다. 36명 이상이 단체로 구입할 경우에는 30 %를 할인해 준다고 한다. 36명 미만의 단체가 몇 명 이상이면 36명의 단체 입장권을 구입하는 것이 더 경제적인지 구하시오.

16 50명 이상의 단체 관람객에게는 입장료의 35 %를 할인해 주는 박물관이 있다. 50명 미만의 단체가 몇 명 이상이면 50명의 단체 입장권을 구입하여 관람하는 것이 더 경제적인지 구하시오.

17 어느 연주회의 입장료는 30명 이상 60명 미만의 단체에게는 25 %를 할인해 주고, 60명 이상의 단체에게는 30 %를 할인해 준다고 한다. 30명 이상 60명 미만의 단체는 몇 명 이상일 때 60명의 단체로 할인 받는 것이 더 경제적인지 구하시오.

18 남자 1명이 6일 만에 할 수 있고, 여자 1명이 10일 만에 할 수 있는 일을 남녀를 합하여 8명이 하루에 끝내려고 할 때, 남자는 몇 명 이상 있어야 하는지 구하시오.

19 어느 수조에 물을 가득 채우는 데 A 호스 한 개로는 5시간이 걸리고, B 호스 한 개로는 15시간이 걸린다고 한다. A, B 두 호스를 합하여 9개를 사용하여 한 시간 이내에 물을 가득 채우려면 A 호스는 몇 개 이상 사용해야 하는지 구하시오.

20 두 자연수의 합은 40이고 한 자연수는 다른 자연수의 2배에 10을 더한 것보다 크다. 두 자연수의 차가 가장 작을 때, 두 자연수를 구하시오.

21 연속하는 세 정수의 합이 100보다 클 때, 가장 작은 세 정수를 구하시오.

22 십의 자리의 숫자와 일의 자리의 숫자의 합이 10인 두 자리의 자연수가 있다. 이 자연수의 십의 자리의 숫자와 일의 자리의 숫자를 바꾼 수는 처음 수의 3배보다 크다고 한다. 이때 처음 자연수를 구하시오.

<table><tr><td>BASIC CONCEPT</td><td>

개수와 재료에 관한 문제

(지불해야 하는 총 금액) = (한 개의 가격) × (구입한 개수)

</td></tr></table>

23 1700원짜리 상자에 한 개에 1000원 하는 과자와 1500원 하는 과자를 합해서 15개를 담아 그 가격이 20000원 이하가 되게 하려고 한다. 1500원 하는 과자를 가능한 한 많이 담을 때, 몇 개까지 담을 수 있는지 구하시오.

24 집 근처 A 편의점에서 개당 1500원 하는 삼각김밥이 B 편의점에서는 개당 1000원이라 한다. B 편의점에 가려면 왕복 버스비 3000원이 든다고 할 때, 삼각김밥을 몇 개 이상 살 경우 B 편의점에서 사는 것이 유리한지 구하시오.

25 처음에 형이 가지고 있던 연필의 수는 동생의 4배였다. 형이 동생에게 8자루를 주었더니 형의 연필의 수가 동생보다 적게 되었다. 동생이 처음에 가지고 있던 연필은 최대 몇 자루인지 구하시오.

도형에 관한 문제

(1) 삼각형일 때, (두 변의 길이의 합) > (나머지 한 변의 길이)

(2) 도형의 넓이

① (삼각형의 넓이) = $\dfrac{1}{2}$ × (밑변의 길이) × (높이)

② (직사각형의 넓이) = (가로의 길이) × (세로의 길이)

③ (사다리꼴의 넓이)

$= \dfrac{1}{2}$ × {(윗변의 길이) + (아랫변의 길이)} × (높이)

④ (평행사변형의 넓이) = (밑변의 길이) × (높이)

26 가로의 길이가 세로의 길이보다 40 m 더 긴 직사각형 모양의 땅이 있다. 이 땅의 둘레의 길이가 400 m 이상 500 m 미만일 때, 세로의 길이의 범위를 구하시오.

27 오른쪽 그림과 같이 윗변의 길이가 12 cm, 아랫변의 길이가 x cm, 높이가 8 cm인 사다리꼴의 넓이가 66 cm² 이하일 때, 아랫변의 길이의 범위를 구하시오.

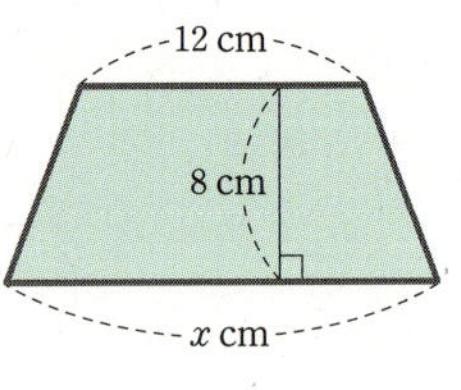

28 세 변의 길이의 합이 18인 삼각형 중에서 각 변의 길이가 모두 자연수인 이등변삼각형은 모두 몇 개인지 구하시오.

평균에 관한 문제

(1) (평균) = $\dfrac{(총합)}{(총 개수)}$

(2) a명의 평균이 x점, b명의 평균이 y점일 때,

(전체 평균) = $\dfrac{ax+by}{a+b}$ (점)

29 여학생이 30명, 남학생이 20명일 때, 여학생의 성적의 평균이 75점이었다. 전체 평균이 70점 이상이 되려면 남학생의 성적의 평균은 몇 점 이상이어야 하는지 구하시오.

30 세 번의 수학 시험에서 각각 85점, 91점, 83점을 얻은 학생의 네 번째 시험까지의 점수의 평균이 88점 이상이 되게 하려면 네 번째 시험에서 몇 점 이상을 얻어야 하는지 구하시오.

2 STEP
실력 높이기

01 500원짜리 사과와 1000원짜리 배를 합하여 15개를 사려고 한다. 전체 금액은 12000원 이하로 하고, 배를 가능한 한 많이 사려고 할 때, 사과와 배는 각각 몇 개씩 살 수 있는지 구하시오.

02 어느 반의 남학생 20명의 평균 몸무게는 60 kg, 여학생의 평균 몸무게는 54 kg이다. 이 반 학생 전체의 평균 몸무게가 58 kg 이상일 때, 여학생은 몇 명 이하인지 구하시오.

03 어느 회사에서 판촉용 볼펜을 제작하려고 한다. 100자루 이하를 주문할 경우 기본 요금 20000원을 받고, 100자루를 초과할 경우 초과량에 한하여 한 자루당 100원씩 더 받는다고 한다. 볼펜 한 자루당 평균 비용을 150원보다 적게 하려면 적어도 몇 자루의 볼펜을 주문해야 하는지 구하시오.

≡ 서술형

04 농도가 4 %와 10 %인 소금물을 섞어서 6 % 이상 8 % 이하의 소금물 600 g을 만들었다. 농도가 10 %인 소금물의 양의 범위를 구하시오.

05 1부터 50까지의 자연수가 각각 적힌 50장의 카드가 들어 있는 상자에서 은정이와 현정이가 동시에 한 장씩 카드를 꺼내어 적힌 수를 비교하여 큰 수가 나온 사람은 5점, 작은 수가 나온 사람은 2점을 얻는 게임을 한다고 한다. 게임을 30회 했을 때, 은정이의 점수의 합이 현정이의 점수의 합보다 20점 이상이 많으려면 은정이가 현정이보다 최소 몇 번 이상 큰 수를 뽑아야 하는지 구하시오. (단, 카드를 뽑아 비교한 후 다시 상자에 넣는다.)

06 어느 회사에서는 생산한 모든 물건을 1개당 2000원에 팔고 있다. 이 회사에서 생산한 물건 1개당 원가는 1000원이고, 한 달 동안 쓰이는 경비가 100만 원일 때, 한 달 동안의 이익이 1000만 원 이상이 되기 위해서는 한 달 동안 적어도 몇 개의 물건을 생산해야 하는지 구하시오. (단, 생산한 물건은 모두 팔린다.)

07 극장 입장료가 1인당 10000원이고, 단체는 50명 이상 100명 미만이면 10 %, 100명 이상이면 20 %를 할인 받는다. 50명 이상 100명 미만의 단체는 몇 명 이상일 때 100명의 할인된 입장료를 지불하고 입장하는 것이 더 경제적인지 구하시오.

08 S 백화점은 취급하는 모든 상품을 원가의 45 %를 초과하여 이윤을 붙인 가격으로는 팔지 않기로 했다고 한다. 이때 모든 상품마다 운반비가 1000원, 광고비가 500원이 든다면 원가가 6000원인 상품에 대한 이익은 전체 비용의 몇 % 이하로 정해지는지 구하시오.

09 물건을 구입하는데 물건 구입비가 2000원, 운반비가 200원이 들었다. 이 물건을 팔아서 구입비와 운반비를 합한 가격의 20 % 이상의 이익을 얻으려면 구입비에 몇 % 이상의 이익을 붙여서 팔아야 하는지 구하시오.

10 두 자연수 a, b가 있다. a의 10배에 8을 더하면 40보다 작고, b는 a의 제곱보다 작다. 또, b는 a의 2배보다 1만큼 클 때, $a+b$의 값을 구하시오.

11 500원짜리 동전이 x개, 100원짜리 동전이 y개, 50원짜리 동전이 z개가 있는데 이들 세 동전의 개수의 합은 40개이고, 금액의 합계가 5000원이다. 500원짜리 동전을 가능한 한 많이 사용할 때, x, y, z의 값을 각각 구하시오.

12 오른쪽 그림과 같은 사다리꼴 ABCD에서 점 P가 변 AB 위를 움직일 때, △DPC의 넓이가 사다리꼴 ABCD의 넓이의 $\dfrac{8}{15}$ 이하가 되게 하려고 한다. 이때 $\overline{BP}$의 길이의 범위를 구하시오.

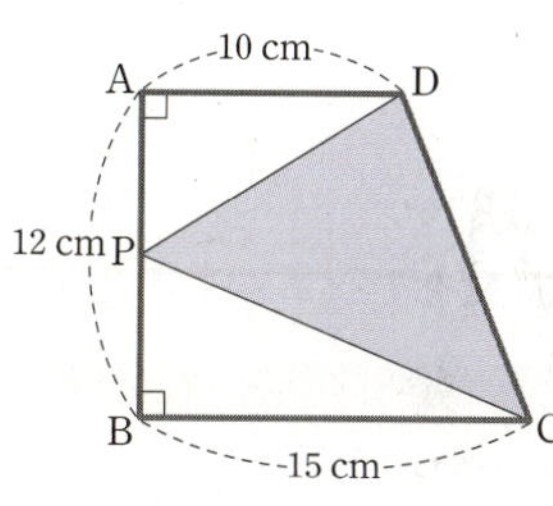

최고 실력 완성하기

01 내각의 크기의 합이 $500°$ 이상 $700°$ 이하가 되는 다각형은?

① 사각형　　② 오각형　　③ 육각형

④ 칠각형　　⑤ 팔각형

02 시속 $2\,km$의 일정한 속력으로 흐르는 강의 상류와 하류에 각각 두 지점이 있다. 시속 $30\,km$의 속력으로 움직이는 배를 타고 이 두 지점을 왕복하는데 거슬러 올라갈 때는 배의 속력을 높여 올라가려고 한다. 두 지점 사이의 거리가 $100\,km$이고 5시간 이내에 왕복하려 한다면 올라갈 때의 배의 속력은 시속 몇 km 이상이어야 하는지 구하시오. (단, 배의 속력은 자연수이다.)

03 분자, 분모가 모두 자연수인 기약분수가 있다. 이 분수의 분모에 3을 더하면 $\dfrac{5}{18}$와 같고, 이 분수의 분자에 3을 더하면 $\dfrac{1}{3}$보다 크다고 한다. 이 기약분수를 구하시오.

04 오른쪽 표는 음식물 쓰레기 $1\,mL$를 하수도로 흘려 보냈을 때,

음식물	정화에 필요한 물의 양 (L)	BOD (mg/mL)
우유	2	0.05
라면 국물	0.5	1.25

정화에 필요한 물의 양과 BOD(생물학적 산소요구량)이다. 우유와 라면 국물을 합하여 $1000\,mL$를 하수도로 흘려 보냈는데, 정화에 필요한 물의 양은 $800\,L$보다 많고, BOD는 $0.95\,mg/mL$ 이상이라고 할 때, 흘려 보낸 $1000\,mL$ 중 우유의 양의 범위를 구하시오.

단원 종합 문제

01 다음 중 옳은 것을 모두 고르면? (정답 2개)

① $a<0$이면 $a<2a$이다.

② $a<0$이면 $8-a<4-a$이다.

③ $a>0$이면 $\dfrac{1}{a}<\dfrac{2}{a}$이다.

④ $a>b>0$이면 $\dfrac{1}{a}<\dfrac{1}{b}$이다.

⑤ $a<b<0$이면 $ab<b$이다.

02 다음 중 문장에서 수량 사이의 관계를 부등식으로 나타낸 것으로 옳지 <u>않은</u> 것을 모두 고르면? (정답 2개)

① 어떤 수 a의 6배는 a에서 3을 뺀 것보다 작지 않다.
➡ $6a>a-3$

② 한 변의 길이가 x인 정삼각형의 둘레의 길이는 12보다 길다. ➡ $3x>12$

③ 한 자루에 x원인 연필 25자루의 가격은 12500원 이하이다. ➡ $25x\le12500$

④ 50 km를 가는데 시속 15 km로 x km를 가고 남은 거리는 시속 6 km로 갔을 때, 걸린 시간은 1시간 30분 미만이다. ➡ $\dfrac{x}{15}+\dfrac{50-x}{6}<\dfrac{3}{2}$

⑤ 농도가 $x\,\%$인 소금물 400 g에 들어 있는 소금의 양은 25 g 이상이다. ➡ $400x\ge25$

03 일차부등식 $x-\dfrac{3x-6}{2}>-3$의 해가 $x<a$이고, 일차부등식 $1.3x+0.8>0.4x-1$의 해가 $x>b$일 때, a, b에 대하여 $a+b$의 값을 구하시오.

04 $a<0$이고 $\dfrac{x}{a}<-1$일 때, x의 값의 범위를 구하시오. (단, a는 상수)

05 x에 대한 부등식 $ax+2>3x+4a$의 해가 없을 때, 상수 a의 값을 구하시오.

06 x에 대한 부등식 $ax+3<x+13$의 해가 모든 실수일 때, 상수 a의 값을 구하시오.

07 $a=b$일 때, x에 대한 부등식 $ax+1>bx+2$를 푸시오. (단, a, b는 상수)

08 x에 대한 부등식 $ax-3b<3a-bx$를 푸시오.

(단, a, b는 양수)

09 방정식 $2x+3y=15$와 부등식 $-1<4x-3y<6$을 동시에 만족시키는 정수 x, y의 값을 각각 구하시오.

10 연속하는 두 짝수가 있다. 작은 수의 4배에서 8을 뺀 값은 큰 수의 2배 이상일 때, 가장 작은 두 짝수를 구하시오.

11 두 지점 A, B 사이를 왕복하는데 은정이는 시속 5 km로 갔다가 시속 4 km로 돌아오고 갈 때보다 올 때 45분 이상 더 걸렸다. 같은 길을 현정이는 자동차로 시속 50 km로 갔다가 시속 30 km로 돌아오고 갈 때보다 올 때 16분 이상 더 걸렸다. 두 지점 A, B 사이의 거리는 적어도 몇 km 이상인지 구하시오.

12 어느 전시장의 입장료는 1인당 1000원이고, 25명 이상의 단체는 1인당 입장료의 30 %를 할인해 준다. 25명 미만의 단체가 몇 명 이상일 때 25명의 단체 입장료를 내고 입장하는 것이 더 경제적인지 구하시오.

13 농도가 2 %와 8 %인 소금물을 섞어서 4 % 이상 6 % 이하의 소금물 300 g을 만들려고 한다. 이때 농도가 2 %인 소금물의 양의 범위를 구하시오.

14 세 변의 길이가 모두 3의 배수이고, 둘레의 길이가 24 cm 이상 42 cm 이하인 삼각형이 있다. 이 삼각형의 가장 긴 변의 길이에 6 cm를 더하면 다른 두 변의 길이의 합과 같을 때, 가장 긴 변의 길이로 가능한 경우를 모두 구하시오.

15 x가 자연수일 때, 삼각형의 세 변의 길이 a, b, c가 $a=2x+1$, $b=3x+2$, $c=4x+4$를 만족시킨다. 이때 세 변의 길이의 합 중 가장 작은 값을 구하시오.

16 부등식 $\dfrac{1}{3}<\dfrac{3}{a}<\dfrac{1}{2}$ 을 만족시키는 자연수 a의 값을 모두 구하시오.

17 부등식 $|x-3|\leq a$를 만족시키는 자연수 x가 6개일 때, 자연수 a의 값을 구하시오.

18 실수 x에 대하여 $\langle x\rangle$를 $n-\dfrac{1}{2}\leq x<n+\dfrac{1}{2}$ 을 만족시키는 정수 n으로 약속할 때, 방정식 $2\langle x\rangle^2+\langle x\rangle-1=2(\langle x\rangle^2+1)$을 만족시키는 x의 값의 범위를 구하시오.

19 기호 $[a]$는 a를 소수 첫째 자리에서 반올림한 정수를 나타낸다고 하자. 예를 들어, $[3.49]=3$이고 $[6.5]=7$이다. 이때 부등식 $3<\left[\dfrac{x}{4}+1\right]<6$을 만족시키는 x의 값의 범위를 구하시오.

20 $[a]=3$, $[b]=-2$, $[c]=4$일 때, $[a-b-c]$의 모든 값의 합을 구하시오.

(단, $[x]$는 x보다 크지 않은 가장 큰 정수이다.)

연립방정식

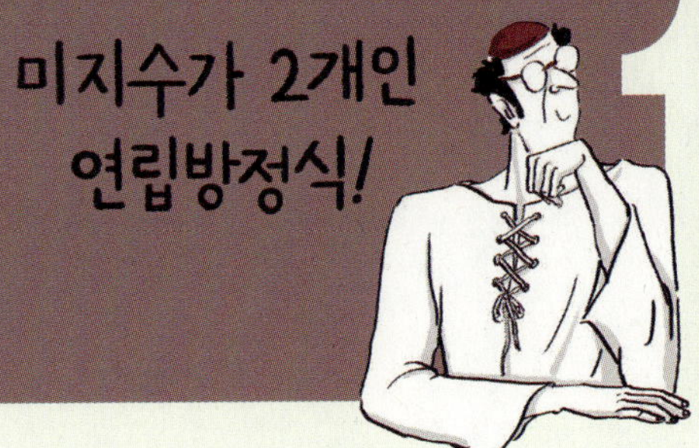

1 연립방정식

1 미지수가 2개인 일차방정식

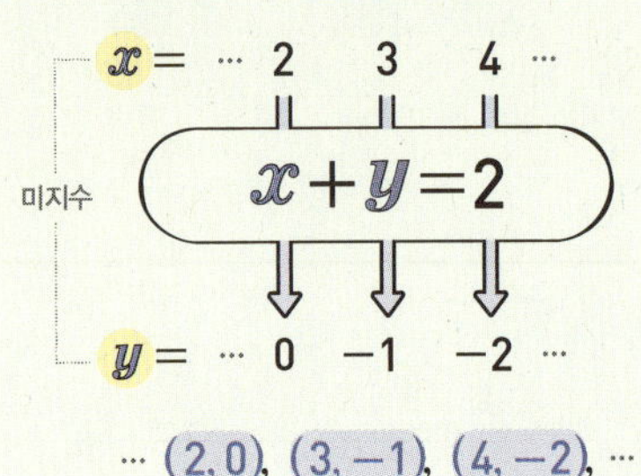

(1) **미지수가 2개인 일차방정식**: 2개의 미지수 x, y를 가지는 일차방정식 $ax+by+c=0$(a, b, c는 상수, $a \neq 0$, $b \neq 0$)을 x, y에 대한 일차방정식이라 한다.

(2) **미지수가 2개인 일차방정식의 해**: 미지수가 2개인 일차방정식이 참이 되게 하는 x, y의 값 또는 순서쌍 (x, y)

(3) **일차방정식을 푼다**: 일차방정식의 해를 구하는 것

2 미지수가 2개인 일차방정식의 그래프

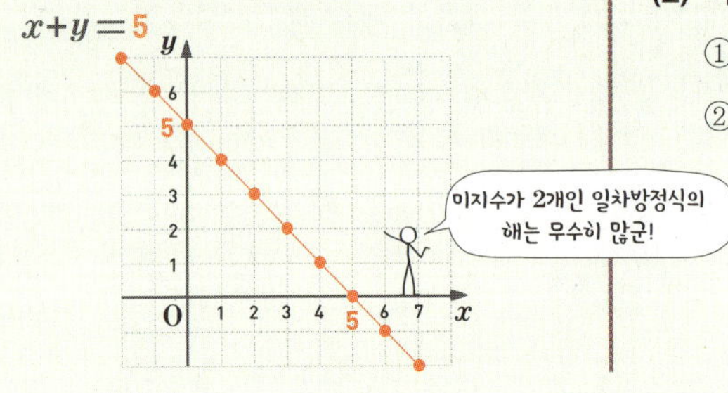

(1) **일차방정식의 그래프**: x, y에 대한 일차방정식 $ax+by+c=0$(a, b, c는 상수, $a \neq 0$, $b \neq 0$)을 만족시키는 x, y의 순서쌍 (x, y)를 좌표평면 위에 나타낸 것

(2) **미지수가 2개인 일차방정식의 그래프의 모양**

① x, y가 자연수 또는 정수이면 점으로 표현된다.

② x, y가 수 전체이면 해 (x, y)가 무수히 많기 때문에 그래프는 직선이 된다.

3 미지수가 2개인 연립일차방정식

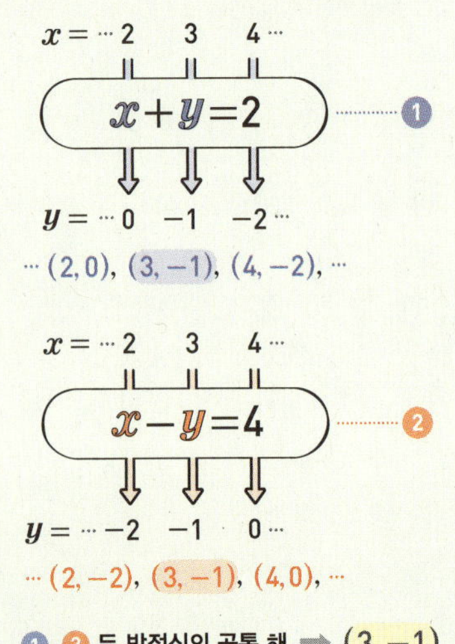

(1) **미지수가 2개인 연립일차방정식**: 미지수가 2개인 일차방정식 2개를 한 쌍으로 묶어 놓은 것을 연립일차방정식 또는 연립방정식이라 한다.

(2) **연립방정식의 해**: 두 일차방정식을 동시에 만족시키는 x, y의 값 또는 순서쌍 (x, y)를 연립방정식의 해라 한다.

(3) **연립방정식을 푼다**: 연립방정식의 해를 구하는 것

4 연립일차방정식의 풀이

미지수가 2개인 연립방정식은 두 방정식을 적당히 변형한 후 미지수 한 개를 소거하여 미지수가 한 개인 일차방정식으로 만들어 푼다.

(1) 가감법: 두 방정식을 더하거나 빼어서 한 미지수를 소거하여 해를 구하는 방법

① 소거할 미지수의 계수의 절댓값이 같아지도록 각 방정식의 양변에 적당한 수를 곱한다.

② 소거할 미지수의 계수의 부호가 같으면 변끼리 빼고, 다르면 변끼리 더하여 한 미지수를 소거한 후 방정식을 푼다.

③ ②에서 구한 해를 간단한 일차방정식에 대입하여 다른 미지수의 값을 구한다.

(2) 대입법: 연립방정식의 한 방정식을 한 미지수에 관하여 푼 다음 그것을 다른 방정식에 대입하여 해를 구하는 방법

① 연립방정식 중 한 일차방정식을 한 미지수에 대하여 푼다.

    $\Rightarrow x=(y$에 대한 식$)$ 또는 $y=(x$에 대한 식$)$의 꼴

② ①의 식을 다른 일차방정식에 대입하여 한 미지수를 소거한 후 방정식을 푼다.

③ ②에서 구한 해를 ①의 식에 대입하여 다른 미지수의 값을 구한다.

참고 가감법과 대입법 중 어느 것을 이용하여 풀어도 연립방정식의 해는 같으므로 편리한 방법을 택한다.

문자를 하나로 만들어서 해를 구해!

1 가감법

$$\begin{cases} x-y=4 \\ x+y=2 \end{cases}$$

$$\begin{aligned} x-y &= 4 \\ +)\ x+y &= 2 \\ \hline 2x\ \ \ &= 6 \\ x\ \ \ &= 3 \end{aligned}$$

더해서 y를 없애!

대입 → $y=-1$

따라서 $x=3,\ y=-1$

2 대입법

$$\begin{cases} y=x-1 \\ x+2y=4 \end{cases}$$

$$\begin{cases} y=x-1 \\ x+2y=4 \end{cases}$$

대입

괄호로 꼭 묶어!

$$x+2(x-1)=4$$
$$3x=6$$
$$x=2$$

대입 → $y=1$

따라서 $x=2,\ y=1$

---

5 여러 가지 연립방정식의 풀이

(1) 괄호가 있는 경우: 괄호를 풀고 동류항끼리 정리하여 식을 간단히 한다.

(2) 계수가 분수인 경우: 양변에 분모의 최소공배수를 곱하여 계수를 정수로 바꾼다.

(3) 계수가 소수인 경우: 양변에 10, 100, 1000, ⋯ 등 10의 거듭제곱을 곱하여 계수를 정수로 바꾼다.

(4) $A=B=C$ 꼴의 방정식: 세 연립방정식 $\begin{cases} A=B \\ A=C \end{cases}$, $\begin{cases} A=B \\ B=C \end{cases}$, $\begin{cases} A=C \\ B=C \end{cases}$ 중 간단한 것을 골라서 푼다.

계수를 정수로 만들어서 해를 구해!

1 계수가 분수인 연립방정식

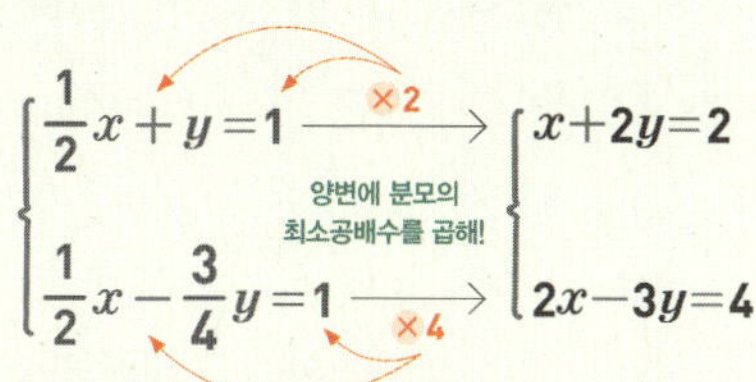

$$\begin{cases} \dfrac{1}{2}x+y=1 \quad (\times 2) \\ \dfrac{1}{2}x-\dfrac{3}{4}y=1 \quad (\times 4) \end{cases} \Rightarrow \begin{cases} x+2y=2 \\ 2x-3y=4 \end{cases}$$

양변에 분모의 최소공배수를 곱해!

2 계수가 소수인 연립방정식

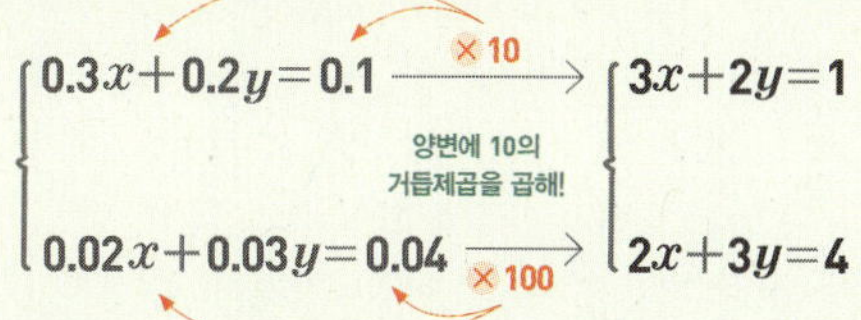

$$\begin{cases} 0.3x+0.2y=0.1 \quad (\times 10) \\ 0.02x+0.03y=0.04 \quad (\times 100) \end{cases} \Rightarrow \begin{cases} 3x+2y=1 \\ 2x+3y=4 \end{cases}$$

양변에 10의 거듭제곱을 곱해!

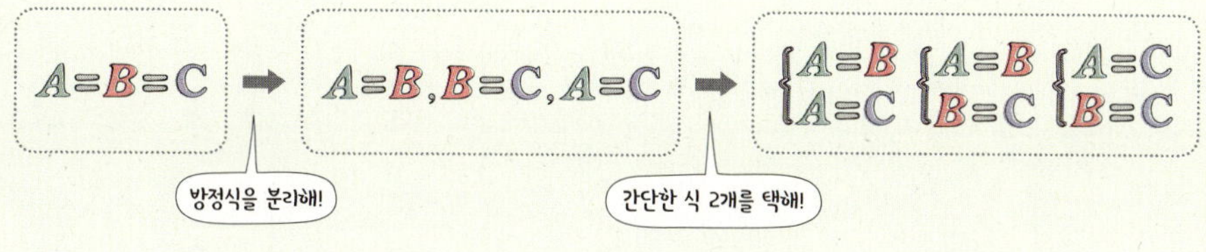

주제별 실력다지기

BASIC CONCEPT

미지수가 2개인 일차방정식

차수가 1인 2개의 미지수 x, y에 대하여
$ax+by+c=0$ (a, b, c는 상수, $a\neq0$, $b\neq0$)의 꼴로 나타
내어지는 방정식

01 문구점에서 한 권에 400원인 공책 x권과 한 자루
에 200원인 볼펜 y자루를 사는 데 2000원을 썼다. 이를
x, y에 대한 일차방정식으로 나타내시오.

02 10 %의 소금물 x g과 20 %의 소금물 y g 속에
녹아 있는 소금의 양을 합하면 모두 25 g이라 할 때, x,
y에 대한 일차방정식으로 나타내시오.

BASIC CONCEPT

미지수가 2개인 일차방정식의 해

미지수 x, y에 대한 일차방정식 $ax+by+c=0$을 만족시키
는 x, y의 값 또는 순서쌍 (x, y)를 이 일차방정식의 해라 한
다. 이때 x, y가 수 전체이면 해는 무수히 많다.

03 x, y가 자연수일 때, 일차방정식 $3x+y=18$의
해를 모두 구하시오.

04 일차방정식 $x+y=n$을 만족시키는 자연수인 순
서쌍 (x, y)의 개수를 n을 사용하여 나타내시오.

(단, n은 자연수)

05 일차방정식 $3x-2y=7$을 만족시키는 자연수 x,
y의 최소공배수가 7일 때, $x+y$의 값을 구하시오.

일차방정식과 그래프

x, y에 대한 일차방정식 $ax+by+c=0$ (a, b, c는 상수, $a\neq0$, $b\neq0$)을 만족시키는 x, y의 순서쌍 (x, y)를 좌표평면에 나타낸 것을 일차방정식의 그래프라 한다.

06 직선 $2x+my=4$가 두 점 $(4, -2)$, $(2n, 3)$을 지날 때, $m+n$의 값을 구하시오. (단, m은 상수)

07 $x=4$, $y=a$ 또는 $x=-b+1$, $y=2$가 모두 일차방정식 $2x-y=4$의 해일 때, $a+b$의 값을 구하시오.

08 순서쌍 $(3, -1)$이 x, y에 대한 일차방정식 $ax-y+2=0$의 해이고, 이 일차방정식의 그래프가 점 $(b-2, b)$를 지날 때, b의 값을 구하시오. (단, a는 상수)

연립방정식

(1) 연립방정식: 미지수가 두 개인 일차방정식 2개를 한 쌍으로 묶어 놓은 것
(2) 연립방정식의 해: x, y에 대한 두 개의 일차방정식을 동시에 만족시키는 x, y의 순서쌍 또는 x, y의 값
(3) 연립방정식의 풀이
① 가감법: 두 방정식을 변끼리 더하거나 빼서서 한 미지수를 소거하여 해를 구하는 방법
② 대입법: 한 방정식을 한 문자에 대해 푼 다음 그것을 다른 방정식에 대입하여 해를 구하는 방법

09 다음 연립방정식을 푸시오.

(1) $\begin{cases} x+2y=1 \\ 2x+y=2 \end{cases}$

(2) $\begin{cases} 2x-3y=9 \\ 3x+2y=7 \end{cases}$

10 연립방정식 $\begin{cases} |x|+y=4 \\ x-2y=1 \end{cases}$ 을 푸시오.

중1 일차방정식
$2x=4 \xrightarrow{\div2} x=2$
등식의 성질을 이용하여 해를 구할 수 있다.

중2 연립일차방정식
$\begin{cases} x+y=0 \cdots\cdots ㉠ \\ x-y=4 \cdots\cdots ㉡ \end{cases} \xrightarrow{㉠+㉡} 2x=4$
미지수를 하나로 만들어 해를 구할 수 있다.

고1 연립이차방정식 차수를 낮추고, 미지수의 개수를 줄여서 간단하게!
$\begin{cases} x-y=4 \\ 2x^2+3xy+y^2=0 \end{cases}$ 에서 $\begin{cases} x-y=4 \\ 2x+y=0 \end{cases}$ 또는 $\begin{cases} x-y=4 \\ x+y=0 \end{cases}$
$(2x+y)$ ⊗ $(x+y)$
복잡한 방정식은 단순한 형태로 변형하여 해를 구할 수 있다.

11 x, y에 대한 일차방정식 $ax+(a-2)y+b=0$에 대하여 $x=1$일 때 $y=1$이고, $x=-1$일 때 $y=2$이다. $x=3$일 때 y의 값을 구하시오. (단, a, b는 상수)

12 두 직선 $y=ax+b$, $y=bx-a$의 교점의 좌표가 $(3, -1)$일 때, 상수 a, b의 값을 각각 구하시오.

계수가 분수나 소수인 연립일차방정식

(1) 계수가 분수인 경우: 양변에 분모의 최소공배수를 곱하여 계수가 모두 정수가 되도록 고친 후 연립방정식을 푼다.

(2) 계수가 소수인 경우: 양변에 10, 100, …을 곱하여 계수가 모두 정수가 되도록 고친 후 연립방정식을 푼다.

13 연립방정식 $\begin{cases} 0.1x-0.2y=0.5 \\ \dfrac{x+2}{3}+\dfrac{y-1}{2}=\dfrac{2}{3} \end{cases}$ 를 푸시오.

14 연립방정식 $\begin{cases} \dfrac{x}{3}=\dfrac{y}{2}+1 \\ \dfrac{x}{2}+\dfrac{y}{3}=\dfrac{11}{3} \end{cases}$ 를 푸시오.

15 연립방정식 $\begin{cases} \dfrac{x+1}{3}+\dfrac{y}{2}=1 \\ \dfrac{x+1}{6}-\dfrac{y-1}{2}=1 \end{cases}$ 를 푸시오.

$A=B=C$ 꼴의 방정식

$\begin{cases} A=B \\ A=C \end{cases}$, $\begin{cases} A=B \\ B=C \end{cases}$, $\begin{cases} A=C \\ B=C \end{cases}$ 의 세 개의 연립방정식의 해와
같으므로 어느 하나를 택하여 푼다.

16 방정식 $x+2y+3=2x+3y+1=3x+y+2$을
푸시오.

17 방정식 $\dfrac{x+y}{2}=\dfrac{y+2}{3}=\dfrac{x-2}{6}$ 를 푸시오.

해가 특수한 연립방정식

$x,\ y$에 대한 연립방정식 $\begin{cases} ax+by+c=0 \\ a'x+b'y+c'=0 \end{cases}$ 에 대하여

(1) $\dfrac{a}{a'}=\dfrac{b}{b'}\neq\dfrac{c}{c'}$ 이면 연립방정식의 해는 없다. (불능)

(2) $\dfrac{a}{a'}=\dfrac{b}{b'}=\dfrac{c}{c'}$ 이면 연립방정식의 해는 무수히 많다. (부정)

18 연립방정식 $\begin{cases} x+3y=4 \\ ax+by=2 \end{cases}$ 의 해가 무수히 많을 때,
$4ab$의 값을 구하시오. (단, $a,\ b$는 상수)

19 연립방정식 $\begin{cases} (a+1)x+ay=3 \\ 2x+3y=2 \end{cases}$ 의 해가 없을 때,
상수 a의 값을 구하시오.

연립방정식의 해가 다른 일차방정식을 만족시키는 경우

(1) 연립방정식의 해를 구할 수 있는 경우: 연립방정식의 해
를 구하여 나머지 일차방정식에 대입한다.

(2) 연립방정식의 해를 구할 수 없는 경우: 세 일차방정식이
같은 해를 가지므로 주어진 일차방정식 중 계수에 미지수
가 없는 두 방정식을 연립하여 해를 구한 후, 나머지 일차
방정식에 대입한다.

20 연립방정식 $\begin{cases} x+ay=3 \\ ax-2y=-6 \end{cases}$ 을 만족시키는 y의 값
은 x의 값의 2배이다. 이때 상수 a의 값을 구하시오.

21 두 연립방정식 $\begin{cases} x+y=1 \\ ax-3y=b \end{cases}$ 와 $\begin{cases} x-y=3 \\ 3x+y=a \end{cases}$ 의 해
가 같을 때, 상수 $a,\ b$의 값을 각각 구하시오.

22 다음 세 방정식의 그래프는 한 점에서 만난다. 이
때 상수 m의 값을 구하시오.

$$mx+2y=1 \qquad x+y=3 \qquad x-2y=9$$

계수를 잘못 보고 푼 연립방정식

연립방정식에서 계수 a, b를 잘못 보고 구한 해가 주어졌을
때, 잘못 구한 해를 연립방정식에 대입하여 a, b의 값을 구한
다. 또한, 구한 a, b의 값을 처음 연립방정식에 대입하여 해를
구한다.

23 연립방정식 $\begin{cases} ax+by=3 \\ bx-ay=-1 \end{cases}$ 을 푸는데 잘못하여
상수 a, b를 바꾸어 풀었더니 해가 $x=1$, $y=-1$이었
다. 이때 $a-b$의 값을 구하시오.

24 연립방정식 $\begin{cases} ax+by=-2 \\ bx+ay=5 \end{cases}$ 를 푸는데 은정이는
바르게 풀어서 $x=1$, $y=2$를 얻었고, 현정이는 상수 a,
b를 바꾸어 풀어서 $x=m$, $y=n$을 얻었다. 이때 $m+n$
의 값을 구하시오.

미지수가 3개인 연립일차방정식

(1) 세 미지수 중 한 미지수를 소거하여 미지수가 2개인 연립
일차방정식을 만든다.

(2) 연립일차방정식
$$\begin{cases} x+y=a & \cdots\cdots ㉠ \\ y+z=b & \cdots\cdots ㉡ \\ z+x=c & \cdots\cdots ㉢ \end{cases}$$ 의 해는

각각의 변끼리 더하여 만들어진
$$2(x+y+z)=a+b+c$$
에 ㉠, ㉡, ㉢을 대입하여 구한다.

25 연립방정식 $\begin{cases} 2x-3y=4 \\ -3y+z=5 \\ 2x+z=6 \end{cases}$ 를 푸시오.

26 연립방정식 $\begin{cases} x+y=3 \\ y+z=4 \\ z+x=5 \end{cases}$ 를 푸시오.

2 STEP
실력 높이기

01 x, y, z가 자연수일 때, 일차방정식 $x+y+2z=6$ 을 만족시키는 순서쌍 (x, y, z)의 개수를 구하시오.

02 연립방정식 $\begin{cases} 0.5x-0.75y=1 \\ \dfrac{3}{4}(x-1)+\dfrac{1}{3}(y+1)=-\dfrac{3}{8} \end{cases}$ 를 푸시오.

03 x, y에 대한 연립방정식 $\begin{cases} 2ax-by=6 \\ 3ax-2by=11 \end{cases}$ 의 해가 $(-2, 1)$일 때, 상수 a, b에 대하여 $a+b$의 값을 구하시오.

04 x, y에 대한 연립방정식 $\begin{cases} \dfrac{a}{2}x+\dfrac{b}{3}y=4 \\ ax+\dfrac{b}{3}y=-8 \end{cases}$ 을 풀면 x는 12와 18의 최대공약수이고 y는 12와 18의 최소공배수이다. 이때 $a+b$의 값을 구하시오.

(단, a, b는 상수)

05 연립방정식 $\begin{cases} 0.\dot{2}x-0.\dot{3}y=1.\dot{1} \\ \dfrac{x-1}{6}-\dfrac{y+1}{3}=\dfrac{1}{6} \end{cases}$ 를 푸시오.

06 다음 두 연립방정식의 해가 같을 때, 상수 a, b의 값을 각각 구하시오.

$$\begin{cases} 2x-3y=5 \\ 2x+ay=b \end{cases} \qquad \begin{cases} bx-ay=2 \\ 3x+y=-9 \end{cases}$$

07 연립방정식 $\begin{cases} \dfrac{3}{x}+\dfrac{2}{y}=12 \\ \dfrac{1}{x}-\dfrac{2}{y}=-4 \end{cases}$ 를 푸시오.

08 연립방정식 $\begin{cases} \dfrac{3}{x}-\dfrac{1}{y}=9 \\ -\dfrac{1}{x}+\dfrac{2}{y}=2 \end{cases}$ 의 해가 $x-3my=2$ 를 만족시킬 때, 상수 m의 값을 구하시오.

09 두 직선 $ax-y=6$, $3x+y=b$가 오른쪽 그림과 같을 때, $3a+b$의 값을 구하시오.

(단, a, b는 상수)

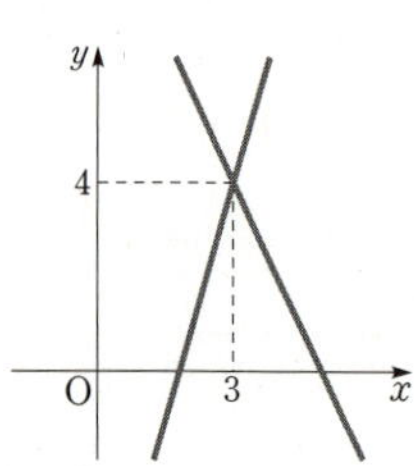

10 연립방정식 $\begin{cases} x-2y=a \\ 2x-y=3-a \end{cases}$ 를 만족시키는 x와 y의 값의 합이 5일 때, 상수 a의 값을 구하시오.

11 연립방정식 $\begin{cases} 2x-3y=a+3 \\ 3x-y=11+a \end{cases}$ 를 만족시키는 x, y의 값의 비가 $2 : 3$일 때, 상수 a의 값을 구하시오.

12 현정이와 나연이가 연립방정식 $\begin{cases} ax+y=-1 \\ 2x-by=3 \end{cases}$ 을 푸는데, 현정이는 상수 a를 잘못 보고 풀어서 $x=3$, $y=-3$을 얻었고, 나연이는 상수 b를 잘못 보고 풀어서 $x=1$, $y=2$를 얻었다. 주어진 연립방정식의 해를 구하시오.

13 x, y에 대한 연립방정식 $\begin{cases} y=-3x-5 \\ 2x-ay=7 \end{cases}$ 의 해가 $x=b$, $y=c$이고, 점 (b, c)가 일차방정식 $x=-5y+3$의 그래프 위의 점일 때, $|a+b+c|$의 값을 구하시오. (단, a는 상수)

14 연립방정식 $\begin{cases} kx-3y=0 \\ 2x+y=kx \end{cases}$ 가 $x=0$, $y=0$ 이외의 해를 가질 때, 상수 k의 값을 구하시오.

15 연립방정식 $\begin{cases} (a-1)x+y=2 \\ 2ax+y=a-1 \end{cases}$ 의 해가 없을 때, 상수 a의 값을 구하시오.

16 연립방정식 $\begin{cases} 3x+2ay+2=0 \\ 2x+3(a-1)y-b=0 \end{cases}$ 의 해가 무수히 많을 때, 상수 a, b의 값을 각각 구하시오.

17 $x+y=2k$, $3x+y=8k$일 때, $\dfrac{2x-3y}{x+2y}$ 의 값을 구하시오. (단, k는 상수)

18 방정식 $\dfrac{5}{x+y}-\dfrac{2}{x-y}=\dfrac{1}{x-y}-\dfrac{3}{x+y}=1$을
푸시오.

19 연립방정식 $\begin{cases}(m+2)x+(1-m)y=-1\\ mx+(m-2)y=-5\end{cases}$ 를 만
족시키는 y의 값이 x의 값의 2배일 때, 상수 m의 값을
구하시오.

20 연립방정식 $\begin{cases}2x-y+z=3\\ x-2y+z=0\\ x+y-2z=-3\end{cases}$ 의 해를 $x=a$,
$y=b$, $z=c$라 할 때, abc의 값을 구하시오.

21 $(x+y):(y+z):(z+x)=7:8:9$이고
$x+y+z=36$일 때, $x-y+z$의 값을 구하시오.

3 STEP
최고 실력 완성하기

01 x, y, z가 자연수일 때, 일차방정식 $x+y+z=7$ 을 만족시키는 순서쌍 (x, y, z)의 개수를 구하시오.

02 연립방정식 $\begin{cases} 0.1\dot{2}x+0.\dot{1}y=0.2 \\ 0.\dot{2}x+0.2\dot{3}y=0.14 \end{cases}$ 를 푸시오.

03 연립방정식 $\begin{cases} y=x+2 \\ y=x+|x-2| \end{cases}$ 를 푸시오.

04 연립방정식 $\begin{cases} -2x-y=a+2 \\ 4x-ay=-2a-4 \end{cases}$ 의 해가 무수히 많을 때, 상수 a의 값을 구하시오.

05 네 개의 직선 $3x+y=8$, $ax+by=4$, $x+3y=8$, $2ax-3by=-22$가 한 점에서 만날 때, 상수 a, b의 값을 각각 구하시오.

06 연립방정식 $\begin{cases} x+y=10 \\ y+z=6 \\ z+x=a \end{cases}$ 를 만족시키는 x, y가 양수일 때, 상수 a의 값의 범위를 구하시오.

2 연립방정식의 활용

1 연립방정식의 활용 문제를 푸는 순서

① 문제의 뜻을 파악하고 구하고자 하는 값을 x, y로 놓는다.

② x, y를 사용하여 문제의 조건에 맞는 연립방정식을 세운다.

③ 연립방정식을 풀어 x, y의 값을 구한다.

④ 구한 해가 문제의 뜻에 맞는지 확인한다.

모르는 것을 x, y로!

$2x+y=5$ $x+y=3$

$$\begin{cases} 2x+y=5 \\ x+y=3 \end{cases}$$

2 활용 문제

(1) 수에 대한 문제

① (물건의 총 판매 금액)=(단가)×(수량)

② (십의 자리의 숫자가 x, 일의 자리의 숫자가 y인 두 자리의 자연수)=$10x+y$

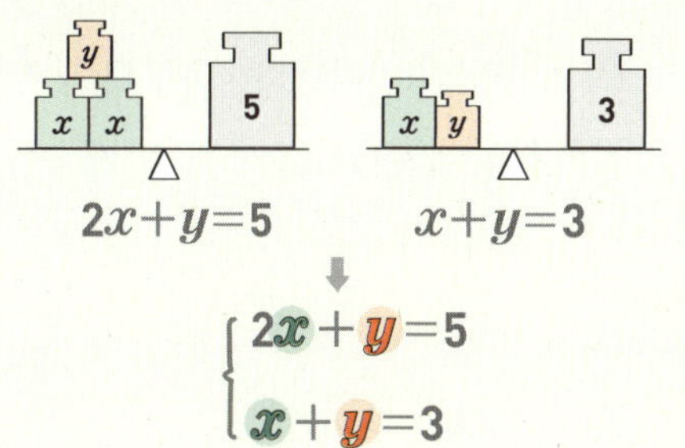

(2) 거리, 시간, 속력에 대한 문제

① (거리)=(속력)×(시간)   ② (속력)=$\dfrac{(거리)}{(시간)}$ ③ (시간)=$\dfrac{(거리)}{(속력)}$

(3) 농도에 대한 문제

① (소금물의 농도)=$\dfrac{(소금의 양)}{(소금물의 양)}×100$ (%)

② (소금의 양)=$\dfrac{(소금물의 농도)}{100}×(소금물의 양)$

(4) 증감의 문제

① x가 a % 증가 : $x\left(1+\dfrac{a}{100}\right)$ ② y가 b % 감소 : $y\left(1-\dfrac{b}{100}\right)$

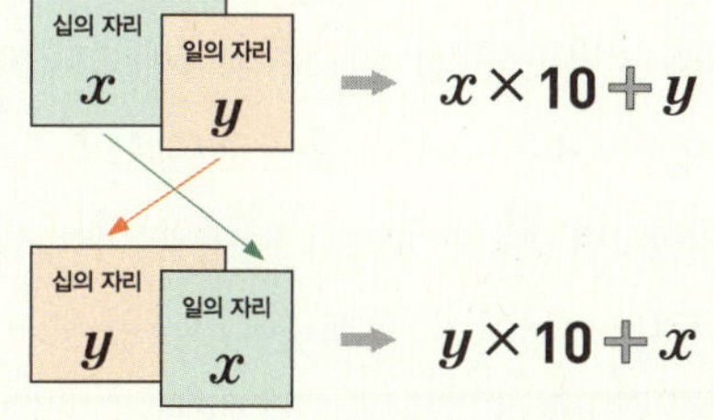

(5) 일에 대한 문제

전체 일의 양을 1로 놓고, 한 사람이 일정 시간 동안 할 수 있는 일의 양을 각각 x, y로 놓는다.

전체 일의 양을 1로 생각해!

하루 일의 양이 x인 사람이 3일 일한 후 → 하루 일의 양이 y인 사람이 2일 일하면 → 전체 일을 끝낼 수 있다.

전체 일의 양은 1

$$3x+2y=1$$

주제별 실력다지기

수에 대한 문제 (1)

십의 자리의 숫자가 x, 일의 자리의 숫자가 y인 두 자리 자연수에서
(1) 처음 수: $10x+y$
(2) 십의 자리의 숫자와 일의 자리의 숫자를 바꾼 수: $10y+x$

01 두 자리 자연수가 있다. 일의 자리의 숫자는 십의 자리의 숫자의 2배보다 1이 크고, 십의 자리의 숫자와 일의 자리의 숫자를 바꾼 수는 처음 수보다 45만큼 크다고 한다. 처음 수를 구하시오.

02 세 자리 자연수 N이 있다. N은 각 자리 숫자의 합의 52배와 같고, 백의 자리의 숫자와 일의 자리의 숫자를 바꾼 수는 N보다 198만큼 작다고 한다. 또한, N의 백의 자리 숫자와 일의 자리 숫자의 합은 십의 자리 숫자의 5배와 같다. 이때 N을 구하시오.

수에 대한 문제 (2)

(1) 물건의 개수, 가격 구하는 문제
(2) 나이 구하는 문제
(3) 가위바위보 문제

03 한 개의 무게가 80 g이고 가격이 600원인 키위와 한 개의 무게가 300 g이고 가격이 1400원인 배가 있다. 키위와 배를 몇 개씩 한 바구니에 담아 무게를 재어 보니 4.1 kg이었고 가격은 19000원이었다. 바구니의 무게가 660 g일 때, 바구니 안에 든 키위와 배의 개수를 각각 구하시오.

04 현재 아버지의 나이는 은정이 나이의 4배보다 2세 많고, 할아버지와 아버지의 나이의 합은 은정이의 나이의 12배이다. 또한, 23년 후 은정이의 나이와 아버지의 나이의 합이 할아버지의 나이와 같게 된다고 할 때, 현재 은정이의 나이를 구하시오.

05 A, B 두 사람이 가위바위보를 해서 이긴 사람은 계단을 세 칸 올라가고 진 사람은 계단을 두 칸 내려가기로 했다. 처음보다 A는 30칸을, B는 5칸을 올라가 있을 때, A가 이긴 횟수를 구하시오.

(단, 비긴 경우는 없다.)

<table>
<tr><td>BASIC CONCEPT</td><td>거리, 속력, 시간에 대한 문제 (1)</td></tr>
</table>

(1) (거리) = (속력) × (시간)

(2) (속력) = $\dfrac{(거리)}{(시간)}$

(3) (시간) = $\dfrac{(거리)}{(속력)}$

06 산을 올라갈 때는 시속 2 km로 걷고, 내려올 때는 3 km가 더 먼 길을 시속 3 km로 걸었다. 산을 올라갔다가 내려오는 데 5시간 40분이 걸렸다면 올라갈 때 걸은 거리는 몇 km인지 구하시오.

07 갑이 600 m 걷는 동안에 을이 400 m를 걷는 속력으로 갑과 을이 2400 m 떨어진 두 지점에서 서로 마주 보고 걸었더니 24분만에 만나게 되었다. 갑, 을의 속력은 각각 분속 몇 m인지 구하시오.

(단, 갑과 을의 속력은 각각 일정하다.)

08 희선이가 집에서 52 km 떨어진 마을까지 가는데 1시간 동안 걷고 3시간 동안 버스를 탄 뒤 도착하였다. 돌아올 때는 2시간 동안 버스를 타고 5시간 동안 걸어서 집에 도착하였다. 버스가 달리는 속력과 희선이가 걷는 속력이 항상 일정할 때, 희선이가 걷는 속력을 구하시오.

09 산의 동쪽과 서쪽 바로 밑에 A, B 두 마을이 있다. A 마을에서 산 정상까지는 8 km, 산 정상에서 B 마을까지는 12 km이고, 두 마을에서 서로 다른 마을에 가려면 산 정상을 지나가야 한다. 현정이가 산악 자전거를 타고 A 마을에서 B 마을까지 갈 때는 3시간, B 마을에서 다시 A 마을까지 되돌아 올 때는 4시간이 걸렸다. 오르막길과 내리막길에서의 산악 자전거의 속력을 각각 구하시오. (단, 오르막길과 내리막길에서의 속력은 각각 일정하다.)

거리, 속력 시간에 대한 문제 (2)

(1) 호수 둘레의 한 지점에서 동시에 출발하여
　① 두 사람이 반대 방향으로 돌다 만났을 때:
　　(이동한 거리의 합)＝(호수 둘레의 길이)
　② 두 사람이 같은 방향으로 돌다 만났을 때:
　　(이동한 거리의 차)＝(호수 둘레의 길이)
(2) 터널(또는 다리)의 길이를 x, 기차의 길이를 y라 하면
　① 터널(또는 다리)을 완전히 통과하는 동안 기차가 움직인 거리: $x+y$
　② 터널을 통과하는 데 기차가 안 보이는 동안 움직인 거리: $x-y$
(3) 정지한 물에서의 배의 속력을 x, 강물의 속력을 y라 하면
　① 강을 거슬러 올라갈 때의 속력: $x-y$
　② 강을 따라 내려올 때의 속력: $x+y$

10 둘레의 길이가 2.4 km인 저수지 주변에 산책로가 있다. 산책로의 한 지점에서 A, B 두 사람이 동시에 출발하여 반대 방향으로 걸어가면 20분만에 처음 만나고, 같은 방향으로 걸어가면 2시간만에 처음 만난다. A가 B보다 빠르다고 할 때, A, B 두 사람의 속력은 각각 분속 몇 m인지 구하시오.
　(단, A, B 두 사람의 걷는 속력은 각각 일정하다.)

11 유람선을 타고 한강을 10 km만큼 거슬러 올라가는 데 2시간, 10 km만큼 내려오는 데 1시간이 걸릴 때, 강물의 속력과 정지한 물에서 유람선의 속력을 각각 구하시오.
　(단, 강물의 속력과 유람선의 속력은 각각 일정하다.)

12 일정한 속력으로 달리는 어떤 기차가 길이가 1.6 km인 터널을 완전히 통과하는 데 1분 10초가 걸렸고, 길이가 640 m인 다리를 완전히 통과하는 데 30초가 걸렸다. 이 기차의 길이를 구하시오.

13 일정한 속력으로 달리는 기차가 있다. 이 기차가 길이가 500 m인 다리를 완전히 통과하는 데 50초가 걸렸고, 길이가 2140 m인 터널을 통과하는 데 70초 동안 보이지 않았다. 이 기차의 속력과 길이를 각각 구하시오.

농도에 대한 문제

(1) (소금물의 농도) $= \dfrac{(\text{소금의 양})}{(\text{소금물의 양})} \times 100\,(\%)$

(2) (소금의 양) $= \dfrac{(\text{소금물의 농도})}{100} \times (\text{소금물의 양})$

14 6 %의 소금물과 8 %의 소금물을 섞은 후 물을 더 부어 5 %의 소금물 200 g을 만들었다. 더 부은 물의 양과 8 %의 소금물의 양이 같을 때, 6 %의 소금물의 양을 구하시오.

15 4 %의 소금물과 6 %의 소금물을 섞은 후 물을 더 부어 4.5 %의 소금물 600 g을 만들었다. 4 %의 소금물과 더 부은 물의 양의 비가 3 : 2일 때, 더 부은 물의 양을 구하시오.

16 농도가 다른 두 소금물 A, B를 각각 200 g, 300 g 섞어서 농도가 5 %인 소금물을 만들려고 했는데 잘못하여 소금물 A, B를 반대로 섞었더니 농도가 6 %인 소금물이 되었다. 6 %의 소금물에 물을 몇 g 더 넣어야 처음에 만들려고 했던 소금물의 농도와 같아지는지 구하고, 처음 두 소금물 A, B의 농도를 각각 구하시오.

비율에 대한 문제

(1) 비에 관한 문제

A를 $m : n$으로 나눌 때 m에 해당하는 양은 $A \times \dfrac{m}{m+n}$

(2) 증가, 감소에 관한 문제

작년과 비교한 올해의 인원 수 ⇨ 증가, 감소의 식을 구한다.

17 어느 학원의 지난해 전체 학생은 230명이었다. 올해는 지난해에 비해 남학생은 15 % 증가하고, 여학생은 6 % 감소하여 전체 학생은 3명이 증가하였다. 올해 남학생 수와 여학생 수를 각각 구하시오.

18 어느 학교의 입학 시험에서 입학 지원자의 남자와 여자의 수의 비는 3 : 4, 합격자의 남자와 여자의 수의 비는 3 : 5, 불합격자의 남자와 여자의 수의 비는 1 : 1이다. 입학 지원자가 140명일 때, 불합격자의 수를 구하시오.

이익, 할인에 대한 문제

(1) (정가)＝(원가)＋(이익)

(2) 정가와 할인가

① a원에 x %의 이익을 붙인 정가: $a\left(1+\dfrac{x}{100}\right)$원

② a원에 y %의 할인을 한 할인가: $a\left(1-\dfrac{y}{100}\right)$원

19 두 상품 A, B를 합하여 3500원에 사서 A는 40 %, B는 50 %의 이익을 붙여 정가를 정하였다. 그런데 물건이 팔리지 않아 A는 정가의 20 %, B는 정가의 10 %를 할인하여 팔았더니 두 상품을 합하여 880원의 이익이 생겼다. 두 상품의 원가를 각각 구하시오.

20 상품 A와 B의 한 개당 원가는 각각 600원, 300원이고, A 상품은 원가의 60 %, B 상품은 원가의 20 %의 이익이 생긴다고 한다. A와 B 상품을 합하여 82개를 팔았더니 16020원의 이익이 생겼을 때, A 상품을 몇 개 팔았는지 구하시오.

전체를 1로 두고 푸는 문제

(1) 물통에 물 채우기: 물통의 용량이나 물 전체의 양이 정해지지 않을 때 1로 놓고 푼다.

(2) 일의 배분: 전체 일의 양을 1로 두었을 때 단위 시간 동안 한 일의 양을 미지수로 놓고 식을 세워 방정식을 푼다.

21 은정이와 현정이가 둘이서 같이 하면 4일 걸리는 일을 은정이가 혼자서 2일 동안 하고 나머지를 현정이가 혼자서 5일 동안 하면 끝낼 수 있다고 한다. 이 일을 은정이가 혼자서 하면 며칠이 걸리는지 구하시오.

22 A, B 두 사람이 어떤 일을 하는데 A가 20일 동안 하고 B가 30일 동안 하면 그 일을 끝낼 수 있고, A, B가 동시에 하면 24일만에 끝낼 수 있다. A, B가 혼자서 일을 하면 각각 며칠이 걸리는지 구하시오.

23 A, B의 두 수도관을 이용하여 비어 있는 1000 L의 물탱크에 물을 채우는 데 A 수도관을 20분 사용하고, B 수도관을 24분 사용하면 물탱크를 모두 채울 수 있다. 처음 16분간 A, B 두 수도관을 모두 사용하고, B 수도관이 고장나서 10분 동안은 A 수도관만을 사용하였더니 물탱크에 80 L가 부족하였다. 이때 A 수도관만을 사용하여 비어 있는 1000 L의 물탱크에 물을 가득 채우려면 몇 분이 걸리는지 구하시오.

기타 유형

(1) 몫과 나머지에 대한 수의 문제

x를 y로 나누면 몫이 q이고 나머지가 r이다.

→ $x = qy + r$ (단, $0 \le r < y$)

(2) 최저 합격점에 대한 문제

합격자와 불합격자의 평균을 각각 x, y로 놓는다.

24 어떤 두 수에서 큰 수를 작은 수로 나누면 몫은 8이고 나머지는 4이다. 또, 큰 수의 2배를 작은 수로 나눌 때 몫은 17, 나머지는 1이다. 이때 두 수의 합을 구하시오.

25 100명의 수험생 중 논술을 통해 40명이 합격했다. 최저 합격 점수는 합격자의 평균보다 15점이 낮았고, 불합격자의 평균의 2배보다는 20점이 낮고, 전체 평균보다는 6점이 높았다. 이때 최저 합격 점수를 구하시오.

26 A, B 두 학교가 농구 시합을 하였다. 전반전에서 A 학교는 B 학교보다 10점을 더 얻었고, 후반전에서 B 학교는 A 학교가 후반전에서 얻는 점수의 2배를 얻어서 결국 B 학교가 82 : 102로 이겼다고 한다. A 학교가 전반전에 얻은 점수를 구하시오.

01 한 개에 3000원 하는 사과와 한 개에 5000원 하는 배를 샀더니 50000원이었다. 사과와 배를 각각 한 개 이상씩 살 때, 사과와 배의 개수의 합 중 가장 큰 값을 구하시오.

02 인원이 55명인 어떤 모임에서 남자의 $\dfrac{1}{6}$과 여자의 $\dfrac{2}{5}$가 휴대전화가 없다고 한다. 휴대전화가 없는 사람이 전체의 $\dfrac{3}{11}$일 때, 이 모임에서 남자의 수와 여자의 수를 각각 구하시오.

03 어떤 상점에서 지난 달의 상품 A, B의 판매 총액은 70만 원이었다. 이 달에는 지난 달에 비해 A가 4 %, B가 2 % 더 팔려서 판매 총액이 2만 원 증가하였다. 이 달의 A, B의 판매액을 각각 구하시오.

04 어느 학교의 작년 학생 수는 960명이고, 올해의 학생 수는 작년보다 남자는 10 % 감소하고, 여자는 10 % 증가하여 전체로는 4명이 감소하였다. 올해의 여학생 수를 구하시오.

05 A는 철과 니켈을 같은 비율로 포함한 합금이고, B는 철과 니켈을 3 : 1의 비율로 포함한 합금이다. 이 두 종류의 합금을 녹여서 철과 니켈을 2 : 1의 비율로 포함한 합금 420 g을 만들려고 한다. 이때 필요한 합금 A, B의 양을 각각 구하시오.

06 50명이 시험을 본 결과 그 중 20명이 불합격하였다. 최저 합격 점수는 50명의 평균보다 5점이 낮고 합격자의 평균보다는 30점이 낮으며, 불합격자의 평균의 2배보다 3점이 낮았다. 이때 최저 합격 점수를 구하시오.

07 A, B 두 사람의 현재 나이의 합은 63세이다. A의 나이가 B의 현재 나이의 $\dfrac{1}{2}$이던 해의 B의 나이는 A의 현재 나이와 같다. A, B의 현재 나이를 각각 구하시오.

08 두 그릇에 농도가 다른 소금물이 각각 100 g씩 담겨 있다. 두 그릇의 소금물을 40 g씩 동시에 맞바꾼 후 물을 증발시켰더니 각 그릇에 소금이 각각 4 g, 5 g 남아 있었다. 처음 두 그릇의 소금물의 농도를 각각 구하시오.

09 두 자리의 자연수 a, b가 있다. a는 3의 배수이고 b보다 37만큼 크다. 또, b의 일의 자리의 숫자와 십의 자리의 숫자를 바꾼 수는 a보다 19만큼 작다. 이때 a, b의 값을 각각 구하시오.

서술형

10 어느 배가 항구 A에서 출발하여 항구 B와 C를 거쳐 항구 D에 도착한다. 이때 항구 B에서 남자 승객이 12명 내리자 여자 승객은 남자 승객의 4배가 되었고, 다시 항구 C에서 남자, 여자 승객이 각각 6명씩 내리자 남아 있는 남자 승객은 여자 승객의 $\frac{1}{7}$이 되어 목적지인 항구 D에 도착하였다. 처음 이 배에 탔던 승객은 몇 명인지 구하시오. (단, 항구 B, C에서 새로 탄 승객은 없다.)

연결개념

11 오른쪽 표는 빵과 버터 1 g에 들어 있는 단백질과 지방의 함유율이다. 단백질

	빵	버터
단백질	8 %	2 %
지방	1 %	80 %

82 g, 지방 90 g을 섭취하려면 빵과 버터를 각각 몇 g씩 먹으면 되는지 구하시오.

12 1개당 가격이 각각 40원, 80원, 120원인 물건을 한 개 이상씩 샀는데 구입한 물건은 모두 16개이고, 1200원이었다. 120원짜리 물건을 최대한 많이 사려고 했다면 물건은 각각 몇 개씩 샀는지 구하시오.

서술형

13 오른쪽 그림과 같은 직사각형 ABCD를 모양과 크기가 같은 직사각형 9개로 나누었다. 이 직사각형 ABCD의 넓이가 720 cm^{2}일 때, 작은 직사각형의 가로의 길이와 세로의 길이를 각각 구하시오. (단, 작은 직사각형의 가로의 길이가 세로의 길이보다 길다.)

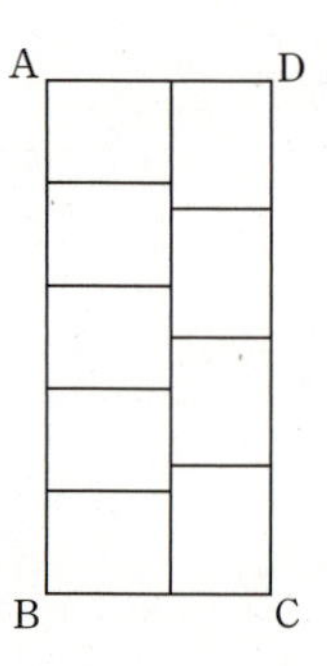

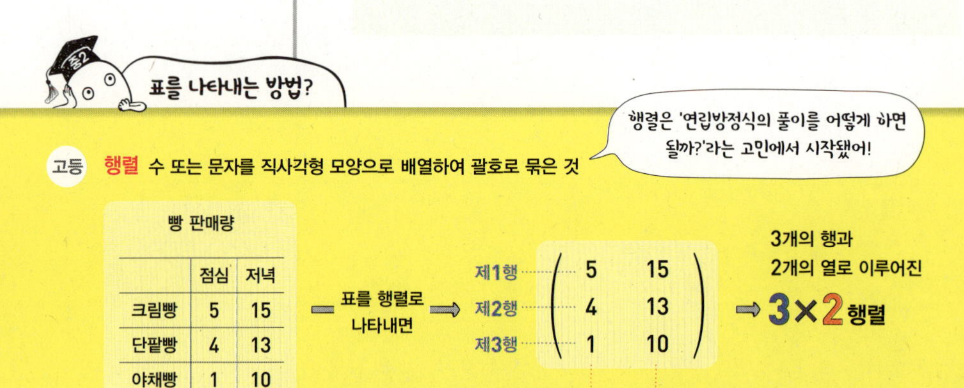

14 3 %, 4 %, 5 %의 소금물의 총량이 800 g이다. 이때 3 %의 소금물과 4 %의 소금물을 섞으면 3.6 %의 소금물이 되고, 3 %의 소금물과 5 %의 소금물을 섞으면 4.2 %의 소금물이 된다. 3 %, 4 %, 5 %의 소금물의 양을 각각 구하시오.

15 희선, 찬희, 지은 세 사람이 놀이 공원에 놀러 갔다. 이때 필요한 비용 중 희선이는 입장료, 찬희는 식사비, 지은이는 교통비를 부담하였다. 세 사람이 부담한 비용을 균등하게 하기 위하여 지은이는 희선, 찬희에게 각각 20000원, 10000원을 주었다. 입장료가 교통비의 5배에 식사비를 합한 것과 같을 때, 입장료, 식사비, 교통비를 각각 구하시오.

16 둘레의 길이가 6 km인 호수 주변의 산책로를 나연이는 자전거로, 현정이는 걸어서 동시에 같은 지점을 출발하여 같은 방향으로 가면 2시간 후에 처음 만나고, 다른 방향으로 가면 1시간 후에 처음 만난다고 한다. 이때 두 사람의 속력을 각각 구하시오. (단, 자전거의 속력과 걷는 속력은 각각 일정하고, 자전거의 속력이 걷는 속력보다 빠르다.)

17 A, B 두 사람이 호수 둘레를 산책하기로 하였다. A가 200 m를 가는 동안 B는 300 m를 간다. A, B 두 사람이 한 지점에서 동시에 출발하여 서로 같은 방향으로 일정한 속력으로 돌면 1시간 20분만에 처음으로 만나고 이후 B가 처음 속력의 1.2배로 반대 방향으로 일정한 속력으로 돌기 시작하여 10분이 지나면 두 사람이 다시 만날 때까지 3.6 km가 남는다. 이 호수의 둘레의 길이는 몇 km인지 구하시오.

최고 실력 완성하기

01 주머니 속에 A, B, C 세 종류의 구슬이 각각 짝수 개씩 모두 56개가 들어 있다. 구슬 한 개의 무게는 각각 6 g, 4 g, 2 g이고 구슬 56개의 무게는 총 192 g이다. 세 종류의 구슬의 개수는 서로 다르고 A 구슬의 개수가 가장 적고 C 구슬의 개수가 가장 많을 때, 가능한 B 구슬의 개수를 모두 구하시오.

02 A, B 두 물건의 100 g당 정가의 비는 13 : 6이다. 민수가 각각 100 g당 정가보다 8원 저렴한 가격으로 A와 B의 무게의 비가 16 : 27이 되도록 구입하였다. A와 B를 구입하는 데 사용한 비용의 비가 4 : 3이었을 때, A, B의 100 g당 정가를 각각 구하시오.

03 민수와 영희의 일주일 동안 수입액의 비는 12 : 7이고, 지출액의 비는 7 : 5이다. 한 주에 민수는 2100원이 남고, 영희는 700원이 모자란다고 할 때, 민수의 수입액과 영희의 지출액을 각각 구하시오.

04 10 %의 소금물 a g과 20 %의 소금물 b g을 섞어서 16 %의 소금물을 얻었고, 20 %의 소금물 b g과 30 %의 소금물 c g을 섞어서 26 %의 소금물을 얻었다. $a+b+c=380$일 때, a, b, c의 값을 각각 구하시오.

05 A, B, C가 함께 하면 6일이 걸리는 어떤 일을 A와 C가 함께 하면 9일, B와 C가 함께 하면 12일이 걸린다고 한다. 이 일을 A와 B가 함께 할 때, 하루에 할 수 있는 일의 양은 전체의 얼마인지 구하시오.

06 비커 A에는 $a\ \%$, 비커 B에는 $b\ \%$의 소금물이 각각 800 g씩 들어 있다. 비커 A에 들어 있는 소금물의 반을 비커 B에 넣고 잘 섞은 후, 다시 비커 B에 들어 있는 소금물의 반을 비커 A에 넣고 잘 섞었더니 비커 A에 들어 있는 소금물은 12 %, 비커 B에 들어 있는 소금물은 8 %가 되었다. a, b의 값을 각각 구하시오.

07 어떤 음악회에서 6분짜리 곡과 8분짜리 곡을 섞어서 연주하여 공연 시간을 모두 1시간 45분으로 계획했으나 오케스트라 측의 요청에 의하여 6분짜리 곡과 8분짜리 곡의 개수를 서로 바꾸어서 연주하였더니 모두 1시간 57분이 걸렸다. 곡과 곡 사이에는 1분간 쉬는 시간이 있다고 할 때, 처음에 연주하려고 계획했던 6분짜리 곡은 모두 몇 곡인지 구하시오.

08 흰색과 갈색이 3 : 7의 비로 섞인 페인트와 1 : 4의 비로 섞인 페인트가 각각 1200 g씩 있다. 이 두 페인트를 섞어서 흰색과 갈색이 2 : 5의 비로 섞인 페인트를 만들려고 할 때, 최대 몇 g을 만들 수 있는지 구하시오.

09 A는 1700 m 떨어진 표적을 향해 사격했는데 발사 후 7초가 지나서 탄환이 표적에 맞는 소리를 들었다. B는 A로부터 980 m, 표적으로부터 2000 m 떨어진 곳에 있는데, A의 총성을 들은 후 5초가 지나서 탄환이 표적에 맞는 소리를 들었다. 탄환의 속력을 구하시오.

(단, 탄환의 속력은 일정하다.)

10 20 km 떨어진 강의 두 지점을 왕복하는 배가 있다. 강물을 거슬러 올라가다가 중간에 배가 고장이 나서 20분간 떠내려 가는 바람에 다시 거슬러 올라갔다가 내려오는 데 4시간이 걸렸다. 떠내려 간 시간을 빼면, 거슬러 올라가는 데 걸린 시간은 내려오는 데 걸린 시간의 $\dfrac{7}{4}$배이다. 이때 정지된 물에서의 배의 속력을 구하시오.

(단, 강물과 배의 속력은 일정하다.)

연립(聯立)부등식

나란히 연
설 립

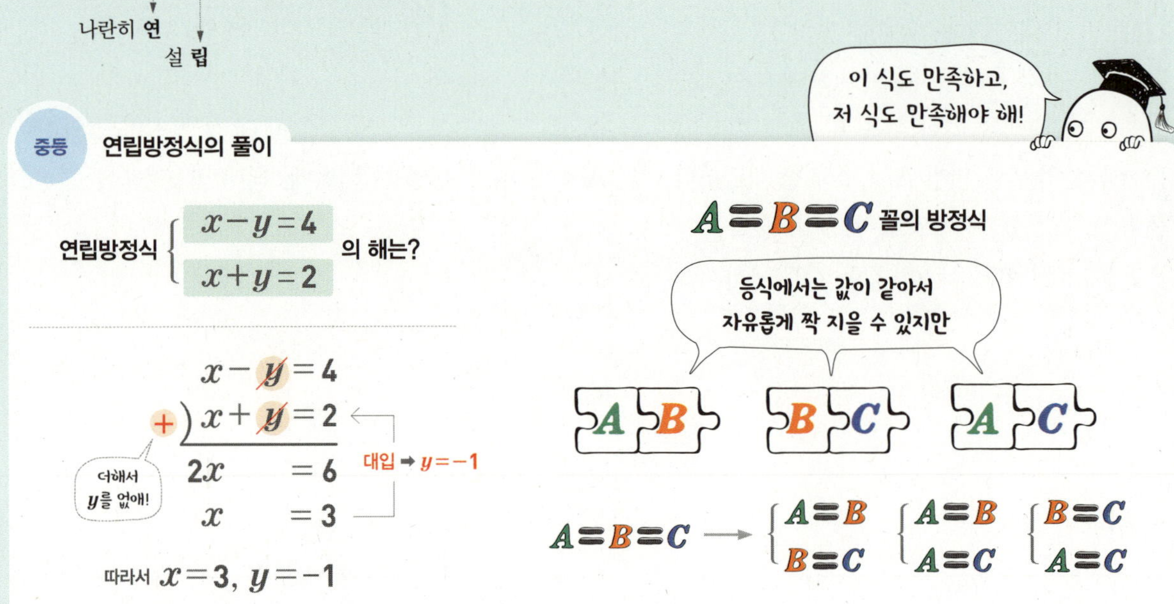

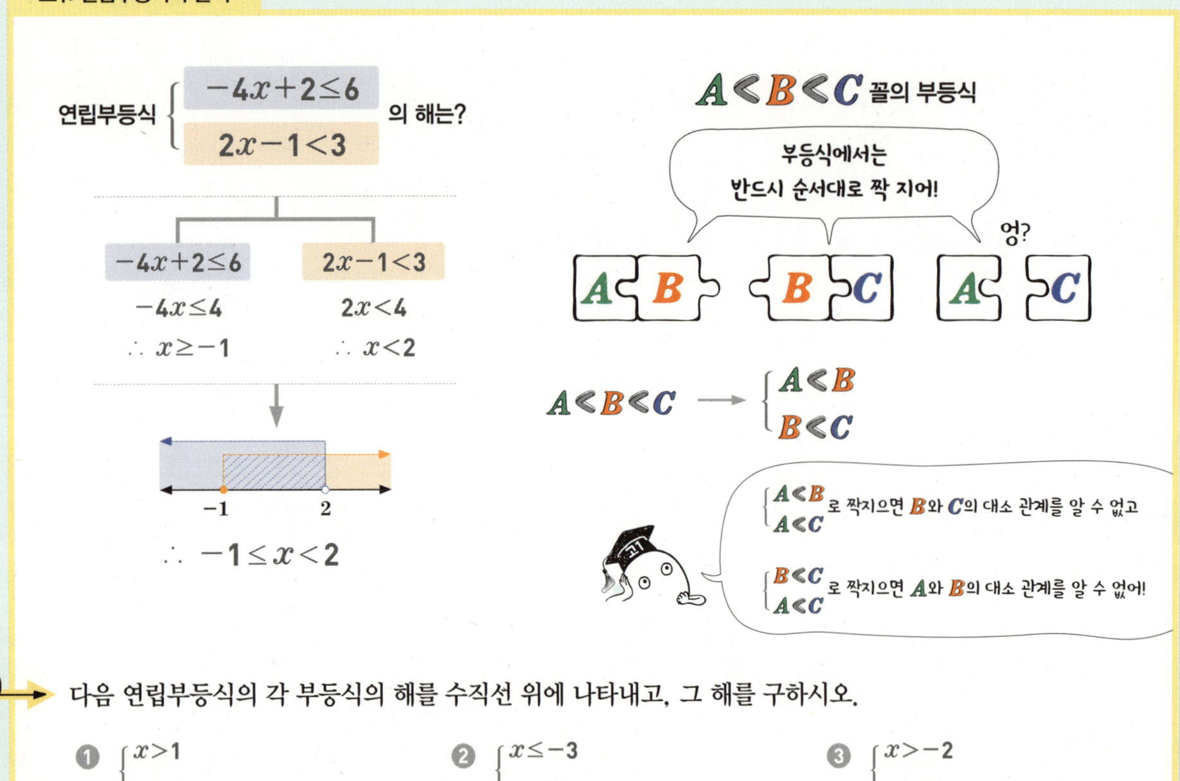

Q ▶ 다음 연립부등식의 각 부등식의 해를 수직선 위에 나타내고, 그 해를 구하시오.

❶ $\begin{cases} x>1 \\ x<4 \end{cases}$ 　　　❷ $\begin{cases} x\leq-3 \\ x<2 \end{cases}$ 　　　❸ $\begin{cases} x>-2 \\ x>5 \end{cases}$

정답 ❶ 1, 4, $1<x<4$　❷ -3, 2, $x\leq-3$　❸ -2, 5, $x>5$

나란히 나열한 식, 연립　연립방정식은 2개 이상의 방정식을 함께 나열한 것으로 등식의 성질을 이용하여 해를 구하고, 연립부등식은 2개 이상의 부등식을 함께 나열한 것으로 부등식의 성질을 이용하여 해를 구한다. 이때 연립방정식의 해는 모든 방정식을 만족시키는 공통인 해이고, 연립부등식의 해는 모든 부등식을 만족시키는 공통인 해이다.
연립! 연립방정식과 연립부등식은 새로운 개념이 아니라 방정식과 부등식의 확장이다!

단원 종합 문제

01 다음 등식이 미지수가 2개인 일차방정식이 되도록 하는 상수 a, b의 조건을 구하시오.

$$2x^2-4x+y+1=ax^2+x-by$$

02 연립방정식 $\begin{cases} 0.3x-y=1.9 \\ \dfrac{1}{2}x-\dfrac{5}{12}y=\dfrac{23}{12} \end{cases}$ 를 푸시오.

03 방정식 $\dfrac{x-y+1}{3}=\dfrac{-2x+y}{4}=\dfrac{3x-2y+5}{6}$ 를 푸시오.

04 연립방정식 $\begin{cases} 4x+ay=10 \\ ax+3y=9 \end{cases}$ 의 해 x, y에 대하여 $x:y=1:2$일 때, 상수 a의 값을 구하시오.

05 x, y에 대한 연립방정식 $\begin{cases} 2x+3y+a=0 \\ ax-3y+2=0 \end{cases}$ 의 해가 무수히 많을 때, 상수 a의 값을 구하시오.

06 x, y에 대한 연립방정식 $\begin{cases} x+ay+4=0 \\ 2x+(a-1)y=8 \end{cases}$ 이

해를 갖지 않도록 하는 상수 a의 값을 구하시오.

07 다음 방정식을 푸시오.

$$x-\frac{5y-8}{3}=\frac{2x-3}{3}+\frac{y}{2}=2x-\frac{50-9y}{12}$$

08 연립방정식 $\begin{cases} \dfrac{1}{x}-\dfrac{1}{2y}=1 \\ \dfrac{2}{3x}-\dfrac{3}{4y}=-1 \end{cases}$ 을 푸시오.

09 연립방정식 $\begin{cases} ax-5y=1 \\ 5x-7y=a \end{cases}$ 의 해가 $x=2$, $y=b$일

때, $a+b$의 값을 구하시오.

10 다음 두 연립방정식의 해가 서로 같을 때, n^2-m^2 의 값을 구하시오. (단, m, n은 상수)

$$\begin{cases} 2x+y=4 \\ x+2y=m \end{cases} \qquad \begin{cases} x-y=5 \\ nx+4y=4 \end{cases}$$

11 A, B 두 학생이 연립방정식 $\begin{cases} ax-3y=8 \\ 3x+by=-1 \end{cases}$ 을 푸는데 A는 a를 잘못 보고 풀어서 $x=-3$, $y=4$를 얻었고, B는 b를 잘못 보고 풀어서 $x=7$, $y=2$를 얻었다. 이 연립방정식의 해를 구하시오. (단, a, b는 상수)

12 연립방정식 $\begin{cases} x:y:z=1:2:3 \\ 4x-3y+z=7 \end{cases}$ 을 푸시오.

13 연립방정식 $\begin{cases} x+|y|=8 \\ x-|y|=4 \end{cases}$ 의 해는 x, y에 대하여 $x+y+z=5$를 만족시킬 때, z의 값을 모두 구하시오.

14 수학 여행에서 작년에 비해 올해 교통비는 15 %, 숙박비는 24 % 증가하여 올해의 교통비와 숙박비의 합계는 작년보다 20 % 증가한 금액인 216000원이 되었다. 올해의 교통비와 숙박비를 각각 구하시오.

15 구리와 주석의 비가 2 : 1인 합금 A와 구리와 주석의 비가 4 : 3인 합금 B를 합하여 구리와 주석의 비가 9 : 5인 합금 280 g을 만들 때, 합금 B는 몇 g을 사용해야 하는지 구하시오.

16 160 L 들이 물통에 물을 A 호스로 5분, B 호스로 2분 동안 채웠더니 전체의 $\dfrac{3}{4}$이 채워졌고, 다시 A 호스로 2분, B 호스로 4분 동안 채웠더니 전체의 $\dfrac{2}{3}$가 채워졌다. A, B 두 호스로 동시에 1분 동안 몇 L의 물을 채울 수 있는지 구하시오.

17 현재 어머니와 딸의 나이 차는 25세이다. 현재부터 20년 후에 어머니의 나이는 딸의 나이의 2배가 된다고 한다. 현재 어머니와 딸의 나이를 각각 구하시오.

18 지환이의 기말고사 영어 점수는 중간고사 영어 점수보다 10 % 떨어지고, 기말고사 수학 점수는 중간고사 수학 점수보다 10 % 올라서 두 과목 점수의 합계가 중간고사 때보다 1점 감소하였다. 중간고사 때 두 과목의 점수의 평균이 85점일 때, 기말고사 영어 점수와 수학 점수를 각각 구하시오.

19 금을 포함하는 합금 A, B가 있다. A는 80 %, B는 50 %의 금을 포함하고 있다. A, B를 녹여서 70 %의 금을 포함하는 합금 C를 60 kg 만들려면 합금 A, B를 각각 몇 kg씩 섞어야 하는지 구하시오.

20 5 %의 소금물과 8 %의 소금물을 섞은 후 물을 더 부어 6 %의 소금물 300 g을 만들었다. 5 %의 소금물의 양과 더 부은 물의 양의 비가 4 : 1일 때, 더 부은 물의 양을 구하시오.

21 A, B 두 종목의 경기를 하여 각각에 대하여 상을 주는데 상을 받은 사람은 모두 20명이고, A, B 두 종목 모두에서 상을 받은 사람은 10명이다. 또, A 종목에서 상을 받은 사람은 B 종목에서 상을 받은 사람보다 2명 많다. A 종목에서 상을 받은 사람 수를 구하시오.

22 A, B 두 지점을 잇는 직선 자전거 도로 위에 P 지점이 있다. 찬희가 A 지점에서 B 지점까지 가는데 A 지점에서 P 지점까지는 시속 6 km로, P 지점에서 B 지점까지는 시속 8 km로 자전거를 타고 갔더니 총 1시간 30분이 걸렸다. A 지점에서 B 지점까지의 거리가 10 km일 때, A 지점에서 P 지점까지, P 지점에서 B 지점까지의 거리를 차례로 구하시오.

23 세 자리의 자연수가 있다. 가장 왼쪽의 숫자를 가장 오른쪽으로 옮기면, 처음의 수보다 45만큼 작아진다. 또, 처음 수의 백의 자리의 숫자의 9배는 십의 자리와 일의 자리의 숫자로 된 두 자리의 자연수보다 3만큼 작다. 처음의 세 자리의 자연수를 구하시오.

24 강을 따라 7 km의 거리를 보트를 타고 왕복하는데 강을 따라 내려올 때는 40분, 강을 거슬러 올라갈 때는 1시간 40분이 걸렸다. 이때 강물의 속력을 구하시오.
　(단, 강물의 속력과 보트의 속력은 각각 일정하다.)

25 물 속에서 금속 A는 그 무게의 $\dfrac{11}{15}$이 가벼워지고, 금속 B는 그 무게의 $\dfrac{1}{4}$이 가벼워진다. 두 금속 A, B로 만든 합금 1500 g을 물 속에서 달았더니 719 g이었다. 이 합금에는 두 금속 A와 B가 각각 몇 g씩 섞여 있는지 구하시오.

IV

일차함수

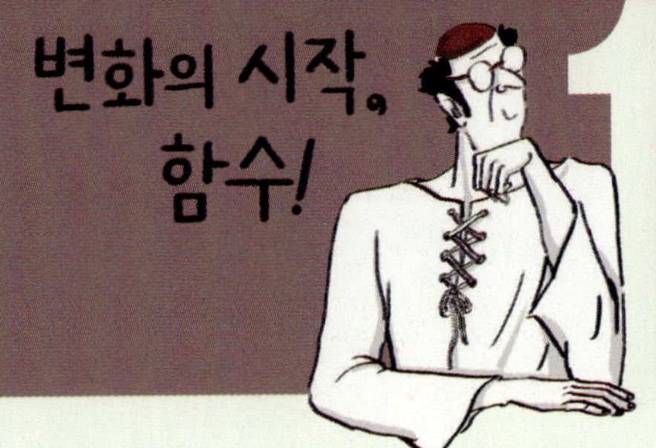

1 함수

1 대응

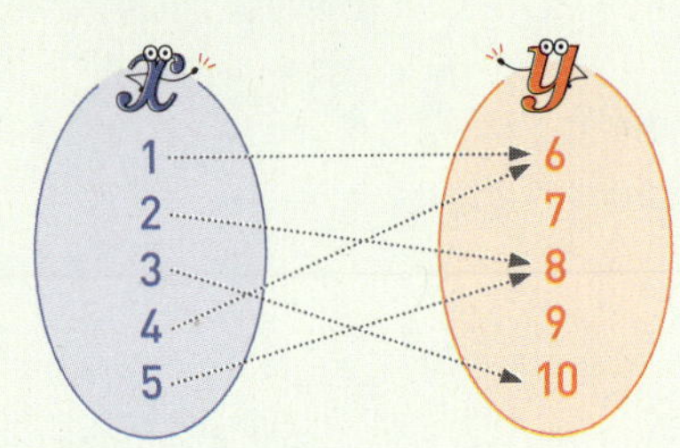

두 변수 x, y에 대하여 변수 x의 각각에 대하여 변수 y를 하나하나 짝지어 주는 것

예 x가 1, 2이고, y가 3, 4일 때, 'x를 y에 대응'시키면 $x=1$, $y=3$ 또는 $x=1$, $y=4$ 또는 $x=2$, $y=3$ 또는 $x=2$, $y=4$로 나타난다.

이것을 순서쌍 (x, y)를 이용하여 $(1, 3)$, $(1, 4)$, $(2, 3)$, $(2, 4)$로도 나타낸다.

2 함수의 정의

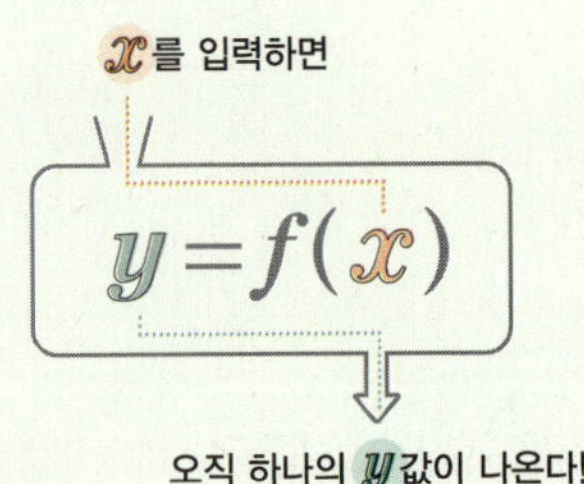

두 변수 x, y에 대하여 x의 값이 하나씩 정해질 때마다 그에 따른 y의 값이 오직 하나씩만 대응하는 관계가 성립할 때, y를 x의 함수라 하고, 이것을 기호로 $y=f(x)$로 나타낸다.

참고 함수 $y=f(x)$를 $f:x \longrightarrow y$의 형태로 나타내기도 한다.

3 함숫값

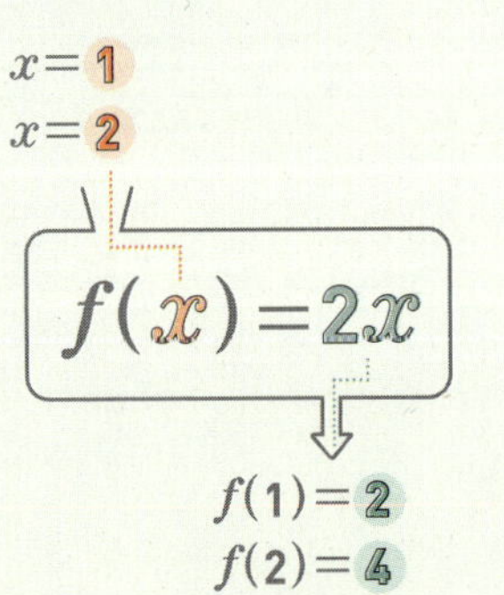

함수 $y=f(x)$에서 x의 값에 따라 하나로 정해지는 y의 값인 $f(x)$를 x(에서)의 함숫값이라고 한다. 즉, $x=a$에 대응하는 y의 값이 b일 때, $f(a)=b$로 나타내고 b를 a의 함숫값이라고 한다.

4 함수의 그래프

함수 $y=f(x)$에 대하여 x의 값에 대한 함숫값 y의 순서쌍 (x, y)가 나타내는 그림을 좌표평면 위에 나타낸 것

1 STEP

주제별 실력다지기

대응

두 변수 x, y에 대하여 변수 x의 각각에 대하여 변수 y를 하나하나 짝지어 주는 것

예 x가 1, 2이고, y가 3, 4일 때, 'x를 y에 대응'시키면 $x=1$, $y=3$ 또는 $x=1$, $y=4$ 또는 $x=2$, $y=3$ 또는 $x=2$, $y=4$로 나타난다. 이것을 순서쌍 (x, y)를 이용하여 $(1, 3)$, $(1, 4)$, $(2, 3)$, $(2, 4)$로도 나타낸다.

함수의 정의

두 변수 x, y에 대하여 x의 값이 하나씩 정해질 때마다 그에 따른 y의 값이 오직 하나씩만 대응하는 관계가 성립할 때, y를 x의 함수라 하고, 이것을 기호로 $y=f(x)$로 나타낸다.
(1) 서로 다른 두 x의 값 a, b에 대하여 $f(a)=f(b)$가 되는 대응도 위의 정의를 만족시키면 함수이다.
(2) 함수 $y=f(x)$를 $f : x \longrightarrow y$의 형태로 나타내기도 한다.

01 x가 1, 2, 3이고 y가 a, b, c, d일 때, x를 y에 대응시킨 순서쌍 (x, y)의 개수를 구하시오.

02 다음은 x와 y 사이의 관계를 표로 나타낸 것이다. x에서 y로의 함수인 것을 모두 고르면? (정답 2개)

①

x	0	1	2	3
y	0	0	1	2

②

x	1	1	2	3
y	3	4	5	6

③

x	0	1	2	1
y	0	0	1	1

④

x	0	1	2	3
y	3	4		5

⑤

x	0	1	2	3
y	2	3	4	5

03 다음 **보기** 중 y가 x의 함수가 <u>아닌</u> 것을 모두 고르시오.

보기

ㄱ. 1권에 1000원인 공책 x권의 가격 y원
ㄴ. 키가 x cm인 사람의 몸무게 y kg
ㄷ. 농도가 7 %인 소금물 x g에 들어 있는 소금의 양 y g
ㄹ. 10명을 뽑는 시험에 응시한 사람 수가 x명일 때, 합격률 y %
ㅁ. 40쪽짜리 책을 하루에 x쪽씩 읽을 때 걸리는 날 수 y일
ㅂ. 넓이가 10 cm^{2}인 평행사변형의 밑변의 길이 x cm와 높이 y cm
ㅅ. 자연수 x와 서로소인 수 y

04 함수 $f(x)=(x$ 미만인 소수의 개수$)$에 대하여 $f\left(\dfrac{33}{2}\right)+f(24)$의 값을 구하시오.

05 함수 $f(x)=\dfrac{3}{2}x+1$에 대하여 $f(a)=4$를 만족시키는 상수 a의 값을 구하시오.

06 두 함수 $f\left(\dfrac{3x}{x+1}\right)=2x-1$, $g(x)=-6x+5$에 대하여 $f(g(1)-f(-3))$의 값을 구하시오.

07 두 변수 x, y가 모두 자연수일 때, 함수 $y=f(x)$는 두 조건 $f(1)=3$, $f(a+b)=f(a)+f(b)+2ab$를 만족시킨다. 이때 $f(3)-f(5)$의 값을 구하시오.

08 x의 값이 0, 1, 2, 3일 때, 함수 $f(x)=3x+2$의 모든 함숫값의 합을 구하시오.

09 x의 값이 1, 2, 3, 4, 5, 6일 때, 함수 $y=\dfrac{6}{x}$의 함숫값 중 정수가 아닌 것의 합을 구하시오.

10 x의 값이 4 이상 10 이하의 자연수일 때, 함수 $f : x \longrightarrow (x$의 약수 중 가장 큰 소수$)$의 모든 함숫값의 합 $f(4)+f(5)+\cdots+f(10)$의 값을 구하시오.

함수 $y=f(x)$의 그래프

x의 값에 대한 함숫값 y의 순서쌍 (x, y)를 좌표로 하는 점 전체를 좌표평면 위에 나타낸 것

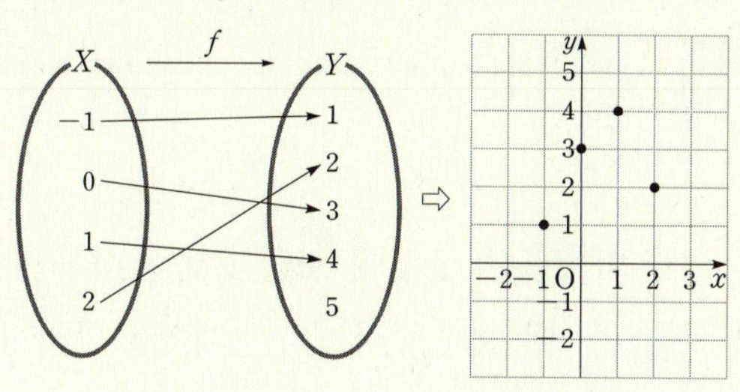

11 $x=1$, 2, 3, 4, 5이고 $y=1$, 2, 3, 4, 5일 때, 다음 중 y가 x의 함수인 그래프를 모두 고르면? (정답 2개)

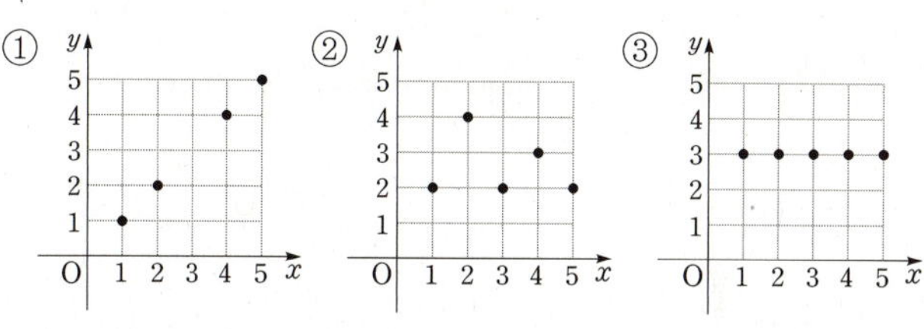
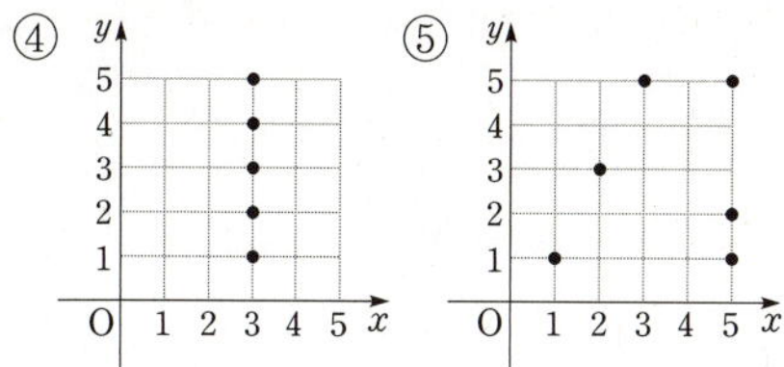

12 다음 중 y가 x의 함수인 그래프는?

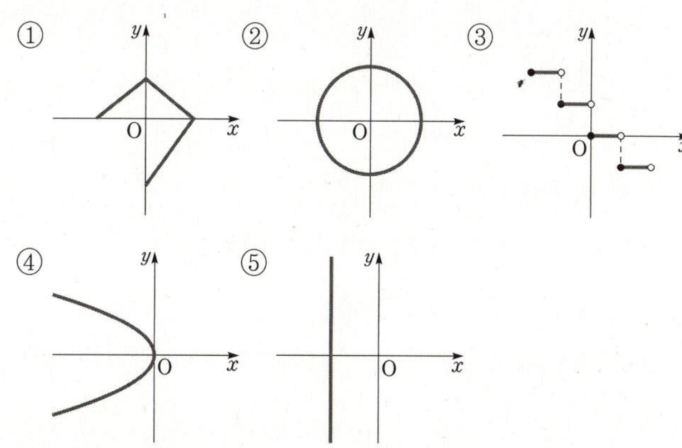

01 $a\,\%$의 소금물 $x\,$g에 소금 $y\,$g을 섞어서 $b\,\%$의 소금물을 만들 때, x와 y 사이의 관계식을 구하시오.

02 다음 **보기** 중 y가 x의 함수인 것을 고르시오.

┌─ 보기 ─┐

ㄱ. x가 1, 2, 3이고 y가 4, 5일 때, x는 y의 약수

ㄴ. x가 -1, 0, 1이고 y가 1, 2, 3, 4일 때, $y=|x|+3$

ㄷ. x, y가 모두 자연수일 때, $y=x-1$

ㄹ. x가 2, 4, 6, 8이고 y는 자연수일 때, $y=-\dfrac{1}{2}x$

03 두 변수 x, y에 대하여 x가 2, 3, 4, 5이고 y가 1, 2, 3, 4, 5, 6일 때, 다음 중 y가 x의 함수인 것을 모두 고르면? (정답 2개)

① x의 약수에 y가 대응한다.

② x의 배수에 y가 대응한다.

③ x의 제곱이 되는 수에 y가 대응한다.

④ x의 약수의 개수에 y가 대응한다.

⑤ x를 소인수분해했을 때의 소인수의 개수에 y가 대응한다.

04 두 변수 x, y에 대하여 $x=-1$, 0, 1이고, $y=-1$, 0, 1, 2일 때, 다음 **보기** 중 y가 x의 함수인 것은 몇 개인지 구하시오.

┌─ 보기 ─┐

ㄱ. $y=x+1$ ㄴ. $y=x^3$

ㄷ. $y=x-2$ ㄹ. $y=x^2+1$

ㅁ. $y=\begin{cases} -1 & (x\geq 0\text{일 때}) \\ \text{양수} & (x<0\text{일 때}) \end{cases}$

ㅂ. $y=|x|-1$

05 두 변수 x, y의 값이 모두 수 전체가 될 수 있을 때, 모든 x에 대하여 y의 값이 항상 3인 함수의 그래프는?

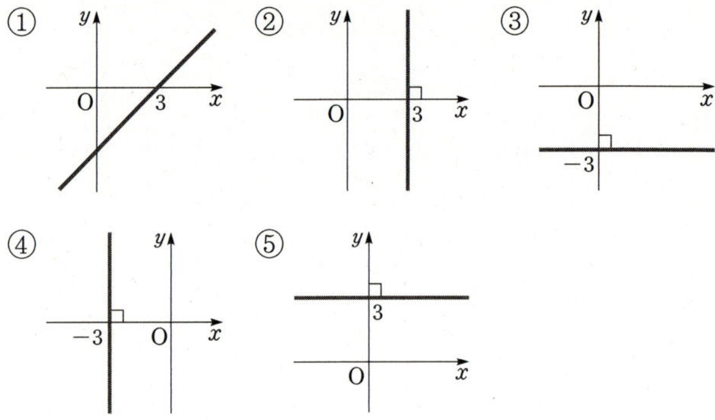

06 함수 $f(x)=-x+5$에서 $f(a-1)+f(a+1)=6$일 때, a의 값은?

① -4 ② -2 ③ 2

④ 4 ⑤ 6

07 $y+5$가 $2(x-3)$에 정비례하는 함수 $y=f(x)$에 대하여 $f(-2)=15$일 때, $f(2)$의 값을 구하시오.

08 함수 $f(x)=ax-1-(a-x)$가 $f(2)=3$을 만족시킬 때, $f(2)+f(3)=2f(b)$를 만족시키는 b의 값을 구하시오. (단, a는 상수)

09 자연수 x에 대하여 함수 $f(x)=\dfrac{12}{x}$일 때, $f(x)$의 값이 자연수가 되도록 하는 모든 x의 개수를 구하시오.

10 다음 대응표는 x의 값들에 대한 y의 값들을 나타낸 것이다. 이 대응이 함수가 되지 않도록 하는 m의 값을 모두 구하시오.

x	2	$m-1$	5	$2m+1$
y	2	3	4	5

11 두 변수 x, y에 대하여 $x=1$, 2, a이고 $y=4$, 5일 때, x를 $x+y$가 소수가 되도록 하는 y에 대응시킨다. 이때 y가 x의 함수가 되기 위한 모든 a의 값의 합을 구하시오. (단, $3 \leq a \leq 9$의 자연수)

12 자연수 x에 대하여 함수 $y=f(x)$를 $y=(x$보다 작은 4의 배수의 개수$)$라고 할 때, $f(x)=3$을 만족시키는 모든 x의 값의 합을 구하시오.

13 함수 $f(x)=5+ax-x$에 대하여 $f(-1)=7$일 때, $f(f(3))$의 값을 구하시오.

14 두 변수 x, y에 대하여 x는 2, 3, 4, 5이고 y는 자연수일 때, 함수 $f(x)=a|x-1|$에 대하여 $f(2)=3$이다. $f(x)=9$가 되는 x의 값을 구하시오.

(단, a는 상수)

15 함수 $f\left(\dfrac{x-8}{2x-1}\right)=-x^2+x-4$에서 $f(-2)$의 값을 구하시오.

16 정수 n에 대하여 $n\leq x<n+1$일 때, $[x]=n$이라 하자. 함수 $f(x)=[x]$에 대하여 $f(-1.7)+f(-0.4)+f(1)+f(1.3)$의 값을 구하시오.

3 STEP
최고 실력 완성하기

01 톱니의 수의 비가 $2:3$인 두 개의 톱니바퀴 P, Q 와 톱니의 수의 비가 $2:5$인 두 개의 톱니바퀴 Q, R가 서로 맞물려 돌아가고 있다. 톱니바퀴 P의 1분 간 회전 수를 x회, 톱니바퀴 R의 1분 간 회전 수를 y회라고 할 때, x와 y 사이의 관계식을 구하시오.

02 시계의 분침이 $x°$ 움직일 때, 초침은 $y°$ 움직인다. 이때 x와 y 사이의 관계식을 구하시오.

03 두 변수 x, y에 대하여 x는 자연수이고 y는 음이 아닌 정수일 때, 다음 주어진 관계식 중 함수를 나타내는 것이 아닌 것은?

① $f(x)=x+3$
② $f(x)=(x$보다 작은 짝수의 개수$)$
③ $f(x)=(x$의 약수$)$
④ $f(x)=(x$를 4로 나눈 나머지$)$
⑤ $f(x)=2x-2$

04 두 변수 x, y에 대하여 x가 1, 2, 3, 4, 5이고 y가 0, 1, 2, 3, 4일 때, 다음 중 y가 x의 함수인 것을 모두 고르면? (정답 2개)

① $y=x+1$
② $y=(x$의 약수$)$
③ $y=(x$를 4로 나눈 나머지$)$
④ $y=(x$보다 작은 자연수의 개수$)$
⑤ $y=(x$보다 작은 소수$)$

05 자연수 x를 5로 나눈 나머지를 $f(x)$라고 할 때, 다음 중 옳지 <u>않은</u> 것은?

① $f(5x+5)=0$
② $f(x+10)=f(x)$
③ $f(5x+3)=f(5x-2)$
④ $f(x)+f(x+1)=f(2x+1)$
⑤ $f(5x+3)\neq 5f(x-2)$

06 두 변수 x, y에 대하여 x는 9 이하의 자연수, x의 함수 y를 $f:x \longrightarrow (x$의 약수의 개수$)$로 정의할 때, $f(x)=2$가 되는 x의 개수를 구하시오.

07 두 변수 x, y에 대하여 x가 1, 2이고 y가 3, 4, 5이다. 이때 만들 수 있는 x의 함수 y의 개수를 구하시오.

08 두 변수 x, y에 대하여 1, 2, 3인 x가 4, 5, 6, 7인 y 중의 어느 하나에 반드시 대응될 때, 함숫값의 크기가 항상 $f(3) < f(2) < f(1)$이 되는 x의 함수 y의 개수를 구하시오.

09 두 변수 x, y에 대하여 1, 2, 3인 x가 1, 2, 3, 4, 5인 y 중의 어느 하나에 반드시 대응하는 함수를 $y = f(x)$라 할 때, x의 모든 수 a에 대하여 $a + f(a)$가 짝수가 되는 함수의 개수를 구하시오.

10 두 변수 x, y가 모두 자연수일 때, 함수 $y = f(x)$를

$$f(x) = \begin{cases} 2 & (x \leq 3) \\ f(x-2) + f(x-3) & (x \geq 4) \end{cases}$$

로 정한다. 이때 $f(7) + f(8)$의 값을 구하시오.

11 x에 대한 함수 $f(x)$가 임의의 x, y에 대하여 $f(x)f(y) = f(x+y) + f(x-y)$이고 $f(1) = 1$을 만족할 때, $2f(0) + f(2)$의 값을 구하시오.

2 일차함수와 그래프

1 일차함수의 뜻

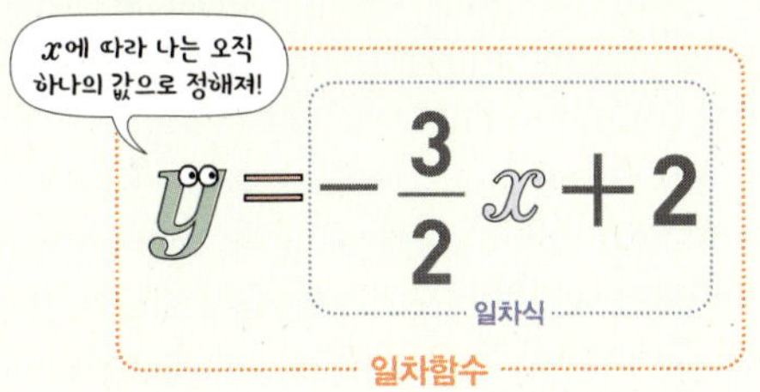

함수 $y=f(x)$에서 y가 x에 관한 일차식

$$y=ax+b \ (a\neq 0,\ a,\ b\text{는 상수})$$

로 나타날 때, y를 x에 대한 일차함수라고 한다.

2 일차함수의 그래프

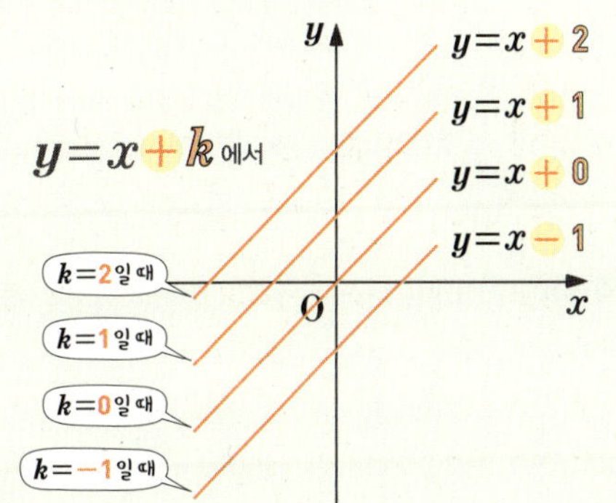

(1) 일차함수 $y=ax(a\neq 0)$의 그래프

일차함수 $y=ax$의 그래프는 원점을 지나는 직선이다.

① $a>0$일 때, x의 값이 증가하면 y의 값도 증가한다.

② $a<0$일 때, x의 값이 증가하면 y의 값은 감소한다.

(2) 일차함수 $y=ax+b(a\neq 0)$의 그래프

일차함수 $y=ax$의 그래프를 y축의 방향으로 b만큼 평행이동한 직선이다.

① $b>0$이면 y축의 양의 방향으로 b만큼 평행이동

② $b<0$이면 y축의 음의 방향으로 $|b|$만큼 평행이동

3 일차함수의 그래프의 절편

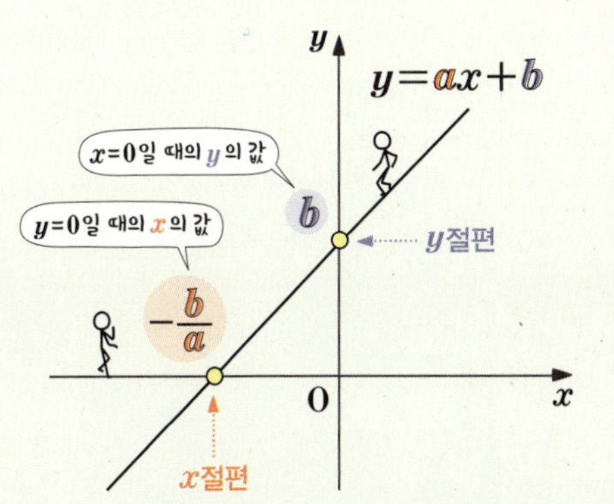

(1) x절편: 함수의 그래프가 x축과 만나는 점의 x좌표

　　　　⇨ $y=0$일 때의 x의 값

(2) y절편: 함수의 그래프가 y축과 만나는 점의 y좌표

　　　　⇨ $x=0$일 때의 y의 값

4 일차함수의 그래프의 기울기

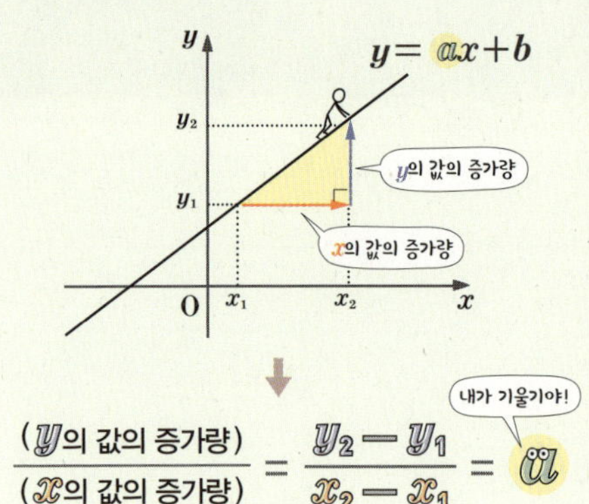

일차함수 $y = ax + b\,(a \neq 0)$의 그래프에서

$$(기울기) = \frac{(y의\ 값의\ 증가량)}{(x의\ 값의\ 증가량)} = a$$

5 일차함수의 그래프의 평행 조건

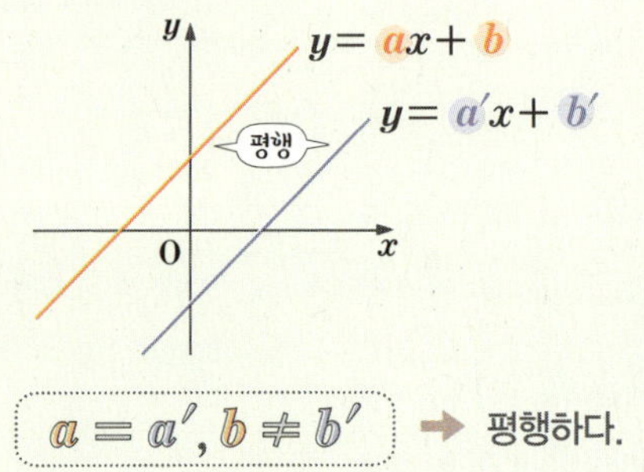

(1) 서로 평행한 두 일차함수의 그래프의 기울기는 같다.

(2) 기울기가 같은 두 일차함수의 그래프는 서로 평행하거나 일치한다.

① 기울기가 같고 y절편이 다른 두 직선 → 평행

② 기울기가 같고 y절편이 같은 두 직선 → 일치

6 일차함수의 그래프의 수직 조건

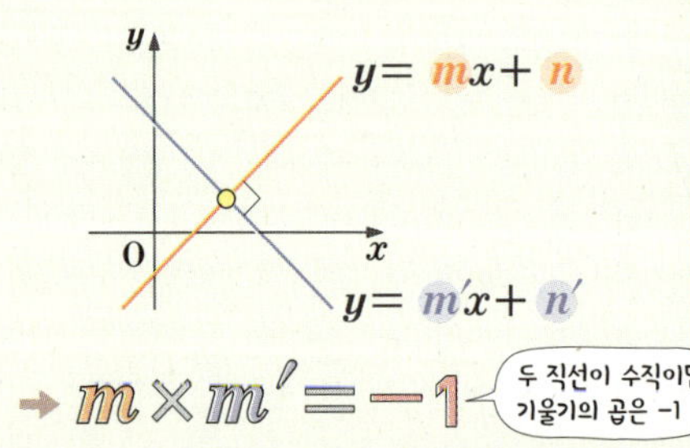

서로 수직인 두 일차함수의 그래프의 기울기의 곱은 -1이다.

참고 삼각형의 합동을 이용하면 수직인 두 직선의 기울기의 곱이 -1임을 알 수 있다.

$\triangle \mathrm{AOH} \equiv \triangle \mathrm{OBI}$이므로 $aa' = \dfrac{q}{p} \times \left(-\dfrac{p}{q}\right) = -1$

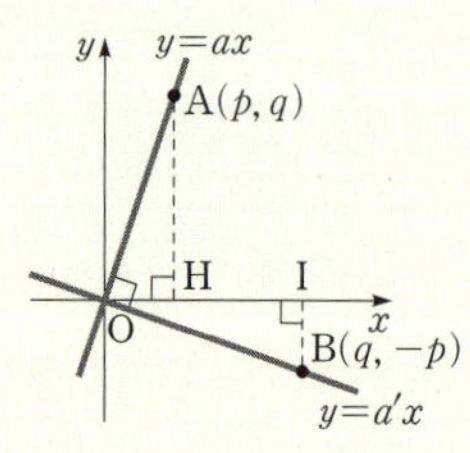

7 일차함수의 활용 문제의 풀이

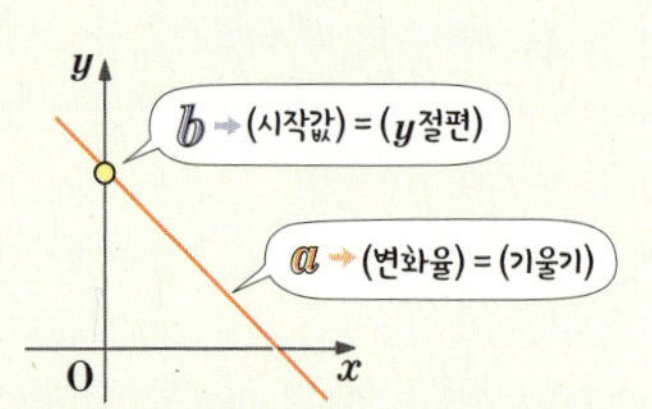

① 변수 x, y를 정하고 변수의 범위를 구한다.

② x와 y 사이의 관계식을 세워서 푼다.

③ 문제의 뜻에 맞는 답을 구한다.

1 STEP

주제별 실력다지기

일차함수의 정의와 절편

(1) 정의: 함수 $y=f(x)$에서 y가 x에 관한 일차식
   $y=ax+b$ ($a\neq0$, a, b는 상수)로 나타날 때, y를 x에
   대한 일차함수라고 한다.
(2) 절편
   ① x절편: 함수의 그래프가 x축과 만나는 점의 x좌표
      ($y=0$일 때의 x의 값)
   ② y절편: 함수의 그래프가 y축과 만나는 점의 y좌표
      ($x=0$일 때의 y의 값)

01 다음 중 y가 x의 일차함수가 <u>아닌</u> 것을 모두 고르면? (정답 2개)

① 정x각형의 대각선의 개수는 y이다.
② 정x각형의 외각의 크기의 합은 $y°$이다.
③ 시속 x km로 2시간 동안 간 거리는 y km이다.
④ 한 변의 길이가 x cm인 정사각형의 둘레의 길이는 y cm이다.
⑤ 농도가 x %인 소금물 300 g에 들어 있는 소금의 양은 y g이다.

02 일차함수 $y=f(x)$에서 $y=-\dfrac{1}{2}x+1$일 때, 다음을 구하시오.

(1) $f(3)$
(2) $f(a)=3$일 때, a의 값
(3) x절편
(4) y절편

03 일차함수 $y=ax+b$의 그래프의 x절편이 2, y절편이 -3일 때, 상수 a, b의 값을 각각 구하시오.

04 일차함수 $y=ax+b$의 그래프와 x축, y축이 만나는 두 점을 각각 A, B라 하자. 선분 AB의 중점의 좌표가 $(1, 1)$일 때, 상수 a, b에 대하여 $a+b$의 값을 구하시오.

05 두 일차함수 $y=-\dfrac{4}{3}x+8$, $y=3x+a$의 그래프가 x축과 만나는 점을 각각 P, Q라 할 때, $\overline{PQ}=8$을 만족시키는 상수 a의 값을 구하시오. (단, $a>0$)

06 다음 중 일차함수 $y=ax+b$의 그래프에 대한 설명으로 옳지 <u>않은</u> 것은? (단, a, b는 상수)

① 점 $(1, a+b)$를 지난다.

② x절편은 $-\dfrac{b}{a}$이다.

③ $a<0$일 때, x의 값이 증가하면 y의 값은 감소한다.

④ $y=ax$의 그래프를 x축의 방향으로 b만큼 평행이동한 그래프이다.

⑤ $|a|$가 클수록 x축에 가까워진다.

07 일차함수 $y=ax+b$의 그래프를 x축의 방향으로 2만큼, y축의 방향으로 3만큼 평행이동하였더니 일차함수 $y=-3x+1$의 그래프와 일치하였다. 이때 상수 a, b의 값을 각각 구하시오.

08 일차함수 $y=3x+1$의 그래프를 x축의 방향으로 2만큼, y축의 방향으로 -1만큼 평행이동한 그래프는 처음 그래프를 x축의 방향으로 m만큼 평행이동한 것과 일치할 때, m의 값을 구하시오.

09 일차함수 $y=-4x+3$의 그래프를 y축의 방향으로 b만큼 평행이동한 그래프가 두 점 $(-a, 5a+2)$, $(3, -6)$을 지날 때, ab의 값을 구하시오.

기울기

(1) 일차함수 $y=ax+b$ $(a \neq 0)$의 그래프에서

① 기울기는 $a=\dfrac{(y\text{의 값의 증가량})}{(x\text{의 값의 증가량})}$

② 기울기는 $y=ax+b$에서 x의 계수 a

③ $\begin{cases} a>0\text{이면 그래프는 오른쪽 위로 향하는 직선} \\ a<0\text{이면 그래프는 오른쪽 아래로 향하는 직선} \end{cases}$

(2) 두 직선 $y=ax+b$와 $y=a'x+b'$에서

① $a=a'$, $b \neq b' \iff$ 두 직선은 평행
$\iff$ 기울기가 같고 y절편은 다르다.

② $a=a'$, $b=b' \iff$ 두 직선은 일치
$\iff$ 기울기가 같고 y절편도 같다.

③ $aa'=-1 \iff$ 두 직선이 수직으로 만난다.

10 다음 세 점이 한 직선 위에 있도록 하는 a의 값을 구하시오.

⑴ $(1, -1)$, $(3, 2)$, $(a, 1)$

⑵ $(2, 1)$, $(-1, a)$, $(4, 2)$

11 일차함수 $f(x)=ax+b$의 그래프는 x의 값이 2만큼 증가할 때 y의 값은 k만큼 증가한다. 서로 다른 두 실수 m, n에 대하여 $f(m)-f(n)=3n-3m$이 성립할 때, 상수 k의 값을 구하시오. (단, a, b는 상수)

12 두 일차함수 $y=f(x)$와 $y=g(x)$의 그래프의 기울기는 각각 1과 -2이고, 두 그래프의 교점의 x좌표는 3이다. $y=f(x)$의 그래프의 x절편이 3일 때, $y=g(x)$의 그래프의 y절편을 구하시오.

13 두 점 $(4, 3a+1)$, $(-1, -a+3)$을 지나는 직선과 일차함수 $y=2x+5$의 그래프가 평행할 때, a의 값을 구하시오.

14 두 일차함수 $y=3x+6$과 $y=ax+b$의 그래프가 평행하고 두 그래프가 x축과 만나는 점을 각각 A, B라 할 때, $\overline{AB}=6$이다. 상수 a, b에 대하여 $a+b$의 값을 구하시오. (단, $b<0$)

15 오른쪽 그림은 일차함수 $y=ax+b$의 그래프이다. 이 그래프가 일차함수 $y=\dfrac{1}{m}x-\dfrac{2}{m}$의 그래프와 수직일 때, 상수 m의 값을 구하시오. (단, a, b는 상수)

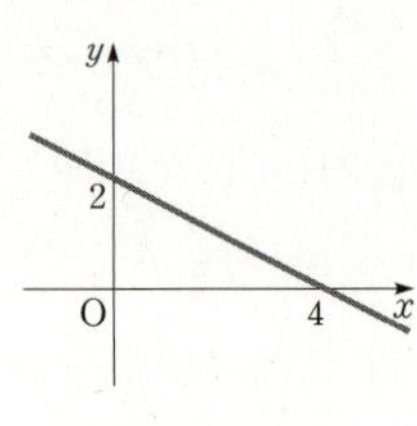

BASIC CONCEPT

기울기, y절편의 부호와 그래프가 지나는 사분면

일차함수 $y=ax+b$에서

① $a>0$, $b>0$ ➡ 제1, 2, 3사분면을 지난다.

② $a>0$, $b<0$ ➡ 제1, 3, 4사분면을 지난다.

③ $a<0$, $b>0$ ➡ 제1, 2, 4사분면을 지난다.

④ $a<0$, $b<0$ ➡ 제2, 3, 4사분면을 지난다.

16 $a<0$, $b>0$일 때, 다음 함수 중 그 그래프가 제3 사분면을 지나지 <u>않는</u> 것은?

① $y=ax-b$ ② $y=-ax+b$

③ $y=bx+a$ ④ $y=bx-a$

⑤ $y=-bx-a$

17 $bc<0$, $ac>0$일 때, 일차함수 $y=-\dfrac{a}{b}x+\dfrac{b}{c}$의 그래프가 지나지 않는 사분면을 구하시오.

18 일차함수 $y=\left(1-\dfrac{a}{2}\right)x+7-a$의 그래프가 제3 사분면을 지나지 않도록 하는 상수 a의 값의 범위를 구하시오.

2 STEP
실력 높이기

01 일차함수 $y=ax+b+1$ 의 그래프가 오른쪽 그림과 같을 때, 다음 중 항상 옳은 것을 모두 고르면? (정답 2개)

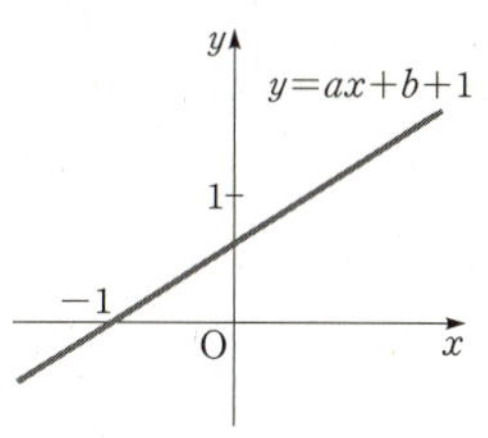

① $a>0,\ b>0$
② $a<0,\ b<1$
③ $a+b+1<0$
④ $a+b+1>0$
⑤ $2a+b>-1$

02 일차함수 $y=f(x)$에 대하여 $f(2)=5$이고, 두 실수 m, n에 대하여 $\dfrac{f(m^2)-f(n)}{m^2-n}=2$가 성립할 때, 이 일차함수의 식을 구하시오.

03 일차함수 $y=ax+b$의 그래프가 점 $(1,\ 1)$을 지난다. $1\leq a\leq 3$일 때, b의 값의 범위를 구하시오.

(단, a, b는 상수)

04 점 $(x,\ y)$를 점 $(x+y,\ x-y)$로 이동시키는 규칙에 따라 세 점 $\mathrm{O}(0,\ 0)$, $\mathrm{A}(2,\ 4)$, $\mathrm{B}(m,\ 2)$를 이동시킨 세 점이 한 직선 위에 있다. 이때 m의 값을 구하시오.

05 오른쪽 그림에서 직선 l은 일차함수 $y=x$의 그래프이다. △BOC의 넓이가 8이고 점 C(6, 0)일 때, △AOB의 넓이를 구하시오.

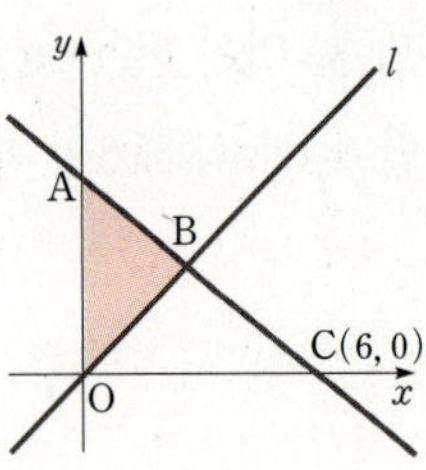

06 일차함수 $y=(2-3m)x-5m+1$의 그래프가 제2사분면을 지나지 않을 때, 상수 m의 값의 범위를 구하시오.

07 일차함수 $y=-\dfrac{3}{2}x+1$의 그래프와 점 $(0, 1)$에서 수직으로 만나는 직선을 l이라 할 때, 직선 l과 x축, y축으로 둘러싸인 삼각형의 넓이를 구하시오.

08 일차함수 $y=ax-1$의 그래프가 두 점 A$(-2, 4)$, B$(-5, 1)$을 이은 선분과 만날 때, 상수 a의 값의 범위를 구하시오.

09 오른쪽 그림의 두 점 A$(1, 2)$, B$(3, 3)$에 대하여 일차함수 $y=2x+k$의 그래프가 선분 AB와 만나도록 하는 상수 k의 값의 범위를 구하시오.

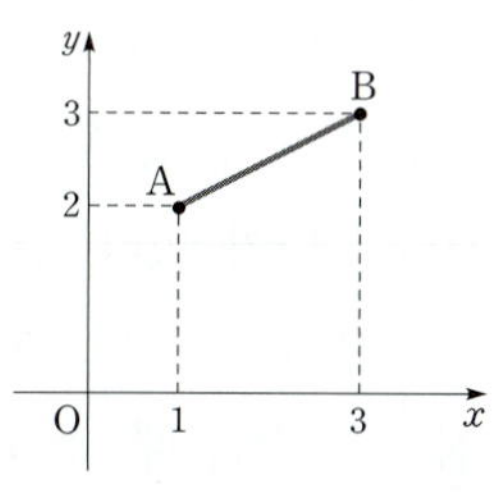

10 은정이와 현정이가 일차함수 $y=ax+b$의 그래프를 그렸는데 은정이는 a의 값을 잘못 보고, 현정이는 b의 값을 잘못 보고 그려서 각각 오른쪽 그림과 같이 그렸다. 이때 처음 일차함수의 식을 구하시오.

(단, a, b는 상수)

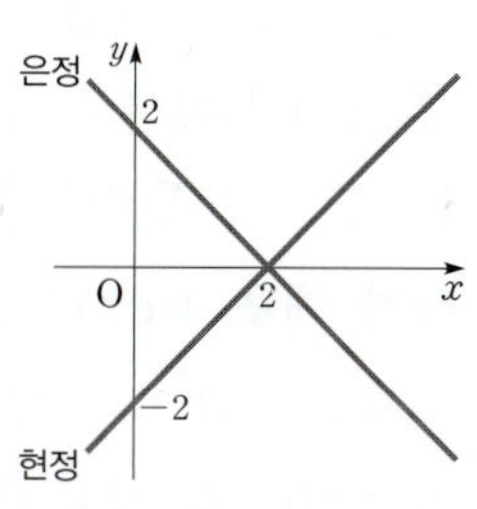

11 점 $(4, 7)$에서 만나는 두 직선 $y=x+3$, $y=mx-1$과 직선 $y=ax+5$를 그렸을 때, 세 직선으로 둘러싸인 삼각형이 생기지 않기 위한 상수 a의 값을 모두 구하시오 (단, m은 상수)

12 일차함수 $y=mx+1$의 그래프에서 x의 값의 범위는 $-1 \le x \le 1$이고, 함숫값의 범위는 $0 \le y \le n$일 때, 상수 n의 값을 구하시오. (단, m은 상수)

13 두 점 A$(a, 0)$, B$(0, 9)$를 양 끝점으로 하는 선분이 함수 $y=\dfrac{1}{x}$의 그래프에 의해 삼등분될 때, a의 값을 구하시오.

14 오른쪽 그림과 같이 y축 위의 한 점 A를 지나는 두 직선 l, m이 있다. y축에 평행한 직선이 두 직선 l, m 및 x축과 만나는 점을 차례로 B, C, D라 하자. $\overline{BC} : \overline{OD}=2 : 1$일 때, 두 직선 l, m의 기울기의 차를 구하시오.

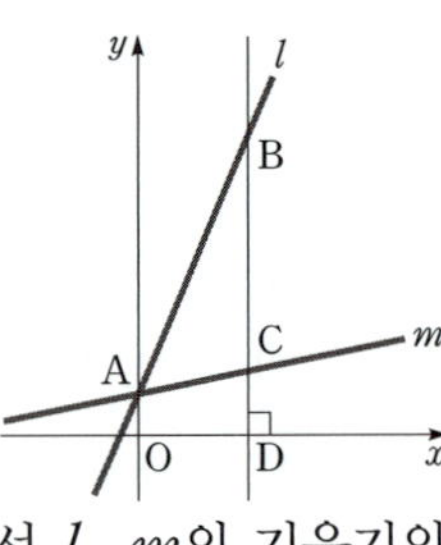

15 오른쪽 그림과 같이 좌표평면 위에 두 점 A$(1, 1)$, B$(4, 4)$가 있다. $\overline{AC}+\overline{BC}$의 길이가 최소가 되도록 x축 위에 점 C를 잡을 때, 점 C의 좌표를 구하시오.

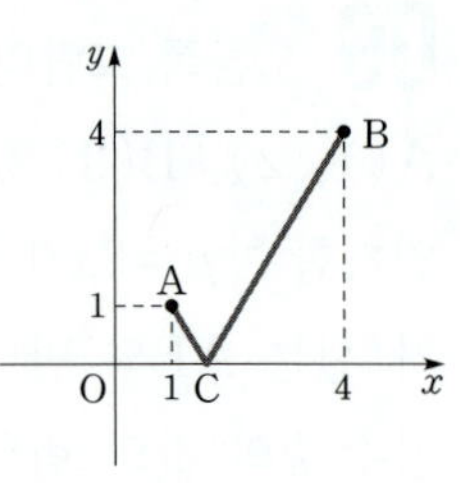

16 오른쪽 그림의 직사각형 ABCD에서 두 점 P, Q는 모두 점 A에서 출발하여 각각 매초 1 cm, 3 cm의 속력으로 점 D를 향해 움직이고 있다. 두 점 P, Q가 출발한 지 x초 후 사각형 PBCQ가 등변사다리꼴이 되었을 때, 이 사다리꼴의 넓이를 구하시오.

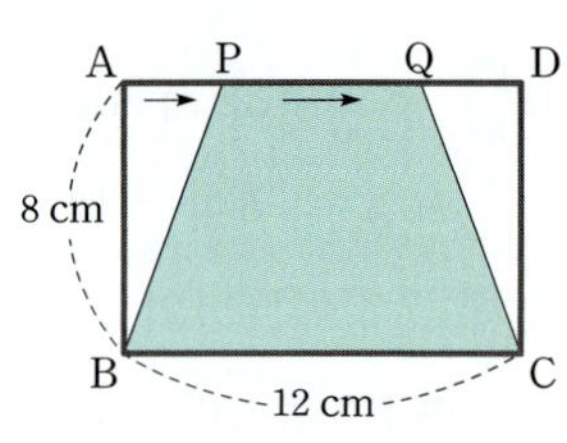

17 오른쪽 그림에서 점 P는 점 A를 출발하여 매초 2 cm의 속력으로 점 B를 거쳐 점 C까지 움직인다. 점 P가 점 A를 출발한지 x 초 후의 △APC의 넓이를 $y \text{ cm}^2$라 할 때, x, y 사이의 관계식을 구하시오.

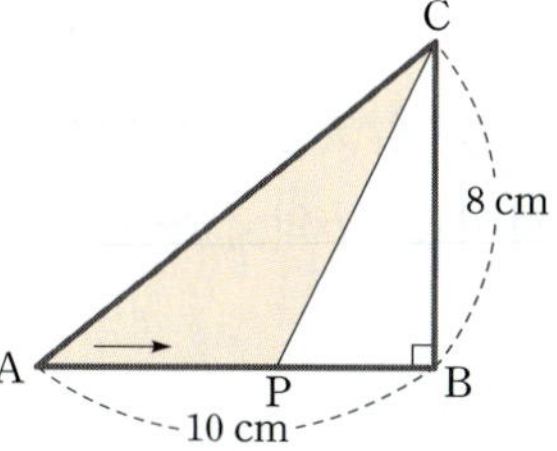

18 알코올 램프로 물을 데우면 물의 온도가 5분에 15 ℃씩 올라가고, 땅에 내려 놓으면 3분에 6 ℃씩 내려간다. 10 ℃의 물을 85 ℃까지 데웠다가 땅에 내려 놓아 55 ℃로 만들었을 때, 걸린 시간은 모두 몇 분인지 구하시오. (단, 물을 데웠을 때 1분당 올라가는 물의 온도와 땅에 내려 놓았을 때 1분당 내려가는 물의 온도는 각각 일정하다.)

19 포도당 주사액 600 mL짜리 한 통은 1분에 2 mL씩 x분 동안 맞다가 1분에 3 mL씩 y분 동안 맞을 수 있다. 이 주사액을 1분에 2 mL씩 1시간 30분 동안 맞았을 때의 시각이 오후 2시 40분이었다면, 남은 주사액을 1분에 3 mL씩 다 맞았을 때의 시각을 구하시오.

20 약간의 물이 들어 있는 높이가 1 m인 원기둥 모양의 물통에 물을 채우기 시작하여 10분, 20분 후의 물의 높이를 재었더니 각각 40 cm, 70 cm가 되었다. 이 물통에 물을 가득 채우려 할 때, 물을 채우기 시작한 지 x분 후 물의 높이를 $y \text{ cm}$라 하여 x, y 사이의 관계식을 세우고, 그 그래프를 그리시오. (단, 1분당 채우는 물의 양은 같다.)

01 오른쪽 그림과 같은 직선 l 위의 점 A의 좌표는 $(3a, 0)$이다. 점 A와 점 $B(4a, -2a)$를 지나는 직선이 일차함수 $y=mx+n$ 의 그래프일 때, 상수 m, n의 값을 각각 구하시오.

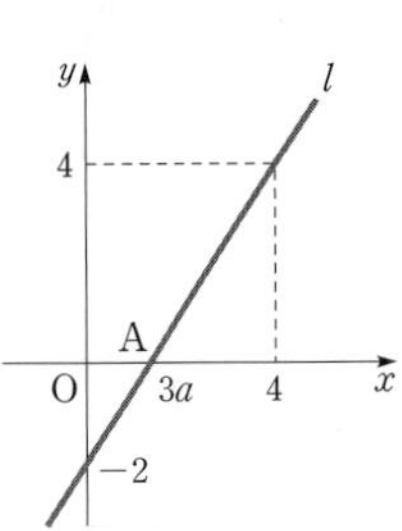

02 일차함수 $f(x)$에 대하여 다음이 성립할 때, $f(50)-f(24)$의 값을 구하시오.

$$\frac{f(10)-f(1)}{9}+\frac{f(9)-f(2)}{7}+\frac{f(8)-f(3)}{5}$$
$$+\frac{f(7)-f(4)}{3}+\frac{f(6)-f(5)}{1}=10$$

03 일차함수 $y=ax+b$의 x의 값의 범위가 $1\leq x\leq 2$ 이고, 함숫값의 범위가 $2\leq y\leq 4$일 때, 상수 a, b에 대하여 $a-b$의 값을 모두 구하시오.

04 두 일차함수 $y=ax+b$, $y=bx+a$의 그래프의 교점이 제4사분면 위에 있을 때, 점 (a, b)는 제몇 사분면 위의 점인지 구하시오. (단, $ab>0$, $a\neq b$)

05 오른쪽 그림과 같이 일차함수 $y=-\dfrac{1}{3}x+\dfrac{16}{3}$ 의 그래프 위의 두 점 A$(-5,\ a)$, B$(7,\ b)$에서 x축에 내린 수선의 발을 각각 C, D라 하자. x축 위의 한 점 P에 대하여 $\triangle$ACP와 $\triangle$BPD의 넓이가 같을 때, 점 P의 좌표를 구하시오.

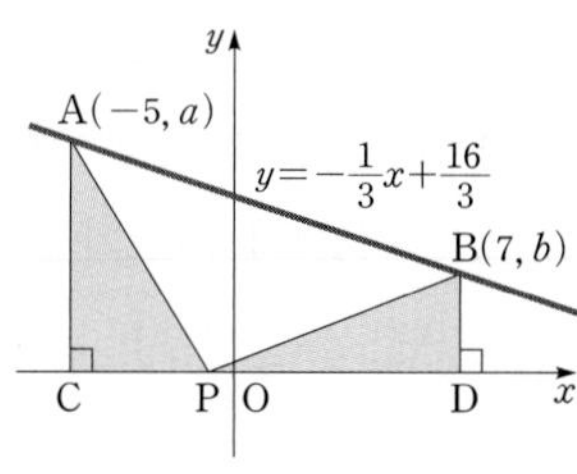

06 y는 x에 대한 일차함수 $y=mx+2$로 나타낼 수 있고 x는 t에 대한 일차함수 $x=nt+1$로 나타낼 수 있다. t의 값이 1에서 4까지 증가할 때, y의 값은 6만큼 증가한다고 한다. 이때 m을 n에 대한 식으로 나타내시오.

(단, m, n은 상수)

07 두 일차함수 $y=ax+b$와 $y=bx+a$의 그래프의 교점의 y좌표가 14이고 두 그래프와 y축으로 둘러싸인 도형의 넓이가 4일 때, ab의 값을 구하시오.

(단, $0<a<b$)

08 오른쪽 그림과 같이 직선 l과 x축의 교점을 A, 일차함수 $y=x+2$의 그래프와 y축의 교점을 B라 하자. 두 직선이 점 C$(2,\ 4)$에서 만나고 사각형 OACB의 넓이가 22일 때, 직선 l을 그래프로 하는 일차함수의 식을 구하시오.

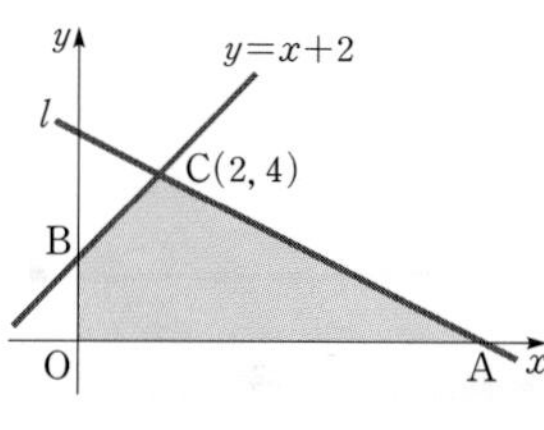

09 오른쪽 그림과 같이 네 점 A$(-6, 6)$, B$(-6, 0)$, C$(2, 0)$, D$(2, 2)$를 꼭짓점으로 하는 사각형 ABCD가 있다.

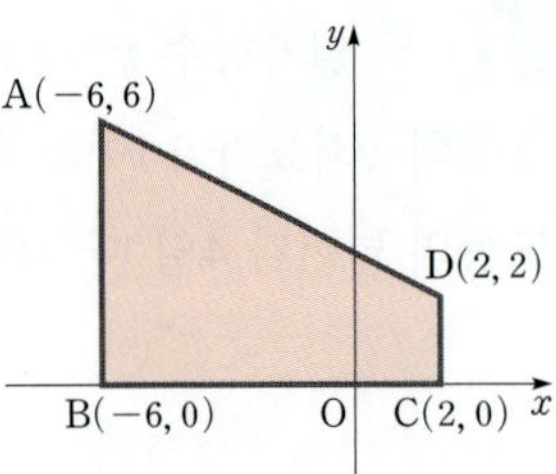

원점을 지나는 직선 중에서 사각형 ABCD의 넓이를 이등분하는 직선을 그래프로 하는 일차함수의 식을 구하시오.

10 일차함수 $y=ax+b$가 $x=0$일 때 $-1<y<1$, $x=1$일 때 $2<y<3$을 만족시킨다. $x=2$일 때의 y의 값의 범위를 구하시오.

11 일차함수 $y=x+a$의 그래프 위에 서로 다른 두 점 A$(1, 2)$, B$(3, b)$가 있다. x축 위에 한 점 P를 잡고 $\overline{AP}+\overline{BP}$가 최소가 되게 할 때, 점 P의 좌표를 구하시오. (단, a는 상수)

12 오른쪽 그림과 같이 x축 위의 점 A$(-6, 0)$을 지나고 기울기가 2인 직선 l을 그래프로 하는 일차함수가 있다. 점 B의 좌표가 $(0, 4)$일 때, $\overline{PA}=\overline{PB}$가 되도록 하는 직선 l 위의 점 P의 좌표를 구하시오.

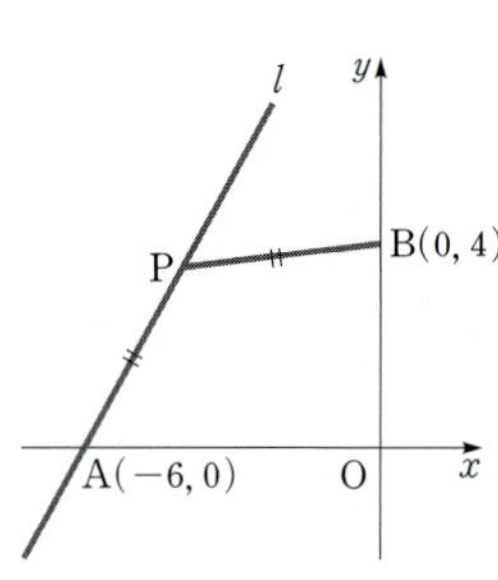

좌표평면에서 두 직선의 위치 관계

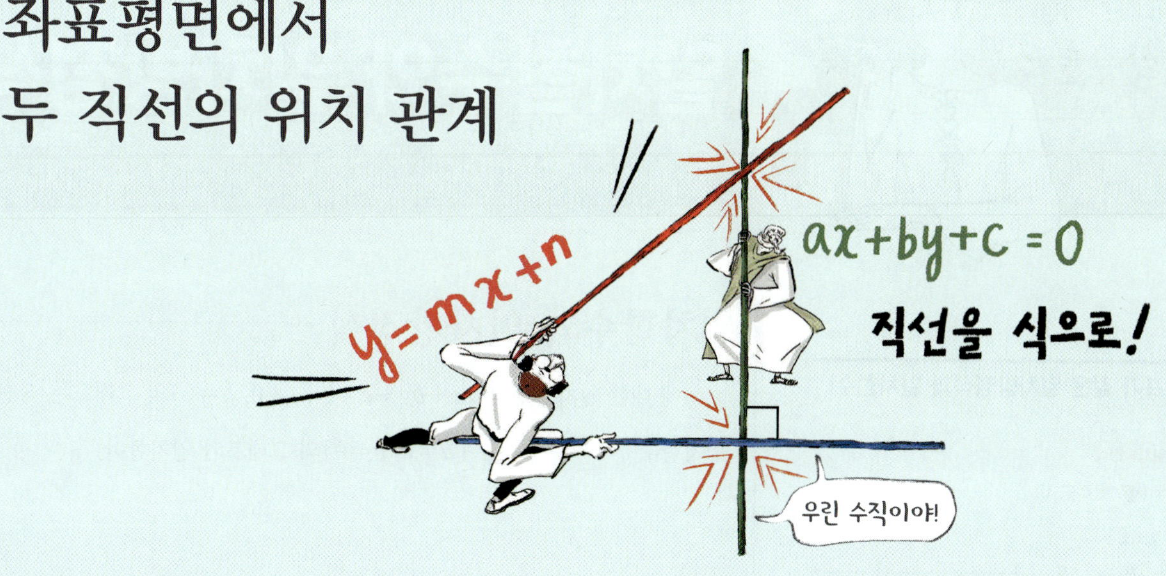

두 직선 $y=ax+b$, $y=a'x+b'$ 에서

평행하다

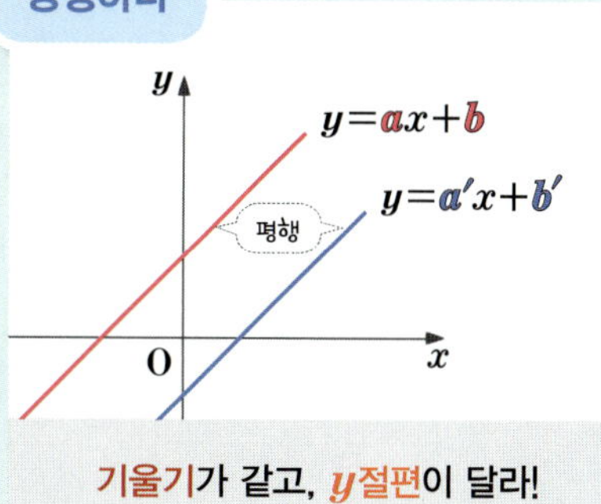

기울기가 같고, y절편이 달라!

$$a=a',\ b\neq b'$$

일치한다

기울기가 같고, y절편이 같아!

$$a=a',\ b=b'$$

한 점에서 만난다

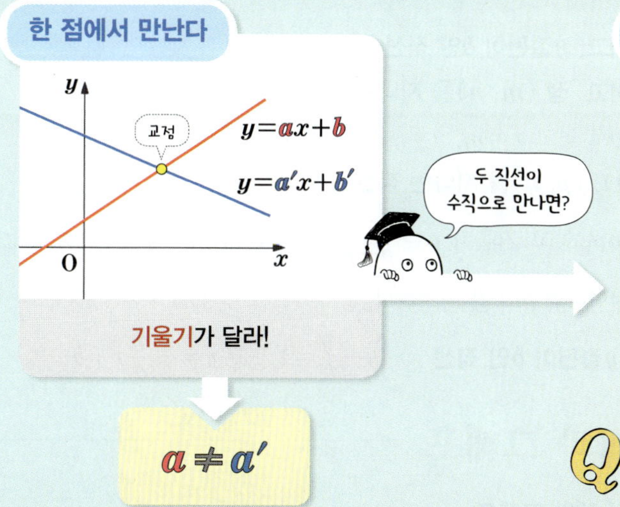

기울기가 달라!

$$a\neq a'$$

수직이다

고1: 직선의 방정식

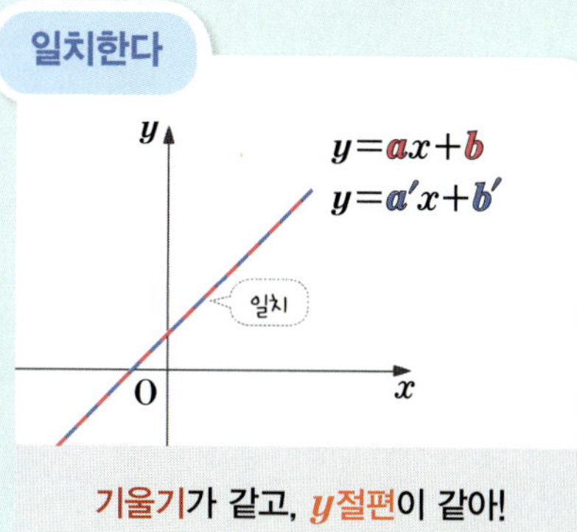

기울기의 곱이 -1이야!

$$a\times a'=-1$$

Q $y=3x+2$와 $y=kx-1$의 그래프가 서로 수직일 때, k의 값을 구하시오.

정답 $-\dfrac{1}{3}$

좌표평면에서 두 직선의 위치 관계

평면 위에 있는 두 직선은 평행하거나(만나지 않는다.) 일치하거나 한 점에서 만난다. 단순하게 위치 관계를 나타냈던 직선을 좌표평면 위에 놓으면 각각의 직선은 서로 다른 식으로 나타낼 수 있다. 직선을 식으로 나타내면 좌표평면 위에 그래프를 그리지 않아도 두 직선 사이의 위치 관계를 알 수 있다.

일차방정식을
일차함수로!

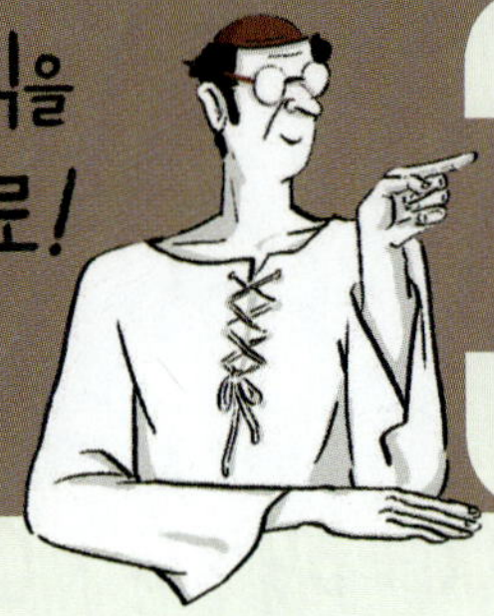

3 일차함수와 일차방정식

1 일차함수와 일차방정식

그래프가 같은 일차방정식과 일차함수!

일차방정식

$ax+by+c=0$

일차함수

$y=-\frac{a}{b}x-\frac{c}{b}$

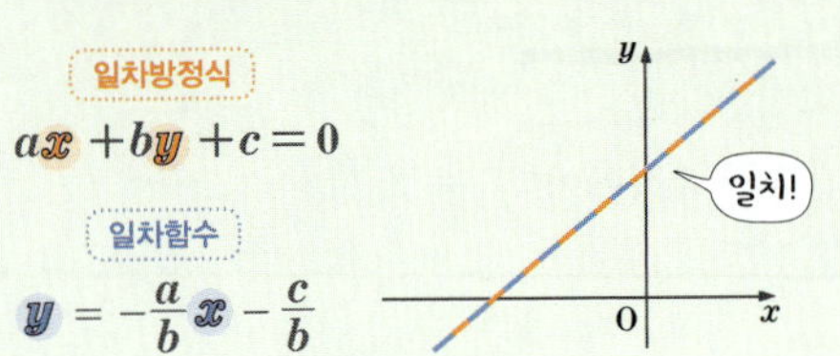

x, y에 대한 일차방정식 $ax+by+c=0$ $(a\neq0,\ b\neq0)$의 그래프는 직선이고,

일차함수 $y=-\frac{a}{b}x-\frac{c}{b}$ $(a\neq0,\ b\neq0)$의 그래프와 일치한다.

2 $x=a$, $y=b$의 그래프

좌표축과 평행한 직선!

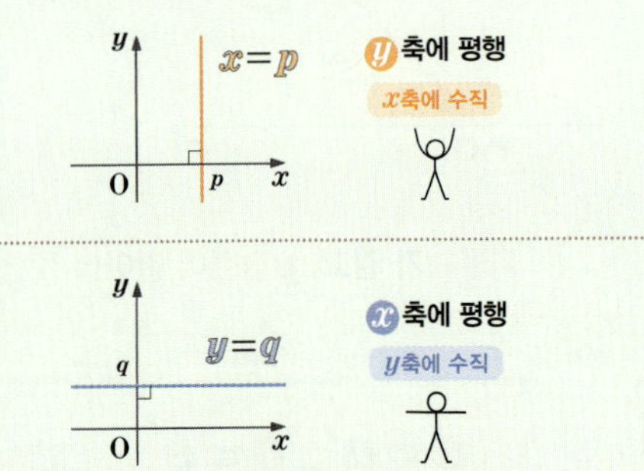

(1) $x=a$의 그래프: 점 $(a,\ 0)$을 지나고 y축에 평행한(x축에 수직인) 직선

(2) $y=b$의 그래프: 점 $(0,\ b)$를 지나고 x축에 평행한(y축에 수직인) 직선

3 직선의 방정식

$y=$(기울기)$x+$(y절편)

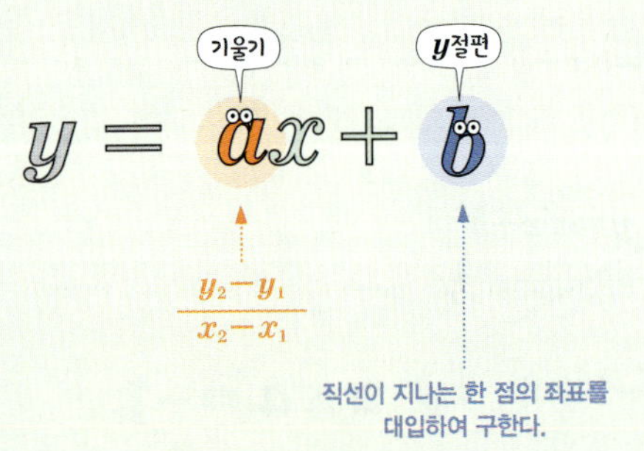

(1) 기울기가 a이고, y절편이 b인 직선 ⇨ $y=ax+b$

(2) 기울기가 a이고, 점 $(m,\ n)$을 지나는 직선

⇨ $y=ax+b$로 놓고 $x=m$, $y=n$을 대입하여 b의 값을 정한다.

(3) 두 점 $(m,\ n)$, $(p,\ q)$를 지나는 직선

⇨ $y=ax+b$로 놓고 기울기 $a=\frac{q-n}{p-m}$을 구한 후, $x=m$, $y=n$ 또는 $x=p$, $y=q$를 대입하여 b의 값을 정한다.

(4) x절편이 a, y절편이 b인 직선 ⇨ $\frac{x}{a}+\frac{y}{b}=1$ 또는 $y=-\frac{b}{a}x+b$

4 연립방정식과 그래프

(두 일차함수의 그래프의 교점)=(연립방정식의 해)

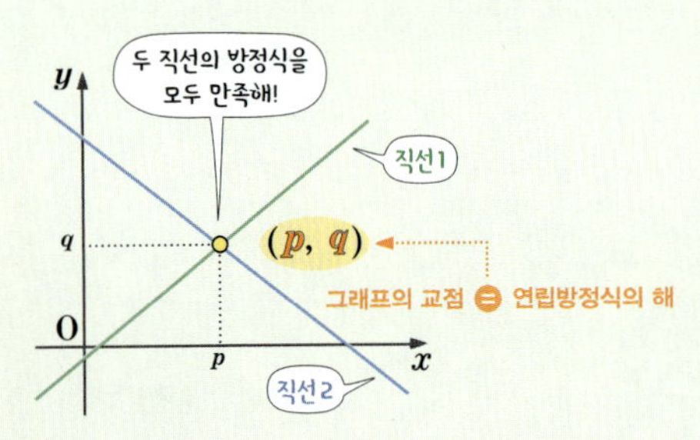

(1) 연립방정식의 해와 그래프

연립방정식 $\begin{cases} ax+by+c=0 \\ a'x+b'y+c'=0 \end{cases}$ 의 해는 두 방정식의 그래프의 교점의 좌표이다.

(2) 연립방정식 $\begin{cases} ax+by+c=0 \\ a'x+b'y+c'=0 \end{cases}$ 의 해의 개수와 두 그래프의 위치 관계

① 두 직선이 한 점에서 만날 때: 한 쌍의 해를 갖는다.

② 두 직선이 일치할 때: 해는 무수히 많다.

③ 두 직선이 평행할 때: 해는 없다.

1 STEP

주제별 실력다지기

일차함수와 일차방정식

x, y에 대한 일차방정식 $ax+by+c=0$ $(a\neq0, b\neq0)$의 그래프는 직선이고,

일차함수 $y=-\dfrac{a}{b}x-\dfrac{c}{b}$ $(a\neq0, b\neq0)$의 그래프와 일치한다.

---

01 오른쪽 그림은 x, y에 대한 일차방정식 $ax+by+c=0$의 그래프이다. 이때 $bx+ay+c=0$의 그래프는?

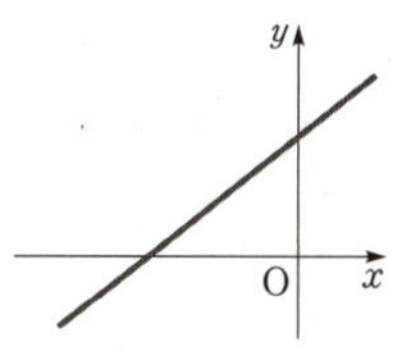

① 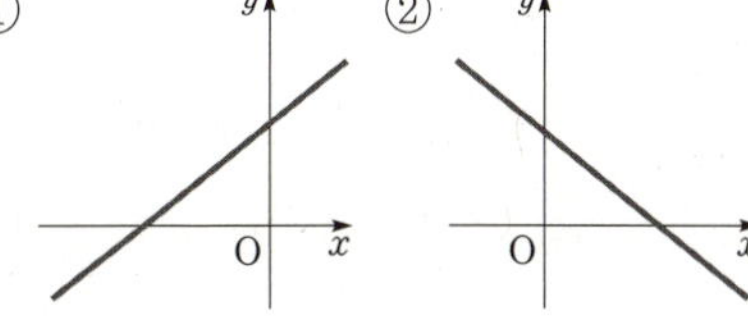 ② 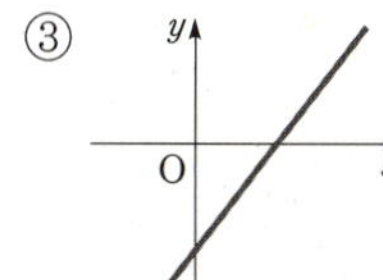 ③

④ 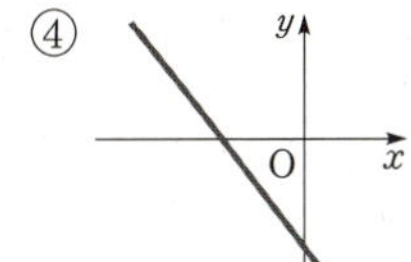 ⑤ 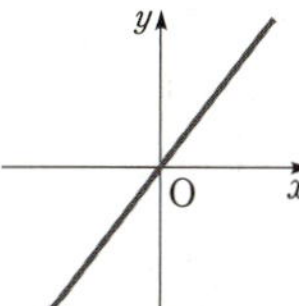

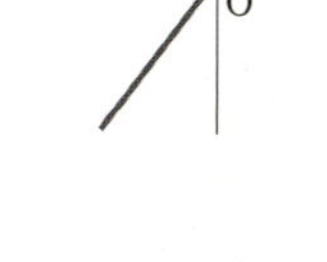

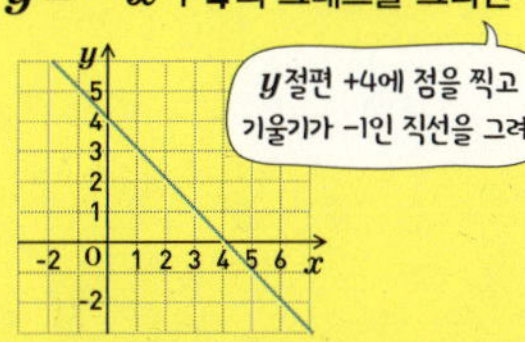

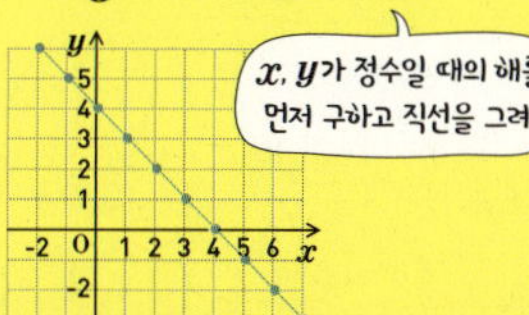

중2 일차함수와 일차방정식의 관계

일차함수
$y=-x+4$의 그래프를 그리면

y절편 +4에 점을 찍고 기울기가 -1인 직선을 그려.

일차방정식
$x+y=4$의 해를 구하면

x, y가 정수일 때의 해를 먼저 구하고 직선을 그려.

➡ 일차방정식의 그래프는 일차함수의 그래프와 같다.

이차방정식과 이차함수는 중3때 배울 거야.

고1 이차함수와 이차방정식의 관계

이차함수
$y=x^2-x-2$의 그래프를 그리면

$y=x^2-x-2$

이차방정식
$x^2-x-2=0$의 해를 구하면

$(x+1)(x-2)=0$

$x=-1$ 또는 $x=2$

➡ 이차방정식의 해는 이차함수의 그래프가 좌표축과 만나는 점의 좌표와 같다.

---

02 직선 $x+my+n=0$이 제2사분면을 지나지 않을 때, 일차함수 $y=mx+n$의 그래프가 지나지 않는 사분면을 구하시오. (단, $m\neq0$, $n\neq0$)

직선의 방정식 (1)

(1) 좌표축에 평행한 직선의 방정식

① $x=a$의 그래프: 점 $(a, 0)$을 지나고 y축에 평행한 (x축에 수직인) 직선

② $y=b$의 그래프: 점 $(0, b)$를 지나고 x축에 평행한 (y축에 수직인) 직선

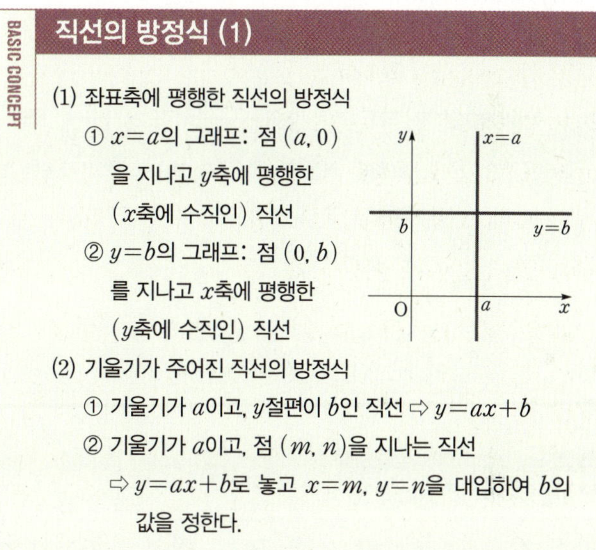

(2) 기울기가 주어진 직선의 방정식

① 기울기가 a이고, y절편이 b인 직선 $\Rightarrow y=ax+b$

② 기울기가 a이고, 점 (m, n)을 지나는 직선

$\Rightarrow y=ax+b$로 놓고 $x=m$, $y=n$을 대입하여 b의 값을 정한다.

---

03 다음 직선의 방정식을 구하시오.

⑴ 점 $(3, 4)$를 지나고, x축에 수직인 직선

⑵ 기울기가 2이고, 점 $(-2, 3)$을 지나는 직선

04 두 점 $(-2, 1)$, $(3, -4)$를 연결한 선분의 중점을 지나고, 직선 $2x+3y+1=0$과 평행한 직선의 방정식을 구하시오.

직선의 방정식 (2)

(1) 두 점 (m, n), (p, q)를 지나는 직선의 방정식

　방법 ①: $y=ax+b$로 놓고 두 점의 좌표를 대입하여 얻은 a, b에 관한 연립방정식을 풀어 a, b의 값을 구한다.

　방법 ②: $y=ax+b$로 놓고 $\dfrac{n-q}{m-p}\left(\text{또는 } \dfrac{q-n}{p-m}\right)$를 이용하여 기울기 a를 구한 후, 한 점의 좌표를 대입하여 b의 값을 구한다.

(2) 절편이 주어진 직선의 방정식

　x절편이 a, y절편이 b인 직선

　$\Rightarrow \dfrac{x}{a}+\dfrac{y}{b}=1$ 또는 $y=-\dfrac{b}{a}x+b$

연결개념

05 다음 직선의 방정식을 구하시오.

⑴ 두 점 $(-3, 4)$, $(1, 2)$를 지나는 직선

⑵ 두 점 $(-1, 0)$, $(0, 3)$을 지나는 직선

06 오른쪽 그림에서 점 A는 직선 $2x-y+6=0$ 위의 점이고, 점 B는 직선 $2x+y+6=0$ 위의 점이다. 두 점 A, B의 y좌표가 각각 4, -2일 때, 두 점 A, B를 지나는 직선의 방정식을 구하시오.

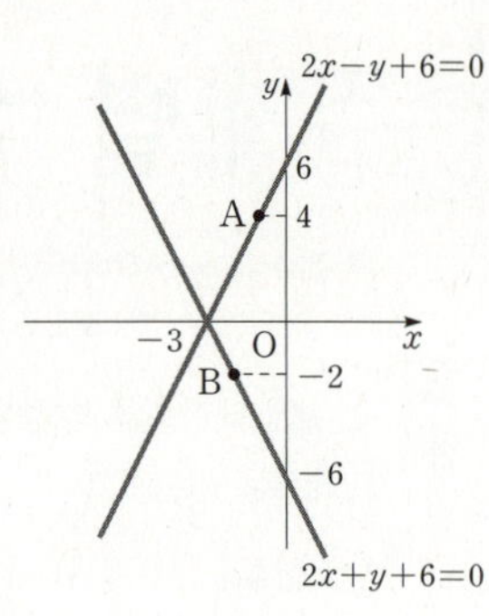

07 직선 $x+2y-10=0$과 y축 대칭인 직선 l이 있다. 직선 l과 수직이고, 점 $(1, 2)$를 지나는 직선의 방정식을 구하시오.

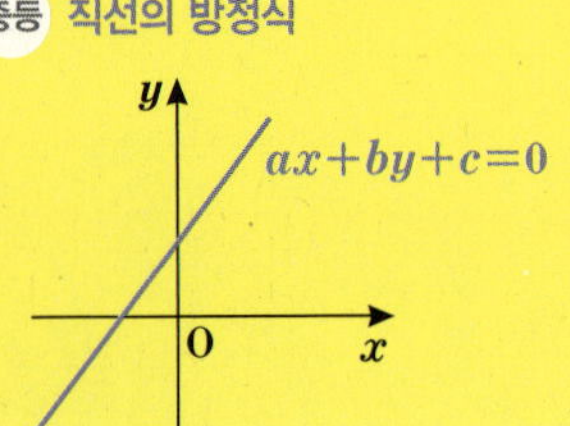

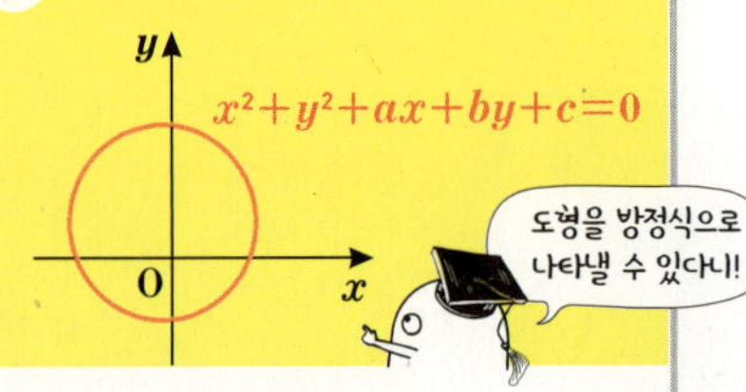

연립방정식과 그래프

(1) 연립방정식의 해와 그래프

연립방정식 $\begin{cases} ax+by+c=0 \\ a'x+b'y+c'=0 \end{cases}$ 의 해는 두 방정식의 그래프의 교점의 좌표이다.

(2) 연립방정식 $\begin{cases} ax+by+c=0 \\ a'x+b'y+c'=0 \end{cases}$ 의 해의 개수와 두 그래프의 위치 관계

① 두 직선이 한 점에서 만난다. $\Longleftrightarrow$ 한 쌍의 해를 갖는다.
$$\Longleftrightarrow \frac{a}{a'} \neq \frac{b}{b'}$$

② 두 직선이 평행하다. $\Longleftrightarrow$ 해가 없다.
$$\Longleftrightarrow \frac{a}{a'} = \frac{b}{b'} \neq \frac{c}{c'}$$

③ 두 직선이 일치한다. $\Longleftrightarrow$ 해가 무수히 많다.
$$\Longleftrightarrow \frac{a}{a'} = \frac{b}{b'} = \frac{c}{c'}$$

08 다음 세 직선이 한 점에서 만나도록 하는 상수 a의 값을 구하시오.

$$2x-3y=3+a,\ x+3y=1-a,\ 3x-y=2a-1$$

09 오른쪽 그림과 같이 두 점 A$(0,\ 3)$, B$(4,\ 0)$을 지나는 직선과 두 점 C$(1,\ -1)$, D$(a,\ 2)$를 지나는 직선이 점 E$(2,\ b)$에서 만날 때, $5a+4b$의 값을 구하시오.

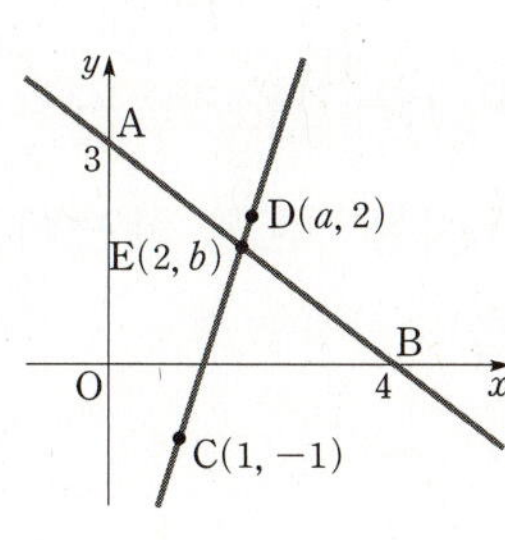

10 기울기가 2이고 y절편이 4인 직선을 l, 기울기가 -2이고 x절편이 3인 직선을 m이라 하자. 두 직선 l, m 및 x축으로 둘러싸인 도형의 넓이를 구하시오.

11 연립방정식 $\begin{cases} 3x+(4-a)y=8 \\ 15x+5ay=4 \end{cases}$ 의 해가 없을 때, 상수 a의 값을 구하시오.

직선의 방정식과 도형

직선의 방정식과 도형의 응용 문제를 풀 때는 다음을 이용한다.

(1) 축과 수직이거나 평행한 직선을 이용하여 x, y좌표 중 하나를 알 수 있다.

(2) 직선 $y=mx+n$ 위의 점의 좌표는 $(a,\ ma+n)$으로 놓을 수 있다.

(3) 높이가 같은 두 삼각형의 넓이의 비는 밑변의 길이의 비와 같다.

12 두 점 $A(-1,\ 6)$, $B(1,\ 2)$를 지나는 직선에 평행한 직선을 l이라 하면 직선 l과 x축, y축으로 둘러싸인 삼각형의 넓이는 9이다. 직선 l의 방정식을 $y=ax+b$의 꼴로 나타낼 때, b의 값을 모두 구하시오.

(단, a, b는 상수)

13 세 점 $(0,\ 2)$, $(a,\ 0)$, $(b,\ 4)$를 지나는 직선과 x축, y축으로 둘러싸인 삼각형의 넓이가 $\dfrac{7}{3}$일 때, $|b-a|$의 값을 구하시오. (단, $a>0$)

14 오른쪽 그림은 일차함수 $y=\dfrac{2}{3}x+1$의 그래프이다. x축 위를 움직이는 점 P가 원점 O를 출발하여 매초 3 cm의 속력으로 x축의 오른쪽 방향으로 움직일 때, 출발 후 2초, 6초가 지났을 때의 위치를 각각 A, A′이라 하자. 두 점 A, A′에서 x축에 수직인 직선을 그어 직선 $y=\dfrac{2}{3}x+1$과 만나는 점을 각각 B, B′이라 할 때, 사각형 AA′B′B의 넓이를 구하시오.

(단, 좌표 1은 1 cm이다.)

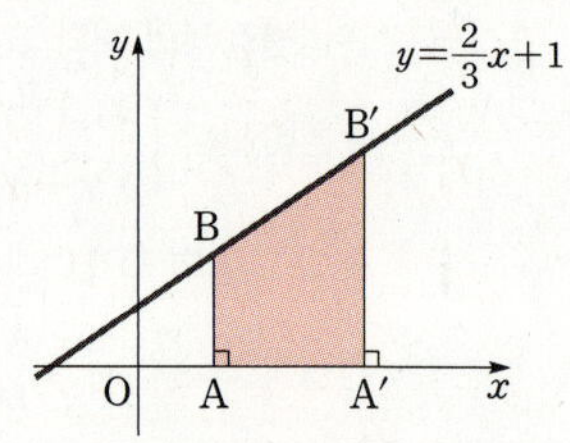

15 오른쪽 그림과 같이 네 점 $O(0,\ 0)$, $A(4,\ 0)$, $B(4,\ 4)$, $C(0,\ 4)$를 꼭짓점으로 하는 정사각형 OABC의 내부의 한 점 $P\left(1,\ \dfrac{3}{2}\right)$을 지나는 직선 l이 정사각형 OABC의 넓이를 이등분할 때, 직선 l의 방정식을 구하시오.

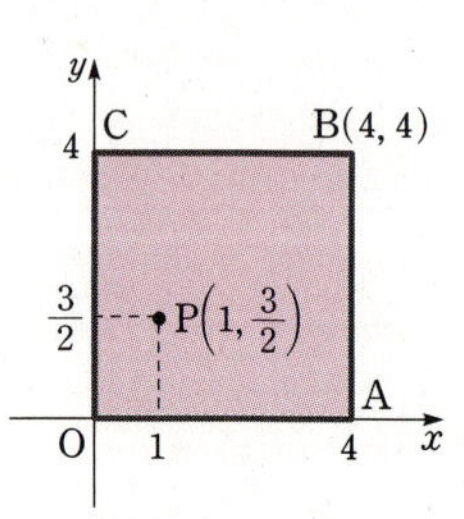

2 STEP
실력 높이기

01 직선 $7x+2y+18=0$ 위의 점 중에서 x좌표와 y좌표가 같은 점을 A라 하자. 이때 점 A는 제몇 사분면 위의 점인지 구하시오.

02 두 일차함수 $y=\dfrac{3}{2}x-4$, $y=ax+b$의 그래프는 서로 평행하다. 두 그래프가 x축과 만나는 점을 각각 P, Q라 할 때, $\overline{PQ}=6$이 되는 상수 b의 값을 모두 구하시오. (단, a는 상수)

03 오른쪽 그림과 같은 직선을 그래프로 하는 두 일차함수 $y=f(x)$, $y=g(x)$에 대하여 부등식 $2f(x)-g(x)\leq-1$의 해를 구하시오.

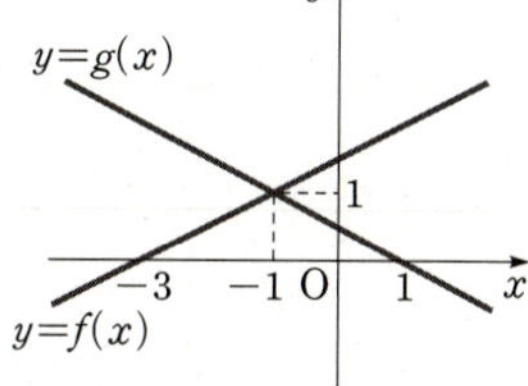

04 두 직선 $ax+by+1=0$, $2x-(a-3b)y+2b=0$이 모두 직선 $3x+2y=1$에 수직일 때, 상수 a, b에 대하여 $a+b$의 값을 구하시오.

05 두 점 A(3, 5), B(-2, -3)이 있다. $\overline{AB}$의 수직이등분선의 방정식을 구하시오.

06 다음과 같은 세 직선 l, m, n이 한 점에서 만날 때, 직선 n 위에 있고 x좌표가 y좌표의 2배가 되는 점의 좌표를 구하시오. (단, a는 상수)

$$l : x+y=1$$
$$m : 2x-3y=1$$
$$n : (a+2)x-ay=4$$

07 서로 다른 세 직선 $x-y=0$, $2x+y=3$, $mx-4y=16$으로 삼각형을 만들 수 없을 때, 상수 m의 값을 모두 구하시오.

08 오른쪽 그림에서 직선 l은 두 점 A$(3, 4)$, B$(0, 2)$를 지나고, 직선 m은 점 A를 지나며 y축에 평행하다. 직선 m이 x축과 만나는 점을 C라 할 때, 점 C를 지나며 직선 l과 평행한 직선 n의 방정식을 구하시오.

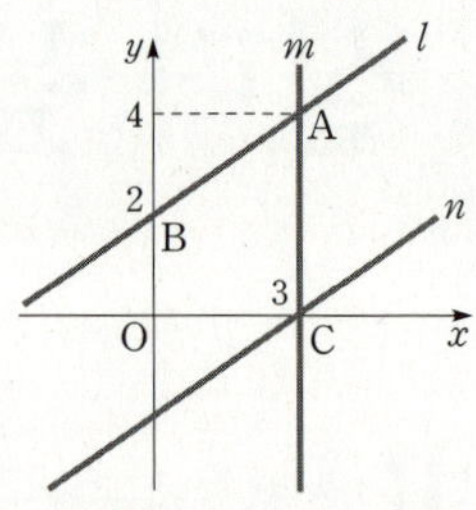

09 두 일차함수 $y=x-3$, $y=-mx+2$의 그래프의 교점이 제1사분면 위에 있도록 하는 상수 m의 값의 범위를 구하시오. (단, $m\neq0$)

10 두 직선 $ax+2y=3x$, $x-3y+1=ax+1$이 $x=0$, $y=0$ 이외의 점에서도 만나도록 하는 상수 a의 값을 구하시오.

11 점 (a, b)가 제3사분면 위의 점일 때 기울기가 다른 두 직선 $y=ax+b$, $y=bx+a$의 교점은 제몇 사분면 위의 점인지 구하시오.

12 세 직선 $2x-3y-6=0$, $x+3y-3=0$, $x=0$으로 둘러싸인 삼각형의 넓이를 이등분하고 원점을 지나는 직선의 기울기를 구하시오.

13 직선 $3x+ay=6a$와 x축, y축으로 둘러싸인 삼각형의 넓이가 18이고, 직선 $y=bx$가 이 삼각형의 넓이를 이등분할 때, 양수 a, b에 대하여 a^2+b^2의 값을 구하시오.

14 오른쪽 그림과 같이 두 직선 $y=x+3$과 $y=-3x+6$이 x축과 만나는 점을 각각 A, B라 하고 두 직선의 교점을 C라 할 때, 점 C를 지나고 $\triangle$ABC의 넓이를 이등분하는 직선의 y절편을 구하시오.

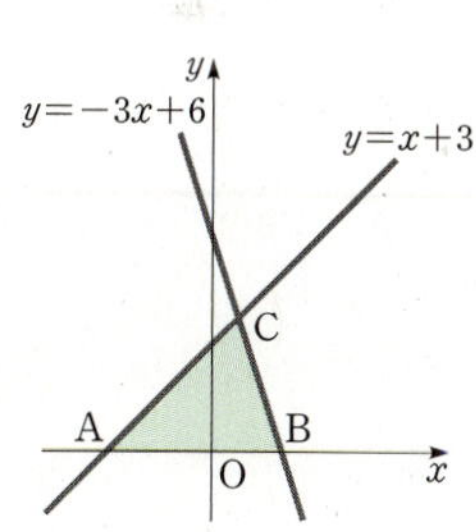

15 오른쪽 그림과 같이 직선 $y=\dfrac{1}{2}x+a\,(a>0)$ 가 직선 $y=2x$와 점 A에서 만나고 x축, y축과 각각 점 B, C에서 만난다. △BOC의 넓이가 4일 때, 점 A의 좌표를 구하시오. (단, a는 상수)

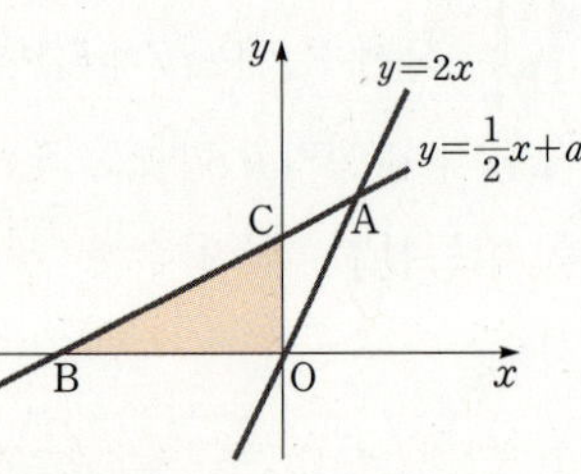

16 오른쪽 그림에서 사각형 ABCD가 정사각형일 때, 그 넓이를 구하시오.

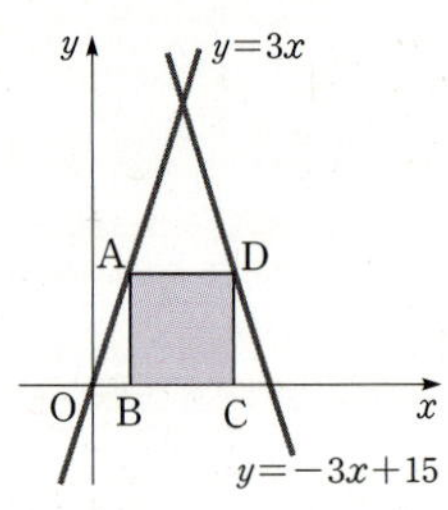

17 기울기가 m이고, y절편이 1인 직선이 세 점 A$(1,\ 2)$, B$(3,\ 4)$, C$(6,\ -1)$로 이루어진 삼각형과 만나지 않기 위한 m의 값의 범위를 구하시오.

18 오른쪽 그림과 같이 세 점 A$\left(-1,\ \dfrac{7}{3}\right)$, B$(3,\ 1)$, C$(3,\ 5)$를 꼭짓점으로 하는 △ABC에 대하여 직선 AB와 y축이 만나는 점을 지나면서 △ABC의 넓이를 이등분하는 직선의 방정식을 구하시오.

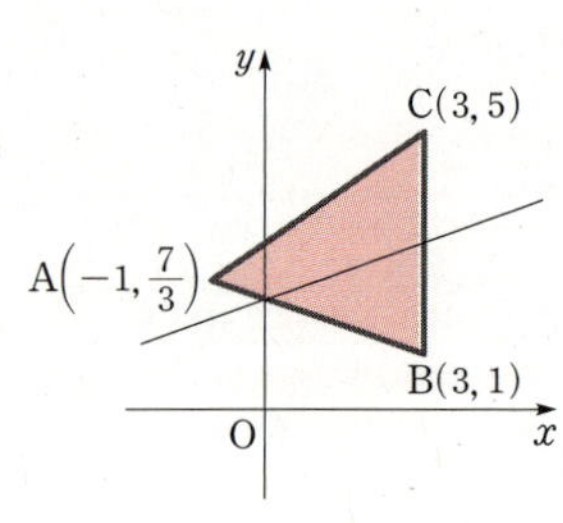

3 STEP

최고 실력 완성하기

01 세 일차함수

$y=ax+b$ ······ ㉠,

$y=\dfrac{2}{a}x-\dfrac{1}{2}b$ ······ ㉡,

$y=-ax+b-3$ ······ ㉢

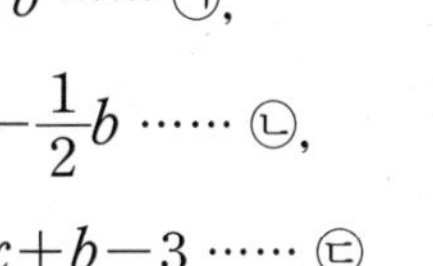

과 오른쪽 그림의 세 직선 l, m, n
에 대하여 함수의 식과 그래프가 바르게 짝지어진 것은?

① ㉠$-n$, ㉡$-l$, ㉢$-m$

② ㉠$-l$, ㉡$-m$, ㉢$-n$

③ ㉠$-m$, ㉡$-n$, ㉢$-l$

④ ㉠$-n$, ㉡$-m$, ㉢$-l$

⑤ ㉠$-l$, ㉡$-n$, ㉢$-m$

02 양 끝점의 좌표가 A$(13,\ 2)$, B$(52,\ 23)$인 선분
AB와 x축 대칭인 선분 CD가 있다. 선분 CD 위의 점
중에서 x좌표와 y좌표가 정수인 점의 좌표를 모두 구하
시오.

03 오른쪽 그림과 같이 곡선 n
은 $x>0$에서 y가 x에 반비례하는
그래프이고, 직선 l은 y축에 평행
하다. 직선 l과 곡선 n이 만나는
점을 A, 직선 m과 곡선 n이 만나

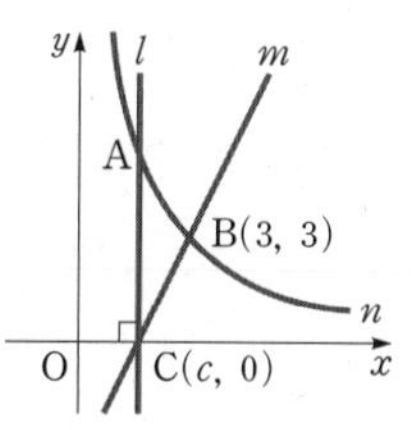

는 점을 B$(3,\ 3)$이라 하고, 두 직선 l, m의 교점을
C$(c,\ 0)$이라 하자. △ABC의 넓이가 $\dfrac{9}{4}$일 때, 직선 m
의 방정식을 구하시오.

04 오른쪽 그림과 같이 점
A$(1,\ 4)$, B$(-2,\ 2)$,
C$(-1,\ 0)$, D$(3,\ 0)$,
E$(3,\ 3)$을 꼭짓점으로 하는
오각형 ABCDE가 있다. 점

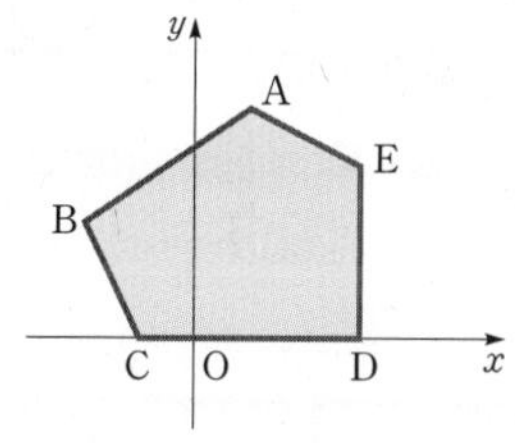

A를 지나는 직선이 오각형 ABCDE의 넓이를 이등분
할 때, 이 직선의 방정식을 구하시오.

05 두 직선 $2x+y-4=0$과 $mx+y-1=0$의 교점이 제4사분면 위에 있도록 하는 상수 m의 값의 범위를 구하시오.

06 두 방정식 $(y-2)(x-2y+2)=0$, $(2x+y-5)(x-2y-2)=0$을 동시에 만족시키는 순서쌍 (x, y)의 개수를 구하시오.

07 오른쪽 그림의 두 직선은 두 일차함수 $y=-mx-(n-1)$, $y=(m+3)x+(n+4)$의 그래프이다. 상수 m, n의 값을 모두 구하시오.

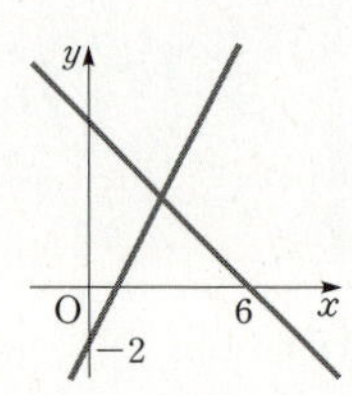

08 오른쪽 그림과 같이 세 점 $O(0, 0)$, $A(5, 0)$, $B(0, 5)$를 꼭짓점으로 하는 $\triangle OAB$가 있다. $\triangle OAB$의 내부의 점 $P(2, a)$를 지나고 $\overline{AB}$, $\overline{OA}$, $\overline{BO}$에 평행한 직선과 나머지 두 변의 교점을 C, D, E, F, G, H라 할 때, 세 개의 삼각형 POC, PDE, PFG의 넓이의 합을 S라 하자. 이때 S를 a에 대한 식으로 나타내시오.

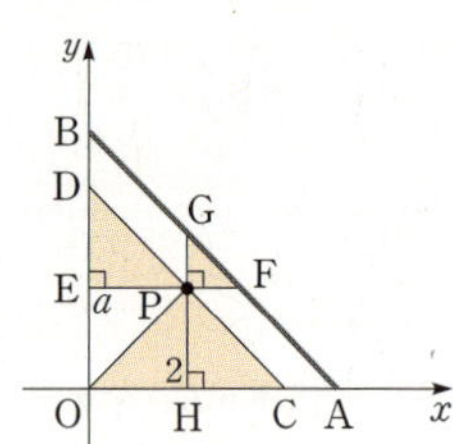

09 오른쪽 그림에서 직선 l은 방정식 $3x+2y-5=0$의 그래프이고, 두 점 A, B는 각각 직선 l과 x축, y축의 교점이다. 직선 l 위의 점 P에 대하여 $\triangle$AOP의 넓이가 $\triangle$AOB의 넓이의 $\dfrac{1}{3}$일 때, 점 P의 x좌표로 가능한 것을 모두 구하시오.

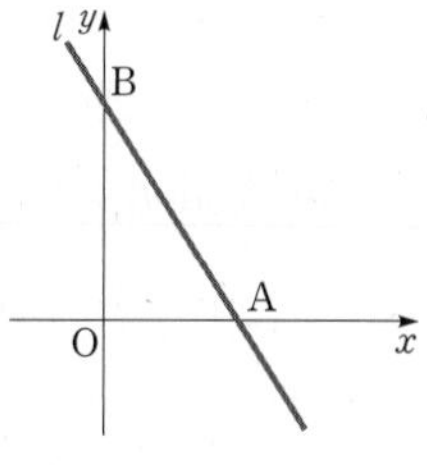

10 오른쪽 그림과 같이 $\overline{AC}=6$, $\overline{BC}=8$, $\angle C=90°$인 직각삼각형 ABC가 있다. 점 P가 점 B를 출발하여 삼각형의 변을 따라 점 C를 거쳐 점 A까지 움직인다. 점 P가 점 B로부터 움직인 거리를 x, 이때의 $\triangle$ABP의 넓이를 y라 할 때, x, y 사이의 관계를 나타내는 그래프와 x축으로 둘러싸인 도형의 넓이를 구하시오. (단, $0<x<14$)

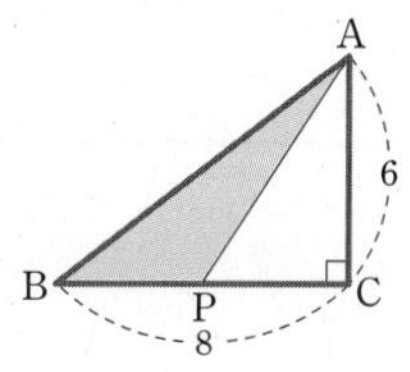

11 두 수 a, b 중 크지 않은 수를 기호 $[a, b]$로 나타내기로 한다. 예를 들어 $a \geq b$이면 $[a, b]=b$, $a < b$이면 $[a, b]=a$이다. 그림과 같이 A$(2, 6)$, B$(-2, -1)$, C$(4, 1)$을 꼭짓점으로 하는 $\triangle$ABC의 내부 또는 둘레에 점 P(x, y)가 있다. 이때 점 P의 x좌표, y좌표에 대하여 $[x, y]$의 최댓값과 최솟값을 각각 구하시오.

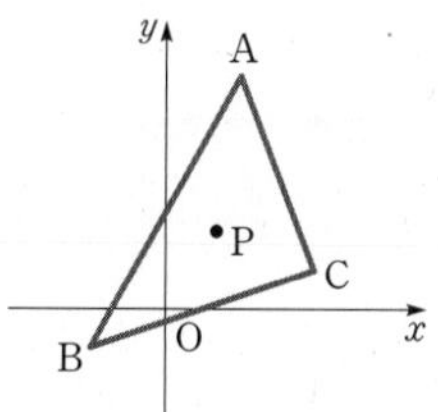

단원 종합 문제

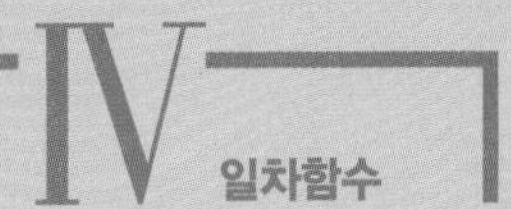

01 두 변수 x, y가 모두 1, 2, 3, 4일 때, 다음 중 y가 x의 함수인 것은?

① $y = (x$보다 1 작은 자연수$)$
② $y = (x$의 약수의 개수$)$
③ $y = (x+y$는 소수$)$
④ $y = (xy$는 짝수$)$
⑤ $y = -x+4$

02 $x = 14$, 15, 20, 22, 26일 때, 함수 $y = (x$의 각 자리의 숫자의 합$)$의 함숫값의 총합을 구하시오.

03 함수 $f(x) = ax+1-(a-x)$에 대하여 $f(2) = -1$일 때, $3f(1)-2f(-2) = 2f(k)$를 만족시키는 k의 값을 구하시오. (단, a는 상수)

04 함수 $f(x) = \dfrac{a}{x+2}$ $(x \neq -2)$에 대하여 $x = 3$에서의 함숫값이 5일 때, $f\left(\dfrac{4}{3}\right)$의 값을 구하시오.

05 일차함수 $y = 3x+2$의 그래프에서 x의 값이 $a+1$에서 $a-4$까지 증가할 때, y의 값의 증가량을 구하시오.

06 두 점 $A(3a, -5)$, $B(-2a+10, -15)$를 지나는 직선이 y축에 평행할 때, a의 값을 구하시오.

07 일차함수 $ax+by+c=0$의 그래프가 오른쪽 그림과 같을 때, ac의 부호를 구하시오.

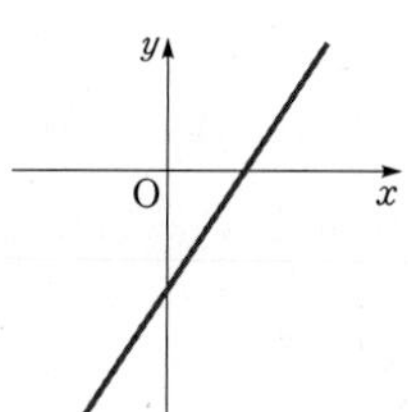

08 일차방정식 $ax+y+b=0$ $(a\neq0,\ b\neq0)$의 그래프가 제2사분면을 지나지 않을 때, 다음 중 옳은 것은?

① $a>0,\ b>0$ ② $a>0,\ b<0$
③ $a<0,\ b>0$ ④ $a<0,\ b<0$
⑤ $ab>0$

09 세 점 $(-2, 3)$, $(-1, 1)$, $(k,\ k-2)$가 한 직선 위에 있을 때, k의 값을 구하시오.

10 좌표평면 위에 세 점 $A(0, 4)$, $B(0, -2)$, $C(3, 0)$을 꼭짓점으로 하는 $\triangle ABC$가 있다. 점 C를 지나는 직선이 $\triangle ABC$의 넓이를 이등분할 때, 이 직선을 나타내는 일차함수의 식을 구하시오.

11 일차함수 $y=-\dfrac{1}{3}x+1$의 그래프의 x절편을 a, y절편을 b라 할 때, 다음 중 점 (a, b)를 지나는 직선의 방정식은?

① $y=-\dfrac{1}{3}x$ ② $y=-\dfrac{1}{3}x+3$
③ $y=-\dfrac{2}{3}x+1$ ④ $y=\dfrac{1}{3}x+\dfrac{1}{3}$
⑤ $y=-\dfrac{4}{3}x+5$

12 일차함수 $y=f(x)$의 그래프의 x절편을 a, y절편을 b라 하면, $ab<0$, $a+b=0$이 성립한다. $f(2)=1$일 때, 이 직선을 나타내는 일차함수의 식을 구하시오.

13 두 직선 $y=2x+3$, $2y=-x+2$의 교점을 지나고, 기울기가 $\dfrac{3}{2}$인 직선의 방정식을 구하시오.

14 두 직선 $x+y-1=0$과 $2x-y+4=0$의 교점을 지나고, 직선 $2x-3y-4=0$과 수직인 직선의 방정식을 구하시오.

15 두 직선 $4x-y=a$, $x+2y=14-a$의 교점이 직선 $y=2x$ 위에 있을 때, 상수 a의 값을 구하시오.

16 두 일차함수 $2x-y=7$, $x+y=2$의 그래프의 교점을 지나고, 일차함수 $3x-2y=4$의 그래프와 평행한 직선을 그래프로 하는 일차함수의 식을 구하시오.

17 세 직선 $l:x+2y+10=0$, $m:ax+y=0$, $n:bx-y+1=0$이 있다. 두 직선 l, m이 평행하고, 두 직선 l, n의 교점의 x좌표가 -4일 때, 상수 a, b의 값을 각각 구하시오.

18 직선 $y=2x+1$과 평행하고 직선 $y=-3x+12$와 y축에서 만나는 직선의 방정식을 구하시오.

19 두 직선 l, m이 오른쪽 그림
과 같을 때, 두 직선 l, m의 교점의
좌표를 구하시오.

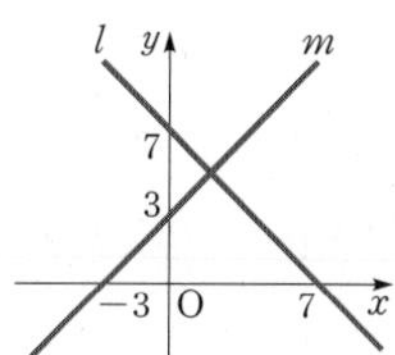

20 일차함수 $2x-y=4$의 그래프와 평행하고, 점
$(-1, 2)$를 지나는 직선이 있다. 이때 이 직선과 x축, y
축으로 둘러싸인 삼각형의 넓이를 구하시오.

21 세 직선 $y=x-3$, $y=-\dfrac{1}{2}x+3$, $x=2$로 둘러
싸인 삼각형의 넓이를 구하시오.

22 오른쪽 그림과 같이 두 점
$A(2, 7)$, $B(4, 1)$을 양 끝점
으로 하는 선분 AB와 직선
$y=ax+3$이 만나기 위한 상수
a의 값의 범위는?

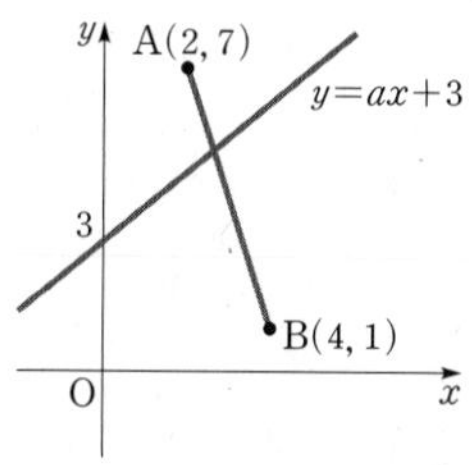

① $\dfrac{1}{2}\leq a\leq 7$ ② $-\dfrac{3}{2}\leq a\leq\dfrac{1}{2}$

③ $-2\leq a\leq 1$ ④ $-\dfrac{1}{2}\leq a\leq 2$

⑤ $-\dfrac{1}{4}\leq a\leq 2$

23 일차함수 $y=ax+b$의 x의 값의 범위가
$-3\leq x\leq 5$이고, 함숫값의 범위가 $2\leq y\leq 4$일 때, 두
상수 a, b에 대하여 $a+b$의 값을 구하시오. (단, $a<0$)

24 서로 다른 세 직선 $ax+y-1=0$,
$x+by+3=0$, $x+2y-3=0$에 의해 좌표평면이 네
부분으로 나누어질 때, 상수 a, b의 값을 각각 구하시오.

25 x의 값의 범위가 $-5<x<4$인 함수

$y=-\dfrac{2}{3}x+4$의 함숫값의 범위가

$\dfrac{2}{3}a+m<y<-\dfrac{1}{3}a+m$일 때, a, m의 값을 각각 구하시오. (단, a, m은 상수)

26 일차함수 $y=ax-4a$의 그래프가 오른쪽 그림과 같다. $\triangle\text{AOB}$를 y축을 회전축으로 하여 1회전 시킬 때 생기는 회전체의 부피가 32π라 할 때, 상수 a의 값을 구하시오.

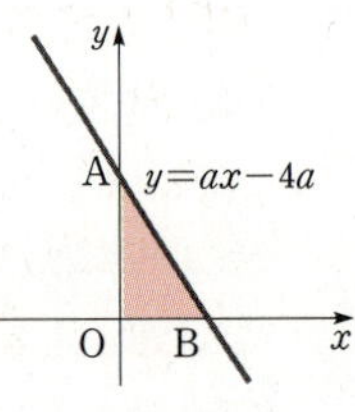

27 세 직선 $y=x+a$, $y=bx+3$, $y=cx+d$로 둘러싸인 삼각형의 두 꼭짓점의 좌표가 $(0, 4)$, $(2, 1)$일 때, 상수 a, b, c, d에 대하여 $a+b+c+d$의 값을 구하시오.

28 오른쪽 그림과 같이 네 점 $\text{O}(0, 0)$, $\text{A}(6, 0)$, $\text{B}(4, 6)$, $\text{C}(0, 6)$을 꼭짓점으로 하는 사각형 OABC가 있다. 원점을 지나는 직선 중에서 사각형 OABC의 넓이를 이등분하는 직선의 방정식을 구하시오.

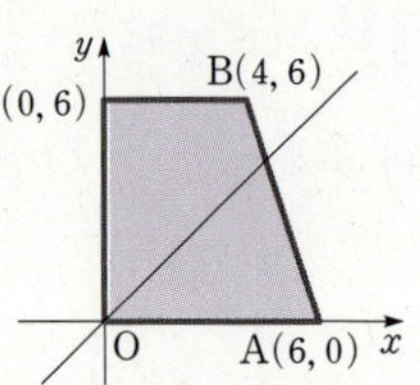

29 오른쪽 그림과 같이 두 직선

$\quad l : y=ax+4,$

$\quad m : y=-x+8$

과 x축의 교점을 각각 B, C라 하자. 두 직선이 한 점 A에서 만나고, $\overline{\text{AO}}$가 $\triangle\text{ABC}$의 넓이를 이등분할 때, 상수 a의 값을 구하시오.

30 세 점 $\text{A}(2, 2)$, $\text{B}(-2, -2)$, $\text{C}(5, -4)$를 꼭짓점으로 하는 $\triangle\text{ABC}$에서 $y\geq-1$인 부분의 넓이를 구하시오.

빠른 정답 찾기

1 유리수와 순환소수

1 STEP 주제별 실력다지기 8~15쪽

1 ②, ④ **2** ②, ③ **3** 2 **4** 17

5 47 **6** 0.1 **7** 11 **8** 98

9 3 **10** 13 **11** 23 **12** 4

13 6, 15 **14** ④ **15** $7.0\dot{3}$ **16** 6, 6

17 4 **18** 7 **19** ① **20** ③

21 8 **22** 3 **23** 4589 **24** 100

25 $0.00\dot{1}$ **26** 9 **27** 36 **28** ④

29 ①, ② **30** ②, ③ **31** (1) $6.\dot{6}$ (2) $3.8\dot{6}\dot{7}$

32 (1) $0.2\dot{8}5\dot{1}$ (2) $1.3\dot{2}$ **33** $x=\dfrac{1}{4}$

34 3 **35** 20 **36** ③

37 ㄱ, ㄷ, ㅂ, ㅅ, ㅈ **38** ㅁ, ㅂ **39** ①, ③

2 STEP 실력 높이기 16~19쪽

1 ⑤ **2** −47 **3** 18 **4** 99

5 31 **6** 18 **7** 30 **8** 6

9 $0.0\dot{1}$ **10** $1.80\dot{5}$ **11** $0.\dot{8}$ **12** 0.07

13 $0.1\dot{8}$ **14** 16 **15** $0.2\dot{7}$ **16** 2

17 $0.071\dot{5}$ **18** 2, 5, 8 **19** 50 **20** 67

3 STEP 최고 실력 완성하기 20~21쪽

1 ①, ③ **2** 189 **3** 240 **4** 4

5 $0.00\dot{1}$ **6** 12 **7** 2 **8** 5

9 35

2 단항식의 계산

1 STEP 주제별 실력다지기 24~27쪽

1 (1) $x^6 y$ (2) $\dfrac{x^9}{y^5}$ **2** ①, ③ **3** 7

4 $x=27a^2$ **5** 8 **6** 3

7 9 **8** ④ **9** 20 **10** −25

11 x **12** $-\dfrac{8}{25}$ **13** ⑤ **14** ①

15 a^2 **16** $\dfrac{2a^4}{b^2}$ **17** D, C, A, B

18 $\dfrac{4}{13}$ **19** $-\dfrac{13}{14}$

2 STEP 실력 높이기 28~31쪽

1 8분 20초 **2** 14 **3** 10

4 64 **5** 144 **6** 3 **7** 22

8 3^{30}, 15^{10} **9** $\dfrac{4b}{a^2}$ **10** 0 **11** $\dfrac{24}{5}$

12 $\dfrac{9}{32}$ **13** 10 **14** $a=3$, $b=2$

15 2730 **16** 0.0001 **17** 6

18 1 **19** 19 **20** 1, 2

3 STEP 최고 실력 완성하기 32~33쪽

1 1 **2** 327 **3** $\dfrac{a^3 b^6}{46656}$ **4** 9

5 1 **6** 1 **7** 20 **8** 18

3 다항식의 계산

1 STEP 주제별 실력다지기 36~38쪽

1 $-3x+3y$ **2** ①

3 $x^2+10x+6$ **4** $a-7b+3$

5 $12x^3 y^4$ **6** $12x^2 y$

7 $\dfrac{4}{3}ac+bc$ **8** $8x-12y$

9 $-6y$ **10** $9x+6$ **11** $9x^2-10x-12$

12 $a=15$, $b=31$, $c=-39$ **13** $2x+y$

14 $\dfrac{12}{25}$ **15** $\dfrac{26}{29}$

2 STEP 실력 높이기 39~41쪽

1 11 **2** $-2x^2+5x-1$

3 $16x^2+2x-14$ **4** $-4x^2+4xy$

5 $-x^6$ **6** −10 **7** $18a^2+11a$

8 $6x^2+5x-11$ **9** ③ **10** $\dfrac{29}{2}$

11 17 **12** $1:1$ **13** ② **14** $\dfrac{6}{5}$

3 STEP 최고 실력 완성하기 42쪽

1 $-\dfrac{2}{3}$ **2** $\dfrac{10}{3}$ **3** $\dfrac{19}{3}$ **4** ③

5 남자 $9:16$, 여자 $1:2$

I 수와 식 단원 종합 문제 43~48쪽

1 ④, ⑤ **2** 5개 **3** −2 **4** 32

5 $0.\dot{7}1428\dot{5}$ **6** ② **7** 7

8 $a=3$, $b=4$, $c=6$

9 $-6xy+1$, $4x^2+3y$

10 8 **11** 0 **12** 2 **13** 87

14 ③ **15** $-\dfrac{1}{2}$ **16** −3 **17** $\dfrac{80}{9}$

18 104 **19** $0.1\dot{8}$ **20** 54 **21** 4

22 1800 **23** $3.\dot{8}$ **24** ④ **25** 6

26 $\dfrac{3}{2}$ **27** 21 **28** 7 **29** $0.2\dot{7}\dot{5}$

30 $2ab-b^2$

1 일차부등식

1 STEP 주제별 실력다지기 52~55쪽

1 ㄷ, ㅂ, ㅅ, ㅇ **2** ㄷ, ㅁ, ㅅ, ㅇ

3 ① **4** ④ **5** $-11<3x-2\leq4$

6 0 **7** 8 **8** 6 **9** 2

10 14 **11** $x<-\dfrac{1}{a}$ **12** $x<2$

13 풀이 참조 **14** −3 **15** $-\dfrac{3}{2}$

16 $x>\dfrac{1}{2}$ **17** $x<\dfrac{1}{3}$ **18** $0<a\leq1$

19 ④ **20** $4<a\leq5$

21 $-2<x<4$ **22** $y\leq-4$ 또는 $y\geq6$

23 2, 3

2 STEP 실력 높이기 56~58쪽

1 $\dfrac{ad}{c}\leq\dfrac{bd}{c}$ **2** ②, ⑤ **3** ③

4 $x<1$ **5** $a<-15$ **6** 4

7 풀이 참조 **8** $2<x\leq4$

9 −3, −1, 1, 3 **10** $a=-1$, $b=3$

11 $a<3$ **12** $1\leq a<\dfrac{5}{2}$

13 $x>-\dfrac{9}{13}$ **14** $x>-3$

15 5

3 STEP 최고 실력 완성하기 59~60쪽

1 $14\leq x<22$ **2** −1 **3** 26경기

4 11 **5** $a=9$, $b=-2$ **6** 13

7 $(5, 5, 15)$, $(6, 5, 30)$, $(7, 5, 105)$

1 ②　　**2** 25　　**3** $\dfrac{13}{3}$　　**4** $\dfrac{15}{2}$

5 -15　　**6** 2　　**7** $ac<0$　　**8** ③

9 $\dfrac{1}{3}$　　**10** $y=-\dfrac{1}{3}x+1$　　**11** ⑤

12 $y=x-1$　　**13** $y=\dfrac{3}{2}x+\dfrac{13}{5}$

14 $y=-\dfrac{3}{2}x+\dfrac{1}{2}$　　**15** 4

16 $y=\dfrac{3}{2}x-\dfrac{11}{2}$　　**17** $a=\dfrac{1}{2},\ b=1$

18 $y=2x+12$　　**19** $(2,\ 5)$　**20** 4

21 3　　**22** ④　　**23** 3

24 $a=\dfrac{1}{2},\ b=2$　　**25** $a=-6,\ m=\dfrac{16}{3}$

26 $-\dfrac{3}{2}$　**27** $\dfrac{11}{2}$　　**28** $y=\dfrac{15}{13}x$

29 $\dfrac{1}{2}$　　**30** $\dfrac{27}{4}$

1 36 km 이상   **2** $\dfrac{8}{3}$ km 이하

3 $\dfrac{3}{2}$ km 이내   **4** 20 km 이상

5 $\dfrac{225}{2}$ g 이상   **6** 10 g 이상

7 $\dfrac{100}{3}$ g 이상   **8** 80 g 이하

9 6개월 후   **10** 3600원

11 10000원 이상   **12** 4000원 이상

13 37.5 % 이하   **14** 30명 이상

15 26명 이상   **16** 33명 이상

17 57명 이상   **18** 3명 이상

19 3개 이상   **20** 9, 31

21 33, 34, 35   **22** 19   **23** 6개

24 7개 이상   **25** 5자루

26 80 m 이상 105 m 미만

27 0 cm 초과 $\dfrac{9}{2}$ cm 이하   **28** 4개

29 62.5점 이상   **30** 93점 이상

2 STEP 실력 높이기   69~71쪽

1 사과 6개, 배 9개   **2** 10명 이하

3 201자루   **4** 200 g 이상 400 g 이하

5 19번 이상   **6** 11000개

7 89명 이상   **8** 16% 이하

9 32 % 이상   **10** 10

11 $x=6,\ y=6,\ z=28$

12 4 cm 이상 12 cm 이하

3 STEP 최고 실력 완성하기   72쪽

1 ②   **2** 시속 56 km 이상   **3** $\dfrac{10}{33}$

4 200 mL 초과 250 mL 이하

1 ③, ④   **2** ①, ⑤   **3** 10   **4** $x>-a$

5 3   **6** 1   **7** 해는 없다.

8 $x<3$ **9** $x=3,\ y=3$ **10** 6, 8

11 20 km 이상   **12** 18명 이상

13 100 g 이상 200 g 이하

14 9 cm, 12 cm, 15 cm, 18 cm

15 25   **16** 7, 8   **17** 3

18 $2.5 \le x < 3.5$ **19** $10 \le x < 18$

20 0

1 STEP 주제별 실력다지기   80~84쪽

1 $2x+y=10$ **2** $x+2y=250$

3 $(1,\ 15),\ (2,\ 12),\ (3,\ 9),\ (4,\ 6),\ (5,\ 3)$

4 $n-1$ **5** 14   **6** $\dfrac{3}{2}$ **7** 2

8 2

9 ⑴ $x=1,\ y=0$ ⑵ $x=3,\ y=-1$

10 $x=3,\ y=1$ 또는 $x=-9,\ y=-5$

11 0   **12** $a=-\dfrac{1}{5},\ b=-\dfrac{2}{5}$

13 $x=3,\ y=-1$ **14** $x=6,\ y=2$

15 $x=2,\ y=0$ **16** $x=1,\ y=1$

17 $x=2,\ y=-2$ **18** 3   **19** -3

20 $\dfrac{2}{5}$ **21** $a=5,\ b=13$ **22** 1

23 -3 **24** 3

25 $x=\dfrac{5}{4},\ y=-\dfrac{1}{2},\ z=\dfrac{7}{2}$

26 $x=2,\ y=1,\ z=3$

2 STEP 실력 높이기   85~89쪽

1 4   **2** $x=\dfrac{1}{2},\ y=-1$ **3** $-\dfrac{9}{2}$

4 $-\dfrac{8}{3}$ **5** $x=8,\ y=2$

6 $a=-\dfrac{2}{3},\ b=-2$ **7** $x=\dfrac{1}{2},\ y=\dfrac{1}{3}$

8 $-\dfrac{7}{4}$ **9** 23   **10** -1 **11** -8

12 $x=\dfrac{4}{5},\ y=\dfrac{7}{5}$ **13** 12   **14** 3

15 -1 **16** $a=\dfrac{9}{5},\ b=-\dfrac{4}{3}$ **17** 9

18 $x=-\dfrac{11}{48},\ y=-\dfrac{5}{48}$ **19** 3

20 6   **21** 18

3 STEP 최고 실력 완성하기   90쪽

1 15   **2** $x=8,\ y=-7$

3 $x=0,\ y=2$ 또는 $x=4,\ y=6$ **4** -2

5 $a=-1,\ b=3$ **6** $-4<a<16$

1 STEP 주제별 실력다지기   92~97쪽

1 49   **2** 624   **3** 키위: 13, 배: 8

4 9세   **5** 20회   **6** 5.6 km

7 갑: 분속 60 m, 을: 분속 40 m

8 시속 4 km

9 오르막길: 시속 $\dfrac{10}{3}$ km,

     내리막길: 시속 20 km

10 A: 분속 70 m, B: 분속 50 m

11 강물: 시속 2.5 km, 유람선: 시속 7.5 km

12 80 m

13 속력: 초속 22 m, 길이: 600 m

14 100 g   **15** 100 g

16 100 g, A: 8 %, B: 3 %

17 남학생: 92, 여학생: 141   **18** 60

19 A: 1500원, B: 2000원   **20** 37개

21 12일   **22** A: 40일, B: 60일

23 50분   **24** 67   **25** 60점   **26** 52점

2 STEP 실력 높이기   98~101쪽

1 16   **2** 남자: 30, 여자: 25

3 A: 312000원, B: 408000원   **4** 506

5 A: 140 g, B: 280 g   **6** 68점

7 A: 27세, B: 36세   **8** A: 2 %, B: 7 %

9 $a=72,\ b=35$ **10** 72명

11 빵: 1000 g, 버터: 100 g

12 40원: 8개, 80원: 2개, 120원: 6개

13 가로의 길이: 10 cm, 세로의 길이: 8 cm

14 3 %: 200 g, 4 %: 300 g, 5 %: 300 g

15 입장료: 52000원,

     식사비: 42000원, 교통비: 2000원

16 나연: 시속 4.5 km, 현정: 시속 1.5 km

17 12 km

3 STEP 최고 실력 완성하기   102~103쪽

1 16 또는 20

2 A: 260원, B: 120원

3 민수의 수입액: 16800원,

     영희의 지출액: 10500원

4 $a=80,\ b=120,\ c=180$ **5** $\dfrac{5}{36}$

6 $a=18,\ b=3$ **7** 10곡   **8** 1400 g

9 초속 850 m   **10** 시속 12 km

수학은 개념이다!

디딤돌의 중학 수학 시리즈는
여러분의 수학 자신감을 높여 줍니다.

개념 이해
디딤돌수학 개념연산

다양한 이미지와 단계별 접근을 통해
개념이 쉽게 이해되는 교재

개념 적용
디딤돌수학 개념기본

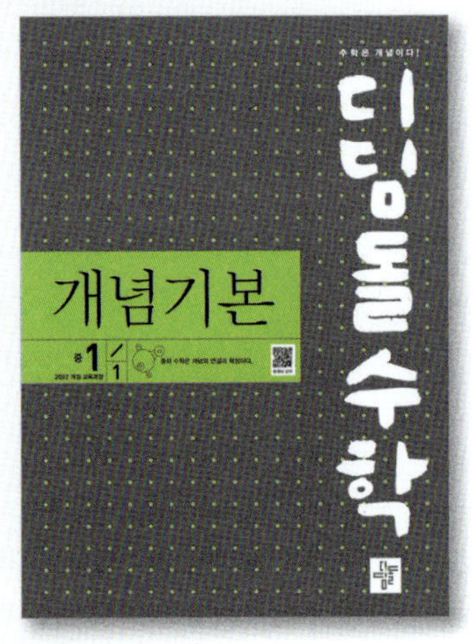

개념 이해, 개념 적용, 개념 완성으로
개념에 강해질 수 있는 교재

개념 응용
최상위수학 라이트

개념을 다양하게 응용하여
문제해결력을 키워주는 교재

개념 완성

디딤돌수학 개념연산과 개념기본은 동일한 학습 흐름으로 구성되어 있습니다.
연계 학습이 가능한 개념연산과 개념기본을 통해
중학 수학 개념을 완성할 수 있습니다.

최상위 수학

중 2/1

정답과 풀이

2022 개정 교육과정

최상위 수학

중 2 / 1

정답과 풀이

1 유리수와 순환소수

1 STEP
주제별 실력다지기

8~15쪽

1 ②, ④	**2** ②, ③	**3** 2	**4** 17
5 47	**6** 0.1	**7** 11	**8** 98
9 3	**10** 13	**11** 23	**12** 4
13 6, 15	**14** ④	**15** $7.0\dot{3}$	**16** 6, 6
17 4	**18** 7	**19** ①	**20** ③
21 8	**22** 3	**23** 4589	**24** 100
25 $0.00\dot{1}$	**26** 9	**27** 36	**28** ④
29 ①, ②	**30** ②, ③	**31** (1) $6.\dot{6}$ (2) $3.8\dot{6}\dot{7}$	
32 (1) $0.28\dot{5}\dot{1}$ (2) $1.3\dot{2}$		**33** $x=\dfrac{1}{4}$	**34** 3
35 20	**36** ③	**37** ㄱ, ㄷ, ㅂ, ㅅ, ㅈ	
38 ㅁ, ㅂ	**39** ①, ③		

1 m, n이 정수, $m\neq0$일 때, $\dfrac{n}{m}$의 꼴로 나타낼 수 있는 수는 유리수이다.

즉, $\dfrac{n}{m}$의 꼴로 나타낼 수 없는 수는 유리수가 아니다.

① 유한소수이므로 유리수이다.

② 순환하지 않는 무한소수이므로 유리수가 아니다.

③ 순환소수이므로 유리수이다.

④ 원주율 π는 3.1415926535…로 순환하지 않는 무한소수 이므로 유리수가 아니다.

⑤ 정수이므로 유리수이다.

> **TIP** 분자와 분모($\neq0$)가 정수인 분수의 꼴로 나타낼 수 없는 수는 유리수 가 아니므로 순환하지 않는 무한소수이다.

2 x는 유리수이다.

① 무한소수 중에서 순환소수는 유리수이지만 순환하지 않는 무한소수는 유리수가 아니다.

②, ③ 유한소수, 순환소수는 유리수이다.

④ 원주율 π는 유리수가 아니다.

⑤ 순환하지 않는 무한소수는 유리수가 아니다.

따라서 유리수만을 모아놓은 것은 ②, ③이다.

3 유한소수로 나타낼 수 있는 분수는 분모의 소인수가 2 또는 5뿐이어야 한다.

$$\frac{5}{8}=\frac{5}{2^3},\ \frac{1}{6}=\frac{1}{2\times3},\ \frac{7}{9}=\frac{7}{3^2},\ \frac{63}{2^2\times3^2}=\frac{7}{2^2},$$

$$\frac{68}{3\times5^2\times17}=\frac{4}{3\times5^2}$$

따라서 유한소수로 나타낼 수 있는 분수는 $\dfrac{5}{8}$, $\dfrac{63}{2^2\times3^2}$이므 로 2개이다.

4
$$\frac{3}{20}=\frac{3}{2^2\times5}\times\frac{5}{5}=\frac{15}{2^2\times5^2}$$
$$=\frac{15}{10^2}=\frac{150}{10^3}=\frac{1500}{10^4}=\cdots$$

이때 $a+n$의 값은 17, 153, 1504, …이므로 가장 작은 값은 17이다.

5
$$\frac{11}{250}=\frac{11}{2\times5^3}\times\frac{2^2}{2^2}=\frac{2^2\times11}{2^3\times5^3}$$
$$=\frac{44}{10^3}=\frac{440}{10^4}=\frac{4400}{10^5}=\cdots$$

이때 $x+y$의 값은 47, 444, 4405, …이므로 가장 작은 값은 47이다.

6 분모를 10의 거듭제곱 꼴로 만들 수 있는 분수는 유한소 수로 나타낼 수 있다.

$$\frac{3}{40}=\frac{3}{2^3\times5}\times\frac{5^2}{5^2}=\frac{3\times5^2}{2^3\times5^3}=\frac{75}{10^3}=0.075$$

이므로 $a=5^2=25$, $b=75$, $c=0.075$

$$\therefore\ \frac{4ac}{b}=\frac{4\times25\times0.075}{75}=0.1$$

7 $\dfrac{26}{2^3\times5^2\times x}=\dfrac{13}{2^2\times5^2\times x}$에서 x가 2나 5 이외의 소인 수로 이루어지면 된다. 즉, x는 3, 6, 7, 9, 11, 12, 14, … 가 될 수 있다.

따라서 가장 작은 두 자리의 자연수는 11이다.

8 $\dfrac{3\times a}{84}=\dfrac{3\times a}{2^2\times3\times7}=\dfrac{a}{2^2\times7}$가 유한소수가 되려면 a는 7의 배수이어야 한다.

따라서 7의 배수 중 가장 큰 두 자리의 자연수는 $7\times14=98$이다.

9 $\dfrac{7}{2^3\times a}$을 기약분수로 나타내었을 때, 분모에 2나 5 이 외의 소인수가 있으면 무한소수이다.

따라서 a가 될 수 있는 수는 3, 6, 9이므로 a의 개수는 3이다.

주의

a가 7인 경우 분자와 약분되므로 분수 $\dfrac{7}{2^3 \times a} = \dfrac{1}{2^3}$ 은 유한소수가 된다.

10 $x = \dfrac{n}{70} = \dfrac{n}{2 \times 5 \times 7}$ 이고, $1 \le n \le 100$인 자연수일 때, x가 정수가 아닌 유한소수가 되려면 n은 7의 배수이면서 70의 배수는 아닌 수이어야 한다. 즉, $1 \le n \le 100$에서 7의 배수는 14개이고 70의 배수는 1개이므로 조건을 만족시키는 x의 개수는

$$14 - 1 = 13$$

11 $\dfrac{x}{45} = \dfrac{x}{3^2 \times 5}$ 를 약분하면 $\dfrac{2}{y}$이므로 x는 2의 배수이고 유한소수가 되려면 분모의 3^2이 약분되어야 하므로 x는 $3^2 = 9$의 배수이다.

이때 $10 < x < 20$이고, 2와 9의 배수이므로 $x = 18$

즉 $\dfrac{18}{45}$을 기약분수로 나타내면 $\dfrac{2}{5}$이므로 $y = 5$

$$\therefore x + y = 18 + 5 = 23$$

12 y가 유한소수이므로 x는 2와 5만을 소인수로 갖거나, 분자의 3×11과 약분된 후 분모가 2와 5만을 소인수로 가지면 된다. 따라서 y가 유한소수가 되게 하는 20 이하의 소수인 x는 2, 3, 5, 11로 4개이다.

13 $\dfrac{7}{15} = 0.4666\cdots$이므로 순환마디는 6,

$\dfrac{5}{33} = 0.151515\cdots$이므로 순환마디는 15이다.

14 ① $1.2333\cdots = 1.2\dot{3}$

② $4.0404\cdots = 4.\dot{0}\dot{4}$

③ $5.125125\cdots = 5.\dot{1}2\dot{5}$

⑤ $0.454454\cdots = 0.45\dot{4}$

15 $7 + \left(\dfrac{3}{10^2} + \dfrac{3}{10^4} + \dfrac{3}{10^6} + \cdots \right)$

$\quad = 7 + 0.03 + 0.0003 + 0.000003 + \cdots$

$\quad = 7.030303\cdots$

$\quad = 7.\dot{0}\dot{3}$

16 $\dfrac{23}{12}$을 소수로 나타내면 $1.9166\cdots = 1.91\dot{6}$이므로 순환마디는 6이다. $1.91\dot{6}$은 소수점 아래 첫째 자리와 둘째 자리는 순환하지 않고 그 아래 자리의 숫자는 모두 6이므로 199

번째 자리의 숫자도 6이다.

TIP 순환소수의 소수점 아래 특정 자리의 숫자 찾기

$0.\dot{a_1}a_2a_3\cdots \dot{a_n}$에 대하여

(1번째 자리 수)$=((n+1)$번째 자리 수$)=((2n+1)$번째 자리 수$)=a_1$

(2번째 자리 수)$=((n+2)$번째 자리 수$)=((2n+2)$번째 자리 수$)=a_2$

(3번째 자리 수)$=((n+3)$번째 자리 수$)=((2n+3)$번째 자리 수$)=a_3$

$$\vdots$$

(n번째 자리 수)$=(2n$번째 자리 수$)=(3n$번째 자리 수$)=a_n$

따라서 자연수 m을 n으로 나눈 나머지가 r일 때,

(m번째 자리 수)$= \begin{cases} a_r \ (1 \le r < n) \\ a_n \ (r = 0) \end{cases}$

17 $\dfrac{8}{13} = 0.\dot{6}1538\dot{4}$이므로 순환마디의 숫자는 6개이다.

소수점 아래 50번째 자리의 숫자는 $50 = 6 \times 8 + 2$이므로 순환마디의 두 번째 숫자인 1이다.

또, 소수점 아래 100번째 자리의 숫자는 $100 = 6 \times 16 + 4$이므로 순환마디의 네 번째 숫자인 3이다.

$$\therefore 1 + 3 = 4$$

18 $\dfrac{2}{35} = 0.0\dot{5}7142\dot{8}$에서 순환마디의 숫자는 6개이고, 소수점 아래 첫째 자리의 0은 순환하지 않는다.

따라서 0 이후에 반복되는 수가 6개이므로 x는 이 반복되는 수의 34번째 수이고, y는 69번째 수이다.

따라서 $34 = 6 \times 5 + 4$이므로 소수점 아래 35번째 자리의 숫자는 순환마디의 4번째 숫자인 4이다.

$$\therefore x = 4$$

또, $69 = 6 \times 11 + 3$이므로 소수점 아래 70번째 자리의 숫자는 순환마디의 3번째 숫자인 1이다.

$$\therefore y = 1$$

$$\therefore |2x - y| = |2 \times 4 - 1| = |8 - 1| = 7$$

19 $x = 43.\dot{1}\dot{2} = 43.1212\cdots$이므로

$\quad 100x = 4312.1212\cdots$

$-) \quad \ \ x = \quad \ 43.1212\cdots$

$\quad \overline{\quad 99x = 4269 \quad \quad \quad \quad \ }$

$$\therefore x = \dfrac{4269}{99} = \dfrac{1423}{33}$$

따라서 가장 적당한 식은 $100x - x$이다.

20 두 무한소수의 소수점 아래가 같으면 두 수의 차는 정수이므로 두 식을 소수 첫째 자리부터 순환마디가 시작되도록 만든다.

$x = 0.\dot{2}1\dot{3}$의 소수점 아래가 213이 되도록 하려면 필요한 식은 $1000 \times 0.\dot{2}1\dot{3} = 1000x$, $1000000 \times 0.\dot{2}1\dot{3} = 1000000x$, $1000000000 \times 0.\dot{2}1\dot{3} = 1000000000x$, $\cdots$

$x = 2.\dot{1}\dot{3}$의 소수점 아래가 13이 되도록 하려면 필요한 식은

$100 \times 2.\dot{1}\dot{3} = 100x$, $10000 \times 2.\dot{1}\dot{3} = 10000x$,
$1000000 \times 2.\dot{1}\dot{3} = 1000000x$, $\cdots$

따라서 두 순환소수를 분수로 나타낼 때 공통으로 사용할 수 있는 식은 $1000000x - x$이다.

21 $1.\dot{5} = \dfrac{15-1}{9} = \dfrac{14}{9}$의 역수가 a이므로 $a = \dfrac{9}{14}$

$12.\dot{4} = \dfrac{124-12}{9} = \dfrac{112}{9}$가 b이므로 $b = \dfrac{112}{9}$

$\therefore ab = \dfrac{9}{14} \times \dfrac{112}{9} = 8$

22 $0.\dot{5} = \dfrac{5}{9}$, $0.\dot{8} = \dfrac{8}{9}$이므로 분모가 90인 분수 $\dfrac{x}{90}$가

$0.\dot{5}$와 $0.\dot{8}$ 사이의 수이면 $\dfrac{5}{9} < \dfrac{x}{90} < \dfrac{8}{9}$ $\therefore 50 < x < 80$

그런데 $\dfrac{x}{90} = \dfrac{x}{2 \times 3^2 \times 5}$이므로 $\dfrac{x}{90}$가 유한소수가 되려면

x는 9의 배수이어야 한다.

따라서 x는 $9 \times 6 = 54$, $9 \times 7 = 63$, $9 \times 8 = 72$이므로 x의 개수는 3이다.

23 $x = 5.63535\cdots$이므로

$$\begin{array}{r} 1000x = 5635.3535\cdots \\ -)\quad 10x = \quad\ 56.3535\cdots \\ \hline 990x = 5579 \end{array}$$

$\therefore x = \dfrac{5579}{990}$

따라서 $a = 990$, $b = 5579$이므로 $b - a = 5579 - 990 = 4589$

24 $10000x = 13272.72727\cdots$이므로 소수점 아래 숫자는 $7272\cdots$가 반복된다.

$10000x - nx$의 값이 정수가 되려면 nx의 소수점 아래 숫자는 $7272\cdots$이어야 한다.

따라서 가장 작은 자연수 $n = 100$이다.

25 $2.3\dot{4}\dot{5} = \dfrac{2345-23}{990} = \dfrac{2322}{990}$

$\qquad = 2322 \times \boxed{\dfrac{1}{990}}$

$\qquad = 2322 \times \boxed{0.00\dot{1}}$

26 $1.9\dot{4} = \dfrac{194-19}{90} = \dfrac{175}{90} = \dfrac{35}{18} = \dfrac{5 \times 7}{2 \times 3^2}$이므로 이 분수

에 자연수 m을 곱해서 유한소수가 되려면 m은 3^2의 배수이어야 한다.

따라서 가장 작은 m의 값은 9이다.

27 $0.2\dot{7} = \dfrac{27-2}{90} = \dfrac{25}{90} = \dfrac{5}{18} = \dfrac{5}{2 \times 3^2}$이므로 $0.2\dot{7} \times x$가

유한소수이려면 x는 3^2의 배수이어야 한다.

따라서 가장 작은 자연수 x의 값은 9, 가장 큰 두 자리의 자연수 x의 값은 9×11이므로

$a = 9$, $b = 9 \times 11 = 99$

$\therefore b - 7a = 99 - 7 \times 9 = 99 - 63 = 36$

28 ① 0.542

② $0.542\,2\,|\,2\cdots$

③ $0.542\,4\,|\,2\cdots$

④ $0.542\,5\,|\,42\cdots$

⑤ $0.542\,0\,|\,5420\cdots$

따라서 가장 큰 수는 ④이다.

29 ① $0.333\cdots > 0.3131\cdots$ (거짓)

② $0.42 < 0.4242\cdots$ (거짓)

③ $3 \times 0.\dot{1} = 3 \times \dfrac{1}{9} = \dfrac{1}{3} = 0.333\cdots$ (참)

④ $0.8111\cdots < 0.888\cdots$ (참)

⑤ $\dfrac{12}{99} = 0.\dot{1}\dot{2} = 0.1212\cdots < 0.1222\cdots$ (참)

따라서 대소관계가 바르게 된 것은 ③, ④, ⑤이다.

30 $\dfrac{5}{11} < x < \dfrac{8}{11}$이라 하면

$\dfrac{45}{99} < x < \dfrac{72}{99}$, 즉 $0.\dot{4}\dot{5} < x < 0.\dot{7}\dot{2}$

따라서 조건을 만족시키는 것은 ②, ③이다.

31 (1)

$$\begin{array}{r} 2.555\cdots \\ +)\,5.333\cdots \\ \hline 7.888\cdots \end{array} \qquad \therefore 2.\dot{5} + 5.\dot{3} = 7.\dot{8}$$

$$\begin{array}{r} 7.888\cdots \\ -)\,1.222\cdots \\ \hline 6.666\cdots \end{array} \qquad \therefore 7.\dot{8} - 1.\dot{2} = 6.\dot{6}$$

다른 풀이

분수로 고쳐 계산하면

(주어진 식) $= \dfrac{23}{9} + \dfrac{48}{9} - \dfrac{11}{9}$

$\qquad\qquad = \dfrac{60}{9} = 6.\dot{6}$

(2) $5.6\dot{7} = \dfrac{567-5}{99} = \dfrac{562}{99}$

$4.1\dot{5} = \dfrac{415-41}{90} = \dfrac{374}{90}$

$2.3\dot{4}\dot{6} = \dfrac{2346-23}{990} = \dfrac{2323}{990}$

$\therefore$ (주어진 식) $= \dfrac{562}{99} - \dfrac{374}{90} + \dfrac{2323}{990}$

$$=\frac{5620-4114+2323}{990}$$

$$=\frac{3829}{990}=3.8\dot{6}\dot{7}$$

32 (1) $1.9\dot{4}=\frac{194-19}{90}=\frac{175}{90}$

$0.\dot{2}=\frac{2}{9}$

$1.\dot{5}\dot{1}=\frac{151-1}{99}=\frac{150}{99}$

$\therefore$ (주어진 식)$=\frac{175}{90}\times\frac{2}{9}\div\frac{150}{99}$

$\qquad=\frac{175}{90}\times\frac{2}{9}\times\frac{99}{150}$

$\qquad=\frac{77}{270}=0.2\dot{8}5\dot{1}$

(2) $3.\dot{2}=\frac{32-3}{9}=\frac{29}{9}$

$1.0\dot{5}=\frac{105-10}{90}=\frac{95}{90}$

$0.\dot{5}=\frac{5}{9}$

$\therefore$ (주어진 식)$=\frac{29}{9}-\frac{95}{90}\div\frac{5}{9}$

$\qquad=\frac{29}{9}-\frac{95}{90}\times\frac{9}{5}$

$\qquad=\frac{29}{9}-\frac{19}{10}$

$\qquad=\frac{290}{90}-\frac{171}{90}$

$\qquad=\frac{119}{90}=1.3\dot{2}$

33 $1.2\dot{3}=\frac{123-12}{90}=\frac{111}{90}$, $1.0\dot{1}=\frac{101-10}{90}=\frac{91}{90}$,

$0.0\dot{5}=\frac{5}{90}$이므로 주어진 방정식은

$\frac{111}{90}x-\frac{91}{90}x=\frac{5}{90}$에서 $111x-91x=5$이므로

$20x=5 \qquad \therefore x=\frac{5}{20}=\frac{1}{4}$

34 $0.3\dot{x}=\frac{(30+x)-3}{90}=\frac{27+x}{90}$이므로

$\frac{27+x}{90}=\frac{7+x}{30}$, $27+x=3(7+x)$, $27+x=21+3x$

$-2x=-6 \qquad \therefore x=3$

35 $\frac{1}{8}<0.\dot{x}<\frac{3}{4}$에서 $\frac{1}{8}<\frac{x}{9}<\frac{3}{4}$

각 변에 9를 곱하면 $\frac{9}{8}<x<\frac{27}{4}$

따라서 조건을 만족시키는 한 자리 자연수 x는 2, 3, 4, 5, 6
이므로

그 합은 $2+3+4+5+6=20$

36 $0.\dot{2}=\frac{2}{9}$, $0.\dot{8}=\frac{8}{9}$, $2.\dot{2}=\frac{20}{9}$이므로 주어진 방정식은

$\frac{2}{9}x+\frac{8}{9}=\frac{20}{9}$에서 $\frac{2}{9}x=\frac{12}{9} \qquad \therefore x=6$

이때 주어진 부등식에서 $x=6$이므로

$\frac{1}{6}<\frac{y}{6}\leq\frac{6}{9}$, $\frac{1}{6}<\frac{y}{6}\leq\frac{4}{6} \qquad \therefore 1<y\leq 4$

따라서 y는 자연수이므로 2, 3, 4이고 그 합은

$2+3+4=9$

37 ㄴ. 0은 정수로서 유리수이다.

ㄹ. 무한소수 중 순환하지 않는 무한소수는 유리수가 아니다.

ㅁ. 유한소수가 아닌 소수는 무한소수로, 순환소수와 순환하
지 않는 무한소수가 있다.

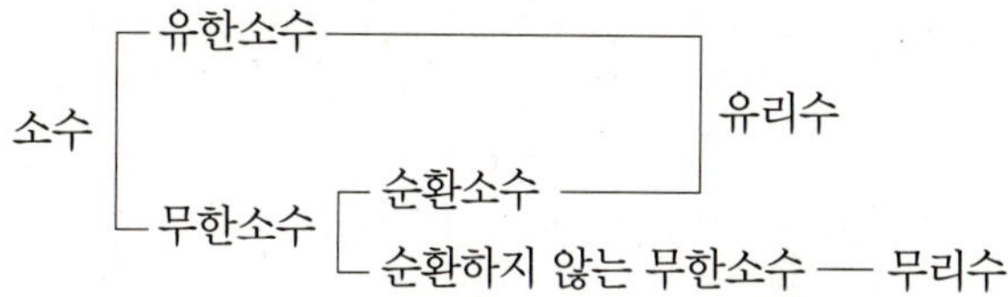

ㅇ. 기약분수 중 분모의 소인수가 2나 5뿐인 수는 유한소수로
나타낼 수 있지만 2나 5 이외의 소인수를 가지면 유한소
수로 나타낼 수 없다.

따라서 옳은 것은 ㄱ, ㄷ, ㅂ, ㅅ, ㅈ이다.

38 옳지 않은 것의 반례를 찾아 보자.

ㄱ. $0.\dot{3}+(-0.\dot{3})=0$

　　(0은 어떤 방법으로도 순환소수로 나타낼 수 없다.)

ㄴ. $0.\dot{3}-0.\dot{3}=0$

ㄷ. $\frac{3}{7}$과 $\frac{7}{6}$은 분모에 2나 5 이외의 소인수를 가지므로 모두

순환소수인데 $\frac{3}{7}\times\frac{7}{6}=0.5$는 유한소수이다.

ㄹ. $\frac{3}{7}\div\frac{6}{7}=\frac{3}{7}\times\frac{7}{6}=\frac{1}{2}=0.5$

ㅅ. $0.\dot{3}\times0.\dot{3}=\frac{3}{10}\times\frac{3}{9}=\frac{1}{10}=0.1$

ㅇ. $0.\dot{2}\div0.\dot{2}=\frac{2}{10}\div\frac{2}{9}=\frac{2}{10}\times\frac{9}{2}=\frac{9}{10}=0.9$

따라서 항상 옳은 것은 ㅁ, ㅂ이다.

39 ① 순환소수는 모두 유리수이므로 항상 분모, 분자가 정
수인 분수로 나타낼 수 있다.

③ $0.\dot{3}+(-0.\dot{3})=0$

1 ⑤	**2** -47	**3** 18	**4** 99
5 31	**6** 18	**7** 30	**8** 6
9 $0.0\dot{1}$	**10** $1.80\dot{5}$	**11** $0.\dot{8}$	**12** $0.0\dot{7}$
13 $0.1\dot{8}$	**14** 16	**15** $0.\dot{2}\dot{7}$	**16** 2
17 $0.0\dot{7}1\dot{5}$	**18** 2, 5, 8	**19** 50	**20** 67

1 ⑤ 순환소수는 모두 유리수이므로 항상 분모, 분자가 정수인 분수로 나타낼 수 있다. (단, 분모는 0이 아닌 정수)

2 주어진 식의 순환소수를 분수로 나타내면

$$\frac{234-2}{99}\times m=\frac{4}{9}\times n$$

$$\frac{m}{n}=\frac{4}{9}\times\frac{99}{232}=\frac{11}{58}$$

$\therefore m=11,\ n=58$

$\therefore m-n=11-58=-47$

> **TIP** 두 자연수 $m,\ n$에 대하여
> $\dfrac{m}{n}=\dfrac{a}{b}$ ($a,\ b$는 서로소인 두 자연수)일 때,
> 자연수 k에 대하여 $m=ak,\ n=bk$이다.
> 만약 $m,\ n$이 서로소인 경우 $m=a,\ n=b$이다.

3 $0.\dot{2}=\dfrac{2}{9}$이므로 $\dfrac{2}{9}\times A$가 자연수의 제곱이 되도록 하는

자연수 A의 값은

$(9\times2)\times1^{2},(9\times2)\times2^{2},(9\times2)\times3^{2},\cdots$

즉, $(9\times2)\times n^{2}$(단 n은 자연수) 꼴로 무수히 많다.

따라서 가장 작은 자연수 A의 값은 $9\times2=18$이다.

4 $0.30\dot{5}=\dfrac{305-30}{900}=\dfrac{275}{900}=\dfrac{11}{36}=\dfrac{11}{2^{2}\times3^{2}}$이므로

$0.30\dot{5}\times x$가 유한소수가 되려면 x는 9의 배수이어야 한다.

따라서 가장 큰 두 자리 자연수 x의 값은 99이다.

5 $\dfrac{51}{70}\leq\dfrac{x}{70}\leq\dfrac{300}{70}$이라 하면

$\dfrac{x}{70}=\dfrac{x}{2\times5\times7}$이므로 이 수가 유한소수가 되려면 x는 7의

배수가 되어야 한다. 즉 $51\leq x\leq300$에서 7의 배수는

$7\times8=56,\ 7\times9=63,\ \cdots,\ 7\times42=294$로 35개이고, 이 중 70의 배수인 70, 140, 210, 280의 4개를 제외하면 유한소수가 되는 분수는 $35-4=31$(개)가 된다.

따라서 소수로 고쳤을 때, 유한소수가 되는 분수의 개수는 31이다.

6 $0.\dot{a}=\dfrac{a}{9},\ 0.0\dot{a}=\dfrac{a}{90}$이므로 주어진 부등식은

$\dfrac{3}{14}<\dfrac{a}{9}-\dfrac{a}{90}<\dfrac{2}{3}$에서 $\dfrac{3}{14}<\dfrac{10a-a}{90}<\dfrac{2}{3}$이므로

$\dfrac{3}{14}<\dfrac{a}{10}<\dfrac{2}{3}$ $\quad\therefore \dfrac{15}{7}<a<\dfrac{20}{3}$

따라서 조건을 만족시키는 한 자리의 자연수 a는 3, 4, 5, 6 이므로 그 합은 $3+4+5+6=18$이다.

> **TIP** 순환소수를 분수로 고치지 않고 계산하기
> $0.\dot{a}=0.aaaa\cdots,\ 0.0\dot{a}=0.0aaa\cdots$, 이므로
> $$\begin{array}{r}0.\dot{a}=0.aaaa\cdots\\[-2pt]-\ )\ 0.0\dot{a}=0.0aaa\cdots\\\hline 0.\dot{a}-0.0\dot{a}=0.a\end{array}$$
> 따라서 $0.\dot{a}-0.0\dot{a}=0.a=\dfrac{a}{10}$가 된다.

7 서술형

표현 단계 $\dfrac{1}{3}<\dfrac{15}{x}<\dfrac{3}{5}$에서

변형 단계 분자를 15로 같게 만들기 위해 $\dfrac{1}{3}$의 분자와 분모에 각각 15를 곱하고, $\dfrac{3}{5}$의 분자와 분모에 각각 5를 곱하면 $\dfrac{1\times15}{3\times15}<\dfrac{15}{x}<\dfrac{3\times5}{5\times5}$

풀이 단계 $\dfrac{15}{45}<\dfrac{15}{x}<\dfrac{15}{25}$에서 $25<x<45$이므로 x의 값은 26, 27, 28, $\cdots$, 44이다.

이때 $\dfrac{15}{x}$는 유한소수이므로 분모의 소인수는 2나 5뿐이어야 한다.

즉, $15=3\times5$이므로 $x=2^{m}\times5^{n}\times3$ 또는 $x=2^{m}\times5^{n}$ 또는 $x=2^{n}$ 또는 $x=5^{n}$ 꼴이다.

(단, $m,\ n$은 자연수)

확인 단계 따라서 x의 값은 $2\times5\times3=30,\ 2^{5}=32,\ 2^{3}\times5=40$ 이므로 이 중 가장 작은 값은 30이다.

8 어떤 자연수를 x라 하면 정답은 $1.\dot{5}x$, 오답은 $1.5x$이고, 그 차가 $0.\dot{3}$이므로 $1.\dot{5}x>1.5x$에서

$1.\dot{5}x-1.5x=0.\dot{3}$

$1.\dot{5}=\dfrac{15-1}{9}=\dfrac{14}{9},\ 0.\dot{3}=\dfrac{3}{9}$이므로

$\dfrac{14}{9}x-\dfrac{15}{10}x=\dfrac{3}{9}$

$$\frac{140-135}{90}x=\frac{30}{90}$$

$$5x=30$$

$$\therefore x=6$$

따라서 어떤 자연수는 6이다.

9 서술형

변형 단계 $(a,\ b)=0.\dot{a}+0.0\dot{b}$ 에서

$$(1,\ 2)=0.\dot{1}+0.0\dot{2}=\frac{1}{9}+\frac{2}{90}=\frac{12}{90}\,\text{이므로}$$

풀이 단계 $(1,\ 2)=12\times A$ 에서 $\dfrac{12}{90}=12\times A$ $\therefore A=\dfrac{1}{90}$

확인 단계 A 를 순환소수로 나타내면 $\dfrac{1}{90}=0.0\dot{1}$

10 $x=0.\dot{5}=\dfrac{5}{9}$ 이므로

$$x-\frac{1}{1-\dfrac{1}{x}}=\frac{5}{9}-\frac{1}{1-\dfrac{1}{\dfrac{5}{9}}}$$

$$=\frac{5}{9}-\frac{1}{1-\dfrac{9}{5}}=\frac{5}{9}-\frac{1}{-\dfrac{4}{5}}$$

$$=\frac{5}{9}+\frac{5}{4}$$

$$=\frac{20+45}{36}=\frac{65}{36}$$

$$=1.80\dot{5}$$

> **TIP** 먼저 식을 변형한 후 대입해도 된다. 즉,
> $$x-\frac{1}{1-\dfrac{1}{x}}=x-\frac{1}{\dfrac{x-1}{x}}=x-\frac{x}{x-1}=\frac{x^2-x-x}{x-1}=\frac{x^2-2x}{x-1}$$

11 $\dfrac{1}{1-\dfrac{1}{1-\dfrac{1}{x}}}=\dfrac{1}{1-\dfrac{1}{\dfrac{x-1}{x}}}=\dfrac{1}{1-\dfrac{x}{x-1}}$

$$=\frac{1}{\dfrac{x-1-x}{x-1}}=\frac{1}{\dfrac{-1}{x-1}}$$

$$=-x+1$$

$-x+1=0.\dot{1}$ 이므로 $-x+1=\dfrac{1}{9}$

$$\therefore x=\frac{8}{9}=0.\dot{8}$$

12 소현이가 구한 순환소수 $0.58\dot{3}$ 을 기약분수로 바꾸면

$$0.58\dot{3}=\frac{583-58}{900}=\frac{525}{900}=\frac{7}{12}$$

이고 분자를 제대로 보았으므로 처음 기약분수의 분자는 7이다.

은정이가 구한 순환소수 $0.8\dot{1}$ 을 기약분수로 바꾸면

$$0.8\dot{1}=\frac{81-8}{90}=\frac{73}{90}$$

이고 분모를 제대로 보았으므로 처음 기약분수의 분모는 90이다.

따라서 처음 기약분수는 $\dfrac{7}{90}$ 이므로 순환소수로 나타내면 $0.0\dot{7}$ 이다.

13 서술형

표현 단계 $0.\dot{a}\dot{b}+0.\dot{b}\dot{a}=0.\dot{6}$ 을 분수로 고치면

변형 단계 $\dfrac{10a+b}{99}+\dfrac{10b+a}{99}=\dfrac{6}{9}$ 에서

$$\frac{(10a+b)+(10b+a)}{99}=\frac{6}{9}$$

$$\frac{11(a+b)}{99}=\frac{6}{9}$$

$$\therefore a+b=6$$

풀이 단계 $a,\ b$ 가 10보다 작은 짝수이고 $a>b>0$ 이므로

$$a=4,\ b=2$$

확인 단계 따라서 두 순환소수 $0.\dot{4}\dot{2}$ 와 $0.\dot{2}\dot{4}$ 의 차는

$$\frac{42}{99}-\frac{24}{99}=\frac{18}{99}=0.\dot{1}\dot{8}$$

> **TIP** $a+b=6$ 에서 식은 1개이고 미지수가 2개이므로 주어진 식을 만족시키는 $a,\ b$ 의 값은 무수히 많다.
> 하지만 '10보다 작은 짝수 $a,\ b$ 에 대하여 $a>b>0$'이라는 특수한 조건에 의하여 $a+b=6$ 을 만족시키는 $a,\ b$ 의 값이 $a=4,\ b=2$ 로 유일하게 결정된다.

14 $\dfrac{2157}{9900}=\dfrac{abcd-ab}{9900}$ 이고, $a,\ b$ 가 서로 다른 한 자리의 자연수이므로 $a=2,\ b=1$

즉, $21cd-21=2157$ 이므로

$21cd=2157+21=2178$ 에서 $c=7,\ d=8$

$$\therefore |a-b+c+d|=|2-1+7+8|=16$$

> **TIP** $\dfrac{2157}{9900}=2157\div9900=0.21\dot{7}\dot{8}$ 과 같이 직접 순환소수로 바꾸어도 된다.

15 $\dfrac{3}{700}=0.00\dot{4}2857\dot{1}$ 에서 순환마디의 숫자는 6개이고, 소수 첫째, 둘째 자리의 0은 순환하지 않는다.

100번째 자리의 숫자는 처음 두 자리를 제외한 순환하는 부분만으로 98번째 자리의 숫자이고, $98=6\times16+2$ 이므로 100번째 자리의 숫자는 순환마디의 2번째 숫자인 2이다.

또, 150번째 자리의 숫자는 순환하는 부분만으로 148번째 자리의 숫자이고, $148=6\times24+4$ 이므로 150번째 자리의 숫자는 순환마디의 4번째 숫자인 5이다.

$$\therefore x=2,\ y=5$$

따라서 $0.\dot{y}\dot{x}-0.\dot{x}\dot{y}$ 의 값을 순환소수로 나타내면

$$0.\dot{5}\dot{2}-0.\dot{2}\dot{5}=\frac{52}{99}-\frac{25}{99}=\frac{27}{99}=0.\dot{2}\dot{7}$$

16 $x=0.5\dot{6}\dot{7}$이므로

$$1-x=1-0.5\dot{6}\dot{7}=1-\frac{567-5}{990}$$

$$=\frac{990-562}{990}=\frac{428}{990}=0.4\dot{3}\dot{2}$$

$0.4\dot{3}\dot{2}$에서 순환마디의 숫자가 2개이고, 소수점 아래 11번째 자리의 숫자는 순환하는 부분만으로 10번째 자리의 숫자가 된다.

이때 $10=2\times5$이므로 소수점 아래 11번째 자리의 숫자는 순환마디의 두 번째 숫자인 2이다.

17 $715\times\left(\dfrac{1}{10^4}+\dfrac{1}{10^8}+\dfrac{1}{10^{12}}+\cdots\right)$

$=715\times(0.0001+0.00000001+0.000000000001+\cdots)$

$=0.0715+0.00000715+0.000000000715+\cdots$

$=0.071507150715\cdots$

$=0.\dot{0}71\dot{5}$

18 $12x+5=10a$를 풀면

$$x=\frac{5(2a-1)}{12}=\frac{5(2a-1)}{2^2\times3}$$

이때 x가 유한소수가 되려면 $(2a-1)$은 3의 배수이어야 한다.

즉, $2a-1=3,\ 3\times2,\ 3\times3,\ 3\times4,\ 3\times5,\ 3\times6,\ \cdots$

$2a=4,\ 7,\ 10,\ 13,\ 16,\ 19,\ \cdots$

따라서 가능한 한 자리의 자연수 a는 2, 5, 8이다.

> **TIP** 자연수 a에 대하여 $2a-1$은 홀수이므로
> $2a-1=3,\ 3\times2,\ 3\times3,\ 3\times4,\ 3\times5,\ \cdots$에서
> $2a-1=3\times2,\ 3\times4,\ 3\times6,\ \cdots$을 만족시키는 자연수 a는 존재하지 않는다.

19 $x=\dfrac{n}{12}=\dfrac{n}{2^2\times3}$에서 x는 n이 3의 배수이어야 유한소수가 되고, n이 12의 배수가 아니어야 정수가 되지 않는다.

즉, 200 이하의 자연수 중에서 3의 배수는 66개이고 12의 배수는 16개이므로 x의 값 중 정수가 아닌 유한소수의 개수는 $66-16=50$이다.

20 $\dfrac{a}{150}=\dfrac{a}{2\times3\times5^2}$이 유한소수이므로 a는 3의 배수이어야 한다. 이때 $30<a<40$이므로 a가 될 수 있는 수는 33, 36, 39이다.

(i) $a=33$일 때, $\dfrac{33}{150}=\dfrac{11}{50}$이므로 $b=11$, $c=50$이고,

$\quad a+b+c=33+11+50=94$

(ii) $a=36$일 때, $\dfrac{36}{150}=\dfrac{6}{25}$이므로 $b=6$, $c=25$이고,

$\quad a+b+c=36+6+25=67$

(iii) $a=39$일 때, $\dfrac{39}{150}=\dfrac{13}{50}$이므로 $b=13$, $c=50$이고,

$\quad a+b+c=39+13+50=102$

따라서 $a+b+c$의 값 중 가장 작은 수는 67이다.

최고 실력 완성하기

1 ①, ③	**2** 189	**3** 240	**4** 4
5 $0.00\dot{1}$	**6** 12	**7** 2	**8** 5
9 35			

1 $\dfrac{x}{120}=\dfrac{x}{2^3\times3\times5}$가 유한소수가 되려면 x는 3의 배수이고, $10<x<20$을 만족시켜야 하므로 $x=12,\ 15,\ 18$이다.

또, $\dfrac{x}{120}=\dfrac{x}{2^3\times3\times5}$를 기약분수로 나타내면 $\dfrac{1}{y}$이므로

(i) $x=12$일 때, $y=10$

$\quad\therefore\ 2x-y=2\times12-10=24-10=14$

(ii) $x=15$일 때, $y=8$

$\quad\therefore\ 2x-y=2\times15-8=30-8=22$

(iii) $x=18$일 때, $\dfrac{18}{120}=\dfrac{3}{20}$으로 기약분수로 나타내면 분자가 1일 수 없다.

따라서 $2x-y$의 값은 14 또는 22이다.

2 $\dfrac{1}{3500}=0.000\dot{2}8571\dot{4}$에서 순환마디의 숫자는 6개이고, 소수점 아래 세 번째 자리까지의 숫자는 순환하지 않는다.

$45=6\times7+3$이므로 소수점 아래 45번째 자리의 수는 순환마디가 소수점 아래 네 번째 자리부터 7번 반복된다.

$\therefore\ A_1+A_2+A_3+A_4+\cdots+A_{45}$

$\quad=0+0+0+(2+8+5+7+1+4)\times7$

$\quad=27\times7=189$

3 $0.\dot{4}=a\times0.\dot{1}$을 분수로 바꾸면

$\dfrac{4}{9}=a\times\dfrac{1}{9}\qquad\therefore\ a=4$

$0.\dot{4}\dot{0}=b\times0.\dot{0}\dot{1}$을 분수로 바꾸면

$\dfrac{40}{99}=b\times\dfrac{1}{99}\qquad\therefore\ b=40$

$0.\dot{4}0\dot{0}=c\times0.\dot{0}0\dot{1}$을 분수로 바꾸면

$\dfrac{400}{999}=c\times\dfrac{1}{999}\qquad\therefore\ c=400$

$\therefore\ |ab-c|=|4\times40-400|=240$

4 $0.y\dot{x}=\dfrac{5}{6}$에서

$\dfrac{5}{6}=0.8\dot{3}=0.y\dot{x}$이므로

$y=8$, $x=3$

따라서 $0.x\dot{y}=0.3\dot{8}=\dfrac{38-3}{90}=\dfrac{35}{90}=\dfrac{7}{18}=\dfrac{z}{18}$

이므로 $z=7$

$\therefore x+y-z=3+8-7=4$

5 $[5,\,6,\,7]=0.5+0.0\dot{6}+0.00\dot{7}$

$$=\dfrac{5}{10}+\dfrac{6}{90}+\dfrac{7}{900}$$

$$=\dfrac{517}{900}$$

$$=517\times\dfrac{1}{900}$$

$$=517\times0.00\dot{1}$$

$\therefore A=0.00\dot{1}$

6 주어진 식을 분수로 나타내면

$\left(\dfrac{a}{90}\right)^2=\dfrac{2}{9}\times\dfrac{b}{900}$이므로

$a^2=2b$

a, b는 $a<b$인 한 자리의 자연수로 이 식을 만족시키는 수는
$a=4$, $b=8$뿐이다.

$\therefore a+b=12$

7 $x=0.\dot{a}=\dfrac{a}{9}$이므로

$1-\dfrac{1}{1+\dfrac{1}{x}}=1-\dfrac{1}{1+\dfrac{9}{a}}=1-\dfrac{1}{\dfrac{a+9}{a}}$

$$=1-\dfrac{a}{a+9}$$

$$=\dfrac{9}{a+9}$$

또, $0.\dot{8}\dot{1}=\dfrac{81}{99}=\dfrac{9}{11}$이므로

$\dfrac{9}{a+9}=\dfrac{9}{11}$에서 $a+9=11$ $\therefore a=2$

$1-\dfrac{1}{1+\dfrac{1}{x}}=1-\dfrac{1}{\dfrac{x+1}{x}}$

$$=1-\dfrac{x}{x+1}$$

$$=\dfrac{1}{x+1}$$

$$=\dfrac{1}{\dfrac{a}{9}+1}$$

$$=\dfrac{1}{\dfrac{a+9}{9}}$$

$$=\dfrac{9}{a+9}$$

8 $0.\dot{x}\dot{y}=\dfrac{10x+y}{99}$이고 $\dfrac{z}{11}=\dfrac{9z}{99}$이므로

$10x+y=9z$이다.

$z=1$일 때, $10x+y=9$이므로 $x=0$, $y=9$

$z=2$일 때, $10x+y=18$이므로 $x=1$, $y=8$

$z=3$일 때, $10x+y=27$이므로 $x=2$, $y=7$

$z=4$일 때, $10x+y=36$이므로 $x=3$, $y=6$

$z=5$일 때, $10x+y=45$이므로 $x=4$, $y=5$

$z=6$일 때, $10x+y=54$이므로 $x=5$, $y=4$

$z=7$일 때, $10x+y=63$이므로 $x=6$, $y=3$

$z=8$일 때, $10x+y=72$이므로 $x=7$, $y=2$

$z=9$일 때, $10x+y=81$이므로 $x=8$, $y=1$

$z=10$일 때, $10x+y=90$이므로 $x=9$, $y=0$

이때 x는 한 자리 홀수이므로 1, 3, 5, 7, 9이고, 가능한 자연
수 z는 2, 4, 6, 8, 10의 5개이다.

$0.\dot{x}\dot{y}=\dfrac{10x+y}{99}$이고 $\dfrac{z}{11}=\dfrac{9z}{99}$이므로 $10x+y$는 9의 배수
이다.

9의 배수는 각 자리의 수의 합이 9의 배수이므로

$x+y=(9\text{의 배수})$

즉, $x+y=9$ 또는 $x+y=18$

이때 x는 홀수이므로 가능한 $(x,\,y)$는 $(1,\,8)$, $(3,\,6)$,
$(5,\,4)$, $(7,\,2)$, $(9,\,0)$

따라서 가능한 자연수 z의 개수는 5이다.

9 $\dfrac{x}{y}<1$이고, $\dfrac{x}{y}$를 소수로 나타내었을 때 소수점 아래 첫
번째 자리와 두 번째 자리의 숫자가 0, 6이므로

$0.06\leq\dfrac{x}{y}<0.07$ $\qquad\cdots\cdots$ ㉠

$\therefore \dfrac{6}{100}y\leq x<\dfrac{7}{100}y$ $\qquad\cdots\cdots$ ㉡

$30<y<40$에서 y는 자연수이므로 $31\leq y\leq39$ $\qquad\cdots\cdots$ ㉢

㉡, ㉢에서 $\dfrac{6}{100}\times31\leq x<\dfrac{7}{100}\times39$

$\dfrac{186}{100}\leq x<\dfrac{273}{100}$

$\therefore x=2$

㉠에서 $\dfrac{1}{0.07}<\dfrac{y}{2}\leq\dfrac{1}{0.06}$,

$\dfrac{2}{0.07}<y\leq\dfrac{2}{0.06}$이므로

$28.5\cdots<y\leq33.3\cdots$ $\qquad\cdots\cdots$ ㉣

㉢, ㉣에 의하여 $31 \leq y \leq 33.3 \cdots$

$\dfrac{x}{y}$가 기약분수이므로 x, y는 서로소이고

$y = 31$, 33이다.

따라서 $x+y$의 값 중 가장 큰 값은 $x=2$, $y=33$일 때

$x+y=2+33=35$이다.

> **TIP** x, y가 자연수임에 유의하여 부등식을 만족시키는 x, y의 값을 구한다.

2 단항식의 계산

1 STEP
주제별 실력다지기

24~27쪽

1 (1) $x^6 y$ (2) $\dfrac{x^9}{y^5}$		**2** ①, ③	**3** 7
4 $x=27a^2$	**5** 8	**6** 3	**7** 9
8 ④	**9** 20	**10** -25	**11** x
12 $-\dfrac{8}{25}$	**13** ⑤	**14** ①	**15** a^2
16 $\dfrac{2a^4}{b^2}$	**17** D, C, A, B	**18** $\dfrac{4}{13}$	**19** $-\dfrac{13}{14}$

1 (1) (주어진 식)$= x^2 y^4 \div (x^2 y^6) \times (x^6 y^3)$
$\qquad = (x^2 \div x^2 \times x^6)(y^4 \div y^6 \times y^3)$
$\qquad = x^{2-2+6} y^{4-6+3} = x^6 y$

(2) (주어진 식)$= \dfrac{x^9}{y^3} \times \dfrac{y^6}{x^{12}} \div \dfrac{y^8}{x^{12}}$
$\qquad = \dfrac{x^9}{y^3} \times \dfrac{y^6}{x^{12}} \times \dfrac{x^{12}}{y^8} = \dfrac{x^9}{y^5}$

2 ① (좌변)$= (a^5 \div a^8) \times a^3 = \dfrac{1}{a^3} \times a^3 = 1$

② (좌변)$= a^4 \times a^4 \div a^5 = a^{4+4-5} = a^3$

③ (좌변)$= a^5 \times a^2 \times a^2 = a^{5+2+2} = a^9$

④ (좌변)$= \left(\dfrac{1}{a^4} \times \dfrac{1}{a^3} \right) \div \dfrac{1}{a^6} = \dfrac{1}{a^7} \times a^6 = \dfrac{1}{a}$

⑤ (좌변)$= a^{10} \times a^5 \div \dfrac{1}{a^8} = a^{10} \times a^5 \times a^8 = a^{23}$

따라서 옳은 것은 ①, ③이다.

3 $\dfrac{4^2 \times 4^2}{4^2 + 4^2} = \dfrac{(4^2)^2}{2 \times 4^2} = \dfrac{4^4}{2 \times (2^2)^2} = \dfrac{(2^2)^4}{2 \times 2^4} = \dfrac{2^8}{2^5} = 2^3$

$\dfrac{2^2 \times 2^2 \times 2^2 \times 2^2}{2^2 + 2^2 + 2^2 + 2^2} = \dfrac{(2^2)^4}{4 \times 2^2} = \dfrac{2^8}{2^2 \times 2^2} = \dfrac{2^8}{2^4} = 2^4$이므로

$\dfrac{4^2 \times 4^2}{4^2 + 4^2} \times \dfrac{2^2 \times 2^2 \times 2^2 \times 2^2}{2^2 + 2^2 + 2^2 + 2^2} = 2^3 \times 2^4 = 2^7$

$\therefore a = 7$

4 두 조건을 각각 식으로 나타내면
$S = (3a)^{3b} = (3^3 a^3)^b = (27a^3)^b$ $\quad \cdots\cdots$ ㉠

$S=a^b \times x^b=(ax)^b \qquad \cdots\cdots \ \mathbb{L}$

$\bigcirc$, $\mathbb{L}$에서 $(27a^3)^b=(ax)^b$이므로

$27a^3=ax \qquad \therefore x=27a^2$

5 $(좌변)=2^{x+4} \times 8^{x-2}=2^{x+4} \times (2^3)^{x-2}=2^{x+4} \times 2^{3x-6}$
$$=2^{x+4+3x-6}=2^{4x-2}$$

$(우변)=32^{x-2}=(2^5)^{x-2}=2^{5x-10}$

즉 $2^{4x-2}=2^{5x-10}$이므로 $4x-2=5x-10$

$-x=-8 \qquad \therefore x=8$

6 $2^{x+3}+2^x=2^x \times 2^3+2^x=(2^3+1)2^x=9 \times 2^x$

즉, $9 \times 2^x=72$에서 $2^x=8$, $2^x=2^3$

$\therefore x=3$

7 $(좌변)=(5^3)^n \times \left(\dfrac{4}{5}\right)^6=5^{3n} \times \dfrac{2^{12}}{5^6}=5^{3n-6} \times 2^{12}$

$(우변)=(5 \times 2)^n \times 2^{3m}=5^n \times 2^n \times 2^{3m}=5^n \times 2^{n+3m}$

즉 $5^{3n-6} \times 2^{12}=5^n \times 2^{n+3m}$이므로 지수를 비교하면

$3n-6=n \qquad \cdots\cdots \ \bigcirc$

$12=n+3m \qquad \cdots\cdots \ \mathbb{L}$

$\bigcirc$에서 $2n=6 \qquad \therefore n=3$

$\mathbb{L}$에서 $12=3+3m$, $3m=9 \qquad \therefore m=3$

$\therefore mn=3 \times 3=9$

8 ① $(-a^2b)^3 \times (2a^2b)^2=-a^6b^3 \times 4a^4b^2=-4a^{10}b^5$

② $4x^3y \div 8x^4y^2=\dfrac{4x^3y}{8x^4y^2}=\dfrac{1}{2xy}$

③ $(8x^3-4x^2) \div \dfrac{2}{3}x^2=(8x^3-4x^2) \times \dfrac{3}{2x^2}$
$$=8x^3 \times \dfrac{3}{2x^2}-4x^2 \times \dfrac{3}{2x^2}=12x-6$$

④ $(2a^2b)^3 \div (-ab^2)^2 \div (-5a^3)$
$$=(2a^2b)^3 \times \dfrac{1}{(-ab^2)^2} \times \left(-\dfrac{1}{5a^3}\right)$$
$$=8a^6b^3 \times \dfrac{1}{a^2b^4} \times \left(-\dfrac{1}{5a^3}\right)=-\dfrac{8a}{5b}$$

⑤ $-10a^2b^5 \div 6a^4b^{12} \times (-3a^3b^4)$
$$=-10a^2b^5 \times \dfrac{1}{6a^4b^{12}} \times (-3a^3b^4)=\dfrac{5a}{b^3}$$

따라서 옳은 것은 ④이다.

9 주어진 식에서 좌변의 괄호를 풀면

$\dfrac{b^a y^{2a}}{x^{3a}}=\dfrac{64y^c}{x^{18}}$

계수와 문자의 지수를 각각 비교하면

$3a=18$, $b^a=64=2^6$, $2a=c$

$\therefore a=6$, $b=2$, $c=12$

$\therefore a+b+c=20$

10 $(주어진 식)=x^3y^5 \div \dfrac{4x^8y^6}{25} \times 6x^4y^2$
$$=x^3y^5 \times \dfrac{25}{4x^8y^6} \times 6x^4y^2$$
$$=\dfrac{75y}{2x}$$

$x=3$, $y=-2$를 대입하면

$\dfrac{75y}{2x}=\dfrac{75 \times (-2)}{2 \times 3}=-25$

11 주어진 식은

$x^4y^6 \div \dfrac{y^3}{-8x^3} \div \boxed{}=-8x^6y^3$

$x^4y^6 \times \dfrac{-8x^3}{y^3} \times \dfrac{1}{\boxed{}}=-8x^6y^3$

$x^4y^6 \times \dfrac{-8x^3}{y^3}=-8x^6y^3 \times \boxed{}$

$\boxed{}=x^4y^6 \times \dfrac{-8x^3}{y^3} \times \dfrac{1}{-8x^6y^3}$

$\therefore \boxed{}=x$

12 $(주어진 식)=10a^3b^3x \times 49a^4b^8x^2 \div (-125a^3b^9x^3)$
$$=\dfrac{10 \times 49a^7b^{11}x^3}{-125a^3b^9x^3}$$
$$=-\dfrac{2 \times 49}{25}a^4b^2$$

$a^2b=\dfrac{2}{7}$에서 $a^4b^2=(a^2b)^2=\left(\dfrac{2}{7}\right)^2$이므로

$-\dfrac{2 \times 49}{25} \times \left(\dfrac{2}{7}\right)^2=-\dfrac{8}{25}$

13 $\dfrac{1}{8^n} \times 27^n \div 6^n=\dfrac{1}{(2^3)^n} \times (3^3)^n \div (2 \times 3)^n$
$$=\dfrac{1}{(2^n)^3} \times (3^n)^3 \div (2^n \times 3^n)$$

$2^n=A$, $3^n=B$를 대입하면

$\dfrac{1}{(2^n)^3} \times (3^n)^3 \div (2^n \times 3^n)=\dfrac{1}{A^3} \times B^3 \div (AB)$
$$=\dfrac{1}{A^3} \times B^3 \times \dfrac{1}{AB}=\dfrac{B^2}{A^4}$$

14 $5^{x+1}=5^x \times 5$이므로 $a=5^x \times 5$에서 $5^x=\dfrac{a}{5}$

$5^{2x-1}=5^{2x} \div 5=(5^x)^2 \div 5=\left(\dfrac{a}{5}\right)^2 \div 5=\dfrac{a^2}{25} \times \dfrac{1}{5}=\dfrac{a^2}{125}$

15 m은 짝수, n은 홀수이므로 $m+3$은 홀수, mn은 짝수, $m+1$은 홀수, $m-n$은 홀수이다.

$\dfrac{(-a)^{m+3} \times (-1)^{mn}}{a^{m+1} \times (-1)^{m-n}}=\dfrac{-a^{m+3} \times 1}{a^{m+1} \times (-1)}=\dfrac{-a^{m+3}}{-a^{m+1}}$
$$=\dfrac{a^{m+3}}{a^{m+1}}=a^2$$

16 어떤 식을 A라 하면

$A \times \dfrac{2b^2}{a} = 8a^2b^2$이므로

$A = 8a^2b^2 \div \dfrac{2b^2}{a} = 8a^2b^2 \times \dfrac{a}{2b^2} = 4a^3$

따라서 바르게 계산하면

$4a^3 \div \dfrac{2b^2}{a} = 4a^3 \times \dfrac{a}{2b^2} = \dfrac{2a^4}{b^2}$

17 A에서 $9^{-2} = \dfrac{1}{9^2}$이므로

$A = 3^3 \times 9^{-2} = 3^3 \times \dfrac{1}{9^2} = 3^3 \times \dfrac{1}{3^4} = \dfrac{1}{3}$

B에서 $8^{-2} = \dfrac{1}{8^2}$이므로

$$B = 4^2 \times 8^{-2} \div 16 = 4^2 \times \dfrac{1}{8^2} \div 16$$
$$= 2^4 \times \dfrac{1}{2^6} \div 2^4$$
$$= 2^{4-6-4} = 2^{-6}$$
$$= \dfrac{1}{2^6} = \dfrac{1}{64}$$

C에서 $(0.5)^{-2} = \left(\dfrac{1}{2}\right)^{-2} = \dfrac{1}{2^{-2}} = \dfrac{1}{\frac{1}{4}} = 4$이고,

$5^{-1} = \dfrac{1}{5}$이므로

$C = (0.5)^{-2} \times 5^{-1} = 4 \times \dfrac{1}{5} = \dfrac{4}{5}$

D에서 $3^{-2} = \dfrac{1}{3^2}$이므로

$D = 3^2 \div 3^{-2} = 3^2 \div \dfrac{1}{3^2} = 3^2 \times 3^2 = 3^4 = 81$

따라서 큰 수부터 나열하면 D, C, A, B이다.

18 $\dfrac{a+b^{-1}}{a^{-1}+b} = \dfrac{a+\frac{1}{b}}{\frac{1}{a}+b} = \dfrac{\frac{ab+1}{b}}{\frac{1+ab}{a}} = \dfrac{a(ab+1)}{b(ab+1)} = \dfrac{a}{b}$

$\dfrac{a}{b} = 6$이므로 $a = 6b$

$\therefore \dfrac{a-2b}{2a+b} = \dfrac{6b-2b}{12b+b} = \dfrac{4b}{13b} = \dfrac{4}{13}$

> **TIP** 분자, 분모에 같은 수를 곱해도 분수의 값은 변하지 않으므로 다음과 같이 계산할 수도 있다.
>
> $\dfrac{a+b^{-1}}{a^{-1}+b} = \dfrac{a+\frac{1}{b}}{\frac{1}{a}+b} = \dfrac{\left(a+\frac{1}{b}\right) \times ab}{\left(\frac{1}{a}+b\right) \times ab} = \dfrac{a^2b+a}{b+ab^2} = \dfrac{a(ab+1)}{b(ab+1)} = \dfrac{a}{b}$

19 $a^{-2} = 3$에서 $\dfrac{1}{a^2} = 3$, 즉 $a^2 = \dfrac{1}{3}$이므로

$a^4 = \dfrac{1}{9}$이 된다.

$\therefore$ (주어진 식) $= \dfrac{a^3 - \frac{1}{a^3}}{a^3 + \frac{1}{a^3}} = \dfrac{a^4 - \frac{1}{a^2}}{a^4 + \frac{1}{a^2}}$

$$= \dfrac{\frac{1}{9} - 3}{\frac{1}{9} + 3} = -\dfrac{13}{14}$$

1 8분 20초	**2** 14	**3** 10	**4** 64
5 144	**6** 3	**7** 22	
8 3^{30}, 15^{10}	**9** $\dfrac{4b}{a^2}$	**10** 0	**11** $\dfrac{24}{5}$
12 $\dfrac{9}{32}$	**13** 10	**14** $a=3$, $b=2$	
15 2730	**16** 0.0001	**17** 6	**18** 1
19 19	**20** 1, 2		

1 (시간) $= \dfrac{(거리)}{(속력)}$ 이고, 빛이 태양에서 출발하여 지구까지

도착하는 데 걸리는 시간은

$\dfrac{1.5 \times 10^8}{3 \times 10^5}$초 $= \dfrac{1}{2} \times 10^3$초 $= 500$초 $= 8$분 20초

2 (좌변) $= x^6 y^3 \div \dfrac{x^6}{y^3} \times x^4 \times y^4$

$\qquad = x^6 y^3 \times \dfrac{y^3}{x^6} \times x^4 \times y^4$

$\qquad = x^4 y^{10}$

즉, $x^4 y^{10} = x^a y^b$이므로

$a = 4$, $b = 10$ $\qquad \therefore a+b = 4+10 = 14$

3 (좌변) $= 4^{x+1}(3^{x+2} + 3^{x+3})$

$\qquad = 4^{x+1}(3^{x+2} + 3 \times 3^{x+2})$

$\qquad = 4^{x+1}\{(1+3) \times 3^{x+2}\}$

$\qquad = 4^{x+1}(4 \times 3^{x+2})$

$\qquad = 4^{x+2} \times 3^{x+2}$

$\qquad = 12^{x+2}$

즉, $12^{x+2} = a^{x+b}$이므로 밑과 지수를 각각 비교하면

$a=12$, $b=2$ $\therefore a-b=12-2=10$

4 서술형

표현 단계 $ab=2^{3x}\times 2^{3y}$이므로

변형 단계 $ab=2^{3x+3y}$
$$=2^{3(x+y)}$$

풀이 단계 $\quad=2^{3\times 2}\ (\because x+y=2)$
$$=2^6=64$$

확인 단계 $\therefore ab=64$

5

$8=2^3$, $4=2^2$이므로

$$(\text{주어진 식})=\left\{\frac{(2^3)^4+(2^2)^4}{(2^3)^6+(2^2)^7}\right\}^2=\left(\frac{2^{12}+2^8}{2^{18}+2^{14}}\right)^2$$
$$=\left\{\frac{2^{12}+2^8}{2^6(2^{12}+2^8)}\right\}^2$$
$$=\left(\frac{1}{2^6}\right)^2=\left(\frac{1}{2}\right)^{12}$$

따라서 $a=2$, $b=12$이므로 $b^a=12^2=144$

6 서술형

표현 단계 $2^{x+2}=2^x\times 4$, $2^{x+1}=2^x\times 2$이므로

변형 단계 $2^{x+2}+2^{x+1}+2^x=2^x\times 4+2^x\times 2+2^x$
$$=2^x(4+2+1)$$
$$=2^x\times 7$$

풀이 단계 따라서 $2^{x+2}+2^{x+1}+2^x=56$이므로
$$2^x\times 7=56$$
$$\therefore 2^x=8=2^3$$

확인 단계 $\therefore x=3$

7

$a\times 10^n$의 꼴로 나타내면

$2^{19}\times 5^{22}=2^{19}\times 5^{19}\times 5^3$
$$=(2\times 5)^{19}\times 5^3$$
$$=125\times 10^{19}$$

따라서 세 자리 수 125 뒤에 0이 19개 있으므로 $2^{19}\times 5^{22}$은 22자리 자연수이다. $\therefore n=22$

> **TIP** 자연수의 자릿수 구하기
> $a.bc\times 10^n(a,\ b,\ c$는 한 자리 자연수$)$은 $(n+1)$자리 수이다.

8

지수가 같은 수는 밑이 클수록 큰 수이므로 주어진 수들의 지수를 모두 10으로 만들면

$2^{40}=(2^4)^{10}=16^{10}$

$3^{30}=(3^3)^{10}=27^{10}$

$5^{20}=(5^2)^{10}=25^{10}$

$15<16<25<27$이므로 $15^{10}<16^{10}<25^{10}<27^{10}$

$\therefore 15^{10}<2^{40}<5^{20}<3^{30}$

따라서 가장 큰 수는 3^{30}, 가장 작은 수는 15^{10}이다.

9

$\overline{AB}$를 회전축으로 하여 1회전 시킬 때 생기는 회전체는 밑면은 $\overline{BC}$를 반지름으로 하는 원이고 $\overline{AB}$가 높이인 원뿔이므로

$$P=\frac{1}{3}\times \pi \times (4ab^2)^2\times a^3b=\frac{16}{3}a^5b^5\pi$$

$\overline{BC}$를 회전축으로 하여 1회전 시킬 때 생기는 회전체는 밑면은 $\overline{AB}$를 반지름으로 하는 원이고 $\overline{BC}$가 높이인 원뿔이므로

$$Q=\frac{1}{3}\times \pi \times (a^3b)^2\times 4ab^2=\frac{4}{3}a^7b^4\pi$$

$$\therefore \frac{P}{Q}=P\div Q=\frac{16}{3}a^5b^5\pi \div \frac{4}{3}a^7b^4\pi$$
$$=\frac{16}{3}a^5b^5\pi \times \frac{3}{4a^7b^4\pi}=\frac{4b}{a^2}$$

10 서술형

변형 단계 n이 짝수이면 $n+2$는 짝수, $n+1$, $n+3$은 홀수이고, n이 홀수이면 $n+2$는 홀수, $n+1$, $n+3$은 짝수이다.

풀이 단계 (i) n이 짝수일 때,
$$(\text{주어진 식})=1+(-1)-1-(-1)=0$$
(ii) n이 홀수일 때,
$$(\text{주어진 식})=(-1)+1-(-1)-1=0$$

확인 단계 (i), (ii)에서 n이 자연수이면 주어진 식의 값은 항상 0이다.

> **TIP** n이 자연수일 때, n과 $n+1$의 차는 1이므로 n이 홀수이면 $n+1$은 짝수이고, n이 짝수이면 $n+1$은 홀수이다.
> 따라서 $(-1)^n+(-1)^{n+1}=0$이다.
> 마찬가지로 생각하면 $(-1)^{n+2}+(-1)^{n+3}=0$이다.

11

$$(\text{주어진 식})=4x^4y^2\div \frac{1}{9}x^2y^6\times \left(-\frac{1}{6}x^2y\right)$$
$$=4x^4y^2\times \frac{9}{x^2y^6}\times \left(-\frac{1}{6}x^2y\right)$$
$$=\frac{-6x^4}{y^3}=\frac{-6(x^2)^2}{y^3}$$

$x^2=2$, $y^3=-5$를 대입하면

$$\frac{-6(x^2)^2}{y^3}=\frac{-6\times 2^2}{-5}=\frac{24}{5}$$

12

$2x-y=x-3y$에서 $x=-2y$

$$(\text{주어진 식})=\frac{1}{2}xy^2\times 9x^{10}y^2\div 64x^9y^6$$
$$=\frac{1}{2}xy^2\times 9x^{10}y^2\times \frac{1}{64x^9y^6}$$
$$=\frac{xy^2\times 9x^{10}y^2}{2\times 64x^9y^6}$$
$$=\frac{9x^2}{128y^2}$$
$$=\frac{9(-2y)^2}{128y^2}\ (\because x=-2y)$$
$$=\frac{9}{32}$$

13 $2^2=2^4$, $9^x=3^{2x}$, $54^y=(2\times3^3)^y=2^y\times3^{3y}$이므로

$2^4\times3^{2x}=2^y\times3^{3y}$에서 $y=4$, $2x=3y$

$2x=3\times4$에서 $x=6$이므로 $x+y=6+4=10$

14 216을 소인수분해하여 3의 거듭제곱과 자연수의 곱으로 나타내면 $216=3^3\times8$이므로

$$3^a(3^b-1)=3^3\times8$$
$$=3^3\times(9-1)=3^3\times(3^2-1)$$

$\therefore a=3$, $b=2$

15 서술형

표현 단계 주어진 식을 두 개씩 묶어 보면 규칙을 찾을 수 있다.

변형 단계 (주어진 식)
$$=(2^{12}-2^{11})+(2^{10}-2^9)+\cdots+(2^2-2)$$
$$=2^{11}(2-1)+2^9(2-1)+\cdots+2(2-1)$$
$$=2^{11}+2^9+2^7+2^5+2^3+2$$
$$=(2^{11}+2^9)+(2^7+2^5)+(2^3+2)$$
$$=2^9(2^2+1)+2^5(2^2+1)+2(2^2+1)$$
$$=(2^9+2^5+2)(2^2+1)$$

풀이 단계 $=(2^9+2^5+2)\times5$
$$=(2^8+2^4+1)\times2\times5$$
$$=(256+16+1)\times10=2730$$

확인 단계 $\therefore 2^{12}-2^{11}+2^{10}-2^9+\cdots+2^2-2=2730$

16 $0.4=\dfrac{4}{10}=\dfrac{2^2}{10}$이므로

$$0.4^{10}=\left(\dfrac{2^2}{10}\right)^{10}=\dfrac{(2^{10})^2}{10^{10}}$$

2^{10}을 10^3으로 계산하면

$$\dfrac{(2^{10})^2}{10^{10}}\fallingdotseq\dfrac{(10^3)^2}{10^{10}}=\dfrac{1}{10^4}$$

따라서 소수로 나타내면 0.0001이다.

17 $\{8\}=8$, $\{8^2\}=4$, $\{8^3\}=2$, $\{8^4\}=6$, $\{8^5\}=8$, $\cdots$이므로 n이 1, 2, 3, 4, 5, $\cdots$일 때, $\{8^n\}$은 8, 4, 2, 6이 반복된다.

$\{8^{10}\}=\{8^{4\times2+2}\}$은 8, 4, 2, 6이 두 번 반복된 후 2번째 수이므로 4이고, $\{8^{31}\}=\{8^{4\times7+3}\}$은 8, 4, 2, 6이 일곱 번 반복된 후 3번째 수이므로 2이다.

따라서 $8^{10}+8^{31}$의 일의 자리의 숫자는 $4+2=6$이다.

$\therefore \{8^{10}+8^{31}\}=6$

18 $2^{n+1}+2^{n+2}=2^{n+1}+2\times2^{n+1}$
$$=(1+2)\times2^{n+1}$$
$$=3\times2^{n+1}$$

이므로

$$3^{n-1}(2^{n+1}+2^{n+2})=3^{n-1}(3\times2^{n+1})$$
$$=3^n\times2^{n+1}$$
$$=2^{n+1}3^n$$

따라서 $a=n+1$, $b=n$이므로 $a-b=n+1-n=1$

19 (좌변)$=(-2)^2x^2y^4z^2\div\dfrac{(-2)^5x^{10}y^5z^{15}}{(-2)^3y^3z^{12}}\times\dfrac{1}{(-2)^2x^6y^4}$

$$=(-2)^2x^2y^4z^2\div(-2)^2x^{10}y^2z^3\times\dfrac{1}{(-2)^2x^6y^4}$$

$$=(-2)^2x^2y^4z^2\times\dfrac{1}{(-2)^2x^{10}y^2z^3}\times\dfrac{1}{(-2)^2x^6y^4}$$

$$=\dfrac{1}{(-2)^2x^{14}y^2z}$$

따라서 $\dfrac{1}{(-2)^2x^{14}y^2z}=\dfrac{1}{(-2)^ax^by^cz^d}$에서

$a=2$, $b=14$, $c=2$, $d=1$이므로

$a+b+c+d=19$

20 (i) 밑이 x로 같으므로 지수가 같으면 등호는 성립한다.

$x+2=2x$ $\qquad\therefore x=2$

(ii) 1의 거듭제곱은 항상 1이다.

즉, $x=1$일 때, $1^3=1^2$

따라서 주어진 식을 만족시키는 x의 값은 1, 2이다.

3 STEP
최고 실력 완성하기

32~33쪽

1 1	**2** 327	**3** $\dfrac{a^3b^6}{46656}$	**4** 9
5 1	**6** 1	**7** 20	**8** 18

1 자연수 n이 짝수일 때와 홀수일 때로 나누어 계산한다.

(i) n이 짝수일 때

$n+1$은 홀수, $n+2$는 짝수, $n+3$은 홀수이므로

(주어진 식)
$$=x^n\times(-1)\times x^{n+2}-1\times(-1)-x^n\times x^{n+2}\times(-1)$$
$$=-x^n\times x^{n+2}+1+x^n\times x^{n+2}$$
$$=1$$

(ii) n이 홀수일 때

$n+1$은 짝수, $n+2$는 홀수, $n+3$은 짝수이므로

(주어진 식)

$=(-x^n)\times 1\times(-x^{n+2})-(-1)\times 1-x^n\times x^{n+2}\times 1$

$=x^n\times x^{n+2}+1-x^n\times x^{n+2}$

$=1$

(i), (ii)에서 자연수 n에 대하여 주어진 식의 값은 항상 1이다.

2 $[27]=[3^3]=3$ $\therefore x=3$

$[y]=5$에서 $y=3^5$ $\therefore y=243$

$[729]=[3^6]=6$이므로 $[9]+[z]=[729]$에서

$2+[z]=6$, $[z]=4$

$\therefore z=3^4=81$

$\therefore x+y+z=3+243+81=327$

3 $a=3^{x+2}$에서 $a=3^x\times 3^2$ $\therefore 3^x=\dfrac{a}{9}$ ······ ㉠

$b=2^{x+1}$에서 $b=2^x\times 2^1$ $\therefore 2^x=\dfrac{b}{2}$ ······ ㉡

$\therefore 12^{3x}=(2^2\times 3)^{3x}$

$\qquad\quad =2^{6x}\times 3^{3x}$

$\qquad\quad =(2^x)^6\times(3^x)^3$

㉠, ㉡을 대입하면

$(2^x)^6\times(3^x)^3=\left(\dfrac{b}{2}\right)^6\times\left(\dfrac{a}{9}\right)^3$

$\qquad\qquad\qquad =\dfrac{b^6}{2^6}\times\dfrac{a^3}{3^6}$

$\qquad\qquad\qquad =\dfrac{a^3 b^6}{(2\times 3)^6}=\dfrac{a^3 b^6}{6^6}$

$\qquad\qquad\qquad =\dfrac{a^3 b^6}{46656}$

4 우변의 계수가 양수이므로 a는 짝수이어야 한다.

이때 $1\le a\le 3$이므로 $a=2$

$\therefore$ (좌변)$=\left(-\dfrac{x^3}{y}\right)^2\times\left(\dfrac{y^2}{x^b}\right)^3\div\left(-\dfrac{x^2}{2y}\right)^2$

$\qquad\quad =\dfrac{x^6}{y^2}\times\dfrac{y^6}{x^{3b}}\div\dfrac{x^4}{4y^2}$

$\qquad\quad =\dfrac{x^6}{y^2}\times\dfrac{y^6}{x^{3b}}\times\dfrac{4y^2}{x^4}$

$\qquad\quad =\dfrac{4y^6}{x^{3b-2}}$

$\dfrac{4y^6}{x^{3b-2}}=\dfrac{4y^c}{x}$이므로 계수와 각 문자의 지수를 각각 비교하

면 $c=6$

$3b-2=1$에서 $b=1$

$\therefore a+b+c=2+1+6=9$

5 구의 반지름의 길이를 r라 하면 원기둥의 밑면의 반지름

의 길이는 r, 높이는 $2r$이므로

$V_1=\pi r^2\times 2r=2\pi r^3$

$V_2=\dfrac{4}{3}\pi r^3$

$V_3=\dfrac{1}{3}\times\pi r^2\times 2r=\dfrac{2}{3}\pi r^3$

$\therefore \dfrac{V_1}{V_2+V_3}=\dfrac{2\pi r^3}{\dfrac{4}{3}\pi r^3+\dfrac{2}{3}\pi r^3}=1$

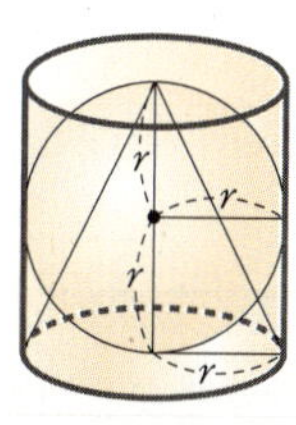

> **TIP** 원뿔과 원기둥의 부피
> 원뿔과 원기둥에 대하여 밑면인 원의 반지름의 길이가 r, 높이가 h일 때, 원뿔과 원기둥의 부피는 각각 $\dfrac{1}{3}\pi r^2 h$, $\pi r^2 h$이다.

6 $x^a y^b=\left(\dfrac{1}{2}\right)^{a-b}$, $x^b y^a=\left(\dfrac{1}{2}\right)^{b-a}$ 을 각 변끼리 곱하면

$x^a y^b\times x^b y^a=\left(\dfrac{1}{2}\right)^{a-b}\times\left(\dfrac{1}{2}\right)^{b-a}$

$x^{a+b} y^{a+b}=\left(\dfrac{1}{2}\right)^{\{(a-b)+(b-a)\}}$

$(xy)^{a+b}=\left(\dfrac{1}{2}\right)^0$

이때 $\left(\dfrac{1}{2}\right)^0=1$이므로 $(xy)^{a+b}=1$

a, b는 자연수이므로 $a+b\ne 0$

따라서 $(xy)^{a+b}=1$을 만족시키는 xy의 값은 1이다.

7 (좌변)$=\dfrac{(-3^2)^7}{(-3)^n\times(-3)}=\dfrac{-3^{14}}{-(-3)^n\times 3}=\dfrac{3^{13}}{(-3)^n}$

(우변)$=-(-3)^m\times\dfrac{1}{(-3)^5}\times\dfrac{1}{(-3)^3}=-\dfrac{(-3)^m}{3^8}$

$\dfrac{3^{13}}{(-3)^n}=-\dfrac{(-3)^m}{3^8}$에서

$(-3)^m\times(-3)^n=-3^{13}\times 3^8$

$(-3)^{m+n}=-3^{21}$

$(-3)^{m+n}=(-3)^{21}$

$\therefore m+n=21$

따라서 순서쌍 (m, n)은 $(1, 20)$, $(2, 19)$, ⋯, $(20, 1)$

이므로 개수는 20이다.

8 주어진 조건에 의하여

$2^a+2^b\le 1+2^{a+b}$

(단, 등호는 $a=0$ 또는 $b=0$일 때 성립한다.)

양변에 2^c을 더하면

$2^a+2^b+2^c\le 1+(2^{a+b}+2^c)$ ······ ㉠

㉠의 ( ) 안에 있는 부분을 주어진 조건에 의하여 정리하면

$2^{a+b}+2^c\le 1+2^{a+b+c}$

(단, 등호는 $a+b=0$ 또는 $c=0$일 때 성립한다.)

이고, 양변에 1을 더하면

$1+2^{a+b}+2^c\le 1+1+2^{a+b+c}$ ······ ㉡

㉠, ㉡에 의하여

$2^a+2^b+2^c\le 1+2^{a+b}+2^c\le(1+1)+2^{a+b+c}$

즉, $2^a+2^b+2^c\leq2+2^{a+b+c}$

$2^a+2^b+2^c\leq2+2^4\ (\because a+b+c=4)$

$\therefore 2^a+2^b+2^c\leq18$

(단, 등호는 $a=0$, $b=0$, $c=4$ 또는 $a=0$, $b=4$,

$c=0$ 또는 $a=4$, $b=0$, $c=0$일 때 성립한다.)

따라서 $2^a+2^b+2^c$의 값 중 가장 큰 값은 18이다.

참고

$2^a+2^b+2^c\leq18$에서

등호는 $a=0$ 또는 $b=0$일 때,

$a+b=0$ 또는 $c=0$일 때 성립하므로

(i) $a=0$, $a+b=0$일 때

　　$a=0$, $b=0$, $c=4\ (\because a+b+c=4)$

(ii) $a=0$, $c=0$일 때

　　$a=0$, $b=4$, $c=0\ (\because a+b+c=4)$

(iii) $b=0$, $a+b=0$일 때

　　$a=0$, $b=0$, $c=4\ (\because a+b+c=4)$

(iv) $b=0$, $c=0$일 때

　　$a=4$, $b=0$, $c=0\ (\because a+b+c=4)$

(i) ~ (iv)에서 등호는 $a=0$, $b=0$, $c=4$ 또는 $a=0$, $b=4$,

$c=0$ 또는 $a=4$, $b=0$, $c=0$일 때 성립한다.

---

3 다항식의 계산

1

주제별 실력다지기

36~38쪽

1 $-3x+3y$	**2** ①	**3** $x^2+10x+6$
4 $a-7b+3$	**5** $12x^3y^4$	**6** $12x^2y$
7 $\frac{4}{3}ac+bc$	**8** $8x-12y$	**9** $-6y$
10 $9x+6$	**11** $9x^2-10x-12$	
12 $a=15$, $b=31$, $c=-39$	**13** $2x+y$	**14** $\frac{12}{25}$
15 $\frac{26}{29}$		

1
$$
\begin{aligned}
(\text{주어진 식}) &= x-\{2x-(y-x)-(x-2x+2y)\}\\
&= x-\{2x-y+x-(x-2x+2y)\}\\
&= x-(2x-y+x-x+2x-2y)\\
&= x-(4x-3y)\\
&= x-4x+3y\\
&= -3x+3y
\end{aligned}
$$

2 두 다항식을 더하면

$(-2x^2+5xy-3y^2)+(3x^2-4xy+2y^2)=x^2+xy-y^2$

$x^2+xy-y^2=px^2-qxy+ry^2$이므로

$p=1$, $q=-1$, $r=-1$

$\therefore pr-q^2=1\times(-1)-(-1)^2$

$\qquad\qquad =-2$

> **TIP** 두 다항식의 합을 정리하고 계수를 비교하여 p, q, r의 값을 구한다.

3 $A+(x^2-2x-3)=4x^2+5x+2$이므로

$A=4x^2+5x+2-(x^2-2x-3)$

$\quad =3x^2+7x+5$

$B-(x^2-2x-3)=x^2-x+2$이므로

$B=x^2-x+2+(x^2-2x-3)$

$\quad =2x^2-3x-1$

$$\therefore A-B=3x^2+7x+5-(2x^2-3x-1)$$
$$=x^2+10x+6$$

4 $4a-5b+3-A=7a-3b+3$이므로
$$A=4a-5b+3-(7a-3b+3)$$
$$=4a-5b+3-7a+3b-3$$
$$=-3a-2b$$
따라서 바르게 계산하면
$$4a-5b+3+(-3a-2b)=4a-5b+3-3a-2b$$
$$=a-7b+3$$

5 (좌변)$=\dfrac{-4x^2y^5+A-8x^3y^4}{4x^2y^4}=-y+\dfrac{A}{4x^2y^4}-2x$

$-y+\dfrac{A}{4x^2y^4}-2x=x-y$에서

$\dfrac{A}{4x^2y^4}=3x$

$\therefore A=3x\times 4x^2y^4=12x^3y^4$

6 (주어진 식)
$$=2xy\times 4x+2xy\times 3y-\dfrac{12x^3y-9x^2y^2}{3x}$$
$$+\dfrac{2}{3}x^2y\times 12-\dfrac{3}{4}xy^2\times 12$$
$$=8x^2y+6xy^2-(4x^2y-3xy^2)+(8x^2y-9xy^2)$$
$$=8x^2y+6xy^2-4x^2y+3xy^2+8x^2y-9xy^2$$
$$=12x^2y$$

7 (주어진 식)
$$=\left(\dfrac{4}{9}a^2bc-\dfrac{3}{9}ab^2c\right)\div\dfrac{15}{90}ab-2abc\left(-\dfrac{3}{2a}+\dfrac{2}{3b}\right)$$
$$=\left(\dfrac{4}{9}a^2bc-\dfrac{1}{3}ab^2c\right)\times\dfrac{6}{ab}-2abc\left(-\dfrac{3}{2a}+\dfrac{2}{3b}\right)$$
$$=\dfrac{4}{9}a^2bc\times\dfrac{6}{ab}-\dfrac{1}{3}ab^2c\times\dfrac{6}{ab}$$
$$+(-2abc)\times\left(-\dfrac{3}{2a}\right)+(-2abc)\times\dfrac{2}{3b}$$
$$=\dfrac{8}{3}ac-2bc+3bc-\dfrac{4}{3}ac$$
$$=\dfrac{4}{3}ac+bc$$

8 어떤 다항식을 A라 하면
$A\times 2xy=32x^3y^2-48x^2y^3$이므로
$$A=(32x^3y^2-48x^2y^3)\div 2xy=16x^2y-24xy^2$$
따라서 바르게 계산하면
$$(16x^2y-24xy^2)\div 2xy=8x-12y$$

9 (주어진 식)$=B-2A+6C-6C+B+2A$
$$=2B$$

$$=2\times(-3y)$$
$$=-6y$$

10 $6A-3B=6(2x^2+x)-3(4x^2-x-2)$
$$=12x^2+6x-12x^2+3x+6$$
$$=9x+6$$

11 $B=\dfrac{9x^3-6x^2-3x}{-3x}=-3x^2+2x+1$

$C=x^6y^6\div x^6y^6=1$

(주어진 식)$=A-\{B-(2A-B-C)\}$
$$=A-(B-2A+B+C)$$
$$=A-(-2A+2B+C)$$
$$=A+2A-2B-C$$
$$=3A-2B-C$$
$$=3(x^2-2x-3)-2(-3x^2+2x+1)-1$$
$$=3x^2-6x-9+6x^2-4x-2-1$$
$$=9x^2-10x-12$$

12 (주어진 식)$=3A+\{3B-5(B+2A-2C)\}$
$$=3A+(3B-5B-10A+10C)$$
$$=-7A-2B+10C$$
$$=-7(-x^2-x-1)-2(x^2-2x+3)$$
$$+10(x^2+2x-4)$$
$$=15x^2+31x-39$$
$\therefore a=15,\ b=31,\ c=-39$

13 A를 간단히 하면
$A=\dfrac{12x^5y^4-8x^4y^5}{4x^2y^4}=3x^3-2x^2y$이고,

$B=x^3-2x^2y+x-2y$이므로
$$A-B=3x^3-2x^2y-(x^3-2x^2y+x-2y)$$
$$=2x^3-x+2y$$
$A-(B-2C)=2x^3+3x+4y$에서
$(A-B)+2C=2x^3+3x+4y$
$2C=2x^3+3x+4y-(A-B)$
$$=2x^3+3x+4y-(2x^3-x+2y)$$
$$=4x+2y$$
$\therefore C=2x+y$

14 $a:b=3:4$이므로 $a=3k,\ b=4k$(단, $k\neq 0$)라 하고
주어진 식에 대입하면
$$\dfrac{ab}{a^2+b^2}=\dfrac{3k\times 4k}{(3k)^2+(4k)^2}=\dfrac{12k^2}{9k^2+16k^2}=\dfrac{12k^2}{25k^2}=\dfrac{12}{25}$$

15 $a:b:c=2:3:4$이므로

$a=2k$, $b=3k$, $c=4k$ (단, $k\neq0$)라 하고 주어진 식에 대입하면

$$\frac{ab+bc+ca}{a^2+b^2+c^2}=\frac{6k^2+12k^2+8k^2}{4k^2+9k^2+16k^2}$$

$$=\frac{26k^2}{29k^2}=\frac{26}{29}$$

2 STEP
실력 높이기

1 11	**2** $-2x^2+5x-1$		
3 $16x^2+2x-14$		**4** $-4x^2+4xy$	**5** $-x^6$
6 -10	**7** $18a^2+11a$	**8** $6x^2+5x-11$	
9 ③	**10** $\dfrac{29}{2}$	**11** 17	**12** $1:1$
13 ②	**14** $\dfrac{6}{5}$		

1 $3x(Bx+5)+A(Bx+5)$

$=3Bx^2+(15+AB)x+5A$

$=6x^2+Cx-10$

따라서 각 항의 계수를 비교하면

$3B=6$, $15+AB=C$, $5A=-10$이므로

$A=-2$, $B=2$, $C=11$

$\therefore A+B+C=-2+2+11=11$

2 서술형

<u>변형 단계</u> 소괄호, 중괄호, 대괄호 순으로 괄호를 풀어 전개하면

(주어진 식)$=x-\{x^2-2x-(x-x^2+x-1)\}$

$=x-\{x^2-2x-(-x^2+2x-1)\}$

$=x-(x^2-2x+x^2-2x+1)$

$=x-(2x^2-4x+1)$

$=x-2x^2+4x-1$

$=-2x^2+5x-1$

<u>확인 단계</u> 따라서 주어진 식을 간단히 하면 $-2x^2+5x-1$이다.

3 $A=2x^2+x-2x-1=2x^2-x-1$

$B=\dfrac{8x^3+2x^2-6x}{-2x}=-4x^2-x+3$

$C=8x^{12}y^6\div4x^{10}y^6=\dfrac{8x^{12}y^6}{4x^{10}y^6}=2x^2$

$\therefore$ (주어진 식)

$=A-\{2B-(A-2B-2C)\}$

$=A-(2B-A+2B+2C)$

$=A-(4B-A+2C)$

$=A-4B+A-2C$

$=2A-4B-2C$

$=2(2x^2-x-1)-4(-4x^2-x+3)-2\times2x^2$

$=16x^2+2x-14$

4 $A=(8x^3y^4-16x^3y^5-4x^2y^5)\times\dfrac{1}{4x^2y^4}$

$=2x-4xy-y$

$B=2x(1-2x+y)-y(1-2x+y)$

$=2x-4x^2+2xy-y+2xy-y^2$

$=2x-y-4x^2+4xy-y^2$

$\therefore B-A=2x-y-4x^2+4xy-y^2-(2x-4xy-y)$

$=-4x^2+8xy-y^2$

$B-(A+C)=4xy-y^2$에서

$C=B-A-(4xy-y^2)$

$=-4x^2+8xy-y^2-4xy+y^2$

$=-4x^2+4xy$

5 주어진 식을 정리하면

$A-8x^4=(2x^4+B)\times2x^3$

$A-8x^4=4x^7+2x^3B$

$A-2x^3B=4x^7+8x^4$

이때 A, B는 모두 단항식이므로

$A=4x^7$, $-2x^3B=8x^4$ 또는 $A=8x^4$, $-2x^3B=4x^7$

(i) $A=4x^7$, $-2x^3B=8x^4$일 때

$-2x^3B=8x^4$에서 $B=-4x$

(ii) $A=8x^4$, $-2x^3B=4x^7$일 때

$-2x^3B=4x^7$에서 $B=-2x^4$

(i), (ii)에서 A의 차수가 B의 차수보다 커야 하므로

$A=4x^7$, $B=-4x$

$\therefore \dfrac{A}{B}=\dfrac{4x^7}{-4x}=-x^6$

6 서술형

<u>변형 단계</u> 소괄호, 중괄호, 대괄호 순으로 괄호를 풀어 전개하면

(주어진 식)

$=2x+y-\{2x+y-2z-(3x-x-y)\}$

$$=2x+y-\{2x+y-2z-(2x-y)\}$$
$$=2x+y-(2x+y-2z-2x+y)$$
$$=2x+y-(2y-2z)$$
$$=2x+y-2y+2z$$
$$=2x-y+2z$$

풀이 단계 이 식에 $x=-1$, $y=2$, $z=-3$을 각각 대입하면
$$2x-y+2z=2\times(-1)-2+2\times(-3)$$
$$=-2-2-6$$
$$=-10$$

확인 단계 따라서 주어진 식의 값은 -10이다.

7 오른쪽 그림에서

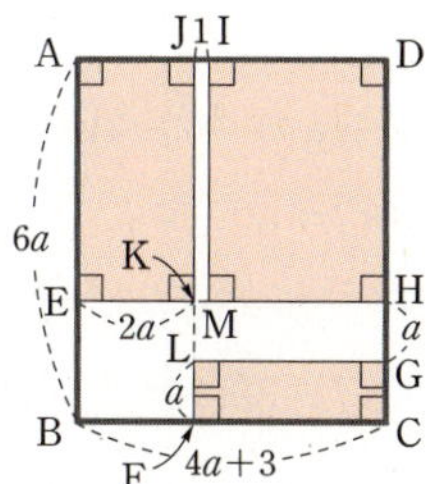

$$\overline{AE}=6a-2a=4a$$
$$\overline{FC}=4a+3-2a=2a+3$$
$$\overline{ID}=4a+3-(2a+1)=2a+2$$
$$\overline{DH}=\overline{AE}=4a$$

따라서 색칠한 부분의 넓이는
$$(\text{사각형 } AEKJ)+(\text{사각형 } IMHD)+(\text{사각형 } LFCG)$$
$$=2a\times4a+(2a+2)\times4a+(2a+3)\times a$$
$$=8a^2+8a^2+8a+2a^2+3a$$
$$=18a^2+11a$$

8 서술형

표현 단계 어떤 다항식을 S라 하고 식을 세우면
$$S+(-x^2-2x+4)=4x^2+x-3\text{이므로}$$

변형 단계 $S=4x^2+x-3-(-x^2-2x+4)$
$$=4x^2+x-3+x^2+2x-4$$
$$=5x^2+3x-7$$

풀이 단계 따라서 바르게 계산하면
$$5x^2+3x-7-(-x^2-2x+4)$$
$$=5x^2+3x-7+x^2+2x-4$$
$$=6x^2+5x-11$$

확인 단계 따라서 바르게 계산한 식은
$$6x^2+5x-11\text{이다.}$$

9 $147a+441(a-3)=147\{a+3(a-3)\}$
$$=147(4a-9) \qquad \cdots\cdots \text{㉠}$$

147을 소인수분해하면 $147=3\times7^2$이므로 ㉠이 어떤 수
b의 제곱이 되고 b가 최소일 경우는 $4a-9=3$일 때이다.
$$\therefore a=3$$
이때 $147(4a-9)=3^2\times7^2=(3\times7)^2=21^2$
따라서 a, b의 최솟값은 각각 3, 21이므로 그 합은 24이다.

> **TIP** 어떤 수가 완전제곱수가 되려면 소인수분해했을 때 지수가 모두 짝수
> 이어야 한다.

10 $a:b:c=1:2:3$이므로
$a=k$, $b=2k$, $c=3k$ (단, $k\neq0$)라 하고 주어진 식에 대입
하면
$$(\text{주어진 식})=\left(\frac{8a^2bc}{3}-\frac{abc^2}{3}+\frac{4b^2c^2}{3}\right)\times\frac{3}{ab^2c}$$
$$=\frac{8a}{b}-\frac{c}{b}+\frac{4c}{a}$$
$$=\frac{8k}{2k}-\frac{3k}{2k}+\frac{12k}{k}$$
$$=\frac{29}{2}$$

11 $a:b=3:4$, $b:c=3:5$이므로
$$a:b:c=9:12:20$$
$a=9k$, $b=12k$, $c=20k$(단, $k\neq0$)라 하고 주어진 식에 대
입하면
$$\frac{a-b+c}{a+b-c}=\frac{9k-12k+20k}{9k+12k-20k}=\frac{17k}{k}=17$$

> **TIP** 두 수의 비를 알 때, 세 수의 비 구하기
> $a:b=p:q$, $b:c=r:s$인 경우 q와 r의 최소공배수를 이용하여
> $a:b:c$를 구하면 된다.
> 만약 q와 r가 서로소인 경우 두 수의 최소공배수는 qr이므로
> $a:b:c=pr:qr:qs$이다.

12 $x:y:z=a:b:c$이므로 $x=ak$, $y=bk$, $z=ck$
(단, $k\neq0$)라 하고 주어진 식에 대입하면
$$\frac{x^3}{a^2}+\frac{y^3}{b^2}+\frac{z^3}{c^2}=\frac{(ak)^3}{a^2}+\frac{(bk)^3}{b^2}+\frac{(ck)^3}{c^2}$$
$$=(a+b+c)k^3$$
$$\frac{(x+y+z)^3}{(a+b+c)^2}=\frac{(ak+bk+ck)^3}{(a+b+c)^2}$$
$$=\frac{\{k(a+b+c)\}^3}{(a+b+c)^2}$$
$$=\frac{(a+b+c)^3k^3}{(a+b+c)^2}=(a+b+c)k^3$$
$$\therefore \left(\frac{x^3}{a^2}+\frac{y^3}{b^2}+\frac{z^3}{c^2}\right):\frac{(x+y+z)^3}{(a+b+c)^2}$$
$$=(a+b+c)k^3:(a+b+c)k^3=1:1$$

13 세 수를 x, y, z라 하면 조건에서
$$x+y=a, \quad y+z=b, \quad z+x=c$$
위의 세 식을 변끼리 더하면
$$2(x+y+z)=a+b+c$$
$$\therefore x+y+z=\frac{a+b+c}{2}$$
한편, 조건에서 $xyz=1$이므로 두 개씩 곱한 수들의 역수의
합은
$$\frac{1}{xy}+\frac{1}{yz}+\frac{1}{zx}=\frac{x+y+z}{xyz}$$
$$=\frac{a+b+c}{2}$$

14 두 점 P, Q의 속력이 각각 매초 3 cm, 2 cm이므로
t초 후에 $\overline{BP}=3t$ cm, $\overline{CQ}=2t$ cm이다.

$\therefore \overline{PC}=\overline{BC}-\overline{BP}=(6-3t)$ cm

$\quad \overline{AQ}=\overline{AC}-\overline{CQ}=(6-2t)$ cm

$\overline{BP}:\overline{BC}=\overline{AQ}:\overline{AC}$에서 $3t:6=(6-2t):6$

$36-12t=18t$, $30t=36$

$\therefore t=\dfrac{6}{5}$

3 STEP

최고 실력 완성하기

42쪽

1 $-\dfrac{2}{3}$	**2** $\dfrac{10}{3}$	**3** $\dfrac{19}{3}$	**4** ③

5 남자 9 : 16, 여자 1 : 2

1 (주어진 식)$=\dfrac{30b-3(2a-3b)+5(2a-5b)}{15}$

$\qquad =\dfrac{4a+14b}{15}=\dfrac{2(2a+7b)}{15}$

$\qquad =\dfrac{2\times(-5)}{15}=-\dfrac{2}{3}$

2 $\dfrac{1}{a}-\dfrac{1}{b}=6$에서 $\dfrac{b-a}{ab}=6$

$b-a=6ab \qquad \therefore a-b=-6ab$

$\therefore \dfrac{3a-3b-2ab}{a-b}=\dfrac{3(a-b)-2ab}{a-b}$

$\qquad\qquad =\dfrac{-18ab-2ab}{-6ab}=\dfrac{-20ab}{-6ab}$

$\qquad\qquad =\dfrac{10}{3}$

3 $\dfrac{b}{a}=\dfrac{1}{2}$, $\dfrac{c}{b}=\dfrac{3}{2}$이므로 $\dfrac{b}{a}\times\dfrac{c}{b}=\dfrac{1}{2}\times\dfrac{3}{2}$

$\dfrac{c}{a}=\dfrac{3}{4} \qquad \therefore \dfrac{a}{c}=\dfrac{4}{3}$

$\therefore$ (주어진 식)$=\dfrac{a^2b+abc}{abc}+\dfrac{b^2c+abc}{abc}+\dfrac{c^2a+abc}{abc}$

$\qquad\qquad =\dfrac{a}{c}+1+\dfrac{b}{a}+1+\dfrac{c}{b}+1$

$\qquad =\left(\dfrac{a}{c}+\dfrac{b}{a}+\dfrac{c}{b}\right)+3$

$\qquad =\left(\dfrac{4}{3}+\dfrac{1}{2}+\dfrac{3}{2}\right)+3$

$\qquad =\dfrac{19}{3}$

> **TIP** 세 수의 비를 이용하여 식의 값 구하기
> $a:b=2:1$, $b:c=2:3$에서 $a:b:c=4:2:3$이므로
> $a=4k$, $b=2k$, $c=3k$(단, $k\neq0$)를 이용하여 식의 값을 구할 수도 있다.

4 x, y의 최대공약수를 G, 최소공배수를 L이라 하면
$x=aG$, $y=bG$, $L=abG$ (단, a와 b는 서로소인 자연수)로
놓을 수 있다.

최소공배수가 60이므로

$abG=60 \qquad \cdots\cdots$ ㉠

또, $2x-3y=24$에 $x=aG$, $y=bG$를 대입하면

$2aG-3bG=24 \qquad \cdots\cdots$ ㉡

각 변끼리 $\dfrac{㉡}{㉠}$을 계산하면

$\dfrac{2aG-3bG}{abG}=\dfrac{24}{60}$에서 $\dfrac{2a-3b}{ab}=\dfrac{2}{5}$

$5(2a-3b)=2ab$, $10a-15b=2ab$

$10a-2ab=15b$, $2a(5-b)=15b$

a, b는 자연수이므로

$b>0$, $5-b>0 \qquad \therefore 1\leq b\leq4$

b	1	2	3	4
a	$\dfrac{15}{8}$	5	$\dfrac{45}{4}$	30

위의 표에서 서로소인 자연수는

$a=5$, $b=2$

따라서 ㉠에서 $G=6$

$x=aG=30$, $y=bG=12$이므로 $x-y=18$

5

	남자 수(명)	여자 수(명)
동부 지역	$9a$	$10a$
서부 지역	$4b$	$5b$
도시 전체	$9a+4b$	$10a+5b$

전체 도시에서 남녀의 비가 5 : 6이므로

$(9a+4b):(10a+5b)=5:6$

$50a+25b=54a+24b$

$\therefore b=4a$

즉, 동부, 서부 지역에 거주하는 남녀의 수는 아래의 표와 같
으므로 남녀 각각에 대하여 동부, 서부 지역에 거주하는 사람
들의 비를 구하면

	남자 수(명)	여자 수(명)
동부 지역	$9a$	$10a$
서부 지역	$4b=16a$	$5b=20a$

남자 $\Rightarrow 9a:16a=9:16$

여자 $\Rightarrow 10a:20a=1:2$

단원 종합 문제

43~48쪽

1 ④, ⑤	**2** 5개	**3** -2	**4** 32
5 $0.\dot{7}1428\dot{5}$	**6** ②	**7** 7	
8 $a=3,\ b=4,\ c=6$		**9** $-6xy+1,\ 4x^2+3y$	
10 8	**11** 0	**12** 2	**13** 87
14 ③	**15** $-\dfrac{1}{2}$	**16** -3	**17** $\dfrac{80}{9}$
18 104	**19** $0.\dot{1}\dot{8}$	**20** 54	**21** 4
22 1800	**23** $3.\dot{8}$	**24** ④	**25** 6
26 $\dfrac{3}{2}$	**27** 21	**28** 7	**29** $0.\dot{2}7\dot{5}$
30 $2ab-b^2$			

1 ① $\dfrac{1}{3}=0.\dot{3}$과 같이 유리수이지만 무한소수인 경우도 있다.

② 무한소수 중 순환소수는 유리수이지만 순환하지 않는 무한소수는 유리수가 아니다.

③ 유한소수는 모두 유리수이다.

2 x는 유리수이다.

ㄱ. $2.0\dot{1}$은 순환소수이므로 유리수이다.

ㄴ. $-\dfrac{3}{7}$은 분수이므로 유리수이다.

ㄷ. -0.06은 유한소수이므로 유리수이다.

ㄹ, ㅁ, ㅂ. 순환하지 않는 무한소수이므로 유리수가 아니다.

ㅅ. 0은 정수이므로 유리수이다.

ㅇ. 3.14는 유한소수이므로 유리수이다.

따라서 보기 중 유리수인 것은 ㄱ, ㄴ, ㄷ, ㅅ, ㅇ의 5개이다.

3 주어진 분수가 유한소수이므로 분모의 7이 약분되어야 한다. 이때 a는 가장 작은 두 자리의 자연수이므로

$a=14$

분모를 10의 거듭제곱으로 나타내면

$$\dfrac{3\times a}{2\times 5^2\times 7}=\dfrac{3\times 14}{2\times 5^2\times 7}=\dfrac{3}{5^2}=\dfrac{2^2\times 3}{2^2\times 5^2}=\dfrac{12}{100}=0.12$$

따라서 $b=100,\ c=0.12$이므로

$bc-a=100\times 0.12-14=-2$

4 기약분수의 분모를 소인수분해했을 때, 분모에 2나 5 이외의 소인수가 있으면 순환소수가 된다.

즉, $\dfrac{3}{2^2\times 5\times x}$이 순환소수가 되도록 하는 20보다 작은 짝수 x는 $2\times 7=14,\ 2\times 9=18$이다.

따라서 x를 모두 더한 값은 $14+18=32$

> **TIP** $2\times 3=6,\ 2\times 6=12$인 경우, 분자의 3과 서로 약분이 되므로 적당하지 않다.

5 $\dfrac{5}{7}=\dfrac{3}{7}\times\dfrac{5}{3}$

$\phantom{\dfrac{5}{7}}=\left(0.428571\cdots\times\dfrac{1}{3}\right)\times 5$

$\phantom{\dfrac{5}{7}}=0.142857\cdots\times 5$

$\phantom{\dfrac{5}{7}}=0.714285\cdots$

$\phantom{\dfrac{5}{7}}=0.\dot{7}1428\dot{5}$

6 ① $(-a^2b)\times 3ab^3=-3a^{2+1}b^{1+3}=-3a^3b^4$

② $(2x^3y)^2\div(-2x^2)=4x^6y^2\times\dfrac{1}{-2x^2}=-2x^4y^2$

$\therefore (2x^3y)^2\div(-2x^2)\neq x^4y^2$

③ $\dfrac{6a^2b^4}{ab^2}\div\dfrac{3b}{a}=6ab^2\times\dfrac{a}{3b}=2a^2b$

④ $\dfrac{8}{3}x^2y\div(2x)^2=\dfrac{8}{3}x^2y\div 4x^2=\dfrac{8}{3}x^2y\times\dfrac{1}{4x^2}=\dfrac{2}{3}y$

⑤ $5a^3\times\dfrac{1}{2}a=\dfrac{5}{2}a^{3+1}=\dfrac{5}{2}a^4$

7 □ 안에 들어갈 수를 차례로 $a,\ b,\ c$라 하면 주어진 식은

$$(-2x)^a\div 4y^3\times 6y\div(-y)^b=-\dfrac{6x^c}{y^5}$$

$$(-2x)^a\times\dfrac{1}{4y^3}\times 6y\times\dfrac{1}{(-y)^b}=-\dfrac{6x^c}{y^5}$$

$$(-2)^a\times\dfrac{1}{4}\times 6\times\dfrac{1}{(-1)^b}\times\dfrac{x^a y}{y^3 y^b}=-\dfrac{6x^c}{y^5}$$

$$\dfrac{3(-2)^a}{2(-1)^b}\times\dfrac{x^a}{y^{2+b}}=-\dfrac{6x^c}{y^5}$$

(ⅰ) $y^{2+b}=y^5$이므로

$\quad 2+b=5 \qquad \therefore b=3$

(ⅱ) $\dfrac{3(-2)^a}{2(-1)^b}=-6$에서 $b=3$이므로

$\quad \dfrac{3(-2)^a}{2(-1)^3}=-6$

$\quad \dfrac{3(-2)^a}{-2}=-6$

$\quad$ 즉, $3(-2)^a=12$

$\quad (-2)^a=4 \qquad \therefore a=2$

(ⅲ) $x^a=x^c$이므로

$\quad a=c \qquad \therefore c=2$

따라서 □ 안에 알맞은 수들의 합은

$a+b+c=2+3+2=7$이다.

8 $\quad ax(2x+b)-5(2x+b)=2ax^2+abx-10x-5b$
$\qquad\qquad\qquad\qquad\qquad = 2ax^2+(ab-10)x-5b$
$\qquad\qquad\qquad\qquad\qquad = cx^2+2x-20$

$2a=c,\ ab-10=2,\ -5b=-20$

$\therefore a=3,\ b=4,\ c=6$

9 주어진 식의 양변에 A를 곱하면

$-6xy+12x^2y=AB-2xA$

$A,\ B$는 단항식이므로

$AB=-6xy,\ -2xA=12x^2y$

또는 $AB=12x^2y,\ -2xA=-6xy$

(ⅰ) $AB=-6xy,\ -2xA=12x^2y$인 경우

$\quad -2xA=12x^2y$에서

$\quad A=-6xy$

$\quad AB=-6xy$에서

$\quad -6xyB=-6xy \qquad \therefore B=1$

$\quad \therefore A+B=-6xy+1$

(ⅱ) $AB=12x^2y,\ -2xA=-6xy$인 경우

$\quad -2xA=-6xy$에서

$\quad A=3y$

$\quad AB=12x^2y$에서

$\quad 3yB=12x^2y \qquad \therefore B=4x^2$

$\quad \therefore A+B=4x^2+3y$

(ⅰ), (ⅱ)에서 $A,\ B$의 합은 $-6xy+1,\ 4x^2+3y$

10 $\dfrac{1}{27}=\dfrac{1}{3^3}=3^{-3}$이므로

$3^5\div3^x=\dfrac{1}{27}$에서 $3^{5-x}=3^{-3}$

즉, $5-x=-3 \qquad \therefore x=8$

11 56을 소인수분해하면 $56=2^3\times7$이므로

$2^3\times7=2^m(2^n-1)$

따라서 $2^3=2^m,\ 2^n-1=7$에서 $m=3,\ n=3$이므로

$m-n=0$

12 $\dfrac{3}{13}=0.\dot{2}3076\dot{9}$이므로 순환마디의 숫자는 6개이다.

$55=6\times9+1$이므로 소수점 아래 55번째 자리의 숫자는 순환마디의 첫 번째 숫자인 2와 같다.

$\therefore x=2$

또, $77=6\times12+5$이므로 소수점 아래 77번째 자리의 숫자는 순환마디의 다섯 번째 숫자인 6과 같다.

$\therefore y=6$

$\therefore |2x-y|=|2\times2-6|$
$\qquad\qquad = |4-6|=|-2|=2$

13 $\dfrac{21}{5x}=\dfrac{3\times7}{5x}$이 순환소수가 되므로 기약분수로 나타내었을 때, 분모에 2와 5 이외의 소인수가 존재해야 한다.

따라서 20보다 작은 자연수 중 x의 값이 될 수 있는 수는 9, 11, 13, 17, 18, 19이므로 그 합은

$9+11+13+17+18+19=87$

14 주어진 식에 $a=\dfrac{1}{5},\ b=\dfrac{1}{2}$을 대입하면

$5\times\left(\dfrac{1}{5}\right)^5\times\left(\dfrac{1}{2}\right)^4=\dfrac{1}{10^x}$

$\dfrac{1}{5^4}\times\dfrac{1}{2^4}=\dfrac{1}{10^x}$

$5^4\times2^4=10^x$

$(5\times2)^4=10^x$

$\therefore x=4$

15 $x:y:z=2:1:3$이므로

$x=2k,\ y=k,\ z=3k$(단, $k\neq0$)라 하고

주어진 식에 대입하면

$(주어진 식)=\dfrac{2k-3k+3k}{4k+k-9k}$

$\qquad\qquad = \dfrac{2k}{-4k}=-\dfrac{1}{2}$

16 $(시간)=\dfrac{(거리)}{(속력)}$이므로 총 걸리는 시간은

$\dfrac{x}{4}+\dfrac{2.5}{5}+\dfrac{2x}{6}+\dfrac{x^2}{8}=\dfrac{x}{4}+\dfrac{1}{2}+\dfrac{x}{3}+\dfrac{x^2}{8}$

$\qquad\qquad\qquad\qquad = \dfrac{1}{8}x^2+\dfrac{7}{12}x+\dfrac{1}{2}$

따라서 $A=\dfrac{1}{8},\ B=\dfrac{7}{12},\ C=\dfrac{1}{2}$이므로

$\dfrac{C}{A}-12B=\dfrac{1}{2}\div\dfrac{1}{8}-12\times\dfrac{7}{12}$

$\qquad\qquad = 4-7=-3$

17 (주어진 식)

$=0.\dot{1}\div0.1+0.\dot{2}\div0.2+0.\dot{3}\div0.3+\cdots+0.\dot{8}\div0.8$

$=\dfrac{1}{9}\times\dfrac{10}{1}+\dfrac{2}{9}\times\dfrac{10}{2}+\dfrac{3}{9}\times\dfrac{10}{3}+\cdots+\dfrac{8}{9}\times\dfrac{10}{8}$

$=\dfrac{10}{9}+\dfrac{10}{9}+\dfrac{10}{9}+\cdots+\dfrac{10}{9}$

$=\dfrac{10}{9}\times9=10$

18 $\dfrac{x}{45}=\dfrac{x}{5\times3^2}$가 유한소수이므로 x는 9의 배수이고, 기약분수로 고치면 $\dfrac{11}{y}$이므로 x는 11의 배수이다. 즉, x는 9와 11의 공배수인 99의 배수이다.

그런데 x가 $50<x<100$인 정수이므로 $x=99$이다.

따라서 $\dfrac{x}{45}=\dfrac{99}{45}=\dfrac{11}{5}=\dfrac{11}{y}$이므로 $y=5$

$\therefore x+y=99+5=104$

> **TIP** 두 자연수 a, b가 서로소일 때, a와 b의 최소공배수는 ab이므로 공배수는 ab의 배수이다.

19 $0.\dot{a}\dot{b}+0.\dot{b}\dot{a}=0.\dot{4}$이므로 순환소수를 분수로 바꾸어 정리하면

$\dfrac{10a+b}{99}+\dfrac{10b+a}{99}=\dfrac{4}{9}$

즉, $\dfrac{11a+11b}{99}=\dfrac{4}{9}$에서 $\dfrac{a+b}{9}=\dfrac{4}{9}$이므로 $a+b=4$

그런데 a, b는 $a>b$인 자연수이므로

$a=3$, $b=1$

따라서 두 무한소수는 $0.\dot{3}\dot{1}$과 $0.\dot{1}\dot{3}$이므로 두 무한소수의 차는

$0.\dot{3}\dot{1}-0.\dot{1}\dot{3}=\dfrac{31}{99}-\dfrac{13}{99}=\dfrac{18}{99}=0.\dot{1}\dot{8}$

20 삼각형의 세 내각의 크기의 합은 $180°$이므로

$0.\dot{8}x+1.\dot{3}x+60=180$

$\dfrac{8}{9}x+\dfrac{12}{9}x+60=180$, $\dfrac{20}{9}x=120$

$\therefore x=120\times\dfrac{9}{20}=54$

21 어떤 수를 x라 하면

$0.\dot{6}\times x=2.\dot{6}$

$\dfrac{6}{9}\times x=\dfrac{24}{9}$

$\therefore x=\dfrac{24}{9}\times\dfrac{9}{6}=4$

따라서 어떤 수는 4이다.

22 어떤 자연수를 x라 하면

$1.2\dot{4}x-1.24x=8$

$1.2\dot{4}=\dfrac{124-12}{90}=\dfrac{112}{90}$, $1.24=\dfrac{124}{100}$이므로

$\dfrac{112}{90}x-\dfrac{124}{100}x=8$에서 양변에 각각 900을 곱하면

$1120x-1116x=7200$

$4x=7200$

$\therefore x=1800$

23 $x=\dfrac{5}{9}$, $\dfrac{10}{9}$, $\dfrac{15}{9}$, $\dfrac{20}{9}$, $\cdots$이고

$y=\dfrac{7}{9}$, $\dfrac{14}{9}$, $\dfrac{21}{9}$, $\dfrac{28}{9}$, $\cdots$이므로

$z=\dfrac{35}{9}$, $\dfrac{70}{9}$, $\dfrac{105}{9}$, $\cdots$이다.

따라서 $z=\dfrac{35}{9}\times c=\dfrac{38-3}{9}\times c=3.\dot{8}\times c$이므로

□ 안에 알맞은 순환소수는 $3.\dot{8}$이다.

24 $3^{2x}=a$에서 지수는 $2x$이고, $\dfrac{3^{5x}}{3^{3x}+3^x}$에서 지수는 x, $3x$, $5x$이다.

지수를 $2x$의 배수의 형태로 만들기 위해 $\dfrac{3^{5x}}{3^{3x}+3^x}$의 분모, 분자에 3^x을 곱하면

$\dfrac{3^{5x}}{3^{3x}+3^x}=\dfrac{3^{5x}\times3^x}{3^{3x}\times3^x+3^x\times3^x}$

$\qquad\qquad=\dfrac{3^{6x}}{3^{4x}+3^{2x}}$

$\qquad\qquad=\dfrac{(3^{2x})^3}{(3^{2x})^2+3^{2x}}$ $\qquad$ …… ㉠

㉠에 $3^{2x}=a$를 대입하면

$\dfrac{(3^{2x})^3}{(3^{2x})^2+3^{2x}}=\dfrac{a^3}{a^2+a}$

$\qquad\qquad=\dfrac{a\times a^2}{a(a+1)}$

$\qquad\qquad=\dfrac{a^2}{a+1}$

$\therefore \dfrac{3^{5x}}{3^{3x}+3^x}=\dfrac{a^2}{a+1}$

25 $2-\dfrac{1}{1+\dfrac{3}{a}}=1+\dfrac{81}{99}$

$1-\dfrac{1}{1+\dfrac{3}{a}}=\dfrac{9}{11}$

$\dfrac{2}{11}=\dfrac{1}{1+\dfrac{3}{a}}$

$\dfrac{11}{2}=1+\dfrac{3}{a}$, $\dfrac{9}{2}=\dfrac{3}{a}$

$\therefore a=\dfrac{6}{9}=0.\dot{6}$

$\therefore x=6$

26 $x=0.\dot{3}=\frac{3}{9}=\frac{1}{3}$이므로

$\frac{1}{x}=3$

$1-\frac{1}{x}=1-3=-2$

$\therefore 1-\dfrac{1}{1-\dfrac{1}{x}}=1-\dfrac{1}{-2}=1+\dfrac{1}{2}=\dfrac{3}{2}$

27 $0.21\dot{6}=\dfrac{216-21}{900}=\dfrac{195}{900}=\dfrac{13}{60}=\dfrac{13}{2^2\times3\times5}$,

$\dfrac{11}{70}=\dfrac{11}{2\times5\times7}$이므로 두 수에 자연수 A를 각각 곱하여 모두 유한소수가 되려면 A는 3과 7의 공배수이어야 한다. 이때 A의 값 중에서 가장 작은 수는 3과 7의 최소공배수이므로 21이다.

28 $0.\dot{a}\dot{b}=\dfrac{10a+b}{99}$, $0.\dot{b}\dot{a}=\dfrac{10b+a}{99}$이므로

$0.\dot{a}\dot{b}+0.\dot{b}\dot{a}=0.\dot{7}$에서

$\dfrac{10a+b}{99}+\dfrac{10b+a}{99}=\dfrac{7}{9}$

$\dfrac{11a+11b}{99}=\dfrac{7}{9}$

$\dfrac{11}{99}(a+b)=\dfrac{7}{9}$

$\dfrac{a+b}{9}=\dfrac{7}{9}$

$\therefore a+b=7$

29 $275\times\dfrac{1}{10^3}+275\times\dfrac{1}{10^6}+275\times\dfrac{1}{10^9}+\cdots$

$\quad=0.275+0.000275+0.000000275+\cdots$

$\quad=0.275275275\cdots$

$\quad=0.\dot{2}7\dot{5}$

30 (사각형 ABCD)$=2a\times2b=4ab$

$\triangle\text{ABP}=\dfrac{1}{2}\times2b\times2b=2b^2$

$\overline{\text{PC}}=2a-2b$, $\overline{\text{QC}}=2b-b=b$이므로

$\triangle\text{PCQ}=\dfrac{1}{2}\times(2a-2b)\times b=(a-b)b$

$\qquad\quad=ab-b^2$

$\triangle\text{AQD}=\dfrac{1}{2}\times2a\times b=ab$

$\therefore \triangle\text{APQ}$

$\quad=$ (사각형 ABCD)$-\triangle\text{ABP}-\triangle\text{PCQ}-\triangle\text{AQD}$

$\quad=4ab-2b^2-(ab-b^2)-ab$

$\quad=4ab-2b^2-ab+b^2-ab$

$\quad=2ab-b^2$

따라서 $\triangle\text{APQ}$의 넓이는 $2ab-b^2$이다.

1 일차부등식

1 STEP
주제별 실력다지기
52~55쪽

1 ㄷ, ㅂ, ㅅ, ㅇ　**2** ㄷ, ㅁ, ㅅ, ㅇ　**3** ①　**4** ④

5 $-11<3x-2\leq4$　**6** 0　**7** 8

8 6　**9** 2　**10** 14

11 $x<-\dfrac{1}{a}$　**12** $x<2$　**13** 풀이 참조

14 -3　**15** $-\dfrac{3}{2}$　**16** $x>\dfrac{1}{2}$

17 $x<\dfrac{1}{3}$　**18** $0<a\leq1$　**19** ④

20 $4<a\leq5$　**21** $-2<x<4$

22 $y\leq-4$ 또는 $y\geq6$　**23** 2, 3

1　$a>b$를 만족시키는 임의의 수로 반례를 들어 본다.

ㄱ. $a=2$, $b=-1$일 때

　$2>-1$이지만 $\dfrac{1}{2}>-\dfrac{1}{1}$ (거짓)

ㄴ. $a=1$, $b=-2$일 때

　$1>-2$이지만 $1^2<(-2)^2$ (거짓)

ㄹ. $c<0$일 때, $ac<bc$ (거짓)

ㅁ. $c>0$일 때, $\dfrac{a}{c}>\dfrac{b}{c}$ (거짓)

따라서 항상 성립하는 것은 ㄷ, ㅂ, ㅅ, ㅇ이다.

> **TIP** 역수의 대소 관계 파악하기
>
> (1) $0<a<b$이면 $ab>0$에서 $\dfrac{a}{ab}<\dfrac{b}{ab}$이므로 $\dfrac{1}{a}>\dfrac{1}{b}$
>
> (2) $a<b<0$이면 $ab>0$에서 $\dfrac{a}{ab}<\dfrac{b}{ab}$이므로 $\dfrac{1}{a}>\dfrac{1}{b}$
>
> (3) $a<0<b$이면 $\dfrac{1}{a}<0$, $\dfrac{1}{b}>0$이므로 $\dfrac{1}{a}<\dfrac{1}{b}$
>
> 즉, 두 수의 부호가 같으면 역수를 취했을 때, 부등호의 방향이 바뀌고, 두 수의 부호가 다르면 역수를 취해도 부등호의 방향이 바뀌지 않는다.

2　ㄱ. $a=-1$, $b=-2$, $c=-2$, $d=-3$일 때

　$-1>-2$이고 $-2>-3$이지만

　$(-1)\times(-2)<(-2)\times(-3)$ (거짓)

ㄴ. $a=8$, $b=6$, $c=4$, $d=1$일 때

$8>6$이고 $4>1$이지만 $\dfrac{8}{4}<\dfrac{6}{1}$ (거짓)

ㄷ. $a>b$, $c>d$이므로
$a+c>b+d$ (참)

ㄹ. $a=5$, $b=2$, $c=1$, $d=-5$일 때
$5>2$이고 $1>-5$이지만
$5-1<2-(-5)$ (거짓)

ㅁ. $0>c>d$이므로 $\dfrac{d}{c}>1$

$a>b>0$이므로 $\dfrac{b}{a}<1$

$\therefore \dfrac{d}{c}>\dfrac{b}{a}$ (참)

ㅂ. $ab<0$이므로 $b<0<a$
$d>0$이므로 $0<d<c$
따라서 $ad>0$, $bc<0$이므로 $ad>bc$ (거짓)

ㅅ. $b<a=0$, $d<0$이므로
$ac=0$, $bd>0$ $\quad \therefore ac<bd$ (참)

ㅇ. $b<a<0$, $d<c<0$이므로
$ac<bd$ (참)

따라서 항상 성립하는 것은 ㄷ, ㅁ, ㅅ, ㅇ이다.

3 ① $a<b$, $c<0$이면 $ac>bc$이다. (거짓)

② $ab>0$이므로 $a>b$의 양변을 ab로 나누면

$\dfrac{1}{b}>\dfrac{1}{a}$ (참)

③ $a>b$, $c<0$이면 $ac<bc$이다. (참)

④ $-3(a-5)>-3(b-5)$의 양변을 -3으로 나누면

$a-5<b-5$ $\quad \therefore a<b$ (참)

⑤ $x<-1$에서 x와 -1은 모두 음수이므로 그 역수끼리는

부등호의 방향이 바뀐다. 즉, $\dfrac{1}{x}>-1$에서 $x<-1<\dfrac{1}{x}$

이므로 $x<\dfrac{1}{x}$이다. (참)

따라서 옳지 않은 것은 ①이다.

4 ① $a-b>0$이므로 $a>b$ (참)

②, ③ $a>0$이고 $a+b<0$이므로 $b<0$이다. 또, 양수 a와 음
수 b의 합이 음수이므로 $|a|<|b|$이다. (참)

④ (반례) $a=4$, $b=-5$일 때, $a-b>0$, $a+b<0$,
$a>0$이지만 $a^2<b^2$이다. (거짓)

⑤ a와 b의 부호가 서로 다르므로 그 역수끼리 비교하여도 부
등호의 방향은 바뀌지 않는다. (참)

따라서 옳지 않은 것은 ④이다.

5 $-3<x\leq2$의 각 변에 3을 곱하면

$-9<3x\leq6$

$-9<3x\leq6$의 각 변에서 2를 빼면

$-11<3x-2\leq4$

6 $-2\leq x<7$의 각 변에 -2를 곱하면

$4\geq-2x>-14$

위의 부등식의 각 변에 5를 더하면

$9\geq-2x+5>-9$

즉, $-9<A\leq9$이므로 $a=-9$, $b=9$

$\therefore a+b=-9+9=0$

7 양변에 100을 곱하여 계수를 정수로 만들면

$16x-5>5x+72$

$11x>77$ $\quad \therefore x>7$

따라서 부등식을 만족시키는 자연수 x의 값 중 가장 작은 값
은 8이다.

8 부등식의 양변에 10을 곱하여 계수를 정수로 만들면

$3x+5<12+2x$

$\therefore x<7$

따라서 부등식을 만족시키는 자연수 x는 1, 2, $\cdots$, 6이므로
x의 개수는 6이다.

9 $0.6x-0.2<0.3x+1$의 양변에 10을 곱하면

$6x-2<3x+10$

$3x<12$, $x<4$이므로 $a=4$

$\dfrac{x}{3}-\dfrac{1}{4}<\dfrac{x}{2}+\dfrac{1}{12}$의 양변에 12를 곱하면

$4x-3<6x+1$

$-2x<4$, $x>-2$이므로 $b=-2$

$\therefore a+b=4+(-2)=2$

10 $0.2x-1.5\leq0.5x+0.6$ $\quad\cdots\cdots$ ㉠

$\dfrac{x-2}{2}-\dfrac{x-3}{3}\leq1$ $\quad\cdots\cdots$ ㉡

㉠$\times10$을 하여 부등식의 계수를 정수로 만들면

$2x-15\leq5x+6$, $3x\geq-21$

$\therefore x\geq-7$

즉, ㉠을 만족시키는 정수 x는 -7, -6, -5, $\cdots$이다.

㉡$\times6$을 하여 부등식의 계수를 정수로 만들면

$3(x-2)-2(x-3)\leq6$

$3x-6-2x+6\leq6$

$\therefore x\leq6$

즉, ㉡을 만족시키는 정수 x는 6, 5, 4, $\cdots$이다.

따라서 ㉠, ㉡을 모두 만족시키는 정수 x는

-7, -6, -5, $\cdots$, 4, 5, 6이므로 x의 개수는 14이다.

> **TIP** 두 부등식을 만족시키는 정수 x를 각각 나열한 후 공통인 정수를 찾는다.

11 $a<0$일 때, $-a>0$이므로

$-ax<1$의 양변을 $-a$로 나누면 $x<-\dfrac{1}{a}$

12 $a<3$이면 $a-3<0$이므로

$(a-3)x>2a-6$의 양변을 $(a-3)$으로 나누면

$x<\dfrac{2(a-3)}{a-3}$ $\therefore x<2$

13 $ax-3b<3a-bx$에서

$ax+bx<3a+3b$ $\therefore (a+b)x<3(a+b)$

(ⅰ) $a+b>0$이면

$\quad x<\dfrac{3(a+b)}{a+b}$ $\therefore x<3$

(ⅱ) $a+b=0$이면

$\quad 0\times x<0$이므로 해가 없다.

(ⅲ) $a+b<0$이면

$\quad x>\dfrac{3(a+b)}{a+b}$ $\therefore x>3$

14 $3x-a<0$을 풀면 $3x<a$

$\therefore x<\dfrac{a}{3}$ …… ㉠

㉠의 해가 $x<-1$이므로 $\dfrac{a}{3}=-1$

$\therefore a=-3$

15 $ax<3x-18$에서 $(a-3)x<-18$ …… ㉠

그런데 ㉠의 해가 $x>4$, 즉 부등호의 방향이 바뀌었으므로

$a-3<0$이다.

따라서 ㉠의 해는 $x>\dfrac{-18}{a-3}$이므로

$\dfrac{-18}{a-3}=4$에서

$-18=4a-12,\ 4a=-6$

$\therefore a=-\dfrac{3}{2}$

16 $ax+4>0$, 즉 $ax>-4$의 해가 $x<2$로 부등호의 방향이 바뀌었으므로 $a<0$이다.

따라서 $ax>-4$의 해는 $x<-\dfrac{4}{a}$이므로

$-\dfrac{4}{a}=2$ $\therefore a=-2$

따라서 부등식 $-ax>1$, 즉 $2x>1$을 풀면

$x>\dfrac{1}{2}$

17 $ax<-b$의 해가 $x>2$이므로 $a<0$이다.

즉, $ax<-b$의 해는 $x>\dfrac{-b}{a}$이므로 $\dfrac{-b}{a}=2$, $b=-2a$

$(a-b)x+(a+b)>0$에 $b=-2a$를 대입하면

$\{a-(-2a)\}x+a+(-2a)>0$

$3ax-a>0,\ 3ax>a$

$a<0$이므로 $x<\dfrac{1}{3}$

18 주어진 부등식을 만족시키는 양의 정수 2개의 값은 1, 2이고 오른쪽 그림과 같다.

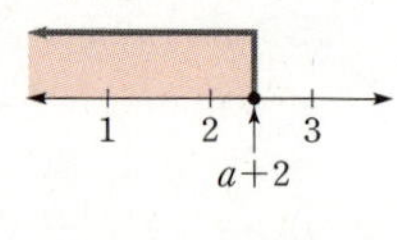

즉, $2<a+2\leq3$ $\therefore 0<a\leq1$

19 주어진 부등식에서 $5x-6+2x\leq3x+a$

$4x\leq6+a$ $\therefore x\leq\dfrac{6+a}{4}$

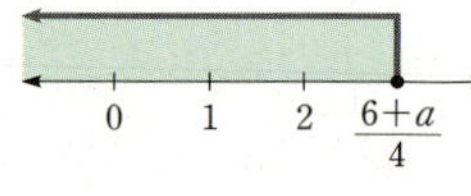

이를 만족시키는 자연수인 해가 2개 이상이므로 오른쪽 그림에서

$2\leq\dfrac{6+a}{4}$ $\therefore a\geq2$

따라서 a의 값 중 가장 작은 값은 2이다.

20 A 주사위에 적힌 수의 범위가 $a\leq x\leq6$이고 B 주사위에 적힌 수의 범위가 $5\leq y\leq6$이므로 두 주사위를 던져 나온 두 수를 더했을 때의 값의 범위는

$a+5\leq x+y\leq12$이다.

이를 만족시키는 정수가 10, 11, 12뿐이려면 오른쪽 그림에서

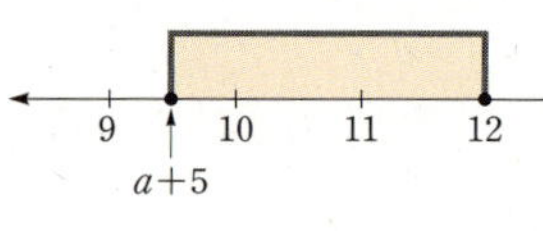

$9<a+5\leq10$ $\therefore 4<a\leq5$

21 $|x-1|<3$이면 $-3<x-1<3$

$\therefore -2<x<4$

다른 풀이

(ⅰ) $x-1\geq0$, 즉 $x\geq1$일 때

$\quad |x-1|=x-1$이므로 주어진 식은 $x-1<3$

$\quad \therefore x<4$

$\quad x\geq1$과 $x<4$의 공통 부분은 $1\leq x<4$ …… ㉠

(ⅱ) $x-1<0$, 즉 $x<1$일 때

$\quad |x-1|=-(x-1)$이므로 주어진 식은 $-x+1<3$

$\quad -x<2$ $\therefore x>-2$

$\quad x<1$과 $x>-2$의 공통 부분은 $-2<x<1$ …… ㉡

㉠ 또는 ㉡이 주어진 부등식을 만족시키는 x의 값의 범위이므로 구하는 범위는

$-2<x<4$

22 $|y-1|\geq5$에서 $y-1\leq-5$ 또는 $y-1\geq5$

$\therefore y\leq-4$ 또는 $y\geq6$

23 $|x|\leq 3$인 정수 x는 $x=-3,\ -2,\ -1,\ 0,\ 1,\ 2,\ 3$
또, $-x+5<2x+2$에서 $-3x<-3$
$\therefore x>1$
따라서 이 부등식의 해는 2, 3이다.

1 $\dfrac{ad}{c}\leq\dfrac{bd}{c}$ **2** ②, ⑤ **3** ③ **4** $x<1$

5 $a<-15$ **6** 4 **7** 풀이 참조

8 $2<x\leq 4$ **9** $-3,\ -1,\ 1,\ 3$

10 $a=-1,\ b=3$ **11** $a<3$

12 $1\leq a<\dfrac{5}{2}$ **13** $x>-\dfrac{9}{13}$ **14** $x>-3$ **15** 5

1 $a>b$의 양변에 $d\leq 0$인 d를 곱하면 $ad\leq bd$
이 식의 양변을 $c>0$인 c로 나누면
$$\dfrac{ad}{c}\leq\dfrac{bd}{c}$$

> **TIP** $a>b$이고 $d<0$이면 $ad<bd$이고
> $a>b$이고 $d=0$이면 $ad=bd$이므로
> $a>b$이고 $d\leq 0$이면 $ad\leq bd$이다.

2 ① $a=-2,\ b=-1,\ c=1,\ d=2$일 때,
  $(-2)\times 2<(-1)\times 1$
② $a<b$에서 $-a>-b$이고, $d>c$이므로 $d-a>c-b$
③ $a=-2,\ b=-1,\ c=1,\ d=2$일 때,
  $(-1)-(-2)=2-1$
④ $a=-2,\ b=-1,\ c=1,\ d=2$일 때,
  $\dfrac{(-2)+(-1)}{-2}=\dfrac{1+2}{2}$
⑤ $a<b$에서 $-a>-b$이고, 이 식의 양변에 d를 더하면
  $d-a>d-b$이고, 이 식의 양변을 $c>0$인 c로 나누면
  $\dfrac{d-a}{c}>\dfrac{d-b}{c}$
따라서 옳은 것은 ②, ⑤이다.

3 $ax+1>bx+3$에서
$ax-bx>2,\ (a-b)x>2$
(ⅰ) $a>b$이면 $x>\dfrac{2}{a-b}$
(ⅱ) $a=b$이면 $0\times x>2$이므로 해가 없다.
(ⅲ) $a<b$이면 $x<\dfrac{2}{a-b}$
④ $a=0,\ b>0$이면 (ⅲ)의 경우에 속하므로 $x<-\dfrac{2}{b}$
⑤ $a=0,\ b<0$이면 (ⅰ)의 경우에 속하므로 $x>-\dfrac{2}{b}$
따라서 옳지 않은 것은 ③이다.

4 $-2<x<1$의 각 변에 3을 더하면 $1<x+3<4$이므로
$(x+3)\circ 5=x+3$
$-2<x<1$의 각 변에 -2를 곱하면 $-2<-2x<4$
이 식의 각 변에 4를 더하면 $2<4-2x<8$이므로
$(4-2x)\circ 8=4-2x$
즉, $(x+3)\circ 5-(4-2x)\circ 8<2$에서
$x+3-(4-2x)<2,\ 3x<3$
$\therefore x<1$

5 $x-\dfrac{1}{5}(x-2a)=6$의 양변에 5를 곱하면
$5x-(x-2a)=30,\ 5x-x+2a=30,\ 4x=30-2a$
$\therefore x=\dfrac{30-2a}{4}=\dfrac{15-a}{2}$
이 해가 15보다 커야 하므로
$\dfrac{15-a}{2}>15,\ 15-a>30$
$-a>15 \qquad \therefore a<-15$

6 서술형
변형 단계 $ax+1<3x+b$
  $ax-3x<b-1$
  $(a-3)x<b-1$
풀이 단계 부등식의 해가 없으므로
  $a-3=0,\ b-1\leq 0$
  $\therefore a=3,\ b\leq 1$
확인 단계 따라서 $a+b$의 값 중 가장 큰 값은 4이다.

7 $ax-5>bx+4$에서
$ax-bx>9,\ (a-b)x>9$
(ⅰ) $a>b$이면 $x>\dfrac{9}{a-b}$
(ⅲ) $a<b$이면 $x<\dfrac{9}{a-b}$

변형 단계 $x+y=5$에서 $y=5-x$를

$1<2x-y\leq7$에 대입하면

$1<2x-(5-x)\leq7$

풀이 단계 $1<2x-5+x\leq7$

$1<3x-5\leq7$

$6<3x\leq12$

확인 단계 $\therefore 2<x\leq4$

9 $|2x-1|<8$에서

$-8<2x-1<8$이므로 $-7<2x<9$

$\therefore -\dfrac{7}{2}<x<\dfrac{9}{2}$

$\dfrac{x+1}{2}$의 값의 범위를 구하면 $-\dfrac{5}{2}<x+1<\dfrac{11}{2}$이므로

$-\dfrac{5}{4}<\dfrac{x+1}{2}<\dfrac{11}{4}$

$\dfrac{x+1}{2}$이 정수이므로 $\dfrac{x+1}{2}=-1,\ 0,\ 1,\ 2$

$\therefore x=-3,\ -1,\ 1,\ 3$

> **TIP** $\dfrac{x+1}{2}$이 정수이면 $\dfrac{x+1}{2}=n$ (n은 정수)에서
> $x+1=2n$이므로 $x+1$은 짝수이고
> $x=2n-1$이므로 x는 홀수이다.

10 $|ax+1|\leq b$를 만족시키는 x가 존재하므로 $b\geq0$이고

$-b\leq ax+1\leq b$

$\therefore -b-1\leq ax\leq b-1$ $\quad\cdots\cdots$ ㉠

(i) $a>0$일 때

㉠의 해는 $\dfrac{-b-1}{a}\leq x\leq\dfrac{b-1}{a}$이고 이 범위가

$-2\leq x\leq4$와 같으므로

$\dfrac{-b-1}{a}=-2,\ \dfrac{b-1}{a}=4$

$\therefore a=-1,\ b=-3$

그런데 이 값은 $a>0$, $b\geq0$에 모순이다.

(ii) $a<0$일 때

㉠의 해는 $\dfrac{-b-1}{a}\geq x\geq\dfrac{b-1}{a}$

즉, $\dfrac{b-1}{a}\leq x\leq\dfrac{-b-1}{a}$이고 이 범위가

$-2\leq x\leq4$와 같으므로

$\dfrac{b-1}{a}=-2,\ \dfrac{-b-1}{a}=4$

$\therefore a=-1,\ b=3$

이 값은 $a<0$, $b\geq0$에 적합하므로 옳다.

(i), (ii)에서 $a=-1,\ b=3$

11 $3x-a\leq2(1-x)$에서

$3x-a\leq2-2x,\ 5x\leq a+2$ $\quad\therefore x\leq\dfrac{a+2}{5}$

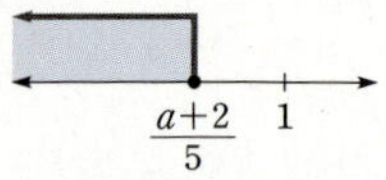

주어진 부등식이 자연수인 해를 갖지 않

으려면 오른쪽 그림에서 $\dfrac{a+2}{5}$는 1보

다 작아야 한다.

$\left(\dfrac{a+2}{5}=1$이면 부등식의 해가 $x\leq1$이므로 자연수인 해를

갖는다.$\right)$

즉, $\dfrac{a+2}{5}<1,\ a+2<5$ $\quad\therefore a<3$

변형 단계 $\dfrac{5x-1}{2}-a\leq x+3$의 양변에 2를 곱하면

$5x-1-2a\leq2x+6$

풀이 단계 $3x\leq2a+7$ $\quad\therefore x\leq\dfrac{2a+7}{3}$

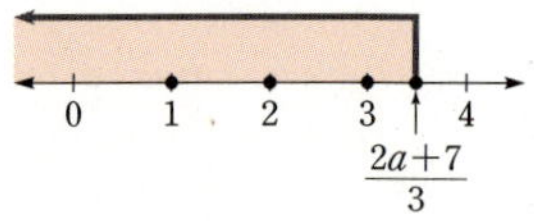

주어진 부등식이 자연수

인 해를 3개 가지려면

오른쪽 그림에서

$\dfrac{2a+7}{3}$은 3 이상 4 미만이어야 한다.

즉, $3\leq\dfrac{2a+7}{3}<4,\ 9\leq2a+7<12,\ 2\leq2a<5$

확인 단계 $\therefore 1\leq a<\dfrac{5}{2}$

13 $(a+b)x+2a-3b>0$에서

$(a+b)x>-2a+3b$

이 부등식의 해가 $x<\dfrac{1}{3}$이므로 $a+b<0$이고

부등식의 해 $x<\dfrac{-2a+3b}{a+b}$에서 $\dfrac{-2a+3b}{a+b}=\dfrac{1}{3}$

즉, $3(-2a+3b)=a+b$에서

$8b=7a$ $\quad\therefore b=\dfrac{7}{8}a$

그런데 $a+b<0$이므로

$a+\dfrac{7}{8}a<0$

$\dfrac{15}{8}a<0$ $\quad\therefore a<0$

$b=\dfrac{7}{8}a$를 부등식 $(a-3b)x+b-2a>0$에 대입하면

$\left(a-3\times\dfrac{7}{8}a\right)x+\dfrac{7}{8}a-2a>0$

$-\dfrac{13}{8}ax-\dfrac{9}{8}a>0,\ 13ax+9a<0,\ 13ax<-9a$

$a<0$이므로 양변을 $13a$로 나누면

$x>-\dfrac{9}{13}$

변형 단계 $(a+2b)x-2a-b>0$에서 $(a+2b)x>2a+b$

풀이 단계 이 부등식의 해가 $x>1$이므로 $a+2b>0$이고

$x>\dfrac{2a+b}{a+2b}$에서 $\dfrac{2a+b}{a+2b}=1$ ⋯⋯ ㉠

㉠을 풀면 $2a+b=a+2b$ ∴ $a=b$ ⋯⋯ ㉡

$a+2b>0$이고 ㉡에서 a, b는 같은 부호이므로

$a>0$, $b>0$이다.

$b=a$를 $(a-2b)x+2a-5b<0$에 대입하면

$-ax-3a<0$, $-ax<3a$

$a>0$이므로 x의 계수 $-a$는 음수이다.

확인 단계 ∴ $x>-3$

15 $4\times2^x+18<50$에서 $2^x<2^3$ ∴ $x<3$

주어진 부등식을 만족시키는 홀수 x는 1이다.

따라서 $2ax+b=5a+2bx-5$에 $x=1$을 대입하면

$2a+b=5a+2b-5$

∴ $3a+b=5$

---

3 STEP

최고 실력 완성하기

59~60쪽

1 $14\leq x<22$	**2** -1	**3** 26경기	**4** 11
5 $a=9,\ b=-2$		**6** 13	
7 $(5,5,15),(6,5,30),(7,5,105)$			

1 $2<\left[\dfrac{x}{4}-1\right]<5$에서 $\left[\dfrac{x}{4}-1\right]$은 정수이므로 3, 4이다.

$\left[\dfrac{x}{4}-1\right]=3$, 4를 만족시키는 $\dfrac{x}{4}-1$의 값의 범위는

$2.5\leq\dfrac{x}{4}-1<4.5$이므로

$3.5\leq\dfrac{x}{4}<5.5$ ∴ $14\leq x<22$

> **TIP** a를 소수 첫째 자리에서 반올림한 정수가 n일 때,
> a의 값의 범위는 $n-\dfrac{1}{2}\leq a<n+\dfrac{1}{2}$이다.
> 예 a를 소수 첫째 자리에서 반올림한 정수가 3일 때,
> a의 값의 범위는 $3-\dfrac{1}{2}\leq a<3+\dfrac{1}{2}$이다. 즉, $2.5\leq a<3.50$이다.

2 ㉠ $3x+1>x+3$을 풀면 $x>1$

㉡ $a+2x>1$을 풀면 $x>\dfrac{1-a}{2}$

㉠의 해가 ㉡의 해에 포함되려면 다음 그림에서

$\dfrac{1-a}{2}\leq1$, $1-a\leq2$ ∴ $a\geq-1$

따라서 가장 작은 정수 a는 -1이다.

3 키움과 KT가 앞으로 더 시합하는 경기의 수를 x라 하면

x경기 후의 키움의 전체 경기의 수는 $(109+x)$경기,

이긴 경기의 수는 $(48+0.6x)$경기

KT의 전체 경기의 수는 $(111+x)$경기, 이긴 경기의 수는

$(53+0.4x)$경기

키움이 KT보다 높은 순위에 있기 위해서는 승률이 더 높아

야 하므로

$\dfrac{48+0.6x}{(109+x)-0}>\dfrac{53+0.4x}{(111+x)-2}$에서

$48+0.6x>53+0.4x$, $2x>50$ ∴ $x>25$

따라서 적어도 26경기를 해야 한다. 이때 그 이후의 경기의

승패에 따라 경기의 수는 더 늘어날 수 있다.

4 세 식을 변끼리 더하면 $2(x+y+z)=16+a$

∴ $x+y+z=8+\dfrac{a}{2}$ ⋯⋯ ㉠

㉠에서 주어진 세 식을 각각 빼면 연립방정식의 해는

$x=\dfrac{a}{2}-2$, $y=8-\dfrac{a}{2}$, $z=2+\dfrac{a}{2}$

x, y, z가 모두 양수이므로

$\dfrac{a}{2}-2>0$에서 $a>4$

$8-\dfrac{a}{2}>0$에서 $a<16$

$2+\dfrac{a}{2}>0$에서 $a>-4$

따라서 정수 a는 5, 6, 7, $\cdots$, 13, 14, 15이므로 a의 개수는

11이다.

5 $a-3b-5<(a+2b)x<2a+b-1$의 각 변을 $a+2b$

로 나눌 때,

(i) $a+2b>0$이면 부등식의 해는

$\dfrac{a-3b-5}{a+2b}<x<\dfrac{2a+b-1}{a+2b}$

이 범위가 $2<x<3$과 같으므로

$\dfrac{a-3b-5}{a+2b}=2$, $\dfrac{2a+b-1}{a+2b}=3$

$a-3b-5=2a+4b$, $2a+b-1=3a+6b$

$$\therefore \begin{cases} a+7b=-5 \\ a+5b=-1 \end{cases}$$

연립방정식을 풀면 $a=9,\ b=-2$

이 값은 $a+2b>0$을 만족시키고 정수이므로 적합하다.

(ii) $a+2b<0$이면 부등식의 해는

$$\frac{2a+b-1}{a+2b}<x<\frac{a-3b-5}{a+2b}$$

이 범위가 $2<x<3$과 같으므로

$$\frac{2a+b-1}{a+2b}=2,\ \frac{a-3b-5}{a+2b}=3$$

$$2a+b-1=2a+4b,\ a-3b-5=3a+6b$$

$$\therefore \begin{cases} 3b=-1 \\ 2a+9b=-5 \end{cases}$$

연립방정식을 풀면 $a=-1,\ b=-\dfrac{1}{3}$

이 값은 $a+2b<0$을 만족시키지만 정수가 아니므로 적합하지 않다.

(i), (ii)에서 $a=9,\ b=-2$

6 $n<75$이므로 $\dfrac{n}{75}<1$

$\dfrac{n}{75}$은 소수 첫째 자리의 수가 1, 소수 셋째 자리의 수가

3이므로 $0.103\le\dfrac{n}{75}<0.194$

또, $\dfrac{n+1}{75}=\dfrac{n}{75}+\dfrac{1}{75}$이고 $\dfrac{1}{75}=0.01\dot{3}$이므로

$0.116\dot{3}\le\dfrac{n+1}{75}<0.207\dot{3}$ ······ ㉠

그런데 $\dfrac{n+1}{75}$은 소수 둘째 자리의 수가 8이고 ㉠에 의해

소수 첫째 자리의 수는 1이므로 $0.18\le\dfrac{n+1}{75}<0.19$

$\therefore 12.5\le n<13.25$

따라서 자연수 n의 값은 13이다.

7 $\dfrac{1}{x}+\dfrac{1}{y}-\dfrac{1}{z}=\dfrac{1}{3}$, 즉 $\dfrac{1}{x}+\dfrac{1}{y}=\dfrac{1}{3}+\dfrac{1}{z}$에서

$\dfrac{1}{z}>0$이므로 $\dfrac{1}{x}+\dfrac{1}{y}>\dfrac{1}{3}$ ······ ㉠

$x,\ y$는 양수이고 $x\ge y$이면 $\dfrac{1}{x}\le\dfrac{1}{y}$이므로

$\dfrac{1}{x}+\dfrac{1}{y}\le\dfrac{2}{y}$ ······ ㉡

㉠, ㉡에 의해 $\dfrac{1}{3}<\dfrac{1}{x}+\dfrac{1}{y}\le\dfrac{2}{y}$이므로 $\dfrac{1}{3}<\dfrac{2}{y}$에서

$y<6$이고, 주어진 조건에서 $y\ge5$이므로 정수인 y의 값은

5이다.

$y=5$를 ㉠에 대입하면 $\dfrac{1}{x}+\dfrac{1}{5}>\dfrac{1}{3}$

$\dfrac{1}{x}>\dfrac{2}{15}$ $\therefore x<\dfrac{15}{2}$

또, 주어진 조건에서 $x\ge5$이므로 정수인 x의 값은 5, 6, 7이

다.

(i) $x=5,\ y=5$이면 $\dfrac{1}{5}+\dfrac{1}{5}-\dfrac{1}{z}=\dfrac{1}{3}$이므로

$\dfrac{1}{z}=\dfrac{1}{15}$ $\therefore z=15$

(ii) $x=6,\ y=5$이면 $\dfrac{1}{6}+\dfrac{1}{5}-\dfrac{1}{z}=\dfrac{1}{3}$이므로

$\dfrac{1}{z}=\dfrac{1}{30}$ $\therefore z=30$

(iii) $x=7,\ y=5$이면 $\dfrac{1}{7}+\dfrac{1}{5}-\dfrac{1}{z}=\dfrac{1}{3}$이므로

$\dfrac{1}{z}=\dfrac{1}{105}$ $\therefore z=105$

(i), (ii), (iii)에서 구하는 정수해의 순서쌍 $(x,\ y,\ z)$는

$(5,\ 5,\ 15),\ (6,\ 5,\ 30),\ (7,\ 5,\ 105)$이다.

1

주제별 실력다지기

63~68쪽

1 36 km 이상   **2** $\dfrac{8}{3}$ km 이하   **3** $\dfrac{3}{2}$ km 이내

4 20 km 이상   **5** $\dfrac{225}{2}$ g 이상   **6** 10 g 이상

7 $\dfrac{100}{3}$ g 이상   **8** 80 g 이하   **9** 6개월 후   **10** 3600원

11 10000원 이상   **12** 4000원 이상

13 37.5 % 이하 **14** 30명 이상   **15** 26명 이상

16 33명 이상   **17** 57명 이상   **18** 3명 이상

19 3개 이상   **20** 9, 31   **21** 33, 34, 35   **22** 19

23 6개   **24** 7개 이상   **25** 5자루

26 80 m 이상 105 m 미만   **27** 0 cm 초과 $\dfrac{9}{2}$ cm 이하

28 4개   **29** 62.5점 이상   **30** 93점 이상

1 ㉮시에서 자전거가 고장난 지점까지의 거리를 x km라 하면 고장난 지점에서 ㉯시까지의 거리는 $(40-x)$ km이므로

(자전거를 탄 시간)+(걸은 시간)≤(4시간)

즉, $\dfrac{x}{12}+\dfrac{40-x}{4}\leq4$에서

$x+3(40-x)\leq48,\ -2x+120\leq48$

$-2x\leq-72$ $\qquad \therefore\ x\geq36$

따라서 ㉮시로부터 36 km 이상 떨어진 지점이다.

2 집에서 학교까지의 거리를 x km라 하면 갈 때와 올 때 걸은 거리가 모두 x km이므로

(갈 때 걸린 시간)+(올 때 걸린 시간)≤(2시간)

즉, $\dfrac{x}{4}+\dfrac{x}{2}\leq2$에서 $x+2x\leq8,\ 3x\leq8$

$\therefore\ x\leq\dfrac{8}{3}$

따라서 집에서 학교까지의 거리는 $\dfrac{8}{3}$ km 이하이다.

3 역에서 상점까지의 거리를 x km라 하면

(가는 시간)+(물건을 사는 시간)+(오는 시간)≤(1시간)

이고 물건을 사는 시간 15분은 $\dfrac{15}{60}=\dfrac{1}{4}$시간이므로

$\dfrac{x}{4}+\dfrac{1}{4}+\dfrac{x}{4}\leq1$

$2x+1\leq4,\ 2x\leq3$ $\qquad \therefore\ x\leq\dfrac{3}{2}$

따라서 역에서 $\dfrac{3}{2}$ km 이내에 있는 상점을 이용할 수 있다.

4 시속 6 km로 걸어야 할 거리를 x km라 하면 시속 4 km로 걸어야 할 거리는 $(24-x)$ km이고

$(10분)=\left(\dfrac{1}{6}시간\right),\ (4시간\ 30분)=\left(\dfrac{9}{2}시간\right)$이므로

(시속 6 km로 걸은 시간)+(쉰 시간)

$\qquad\qquad$+(시속 4 km로 걸은 시간)≤(4시간 30분)

에서 $\dfrac{x}{6}+\dfrac{1}{6}+\dfrac{24-x}{4}\leq\dfrac{9}{2}$

$2x+2+3(24-x)\leq54,\ -x\leq-20$ $\qquad \therefore\ x\geq20$

따라서 시속 6 km로 걸어야 할 거리는 20 km 이상이다.

> **TIP** 구하는 것이 시속 6 km로 걸어야 할 거리이므로 시속 6 km로 걸어야 할 거리를 x km라 하고 문제를 해결한다.
> 시속 4 km로 걸어야 할 거리를 x km라 하면 시속 6 km로 걸어야 할 거리는 $(24-x)$ km이고 $24-x$의 범위를 구해야 하므로 풀이 과정이 더 복잡해진다.

5 넣는 물의 양을 x g이라 하면

소금의 양으로 식을 세우면

$\dfrac{10}{100}\times450\leq\dfrac{8}{100}(450+x)$

양변에 100을 곱하면

$10\times450\leq8(450+x)$

$4500\leq3600+8x,\ -8x\leq-900$

$\therefore\ x\geq\dfrac{225}{2}$

따라서 더 넣어야 할 물의 양은 $\dfrac{225}{2}$ g 이상이다.

6 넣는 소금의 양을 x g이라 하면

소금의 양으로 식을 세우면

$$\frac{8}{100} \times 450 + x \geq \frac{10}{100}(450 + x)$$

양변에 100을 곱하면

$$8 \times 450 + 100x \geq 10(450 + x)$$
$$3600 + 100x \geq 4500 + 10x$$
$$90x \geq 900 \qquad \therefore x \geq 10$$

따라서 더 넣어야 할 소금의 양은 10 g 이상이다.

7 증발시킬 물의 양을 x g이라 하면

$$\boxed{\begin{array}{c} 10\,\% \\ 200\,\text{g} \end{array}} - \boxed{x\,\text{g}} \geq \boxed{\begin{array}{c} 12\,\% \\ (200-x)\,\text{g} \end{array}}$$

소금의 양으로 식을 세우면

$$\frac{10}{100} \times 200 \geq \frac{12}{100}(200 - x)$$

양변에 100을 곱하면

$$10 \times 200 \geq 12(200 - x)$$
$$2000 \geq 2400 - 12x$$
$$12x \geq 400 \qquad \therefore x \geq \frac{100}{3}$$

따라서 증발시켜야 할 물의 양은 $\frac{100}{3}$ g 이상이다.

8 15 %의 소금물의 양을 x g이라 하면 10 %의 소금물의 양은 $(200-x)$ g이므로

$$\boxed{\begin{array}{c} 15\,\% \\ x\,\text{g} \end{array}} + \boxed{\begin{array}{c} 10\,\% \\ (200-x)\,\text{g} \end{array}} \leq \boxed{\begin{array}{c} 12\,\% \\ 200\,\text{g} \end{array}}$$

소금의 양으로 식을 세우면

$$\frac{15}{100}x + \frac{10}{100}(200 - x) \leq \frac{12}{100} \times 200$$

양변에 100을 곱하면

$$15x + 10(200 - x) \leq 12 \times 200$$
$$15x + 2000 - 10x \leq 2400$$
$$5x \leq 400 \qquad \therefore x \leq 80$$

따라서 15 %의 소금물은 80 g 이하를 섞어야 한다.

9 x개월 후 형의 예금액은 $(25000 + 5000x)$원, 동생의 예금액은 $(40000 + 200x)$원이므로

$$25000 + 5000x > 40000 + 2000x$$
$$3000x > 15000, \quad 30x > 150 \qquad \therefore x > 5$$

따라서 형의 예금액이 동생보다 많아지는 것은 6개월 후부터이다.

10 A가 받을 몫을 x원이라 하면 B가 받을 몫은 $(6000-x)$원이므로

$$2x \geq 3(6000 - x)$$
$$5x \geq 18000 \qquad \therefore x \geq 3600$$

따라서 A가 받을 몫은 적어도 3600원이다.

11 원가를 x원이라 하면 원가 x원에 20 %의 이익을 붙인 정가는 $\frac{120}{100}x$원이므로

$$\frac{120}{100}x - 1000 \geq \frac{110}{100}x$$
$$12x - 10000 \geq 11x \qquad \therefore x \geq 10000$$

따라서 원가는 10000원 이상이다.

12 정가를 x원이라 하면 정가의 10 %를 할인한 금액은 $\frac{90}{100}x$원이고 이 금액으로 물건을 팔아서 원가 3000원의 20 % 이상의 이익을 얻으려고 하므로

$$\frac{90}{100}x \geq \frac{120}{100} \times 3000$$
$$9x \geq 12 \times 3000 \qquad \therefore x \geq 4000$$

따라서 정가는 4000원 이상으로 정하면 된다.

13 원가를 a원이라 하면 정가는 $\frac{160}{100}a$원이고, 정가를 x % 할인하여 판매한다고 하면 판매 가격은 $\left\{\frac{160}{100}a\left(1 - \frac{x}{100}\right)\right\}$원이다.

손해를 보지 않으려면 이 금액이 원가 이상이어야 하므로

$$\frac{160}{100}a\left(1 - \frac{x}{100}\right) \geq a$$
$$1600 - 16x \geq 1000$$
$$-16x \geq -600 \qquad \therefore x \leq \frac{600}{16} = 37.5$$

따라서 정가의 37.5 % 이하로 할인하면 된다.

14 입장한 사람 수를 $x \ (x \geq 20)$명이라 하면 총 입장료는 $\{10000 + 200(x - 20)\}$원이므로

$$\frac{10000 + 200(x-20)}{x} \leq 400$$
$$10000 + 200(x - 20) \leq 400x$$
$$100 + 2(x - 20) \leq 4x$$
$$-2x \leq -60 \qquad \therefore x \geq 30$$

따라서 30명 이상 입장해야 한다.

15 x명의 입장료는 $1000x$원이고, 36명의 단체 입장권을 구입하여 30 %를 할인 받으면 $\left(36 \times 1000 \times \frac{70}{100}\right)$원이므로

$$1000x > 36 \times 1000 \times \frac{70}{100}$$
$$\therefore x > 25.2$$

따라서 26명 이상이면 36명의 단체 입장권을 구입하는 것이 더 경제적이다.

16 관람객 수를 x명, 1인당 입장료를 a원이라 하면 x명의 입장료는 ax원이고, 50명의 단체 입장권을 구입하여 35 %를 할인 받으면 $\left(50 \times a \times \dfrac{65}{100}\right)$원이므로

$$ax > 50 \times a \times \dfrac{65}{100}$$

$$\therefore x > 32.5$$

따라서 33명 이상이면 50명의 단체 입장권을 구입하는 것이 더 경제적이다.

17 1인당 입장료를 a원이라 하면 30명 이상 60명 미만인 x명의 입장료는 $\left(ax \times \dfrac{75}{100}\right)$원이고, 60명의 단체 입장권을 구입하여 30 %를 할인 받으면 $\left(60a \times \dfrac{70}{100}\right)$원이므로

$$\dfrac{75}{100}ax > 60a \times \dfrac{70}{100}$$

$$\therefore x > 56$$

따라서 57명 이상이면 60명의 단체로 할인 받는 것이 더 경제적이다.

18 전체의 일의 양을 1이라 할 때, 남자 1명, 여자 1명이 하루에 할 수 있는 일의 양은 각각 $\dfrac{1}{6}$, $\dfrac{1}{10}$이다.

남자가 x명 있다고 하면 여자가 $(8-x)$명 있으므로

$$\dfrac{x}{6} + \dfrac{8-x}{10} \geq 1$$

$$5x + 3(8-x) \geq 30, \ 2x \geq 6 \qquad \therefore x \geq 3$$

따라서 남자는 3명 이상 있어야 한다.

19 수조에 물을 가득 채웠을 때의 물의 양을 1이라 하면 A, B 두 호스로 한 시간 동안 채울 수 있는 물의 양은 각각 $\dfrac{1}{5}$, $\dfrac{1}{15}$이고, A 호스의 개수를 x라 하면 B 호스의 개수는 $9-x$ 이므로

$$\dfrac{1}{5}x + \dfrac{1}{15}(9-x) \geq 1, \ 3x + 9 - x \geq 15$$

$$2x \geq 6 \qquad \therefore x \geq 3$$

따라서 A 호스는 3개 이상 사용해야 한다.

20 두 자연수를 x, $40-x$라고 하면

$x > 2(40-x) + 10$에서 $x > 30$

두 자연수의 차는 $|x-(40-x)| = |2x-40|$이므로 두 자연수의 차가 가장 작을 때 $x=31$이다.

따라서 두 자연수는 9, 31이다.

21 연속하는 세 정수를 $x-1$, x, $x+1$이라 하면

$$(x-1) + x + (x+1) > 100, \ 3x > 100 \qquad \therefore x > \dfrac{100}{3}$$

따라서 가장 작은 x의 값은 34이므로 구하는 세 정수는 33, 34, 35이다.

22 처음 두 자리 자연수의 십의 자리의 숫자가 x이면 일의 자리의 숫자는 $10-x$이므로

$$10(10-x) + x > 3(10x + 10 - x)$$

$$100 - 10x + x > 27x + 30$$

$$-36x > -70 \qquad \therefore x < \dfrac{70}{36}$$

따라서 x는 1이므로 처음 자연수는 19이다.

23 1500원 하는 과자를 x개 담는다고 하면 1000원 하는 과자는 $(15-x)$개 담을 수 있으므로

$$1700 + 1500x + 1000(15-x) \leq 20000$$

$$1700 + 1500x + 15000 - 1000x \leq 20000$$

$$500x \leq 3300 \qquad \therefore x \leq 6.6$$

따라서 1500원 하는 과자를 가능한 한 많이 담을 때, 6개까지 담을 수 있다.

24 삼각김밥을 x개 산다고 하면

A 편의점에서 살 때는 $1500x$원이 들고, B 편의점에서 살 때는 $(1000x + 3000)$원이 든다.

$$1500x > 1000x + 3000, \ 500x > 3000 \qquad \therefore x > 6$$

따라서 삼각김밥을 7개 이상 살 경우 B 편의점에서 사는 것이 유리하다.

25 처음에 동생이 가진 연필을 x자루라 하면 형이 가진 연필은 $4x$자루이고, 형이 동생에게 8자루를 주면 형은 $(4x-8)$자루, 동생은 $(x+8)$자루가 되므로

$$4x - 8 < x + 8$$

$$3x < 16 \qquad \therefore x < \dfrac{16}{3}$$

따라서 동생이 처음에 가지고 있던 연필은 최대 5자루이다.

26 세로의 길이를 x m라 하면 가로의 길이는 $(x+40)$ m이고 둘레의 길이는 $2(x+x+40)$ m이므로

$$400 \leq 2(2x+40) < 500$$

$$160 \leq 2x < 210 \qquad \therefore 80 \leq x < 105$$

따라서 세로의 길이는 80 m 이상 105 m 미만이다.

27 (사다리꼴의 넓이)

$$= \dfrac{1}{2} \times \{(\text{윗변의 길이}) + (\text{아랫변의 길이})\} \times (\text{높이})$$

이므로 $\dfrac{1}{2} \times (12+x) \times 8 \leq 66$에서

$$48 + 4x \leq 66, \ 4x \leq 18 \qquad \therefore x \leq \dfrac{9}{2}$$

그런데 $x>0$이므로 $0<x\leq\dfrac{9}{2}$

따라서 아랫변의 길이는 0 cm 초과 $\dfrac{9}{2}$ cm 이하이다.

> **TIP** x는 변의 길이이므로 $x>0$임을 반드시 표기해야 한다.

28 이등변삼각형의 세 변의 길이를 x, x, y라 하면
$2x+y=18$ $\therefore y=18-2x$ $\cdots\cdots$ ㉠
또, 이등변삼각형에서 길이가 같은 두 변의 길이의 합은 다른 한 변의 길이보다 커야 한다.
$\therefore 2x>y$ $\cdots\cdots$ ㉡
㉠을 ㉡에 대입하여 정리하면
$2x>18-2x$, $4x>18$ $\therefore x>4.5$ $\cdots\cdots$ ㉢
또, 세 변의 길이의 합이 18이므로 $2x<18$이다.
$\therefore x<9$ $\cdots\cdots$ ㉣
㉢, ㉣에 의해 $4.5<x<9$이고, 이 범위에 포함되는 자연수 x는 5, 6, 7, 8이므로 각각 ㉠에 대입하면 y는 8, 6, 4, 2이다.
따라서 조건을 만족시키는 이등변삼각형은 세 변의 길이의 순서쌍 $(x,\ x,\ y)$가
$(5,\ 5,\ 8)$, $(6,\ 6,\ 6)$, $(7,\ 7,\ 4)$, $(8,\ 8,\ 2)$
인 4개이다.

29 남학생의 성적의 평균을 x점이라 하면 전체 학생 수가 50명이므로
$\dfrac{(\text{여학생의 총점})+(\text{남학생의 총점})}{50}\geq70(\text{점})$
즉, $\dfrac{30\times75+20x}{50}\geq70$에서
$2250+20x\geq3500$
$20x\geq1250$ $\therefore x\geq62.5$
따라서 남학생의 성적의 평균은 62.5점 이상이어야 한다.

> **TIP** $(\text{총점})=(\text{학생 수})\times(\text{평균})$
> 네 학생의 점수가 각각 a점, b점, c점, d점이고 점수의 평균이 m점이면 $\dfrac{a+b+c+d}{4}=m$이다. 따라서 $a+b+c+d=4\times m$이므로 네 학생의 총점은 학생 수와 평균을 곱한 값과 일치한다.
> 일반적으로 학생 수에 관계없이 $(\text{총점})=(\text{학생 수})\times(\text{평균})$이 성립한다.

30 네 번째 시험 성적을 x점이라 하면
$\dfrac{85+91+83+x}{4}\geq88$
$259+x\geq352$ $\therefore x\geq93$
따라서 네 번째 시험에서 93점 이상을 얻어야 한다.

1 사과: 6개, 배: 9개	**2** 10명 이하	**3** 201자루
4 200 g 이상 400 g 이하	**5** 19번 이상	**6** 11000개
7 89명 이상	**8** 16 % 이하	**9** 32 % 이상
11 $x=6$, $y=6$, $z=28$		**12** 4 cm 이상 12 cm 이하

(**10** 10)

1 1000원짜리 배를 x개 산다고 하면 500원짜리 사과는 $(15-x)$개를 사야 하므로
$1000x+500(15-x)\leq12000$
$1000x+7500-500x\leq12000$
$500x\leq4500$
$\therefore x\leq9$
따라서 배를 가능한 한 많이 사야 하므로 배는 9개, 사과는 6개 살 수 있다.

2 남학생 20명의 몸무게의 합은 $60\times20=1200(\text{kg})$
여학생을 x명이라 하면 여학생의 몸무게의 합은 $54x$ kg
반 전체 학생의 몸무게는 $(1200+54x)$ kg이므로
$1200+54x\geq58(20+x)$
$-4x\geq-40$ $\therefore x\leq10$
따라서 여학생은 10명 이하이다.

3 볼펜을 x자루 주문한다고 하면 $x\geq100$일 때, 즉 100자루 이상의 볼펜을 주문할 때 드는 비용은
$20000+100(x-100)$원이므로
$20000+100(x-100)<150x$
$-50x<-10000$ $\therefore x>200$
따라서 적어도 201자루의 볼펜을 주문해야 한다.

4 서술형
표현 단계 $10\,\%$의 소금물의 양을 x g이라 하면 $4\,\%$의 소금물의 양은 $(600-x)$ g이므로
$10\,\%$의 소금물의 소금의 양은
$\dfrac{10}{100}\times x=0.1x(\text{g})$
$4\,\%$의 소금물의 소금의 양은

$$\frac{4}{100}(600-x)=24-0.04x\,(\text{g})$$

두 소금물의 소금의 양의 합은

$$0.1x+24-0.04x=0.06x+24\,(\text{g})\text{이므로}$$

농도를 이용하여 식을 세우면

$$6\leq\frac{0.06x+24}{600}\times100\leq8$$

풀이 단계 $6\leq\dfrac{0.06x+24}{6}\leq8$

$$36\leq0.06x+24\leq48$$

$$12\leq0.06x\leq24,\ 1200\leq6x\leq2400$$

$$\therefore\ 200\leq x\leq400$$

확인 단계 따라서 농도가 10 %인 소금물의 양은 200 g 이상 400 g 이하이다.

5 은정이가 큰 수가 나오는 횟수를 x라 하면, 작은 수가 나오는 횟수는 $30-x$이므로 은정이가 얻은 점수는

$$5x+2(30-x)=3x+60\,(\text{점})$$

이때 현정이가 큰 수가 나오는 횟수는 $30-x$이고, 작은 수가 나오는 횟수는 x이므로 현정이가 얻은 점수는

$$5(30-x)+2x=-3x+150\,(\text{점})$$

은정이의 점수의 합이 현정이의 점수의 합보다 20점 이상 많으려면

$$3x+60\geq(-3x+150)+20$$

$$6x\geq110\qquad\therefore\ x\geq\frac{55}{3}\,(=18.333\cdots)$$

따라서 은정이가 현정이보다 최소 19번 이상 큰 수를 뽑아야 한다.

6 한 달 동안 생산한 물건을 x개라 하면 한 달 동안의 총 수입이 총 지출보다 1000만 원 이상 많아야 하므로

$$2000x\geq1000x+1000000+10000000$$

$$1000x\geq11000000$$

$$\therefore\ x\geq11000$$

따라서 한 달 동안 적어도 11000개의 물건을 생산해야 한다.

7 50명 이상 100명 미만인 단체의 인원이 x명이라 하면 10 %를 할인 받을 경우의 입장료는 $\left(10000\times x\times\dfrac{90}{100}\right)$원이고, 100명인 경우의 입장료는 20 %를 할인 받으므로 $\left(10000\times100\times\dfrac{80}{100}\right)$원이다.

$$10000\times x\times\frac{90}{100}>10000\times100\times\frac{80}{100}$$

$$9x>800\qquad\therefore\ x>88.8\cdots$$

따라서 89명 이상일 때, 100명의 할인된 입장료를 지불하고 입장하는 것이 더 경제적이다.

8 서술형

표현 단계 원가가 6000원인 상품의 전체 비용은

$$6000+1000+500=7500\,(\text{원})\text{이다.}$$

이익이 전체 비용의 x %라 하면 판매 가격은

$$7500\left(1+\frac{x}{100}\right)\text{이고,}$$

원가의 45 %의 이윤을 붙인 가격은

$$6000\left(1+\frac{45}{100}\right)\text{이므로}$$

$$7500\left(1+\frac{x}{100}\right)\leq6000\left(1+\frac{45}{100}\right)$$

풀이 단계 $7500+75x\leq8700$

$$75x\leq1200$$

$$\therefore\ x\leq16$$

확인 단계 따라서 원가가 6000원인 상품에 대한 이익은 전체 비용의 16 % 이하로 정해진다.

9 구입비가 2000원이므로 구입비에 x %의 이익을 붙인 가격은 $2000\left(1+\dfrac{x}{100}\right)$원

$$2000\left(1+\frac{x}{100}\right)\geq2200\times\frac{120}{100}$$

$$2000+20x\geq2640$$

$$20x\geq640$$

$$\therefore\ x\geq32$$

따라서 32 % 이상의 이익을 붙여서 팔아야 한다.

10
$$\begin{cases}10a+8<40 & \cdots\cdots\ \text{㉠}\\ b<a^2 & \cdots\cdots\ \text{㉡}\\ b=2a+1 & \cdots\cdots\ \text{㉢}\end{cases}$$

㉠에서 $a<3.2$

그런데 a는 자연수이므로 $a=1,\ 2,\ 3$

a를 ㉢에 대입하면

$a=1$일 때 $b=3$, $a=2$일 때 $b=5$, $a=3$일 때 $b=7$

여기서 ㉡을 만족시키는 a, b는 $a=3$, $b=7$

$$\therefore\ a+b=10$$

11
$$\begin{cases}x+y+z=40 & \cdots\cdots\ \text{㉠}\\ 500x+100y+50z=5000 & \cdots\cdots\ \text{㉡}\end{cases}$$

㉡$\times\dfrac{1}{50}-$㉠을 하면

$$9x+y=60\qquad\therefore\ y=60-9x\qquad\cdots\cdots\ \text{㉢}$$

이때 동전의 개수는 음수가 될 수 없으므로 $60-9x\geq0$

$$-9x\geq-60\qquad\therefore\ x\leq\frac{20}{3}$$

500원짜리 동전을 가능한 한 많이 사용하려면 $x=6$

$x=6$을 ㉢에 대입하면 $y=60-9\times6=6$

㉠에서 $6+6+z=40$이므로 $z=28$

$\therefore x=6,\ y=6,\ z=28$

> **TIP** 동전의 개수는 0 또는 자연수임에 유의한다.

12 (사다리꼴 ABCD)$=\dfrac{1}{2}\times(10+15)\times12=150\,(\text{cm}^2)$

$\overline{\text{BP}}=x\,\text{cm}\ (0\le x\le12)$라 하면

$\triangle\text{APD}=\dfrac{1}{2}\times10\times(12-x)=60-5x\,(\text{cm}^2)$

$\triangle\text{PBC}=\dfrac{1}{2}\times15\times x=\dfrac{15}{2}x\,(\text{cm}^2)$

$\therefore\ \triangle\text{DPC}=(\text{사다리꼴 ABCD})-(\triangle\text{APD}+\triangle\text{PBC})$

$\qquad\qquad\quad=150-\left(60-5x+\dfrac{15}{2}x\right)$

$\qquad\qquad\quad=90-\dfrac{5}{2}x\,(\text{cm}^2)$

$\triangle$DPC의 넓이가 사다리꼴 ABCD의 넓이의 $\dfrac{8}{15}$ 이하이므로

$90-\dfrac{5}{2}x\le150\times\dfrac{8}{15}$

$-\dfrac{5}{2}x\le-10\qquad\therefore x\ge4$

$\therefore\ 4\le x\le12\ (\because 0\le x\le12)$

따라서 $\overline{\text{BP}}$의 길이는 4 cm 이상 12 cm 이하이다.

3 STEP
최고 실력 완성하기 72쪽

1 ②　　　　**2** 시속 56 km 이상　　　　**3** $\dfrac{10}{33}$

4 200 mL 초과 250 mL 이하

1 n각형의 내각의 크기의 합은 $180°\times(n-2)$이므로

$500°\le180°\times(n-2)\le700°$

$\dfrac{25}{9}\le n-2\le\dfrac{35}{9}$

$\therefore\ \dfrac{43}{9}\le n\le\dfrac{53}{9}$

따라서 n의 값은 5이므로 오각형이다.

2 배를 타고 강물을 따라 내려갈 때의 속력은
(배의 속력)$+$(강물의 속력)이고 올라갈 때의 속력은
(배의 속력)$-$(강물의 속력)이다.

즉, 올라갈 때의 배의 속력을 시속 x km라 하면
물의 속력이 시속 2 km이므로 내려갈 때의 속력은
시속 32 km $(=30+2)$이고, 올라갈 때의 속력은
시속 $(x-2)$ km이다.

$\dfrac{100}{32}+\dfrac{100}{x-2}\le5$에서

$\dfrac{100}{x-2}\le5-\dfrac{25}{8}$

$\dfrac{100}{x-2}\le\dfrac{15}{8}$

이때 $x-2>0$이므로 $800\le15(x-2)$

$-15x\le-830$

$\therefore x\ge\dfrac{166}{3}=55.33\cdots$

따라서 x는 자연수이므로 올라갈 때의 배의 속력은 시속
56 km 이상이어야 한다.

3 구하는 기약분수를 $\dfrac{y}{x}$로 놓으면 $x,\ y$는 서로소인 자연
수이다.

주어진 조건에 의해

$\begin{cases}\dfrac{y}{x+3}=\dfrac{5}{18} & \cdots\cdots\ ㉠\\[2mm]\dfrac{y+3}{x}>\dfrac{1}{3} & \cdots\cdots\ ㉡\end{cases}$

㉠에서 $18y=5(x+3)$

$\therefore\ y=\dfrac{5}{18}(x+3)\qquad\cdots\cdots\ ㉢$

㉢에서 18과 5는 서로소이고 y는 자연수이므로
$x+3$은 18의 배수이다.

㉡에서 $x>0$이므로 양변에 $3x$를 곱하면

$3(y+3)>x\qquad\therefore 3y+9>x\qquad\cdots\cdots\ ㉣$

㉣에 ㉢을 대입하면

$\dfrac{5}{6}(x+3)+9>x,\ 5(x+3)+54>6x$

$-x>-69\qquad\therefore x<69$

따라서 $x+3<72$인 18의 배수 $x+3$은 18, 36, 54이므로

$x=15,\ 33,\ 51$

㉢에 대입하면

$x=15$일 때 $y=5$

$x=33$일 때 $y=10$

$x=51$일 때 $y=15$

이 중에서 $x,\ y$가 서로소인 것은 $x=33,\ y=10$뿐이다.

따라서 구하는 기약분수는 $\dfrac{10}{33}$이다.

4 흘려 보낸 우유의 양을 x mL라 하면, 라면 국물의 양은 $(1000-x)$ mL이다.

음식물	버린 양(mL)	필요한 물의 양(L)	산소의 양(mg)
우유	x	$2x$	$0.05x$
라면 국물	$1000-x$	$0.5(1000-x)$	$1.25(1000-x)$
합계	1000	$2x+0.5(1000-x)$	$0.05x+1.25(1000-x)$

(i) 정화에 필요한 물의 양이 800 L보다 많으므로

$2x+500-0.5x>800$, $1.5x>300$ $\quad\therefore x>200$

(ii) 1000 mL에 대한 산소의 양이

$0.05x+1.25(1000-x)$ mg이므로 1 mL에 대한 산소

의 양은 $\dfrac{0.05x+1.25(1000-x)}{1000}$ mg이다.

문제에서 주어진 BOD가 0.95 mg/mL 이상이므로

$\dfrac{0.05x+1.25(1000-x)}{1000}\geq 0.95$

$0.05x+1250-1.25x\geq 950$

$-1.2x\geq -300$ $\quad\therefore x\leq 250$

(i), (ii)에서 $200<x\leq 250$

따라서 흘려 보낸 우유의 양은 200 mL 초과 250 mL 이하이다.

단원 종합 문제

73~76쪽

1 ③, ④	**2** ①, ⑤	**3** 10	**4** $x>-a$
5 3	**6** 1	**7** 해는 없다.	**8** $x<3$
9 $x=3, y=3$	**10** 6, 8	**11** 20 km 이상	
12 18명 이상	**13** 100 g 이상 200 g 이하		
14 9 cm, 12 cm, 15 cm, 18 cm			**15** 25
16 7, 8	**17** 3	**18** $2.5\leq x<3.5$	
19 $10\leq x<18$	**20** 0		

1 ① $a<0$이면 $a+a<0+a$, 즉 $a>2a$이다. (거짓)

② $a<0$이면 $8-a>4-a$이다. (거짓)

③ $a>0$이면 $\dfrac{1}{a}<\dfrac{2}{a}$이다. (참)

④ $a>b>0$이면 $\dfrac{1}{a}<\dfrac{1}{b}$이다. (참)

⑤ $a<b<0$이면 $ab>0$, $b<0$이므로 $ab>b$이다. (거짓)

따라서 옳은 것은 ③, ④이다.

2 ① $6a\geq a-3$

⑤ $\dfrac{x}{100}\times 400\geq 25$ $\quad\therefore 4x\geq 25$

따라서 옳지 않은 것은 ②, ⑤이다.

3 $x-\dfrac{3x-6}{2}>-3$에서 $2x-(3x-6)>-6$

$-x+6>-6$ $\quad\therefore x<12$

$1.3x+0.8>0.4x-1$에서 $13x+8>4x-10$

$9x>-18$ $\quad\therefore x>-2$

따라서 $a=12$, $b=-2$이므로 $a+b=12+(-2)=10$

4 $a<0$일 때, $\dfrac{x}{a}<-1$의 양변에 a를 곱하면

$x>-a$

5 $ax+2>3x+4a$에서

$(a-3)x>4a-2$

이 부등식의 해가 없으려면

$a-3=0$, $4a-2\geq 0$

$\therefore a=3$

6 $ax+3<x+13$에서

$(a-1)x<10$

이 부등식의 해가 모든 실수이려면

$a-1=0$

$\therefore a=1$

7 $ax+1>bx+2$에서

$(a-b)x>1$

그런데 $a=b$이면 $a-b=0$이므로 주어진 부등식은

$0\times x>1$

따라서 해는 없다.

8 $ax-3b<3a-bx$에서

$(a+b)x<3a+3b$

$\therefore (a+b)x<3(a+b)$ $\quad\cdots\cdots$ ㉠

이때 a, b는 양수이므로 $a+b>0$

즉, ㉠의 양변을 $a+b$로 나누면

$x<3$

9 $2x+3y=15$에서 $3y=15-2x$ $\quad\cdots\cdots$ ㉠

$-1<4x-3y<6$에 ㉠을 대입하면

$-1<4x-(15-2x)<6$

$-1<6x-15<6$

$\therefore \dfrac{7}{3}<x<\dfrac{7}{2}$

이때 x는 정수이므로 $x=3$이고 이 값을 ㉠에 대입하면

$y=3$이다.

10 연속하는 두 짝수를 x, $x+2$라 하면

$4x-8\geq2(x+2)$, $2x\geq12$ $\quad\therefore x\geq6$

따라서 가장 작은 두 짝수는 6, 8이다.

11 두 지점 A, B 사이의 거리를 x km라 하면

은정이가 걸은 시간은

(올 때 걸린 시간)≥(갈 때 걸린 시간)+(45분)이므로

$\dfrac{x}{4}\geq\dfrac{x}{5}+\dfrac{3}{4}$에서 $5x\geq4x+15$ $\quad\therefore x\geq15$ $\quad\cdots\cdots$ ㉠

현정이가 자동차로 이동한 시간은

(올 때 걸린 시간)≥(갈 때 걸린 시간)+(16분)이므로

$\dfrac{x}{30}\geq\dfrac{x}{50}+\dfrac{4}{15}$에서 $5x\geq3x+40$

$2x\geq40$ $\quad\therefore x\geq20$ $\quad\cdots\cdots$ ㉡

㉠, ㉡에서 $x\geq20$이므로 두 지점 A, B 사이의 거리는 적어도 20 km 이상이다.

12 $x<25$일 때, 단체 인원을 x명이라 하면 x명의 입장료는 $1000x$원이고 25명의 단체 입장료는 $\left(1000\times25\times\dfrac{70}{100}\right)$원이므로 x명의 단체가 25명의 단체 입장료를 내고 입장하는 것이 더 경제적이기 위해서는

(x명의 입장료)>(25명의 단체 입장료)이면 된다.

즉, $1000x>1000\times25\times\dfrac{70}{100}$에서

$1000x>17500$

$\therefore x>17.5$

따라서 18명 이상일 때 25명의 단체 입장료를 내는 것이 더 경제적이다.

13 2 %의 소금물의 양을 x g이라 하면 8 %의 소금물의 양은 $(300-x)$ g이다.

2 %의 소금물의 소금의 양은 $0.02x$ g이고

8 %의 소금물의 소금의 양은

$0.08(300-x)=24-0.08x$(g)이므로

두 소금물의 소금의 양의 합은

$0.02x+24-0.08x=24-0.06x$(g)

농도를 이용하여 식을 세우면

$4\leq\dfrac{24-0.06x}{300}\times100\leq6$, $4\leq\dfrac{24-0.06x}{3}\leq6$

$12\leq24-0.06x\leq18$, $-12\leq-0.06x\leq-6$

$\therefore 100\leq x\leq200$

따라서 2 %의 소금물은 100 g 이상 200 g 이하이어야 한다.

14 삼각형의 세 변의 길이가 모두 3의 배수이므로 각각 $3a$ cm, $3b$ cm, $3c$ cm $(a\leq b\leq c$인 자연수)라 하자.

$24\leq3a+3b+3c\leq42$이므로

$8\leq a+b+c\leq14$ $\quad\cdots\cdots$ ㉠

또, 가장 긴 변의 길이가 $3c$ cm이므로 $3c+6=3a+3b$

$3(a+b)=3(c+2)$

$\therefore a+b=c+2$ $\quad\cdots\cdots$ ㉡

㉡을 ㉠에 대입하면

$8\leq c+2+c\leq14$, $8\leq2c+2\leq14$

$6\leq2c\leq12$ $\quad\therefore 3\leq c\leq6$

즉, 자연수 c의 값은 3, 4, 5, 6이다.

따라서 가장 긴 변의 길이는 $3c$ cm이므로 가장 긴 변의 길이로 가능한 경우는 9 cm, 12 cm, 15 cm, 18 cm이다.

15 x는 자연수이므로 $a>0$, $b>0$, $c>0$이고 삼각형의 가장 긴 변의 길이는 c이다.

$a+b>c$에서 $2x+1+3x+2>4x+4$이므로 $x>1$이다.

이때 $a+b+c=9x+7$이고 x의 값이 가장 작을 때, 세 변의 길이의 합도 가장 작다.

따라서 $x=2$일 때, 구하는 세 변의 길이의 합은 25이다.

> **TIP 두 식의 대소 관계 파악하기**
> 자연수 x에 대하여 두 식 $2x+1$, $4x+4$의 대소 관계를 파악해 보자.
> $2<4$의 양변에 자연수 x를 곱하면 $2x<4x$ $\quad\cdots\cdots$ ㉠
> $1<4$ $\quad\cdots\cdots$ ㉡
> ㉠+㉡에서 $2x+1<4x+4$가 성립함을 알 수 있다.
> 마찬가지로 생각하면 $3x+2<4x+4$ 역시 성립한다.

16 $\dfrac{1}{3}<\dfrac{3}{a}<\dfrac{1}{2}$에서

$2<\dfrac{a}{3}<3$ $\quad\cdots\cdots$ ㉠

㉠에서 각 변에 3을 곱하면

$6<a<9$

따라서 이를 만족시키는 자연수 a의 값은 7, 8이다.

다른 풀이

$\dfrac{1}{3}<\dfrac{3}{a}<\dfrac{1}{2}$에서 $\dfrac{1\times3}{3\times3}<\dfrac{3}{a}<\dfrac{1\times3}{2\times3}$

즉 $\dfrac{3}{9}<\dfrac{3}{a}<\dfrac{3}{6}$이므로 $6<a<9$

따라서 이를 만족시키는 자연수 a의 값은 7, 8이다.

17 $|x-3|\leq a$에서 $-a\leq x-3\leq a$

$\therefore 3-a\leq x\leq 3+a$

$a=1$일 때, $2\leq x\leq 4$를 만족시키는 자연수 x의 개수는 3이다.

$a=2$일 때, $1\leq x\leq 5$를 만족시키는 자연수 x의 개수는 5이다.

$a=3$일 때, $0\leq x\leq 6$을 만족시키는 자연수 x의 개수는 6이다.

$a=4$일 때, $-1\leq x\leq 7$을 만족시키는 자연수 x의 개수는 7이다.

$a=5$일 때, $-2\leq x\leq 8$을 만족시키는 자연수 x의 개수는 8이다.

$\vdots$

따라서 $a=3$이다.

18 $2\langle x\rangle^2+\langle x\rangle-1=2(\langle x\rangle^2+1)$을 풀면

$2\langle x\rangle^2+\langle x\rangle-1=2\langle x\rangle^2+2$

$\therefore \langle x\rangle=3$

따라서 $3-\dfrac{1}{2}\leq x<3+\dfrac{1}{2}$이므로

$2.5\leq x<3.5$

> **TIP** $\langle x\rangle$를 $n-\dfrac{1}{2}\leq x<n+\dfrac{1}{2}$을 만족시키는 정수 n으로 정의할 때, $\langle x\rangle$는 x를 소수 첫째 자리에서 반올림한 정수를 의미한다.

19 $3<\left[\dfrac{x}{4}+1\right]<6$이면 $\left[\dfrac{x}{4}+1\right]=4$, 5이다.

(ⅰ) $\left[\dfrac{x}{4}+1\right]=4$일 때, $3.5\leq\dfrac{x}{4}+1<4.5$

(ⅱ) $\left[\dfrac{x}{4}+1\right]=5$일 때, $4.5\leq\dfrac{x}{4}+1<5.5$

(ⅰ), (ⅱ)에서

$3.5\leq\dfrac{x}{4}+1<5.5$

$2.5\leq\dfrac{x}{4}<4.5$

$\therefore 10\leq x<18$

20 a, b, c의 값의 범위를 구하면

$\begin{cases} 3\leq a<4 & \cdots\cdots\ ㉠ \\ -2\leq b<-1 & \cdots\cdots\ ㉡ \\ 4\leq c<5 & \cdots\cdots\ ㉢ \end{cases}$

$a-b-c=a-(b+c)$이므로

㉡+㉢을 하면

$2\leq b+c<4$ $\cdots\cdots\ ㉣$

㉠-㉣을 하면

$3-4<a-b-c<4-2$

$\therefore -1<a-b-c<2$

따라서 $-1\leq[a-b-c]\leq1$이고, $[a-b-c]$의 값은 정수이므로

$[a-b-c]=-1$, 0, 1

$\therefore -1+0+1=0$

㉠-㉡을 하면

$3-(-1)<a-b<4-(-2)$

$\therefore 4<a-b<6$ $\cdots\cdots\ ㉣$

㉣-㉢을 하면

$4-5<a-b-c<6-4$

$\therefore -1<a-b-c<2$

1 연립방정식

1 주제별 실력다지기

80~84쪽

1 $2x+y=10$　**2** $x+2y=250$

3 $(1, 15), (2, 12), (3, 9), (4, 6), (5, 3)$　　**4** $n-1$

5 14　　**6** $\dfrac{3}{2}$　　**7** 2　　**8** 2

9 (1) $x=1, y=0$　(2) $x=3, y=-1$

10 $x=3, y=1$ 또는 $x=-9, y=-5$　　**11** 0

12 $a=-\dfrac{1}{5}, b=-\dfrac{2}{5}$　　**13** $x=3, y=-1$

14 $x=6, y=2$　**15** $x=2, y=0$　**16** $x=1, y=1$

17 $x=2, y=-2$　　**18** 3　　**19** -3

20 $\dfrac{2}{5}$　　**21** $a=5, b=13$　　**22** 1

23 -3　　**24** 3

25 $x=\dfrac{5}{4}, y=-\dfrac{1}{2}, z=\dfrac{7}{2}$　　**26** $x=2, y=1, z=3$

1 공책과 볼펜을 사는 데 필요한 돈이 각각 $400x$원, $200y$원이므로

$400x+200y=2000$

$\therefore 2x+y=10$

2 (소금의 양)$=\dfrac{(\text{농도})}{100}\times(\text{소금물의 양})$이므로

10 %의 소금물 x g 속의 소금의 양은 $\dfrac{10}{100}x$ g,

20 %의 소금물 y g 속의 소금의 양은 $\dfrac{20}{100}y$ g

$\dfrac{10}{100}x+\dfrac{20}{100}y=25$이므로

$x+2y=250$

3 x가 자연수이므로 주어진 방정식에 $x=1, 2, 3, \cdots$을 차례로 대입하여 y의 값을 구하면 다음과 같다.

x	1	2	3	4	5	6	7	8	$\cdots$
y	15	12	9	6	3	0	-3	-6	$\cdots$

그런데 y의 값도 자연수이므로 구하는 해를 순서쌍으로 나타내면 $(1, 15), (2, 12), (3, 9), (4, 6), (5, 3)$이다.

4 x와 y가 자연수이므로 주어진 방정식을 만족시키는 해는 다음과 같다.

x	1	2	3	$\cdots$	$n-2$	$n-1$
y	$n-1$	$n-2$	$n-3$	$\cdots$	2	1

따라서 순서쌍 (x, y)의 개수는 $n-1$이다.

5 $3x-2y=7$을 만족시키는 (x, y)는
$(3, 1), (5, 4), (7, 7), (9, 10), (11, 13), (13, 16), \cdots$
이고, 이 중에서 최소공배수가 7이 되는 경우는 $(7, 7)$이므로 $x=7, y=7$

$\therefore x+y=7+7=14$

다른 풀이

x, y의 최소공배수가 7이므로 $x=7a, y=7b$라 하면
(a, b는 서로소)

$3x-2y=7$에서 $21a-14b=7$,

$7(3a-2b)=7, 3a-2b=1$

$3a-2b=1$을 만족시키는 (a, b)는

$(1, 1), (3, 4), (5, 7), (7, 10), \cdots$이고,

a, b는 서로소이므로 $a=1, b=1$

즉, $x=7, y=7$

$\therefore x+y=7+7=14$

6 직선 $2x+my=4$의 그래프가 점 $(4, -2)$를 지나므로
$x=4, y=-2$를 $2x+my=4$에 대입하면

$8-2m=4$　　$\therefore m=2$

$m=2$를 $2x+my=4$에 대입하면 $2x+2y=4$이고

$x=2n, y=3$을 $2x+2y=4$에 대입하면

$4n+6=4$　　$\therefore n=-\dfrac{1}{2}$

$\therefore m+n=2+\left(-\dfrac{1}{2}\right)=\dfrac{3}{2}$

7 $2x-y=4$에 $x=4, y=a$를 대입하면

$8-a=4$　　$\therefore a=4$

$2x-y=4$에 $x=-b+1, y=2$를 대입하면

$2(-b+1)-2=4, -2b=4$　　$\therefore b=-2$

$\therefore a+b=4+(-2)=2$

8 순서쌍 $(3, -1)$이 $ax-y+2=0$의 해이므로

$x=3$, $y=-1$을 $ax-y+2=0$에 대입하면

$3a-(-1)+2=0$ $\therefore a=-1$

점 $(b-2,\ b)$가 $-x-y+2=0$의 그래프 위에 있으므로

$x=b-2$, $y=b$를 $-x-y+2=0$에 대입하면

$-(b-2)-b+2=0,\ -2b+4=0$ $\therefore b=2$

9 (1) $\begin{cases} x+2y=1 & \cdots\cdots\ \bigcirc \\ 2x+y=2 & \cdots\cdots\ \bigcirc\hspace{-0.5em}\bigcirc \end{cases}$

$\bigcirc-\bigcirc\hspace{-0.5em}\bigcirc\times2$를 하면

$-3x=-3$ $\therefore x=1$

$x=1$을 $\bigcirc\hspace{-0.5em}\bigcirc$에 대입하면

$2+y=2$ $\therefore y=0$

(2) $\begin{cases} 2x-3y=9 & \cdots\cdots\ \bigcirc \\ 3x+2y=7 & \cdots\cdots\ \bigcirc\hspace{-0.5em}\bigcirc \end{cases}$

$\bigcirc\times2+\bigcirc\hspace{-0.5em}\bigcirc\times3$을 하면

$13x=39$ $\therefore x=3$

$x=3$을 $\bigcirc$에 대입하면

$6-3y=9$ $\therefore y=-1$

10 $\begin{cases} |x|+y=4 & \cdots\cdots\ \bigcirc \\ x-2y=1 & \cdots\cdots\ \bigcirc\hspace{-0.5em}\bigcirc \end{cases}$

$\bigcirc\times2+\bigcirc\hspace{-0.5em}\bigcirc$을 하면 $2|x|+x=9$

(i) $x\geq0$일 때, $2x+x=9$ $\therefore x=3$

  $x=3$을 $\bigcirc$에 대입하면 $|3|+y=4$ $\therefore y=1$

(ii) $x<0$일 때, $-2x+x=9$ $\therefore x=-9$

  $x=-9$를 $\bigcirc$에 대입하면 $|-9|+y=4$ $\therefore y=-5$

(i), (ii)에서 $x=3$, $y=1$ 또는 $x=-9$, $y=-5$

11 $x=1$, $y=1$을 주어진 일차방정식에 대입하면

$a+(a-2)+b=0$에서 $2a+b=2$ $\cdots\cdots\ \bigcirc$

$x=-1$, $y=2$를 주어진 일차방정식에 대입하면

$-a+2(a-2)+b=0$에서 $a+b=4$ $\cdots\cdots\ \bigcirc\hspace{-0.5em}\bigcirc$

$\bigcirc-\bigcirc\hspace{-0.5em}\bigcirc$을 하면 $a=-2$

$a=-2$를 $\bigcirc\hspace{-0.5em}\bigcirc$에 대입하면 $-2+b=4$ $\therefore b=6$

$a=-2$, $b=6$이므로 주어진 일차방정식은

$-2x-4y+6=0$

$\therefore x+2y-3=0$

따라서 $x+2y-3=0$에 $x=3$을 대입하면

$3+2y-3=0$ $\therefore y=0$

12 $x=3$, $y=-1$을 $y=ax+b$, $y=bx-a$에 각각 대입하면

$-1=3a+b$에서 $b=-3a-1$ $\cdots\cdots\ \bigcirc$

$-1=3b-a$ $\cdots\cdots\ \bigcirc\hspace{-0.5em}\bigcirc$

$\bigcirc$을 $\bigcirc\hspace{-0.5em}\bigcirc$에 대입하면

$3(-3a-1)-a=-1,\ -10a=2$ $\therefore a=-\dfrac{1}{5}$

$a=-\dfrac{1}{5}$을 $\bigcirc$에 대입하면

$b=-3\times\left(-\dfrac{1}{5}\right)-1$ $\therefore b=-\dfrac{2}{5}$

> **TIP** 교점은 두 직선이 만나서 생기는 점이므로 두 직선 위에 있다. 따라서 교점의 좌표를 두 직선의 방정식에 대입하면 모두 성립한다.

13 주어진 연립방정식에서 계수가 소수인 일차방정식의 양변에는 10을 곱하고, 계수가 분수인 일차방정식의 양변에는 분모의 최소공배수인 6을 곱하여 정리하면

$\begin{cases} x-2y=5 & \cdots\cdots\ \bigcirc \\ 2x+3y=3 & \cdots\cdots\ \bigcirc\hspace{-0.5em}\bigcirc \end{cases}$

$\bigcirc\times2-\bigcirc\hspace{-0.5em}\bigcirc$을 하면

$-7y=7$ $\therefore y=-1$

$y=-1$을 $\bigcirc$에 대입하면

$x+2=5$ $\therefore x=3$

14 두 일차방정식의 양변에 각각 분모의 최소공배수인 6을 곱하면

$\begin{cases} 2x=3y+6 \\ 3x+2y=22 \end{cases}$, 즉 $\begin{cases} 2x-3y=6 & \cdots\cdots\ \bigcirc \\ 3x+2y=22 & \cdots\cdots\ \bigcirc\hspace{-0.5em}\bigcirc \end{cases}$

$\bigcirc\times2+\bigcirc\hspace{-0.5em}\bigcirc\times3$을 하면

$13x=78$ $\therefore x=6$

$x=6$을 $\bigcirc$에 대입하면

$12-3y=6$ $\therefore y=2$

15 두 일차방정식의 양변에 각각 분모의 최소공배수인 6을 곱하면

$\begin{cases} 2(x+1)+3y=6 \\ (x+1)-3(y-1)=6 \end{cases}$, 즉 $\begin{cases} 2x+3y=4 & \cdots\cdots\ \bigcirc \\ x-3y=2 & \cdots\cdots\ \bigcirc\hspace{-0.5em}\bigcirc \end{cases}$

$\bigcirc+\bigcirc\hspace{-0.5em}\bigcirc$을 하면

$3x=6$ $\therefore x=2$

$x=2$를 $\bigcirc$에 대입하면

$4+3y=4$ $\therefore y=0$

16 $\begin{cases} x+2y+3=2x+3y+1 \\ 2x+3y+1=3x+y+2 \end{cases}$를 정리하면

$\begin{cases} x+y=2 & \cdots\cdots\ \bigcirc \\ x-2y=-1 & \cdots\cdots\ \bigcirc\hspace{-0.5em}\bigcirc \end{cases}$

$\bigcirc-\bigcirc\hspace{-0.5em}\bigcirc$을 하면

$3y=3$ $\therefore y=1$

$y=1$을 $\bigcirc$에 대입하면

$x+1=2$ $\therefore x=1$

17 세 변에 각각 분모의 최소공배수인 6을 곱하면
$3x+3y=2y+4=x-2$이므로
$$\begin{cases} 3x+3y=2y+4 \\ 2y+4=x-2 \end{cases}, \ 즉 \begin{cases} y=4-3x & \cdots\cdots\ \text{㉠} \\ x-2y=6 & \cdots\cdots\ \text{㉡} \end{cases}$$
㉠을 ㉡에 대입하면
$x-2(4-3x)=6$ $\therefore x=2$
$x=2$를 ㉠에 대입하면
$y=4-3\times2$ $\therefore y=-2$

18 주어진 연립방정식의 해가 무수히 많으므로
$$\frac{1}{a}=\frac{3}{b}=\frac{4}{2}$$
$\dfrac{1}{a}=\dfrac{4}{2}$에서 $a=\dfrac{1}{2}$
$\dfrac{3}{b}=\dfrac{4}{2}$에서 $b=\dfrac{3}{2}$
$\therefore 4ab=4\times\dfrac{1}{2}\times\dfrac{3}{2}=3$

$$\begin{cases} x+3y=4 \\ 2ax+2by=4 \end{cases}$$ 에서 두 일차방정식은 일치하므로
$2a=1,\ 2b=3$에서 $a=\dfrac{1}{2},\ b=\dfrac{3}{2}$
$\therefore 4ab=4\times\dfrac{1}{2}\times\dfrac{3}{2}=3$

19 주어진 연립방정식의 해가 없으므로
$$\frac{a+1}{2}=\frac{a}{3}\neq\frac{3}{2}$$
$\dfrac{a+1}{2}=\dfrac{a}{3}$에서 $3a+3=2a$
$\therefore a=-3$

20 y의 값이 x의 값의 2배이므로 $y=2x$를 주어진 연립방정식에 대입하면
$$\begin{cases} x+2ax=3 & \cdots\cdots\ \text{㉠} \\ ax-4x=-6 & \cdots\cdots\ \text{㉡} \end{cases}$$
㉠$-$㉡$\times2$를 하면
$9x=15$ $\therefore x=\dfrac{5}{3}$
$x=\dfrac{5}{3}$를 ㉠에 대입하면
$\dfrac{5}{3}+\dfrac{10}{3}a=3$ $\therefore a=\dfrac{2}{5}$

21 두 연립방정식의 해는
$$\begin{cases} x+y=1 & \cdots\cdots\ \text{㉠} \\ x-y=3 & \cdots\cdots\ \text{㉡} \end{cases}$$ 의 해와 같다.
㉠$+$㉡을 하면 $2x=4$ $\therefore x=2$
$x=2$를 ㉠에 대입하면 $2+y=1$ $\therefore y=-1$

$x=2,\ y=-1$을 $3x+y=a$에 대입하면
$6-1=a$ $\therefore a=5$
$a=5,\ x=2,\ y=1$을 $ax-3y=b$에 대입하면
$10+3=b$ $\therefore b=13$

22 세 방정식 $$\begin{cases} mx+2y=1 & \cdots\cdots\ \text{㉠} \\ x+y=3 & \cdots\cdots\ \text{㉡의 그래프가} \\ x-2y=9 & \cdots\cdots\ \text{㉢} \end{cases}$$
한 점에서 만나므로 교점의 좌표를 $(x,\ y)$라 하면
$(x,\ y)$는 ㉠, ㉡, ㉢의 식을 모두 만족시킨다.
즉, ㉡과 ㉢을 연립하여 풀면
㉡$-$㉢에서 $3y=-6$ $\therefore y=-2$
$y=-2$를 ㉡에 대입하면 $x+(-2)=3$ $\therefore x=5$
따라서 $x=5,\ y=-2$를 ㉠에 대입하면
$5m+2\times(-2)=1$ $\therefore m=1$

23 주어진 연립방정식에서 상수 $a,\ b$를 바꾸면
$$\begin{cases} bx+ay=3 \\ ax-by=-1 \end{cases}$$
이 연립방정식에 $x=1,\ y=-1$을 대입하면
$$\begin{cases} b-a=3 & \cdots\cdots\ \text{㉠} \\ a+b=-1 & \cdots\cdots\ \text{㉡} \end{cases}$$
㉠$+$㉡을 하면 $2b=2$ $\therefore b=1$
$b=1$을 ㉡에 대입하면
$a+1=-1$ $\therefore a=-2$
$\therefore a-b=(-2)-1=-3$

24 은정이는 연립방정식을 바르게 풀었으므로
$$\begin{cases} ax+by=-2 \\ bx+ay=5 \end{cases}$$
이 연립방정식에 $x=1,\ y=2$를 대입하면
$$\begin{cases} a+2b=-2 & \cdots\cdots\ \text{㉠} \\ b+2a=5 & \cdots\cdots\ \text{㉡} \end{cases}$$
㉠$-$㉡$\times2$를 하면
$-3a=-12$ $\therefore a=4$
$a=4$를 ㉡에 대입하면
$b+8=5$ $\therefore b=-3$
현정이는 $a,\ b$를 바꾸어 풀었으므로
$$\begin{cases} bx+ay=-2 \\ ax+by=5 \end{cases}$$
이 연립방정식에 $a=4,\ b=-3$을 대입하면
$$\begin{cases} -3x+4y=-2 & \cdots\cdots\ \text{㉢} \\ 4x-3y=5 & \cdots\cdots\ \text{㉣} \end{cases}$$
㉢$\times3+$㉣$\times4$를 하면

$7x=14$ $\therefore x=2$

$x=2$를 ㉢에 대입하면

$-6+4y=-2$ $\therefore y=1$

즉, $m=2$, $n=1$이므로

$m+n=2+1=3$

> **TIP** 연립방정식 $\begin{cases} ax+by=-2 \\ bx+ay=5 \end{cases}$에 대하여 a와 b를 바꾸면
>
> $\begin{cases} bx+ay=-2 \\ ax+by=5 \end{cases}$이고 x와 y를 바꿔도 $\begin{cases} ay+bx=-2 \\ by+ax=5 \end{cases}$이다. 즉, 위의 연립
> 방정식에서 a와 b를 바꾸는 것은 x와 y를 바꾸는 것과 같다. 따라서 연립방
> 정식의 해는 $x=1$, $y=2$에서 $x=2$, $y=1$로 바뀌게 된다.

25 $\begin{cases} 2x-3y=4 & \cdots\cdots ㉠ \\ -3y+z=5 & \cdots\cdots ㉡ \\ 2x+z=6 & \cdots\cdots ㉢ \end{cases}$

㉢$-$㉡을 하면

$2x+3y=1$ $\cdots\cdots ㉣$

㉠$+$㉣을 하면

$4x=5$ $\therefore x=\dfrac{5}{4}$

$x=\dfrac{5}{4}$를 ㉠에 대입하면

$\dfrac{5}{2}-3y=4$ $\therefore y=-\dfrac{1}{2}$

$x=\dfrac{5}{4}$를 ㉢에 대입하면

$\dfrac{5}{2}+z=6$ $\therefore z=\dfrac{7}{2}$

26 주어진 식의 각 변끼리 더하면

$2(x+y+z)=12$

$\therefore x+y+z=6$ $\cdots\cdots ㉠$

$x+y=3$을 ㉠에 대입하면

$3+z=6$ $\therefore z=3$

$y+z=4$를 ㉠에 대입하면

$x+4=6$ $\therefore x=2$

$z+x=5$를 ㉠에 대입하면

$5+y=6$ $\therefore y=1$

---

1 4 　　**2** $x=\dfrac{1}{2}$, $y=-1$ 　　**3** $-\dfrac{9}{2}$

4 $-\dfrac{8}{3}$ 　　**5** $x=8$, $y=2$ 　　**6** $a=-\dfrac{2}{3}$, $b=-2$

7 $x=\dfrac{1}{2}$, $y=\dfrac{1}{3}$ 　　**8** $-\dfrac{7}{4}$ 　　**9** 23

10 -1 　　**11** -8 　　**12** $x=\dfrac{4}{5}$, $y=\dfrac{7}{5}$

13 12 　　**14** 3 　　**15** -1

16 $a=\dfrac{9}{5}$, $b=-\dfrac{4}{3}$ 　　**17** 9

18 $x=-\dfrac{11}{48}$, $y=-\dfrac{5}{48}$ 　　**19** 3 　　**20** 6

21 18

1 (ⅰ) $z=1$일 때, $x+y=4$에서

$x=1$, $y=3$ 또는 $x=y=2$ 또는 $x=3$, $y=1$

(ⅱ) $z=2$일 때, $x+y=2$에서

$x=y=1$

(ⅰ), (ⅱ)에서 순서쌍 (x, y, z)는 $(1, 3, 1)$, $(2, 2, 1)$,
$(3, 1, 1)$, $(1, 1, 2)$이므로 순서쌍 (x, y, z)의 개수는 4이다.

> **TIP** 계수가 큰 미지수의 값을 기준으로 분류하면 분류의 개수가 적으므로
> 방정식을 만족시키는 해의 개수를 찾기 쉽다.

2 주어진 연립방정식의 계수를 정수로 고치면

$\begin{cases} 50x-75y=100 \\ 18(x-1)+8(y+1)=-9 \end{cases}$ 즉 $\begin{cases} 2x-3y=4 & \cdots\cdots ㉠ \\ 18x+8y=1 & \cdots\cdots ㉡ \end{cases}$

㉠$\times 9-$㉡을 하면

$-35y=35$ $\therefore y=-1$

$y=-1$을 ㉠에 대입하면

$2x-3\times(-1)=4$ $\therefore x=\dfrac{1}{2}$

3 서술형

표현 단계 $\begin{cases} 2ax-by=6 \\ 3ax-2by=11 \end{cases}$ 의 해가 $x=-2$, $y=1$이므로

각각을 대입하면

변형 단계 $\begin{cases} -4a-b=6 & \cdots\cdots\ \text{㉠} \\ -6a-2b=11 & \cdots\cdots\ \text{㉡} \end{cases}$

풀이 단계 ㉠×2−㉡을 하면

$$-2a=1 \qquad \therefore\ a=-\frac{1}{2}$$

$a=-\dfrac{1}{2}$을 ㉠에 대입하면

$$2-b=6 \qquad \therefore\ b=-4$$

확인 단계 $\therefore\ a+b=-\dfrac{9}{2}$

4 12와 18의 최대공약수는 6, 최소공배수는 36이므로 연립방정식의 해는 $x=6,\ y=36$이다.

이 값을 연립방정식에 대입하면

$$\begin{cases} 3a+12b=4 & \cdots\cdots\ \text{㉠} \\ 6a+12b=-8 & \cdots\cdots\ \text{㉡} \end{cases}$$

㉠−㉡을 하면 $-3a=12 \qquad \therefore\ a=-4$

$a=-4$를 ㉠에 대입하면 $b=\dfrac{4}{3}$

$$\therefore\ a+b=-4+\frac{4}{3}=-\frac{8}{3}$$

5 주어진 연립방정식의 계수를 정수로 고치면

$$\begin{cases} \dfrac{2}{9}x-\dfrac{3}{9}y=\dfrac{11-1}{9} \\ x-1-2(y+1)=1 \end{cases},\ \text{즉}\ \begin{cases} 2x-3y=10 & \cdots\cdots\ \text{㉠} \\ x-2y=4 & \cdots\cdots\ \text{㉡} \end{cases}$$

㉠−㉡×2를 하면 $y=2$

$y=2$를 ㉡에 대입하면 $x-2\times2=4 \qquad \therefore\ x=8$

6 두 연립방정식의 해는

$$\begin{cases} 2x-3y=5 & \cdots\cdots\ \text{㉠} \\ 3x+y=-9 & \cdots\cdots\ \text{㉡} \end{cases}\ \text{의 해와 같다.}$$

㉠+㉡×3을 하면 $11x=-22 \qquad \therefore\ x=-2$

$x=-2$를 ㉡에 대입하면

$3\times(-2)+y=-9 \qquad \therefore\ y=-3$

$x=-2,\ y=-3$을 나머지 두 일차방정식에 대입하면

$$\begin{cases} -4-3a=b \\ -2b+3a=2 \end{cases},\ \text{즉}\ \begin{cases} 3a+b=-4 & \cdots\cdots\ \text{㉢} \\ 3a-2b=2 & \cdots\cdots\ \text{㉣} \end{cases}$$

㉢−㉣을 하면 $3b=-6 \qquad \therefore\ b=-2$

$b=-2$를 ㉢에 대입하면

$3a+(-2)=-4,\ 3a=-2 \qquad \therefore\ a=-\dfrac{2}{3}$

7 $\dfrac{1}{x}=m,\ \dfrac{1}{y}=n$이라 하면

$$\begin{cases} 3m+2n=12 & \cdots\cdots\ \text{㉠} \\ m-2n=-4 & \cdots\cdots\ \text{㉡} \end{cases}$$

㉠+㉡을 하면 $4m=8 \qquad \therefore\ m=2$

$m=2$를 ㉡에 대입하면

$2-2n=-4,\ 2n=-6 \qquad \therefore\ n=3$

따라서 $m=\dfrac{1}{x}=2$에서 $x=\dfrac{1}{2}$

$n=\dfrac{1}{y}=3$에서 $y=\dfrac{1}{3}$

8

표현 단계 $\begin{cases} \dfrac{3}{x}-\dfrac{1}{y}=9 \\ -\dfrac{1}{x}+\dfrac{2}{y}=2 \end{cases}$ 에서 $\dfrac{1}{x}=A,\ \dfrac{1}{y}=B$라 하면

변형 단계 $\begin{cases} 3A-B=9 & \cdots\cdots\ \text{㉠} \\ -A+2B=2 & \cdots\cdots\ \text{㉡} \end{cases}$

풀이 단계 ㉠×2+㉡을 하면 $5A=20$

$$A=4 \qquad \therefore\ x=\frac{1}{4}$$

$A=4$를 ㉡에 대입하면 $-4+2B=2$

$$B=3 \qquad \therefore\ y=\frac{1}{3}$$

$x=\dfrac{1}{4},\ y=\dfrac{1}{3}$이 $x-3my=2$를 만족시키므로

$$\frac{1}{4}-3\times m\times\frac{1}{3}=2$$

$$\frac{1}{4}-m=2$$

확인 단계 $\therefore\ m=-\dfrac{7}{4}$

9 두 직선 $ax-y=6,\ 3x+y=b$의 교점이 $(3,\ 4)$이므로

연립방정식 $\begin{cases} ax-y=6 \\ 3x+y=b \end{cases}$의 해가 $x=3,\ y=4$이다.

이 값을 두 방정식에 대입하면 $\begin{cases} 3a-4=6 \\ 9+4=b \end{cases}$이므로

$$a=\frac{10}{3},\ b=13$$

$$\therefore\ 3a+b=10+13=23$$

10 $\begin{cases} x-2y=a & \cdots\cdots\ \text{㉠} \\ 2x-y=3-a & \cdots\cdots\ \text{㉡} \end{cases}$

㉠+㉡을 하면 $3x-3y=3$에서 $x-y=1 \qquad \cdots\cdots\ \text{㉢}$

주어진 연립방정식을 만족시키는 x와 y의 값의 합이 5이므로

$$x+y=5 \qquad\qquad \cdots\cdots\ \text{㉣}$$

㉢+㉣을 하면 $2x=6 \qquad \therefore\ x=3$

$x=3$을 ㉣에 대입하면 $3+y=5 \qquad \therefore\ y=2$

$x=3,\ y=2$를 ㉠에 대입하면

$$a=3-2\times2 \qquad \therefore\ a=-1$$

> **TIP** 방정식 $x+y=5$에는 미지수 a가 없으므로 연립방정식
> $$\begin{cases} x-2y=a \\ 2x-y=3-a \end{cases}$$ 에서 각 변을 더하여 a를 소거한다.

11 $\begin{cases} 2x-3y=a+3 & \cdots\cdots \ \text{㉠} \\ 3x-y=11+a & \cdots\cdots \ \text{㉡} \end{cases}$

㉠$-$㉡$\times3$을 하면

$-7x=-2a-30 \qquad \therefore x=\dfrac{2a+30}{7}$

$x=\dfrac{2a+30}{7}$을 ㉡에 대입하면

$3\times\dfrac{2a+30}{7}-y=11+a \qquad \therefore y=\dfrac{13-a}{7}$

$x:y=2:3$에서 $3x=2y$이므로

$3\times\dfrac{2a+30}{7}=2\times\dfrac{13-a}{7},\ 6a+90=26-2a$

$8a=-64 \qquad \therefore a=-8$

다른 풀이

㉡$-$㉠을 하면 $x+2y=8 \qquad\qquad \cdots\cdots \ \text{㉢}$

$x:y=2:3$에서 $3x=2y,\ 3x-2y=0 \qquad \cdots\cdots \ \text{㉣}$

㉢$+$㉣을 하면 $4x=8 \qquad \therefore x=2,\ y=3$

구한 해를 ㉠에 대입하면 $a=-8$

12 $\begin{cases} ax+y=-1 & \cdots\cdots \ \text{㉠} \\ 2x-by=3 & \cdots\cdots \ \text{㉡} \end{cases}$

현정이는 ㉠에서 a를 잘못 보고 풀었으므로 현정이가 구한 해인 $x=3,\ y=-3$은 ㉡을 만족시킨다.

따라서 ㉡에 $x=3,\ y=-3$을 대입하면

$6+3b=3 \qquad \therefore b=-1$

나연이는 ㉡에서 b를 잘못 보고 풀었으므로 나연이가 구한 해인 $x=1,\ y=2$는 ㉠을 만족시킨다.

따라서 ㉠에 $x=1,\ y=2$를 대입하면

$a+2=-1 \qquad \therefore a=-3$

㉠, ㉡에 $a=-3,\ b=-1$을 대입하면

$\begin{cases} -3x+y=-1 & \cdots\cdots \ \text{㉢} \\ 2x+y=3 & \cdots\cdots \ \text{㉣} \end{cases}$

㉢$-$㉣을 하면 $-5x=-4 \qquad \therefore x=\dfrac{4}{5}$

$x=\dfrac{4}{5}$를 ㉣에 대입하면

$2\times\dfrac{4}{5}+y=3 \qquad \therefore y=\dfrac{7}{5}$

13 주어진 연립방정식의 해는 세 방정식을 모두 만족시키므로 연립방정식 $\begin{cases} y=-3x-5 & \cdots\cdots \ \text{㉠} \\ x=-5y+3 & \cdots\cdots \ \text{㉡} \end{cases}$의 해와 같다.

㉠에 ㉡을 대입하면

$y=-3(-5y+3)-5,\ 14y=14 \qquad \therefore y=1$

$y=1$을 ㉡에 대입하면

$x=-5\times1+3=-2$

$\therefore b=-2,\ c=1$

$x=-2,\ y=1$을 $2x-ay=7$에 대입하면

$2\times(-2)-a\times1=7,\ -a=11 \qquad \therefore a=-11$

$\therefore |a+b+c|=|-11-2+1|=12$

14 미지수가 2개인 연립방정식의 해가 2개 이상인 경우는 해가 무수히 많음을 뜻한다.

$\begin{cases} kx-3y=0 \\ (2-k)x+y=0 \end{cases}$의 해가 무수히 많으려면

$\dfrac{k}{2-k}=\dfrac{-3}{1}$이어야 한다.

즉, $k=-6+3k \qquad \therefore k=3$

> **TIP** 우변에 있는 항을 모두 좌변으로 이항하여
> $\begin{cases} ax+by=0 \\ a'x+b'y=0 \end{cases}$ 꼴로 변형한 후 문제를 해결한다.

15 해가 없으려면 $\dfrac{a-1}{2a}=\dfrac{1}{1}\neq\dfrac{2}{a-1}$이어야 하므로

$\dfrac{a-1}{2a}=1$에서 $a-1=2a \qquad \therefore a=-1$

16 연립방정식의 해가 무수히 많으려면

$\dfrac{3}{2}=\dfrac{2a}{3(a-1)}=\dfrac{2}{-b}$이어야 한다.

$\dfrac{3}{2}=\dfrac{2a}{3(a-1)}$에서 $9(a-1)=4a \qquad \therefore a=\dfrac{9}{5}$

$\dfrac{3}{2}=\dfrac{2}{-b}$에서 $-3b=4 \qquad \therefore b=-\dfrac{4}{3}$

17 서술형

표현 단계 $\begin{cases} x+y=2k & \cdots\cdots \ \text{㉠} \\ 3x+y=8k & \cdots\cdots \ \text{㉡} \end{cases}$

풀이 단계 ㉡$-$㉠을 하면 $2x=6k \qquad \therefore x=3k$

$x=3k$를 ㉠에 대입하면 $y=-k$

따라서 $x=3k,\ y=-k$를 주어진 식에 대입하면

$\dfrac{2x-3y}{x+2y}=\dfrac{6k+3k}{3k-2k}=\dfrac{9k}{k}=9$

확인 단계 $\therefore \dfrac{2x-3y}{x+2y}=9$

18 $\begin{cases} \dfrac{5}{x+y}-\dfrac{2}{x-y}=1 \\ \dfrac{1}{x-y}-\dfrac{3}{x+y}=1 \end{cases}$에서

$\dfrac{1}{x+y}=A,\ \dfrac{1}{x-y}=B$라 하면

$\begin{cases} 5A-2B=1 & \cdots\cdots \ \text{㉠} \\ -3A+B=1 & \cdots\cdots \ \text{㉡} \end{cases}$

㉠$+$㉡$\times2$를 하면 $-A=3 \qquad \therefore A=-3$

$A=-3$을 ㉡에 대입하면 $9+B=1 \qquad \therefore B=-8$

즉, $\begin{cases} \dfrac{1}{x+y}=-3 \\ \dfrac{1}{x-y}=-8 \end{cases}$이므로 $\begin{cases} x+y=-\dfrac{1}{3} & \cdots\cdots \ \text{㉢} \\ x-y=-\dfrac{1}{8} & \cdots\cdots \ \text{㉣} \end{cases}$

$©+@$을 하면 $2x=-\dfrac{11}{24}$ $\quad\therefore x=-\dfrac{11}{48}$

$x=-\dfrac{11}{48}$을 $©$에 대입하면

$-\dfrac{11}{48}+y=-\dfrac{1}{3}$ $\quad\therefore y=-\dfrac{5}{48}$

19 y의 값이 x의 값의 2배이므로 $y=2x$를 주어진 연립방정식에 대입하면

$$\begin{cases}(m+2)x+2(1-m)x=-1\\ mx+2(m-2)x=-5\end{cases}$$

즉, $\begin{cases}(4-m)x=-1 & \cdots\cdots\ ㉠\\ (3m-4)x=-5 & \cdots\cdots\ ㉡\end{cases}$

㉠, ㉡의 해가 같아야 하므로

$\dfrac{-1}{4-m}=\dfrac{-5}{3m-4}$에서 $-3m+4=-20+5m$

$8m=24$ $\quad\therefore m=3$

20 $\begin{cases}2x-y+z=3 & \cdots\cdots\ ㉠\\ x-2y+z=0 & \cdots\cdots\ ㉡\\ x+y-2z=-3 & \cdots\cdots\ ㉢\end{cases}$

㉠$-$㉡을 하면 $x+y=3$ $\qquad\cdots\cdots\ ㉣$

㉡$\times2+$㉢을 하면

$3x-3y=-3$에서 $x-y=-1$ $\qquad\cdots\cdots\ ㉤$

㉣$+$㉤을 하면 $2x=2$ $\quad\therefore x=1$

$x=1$을 ㉣에 대입하면 $1+y=3$ $\quad\therefore y=2$

$x=1$, $y=2$를 ㉠에 대입하면

$2-2+z=3$ $\quad\therefore z=3$

$x=a$, $y=b$, $z=c$이므로 $a=1$, $b=2$, $c=3$

$\therefore abc=1\times2\times3=6$

21 $(x+y):(y+z):(z+x)=7:8:9$이므로

$x+y=7k$, $y+z=8k$, $z+x=9k\,(k$는 0이 아닌 상수$)$라 하면

$\begin{cases}x+y=7k & \cdots\cdots\ ㉠\\ y+z=8k & \cdots\cdots\ ㉡\\ z+x=9k & \cdots\cdots\ ㉢\end{cases}$

㉠$+$㉡$+$㉢을 하면

$2(x+y+z)=24k$에서 $x+y+z=12k$ $\qquad\cdots\cdots\ ㉣$

㉠을 ㉣에 대입하면 $z=5k$

㉡을 ㉣에 대입하면 $x=4k$

㉢을 ㉣에 대입하면 $y=3k$

$\therefore x=4k$, $y=3k$, $z=5k$

$x+y+z=36$이므로 ㉣에서 $12k=36$ $\quad\therefore k=3$

$\therefore x=12$, $y=9$, $z=15$

$\therefore x-y+z=18$

---

3 STEP
최고 실력 완성하기
90쪽

1 15	**2** $x=8$, $y=-7$
3 $x=0$, $y=2$ 또는 $x=4$, $y=6$	**4** -2
5 $a=-1$, $b=3$	**6** $-4<a<16$

1 $x=1$일 때, $y+z=6$을 만족시키는 순서쌍 $(y,\ z)$는 $(1,\ 5)$, $(2,\ 4)$, $(3,\ 3)$, $(4,\ 2)$, $(5,\ 1)$의 5개이다.

$x=2$, 3, 4, 5인 경우도 같은 방법으로 구하면 다음과 같다.

x	1	2	3	4	5
$y+z$	6	5	4	3	2
순서쌍 $(y,\ z)$의 개수	5	4	3	2	1

따라서 $x+y+z=7$을 만족시키는 순서쌍 $(x,\ y,\ z)$의 개수는 $5+4+3+2+1=15$이다.

2 순환소수를 분수로 고치면

$\begin{cases}\dfrac{11}{90}x+\dfrac{1}{9}y=\dfrac{2}{10}\\ \dfrac{2}{9}x+\dfrac{21}{90}y=\dfrac{13}{90}\end{cases}$, 즉 $\begin{cases}11x+10y=18 & \cdots\cdots\ ㉠\\ 20x+21y=13 & \cdots\cdots\ ㉡\end{cases}$

㉠$\times20-$㉡$\times11$을 하면

$-31y=217$ $\quad\therefore y=-7$

$y=-7$을 ㉠에 대입하면

$11x-70=18$, $11x=88$ $\quad\therefore x=8$

3 (ⅰ) $x\geq2$이면 $|x-2|=x-2$이므로

$\begin{cases}y=x+2 & \cdots\cdots\ ㉠\\ y=2x-2 & \cdots\cdots\ ㉡\end{cases}$

㉡을 ㉠에 대입하면

$2x-2=x+2$ $\quad\therefore x=4$

$x=4$를 ㉠에 대입하면

$y=4+2$ $\quad\therefore y=6$

$x=4$, $y=6$은 $x\geq2$의 조건을 만족시키므로 연립방정식의 해이다.

(ⅱ) $x<2$이면 $|x-2|=-x+2$이므로

$\begin{cases}y=x+2 & \cdots\cdots\ ㉠\\ y=2 & \cdots\cdots\ ㉡\end{cases}$

㉡을 ㉠에 대입하면

$2=x+2$ $\quad\therefore x=0$

$x=0$, $y=2$는 $x<2$의 조건을 만족시키므로 연립방정식
의 해이다.

(ⅰ), (ⅱ)에서 $x=0$, $y=2$ 또는 $x=4$, $y=6$

4 주어진 연립방정식의 해가 무수히 많으려면

$$\frac{-2}{4}=\frac{-1}{-a}=\frac{a+2}{-2a-4}$$

$\dfrac{-2}{4}=\dfrac{-1}{-a}$에서 $2a=-4$ $\quad\therefore a=-2$

이때 $\dfrac{a+2}{-2a-4}=\dfrac{-2}{4}$는 a의 값에 관계없이 성립한다.

$\therefore a=-2$

5 네 직선이 한 점에서 만나므로

두 직선 $\begin{cases} 3x+y=8 & \cdots\cdots\ ㉠ \\ x+3y=8 & \cdots\cdots\ ㉡ \end{cases}$

의 교점을 나머지 두 직선도 지나야 한다.

㉠$-$㉡$\times 3$을 하면

$-8y=-16$ $\quad\therefore y=2$

$y=2$를 ㉠에 대입하면

$3x+2=8$ $\quad\therefore x=2$

즉, ㉠, ㉡의 교점은 $(2,\ 2)$이고 이 점은 두 직선

$\begin{cases} ax+by=4 \\ 2ax-3by=-22 \end{cases}$ 도 지나므로

$x=2$, $y=2$를 대입하면

$\begin{cases} 2a+2b=4 & \cdots\cdots\ ㉢ \\ 4a-6b=-22 & \cdots\cdots\ ㉣ \end{cases}$

㉢$-$㉣$\div 2$를 하면

$5b=15$ $\quad\therefore b=3$

$b=3$을 ㉢에 대입하면 $a+3=2$ $\quad\therefore a=-1$

6 $\begin{cases} x+y=10 & \cdots\cdots\ ㉠ \\ y+z=6 & \cdots\cdots\ ㉡ \\ z+x=a & \cdots\cdots\ ㉢ \end{cases}$

㉠$+$㉡$+$㉢을 하면

$2(x+y+z)=16+a$에서 $x+y+z=8+\dfrac{a}{2}$ $\quad\cdots\cdots\ ㉣$

㉣$-$㉠을 하면 $z=\dfrac{a}{2}-2$

㉣$-$㉡을 하면 $x=2+\dfrac{a}{2}$

㉣$-$㉢을 하면 $y=8-\dfrac{a}{2}$

x, y가 양수이므로 $2+\dfrac{a}{2}>0$이고 $8-\dfrac{a}{2}>0$

$2+\dfrac{a}{2}>0$에서 $a>-4$ $\quad\cdots\cdots\ ㉤$

$8-\dfrac{a}{2}>0$에서 $a<16$ $\quad\cdots\cdots\ ㉥$

㉤, ㉥을 동시에 만족시키는 a의 값의 범위는

$-4<a<16$

1 STEP

주제별 실력다지기

1 49	**2** 624	**3** 키위: 13, 배: 8
4 9세	**5** 20회	**6** 5.6 km
7 갑: 분속 60 m, 을: 분속 40 m	**8** 시속 4 km	
9 오르막길: 시속 $\dfrac{10}{3}$ km, 내리막길: 시속 20 km		
10 A: 분속 70 m, B: 분속 50 m		
11 강물: 시속 2.5 km, 유람선: 시속 7.5 km	**12** 80 m	
13 속력: 초속 22 m, 길이: 600 m	**14** 100 g	
15 100 g	**16** 100 g, A: 8 %, B: 3 %	
17 남학생: 92, 여학생: 141	**18** 60	
19 A: 1500원, B: 2000원	**20** 37개	**21** 12일
22 A: 40일, B: 60일	**23** 50분	**24** 67
25 60점	**26** 52점	

1 십의 자리의 숫자를 x, 일의 자리의 숫자를 y라 하면 구하는 수는 $10x+y$

일의 자리의 숫자가 십의 자리의 숫자의 2배보다 1이 크므로

$y=2x+1$ $\quad\cdots\cdots\ ㉠$

십의 자리의 숫자와 일의 자리의 숫자를 바꾼 수 $10y+x$는 처음 수보다 45만큼 크므로

$(10y+x)=(10x+y)+45$, $9y=9x+45$

$\therefore y=x+5$ $\quad\cdots\cdots\ ㉡$

㉠을 ㉡에 대입하면

$2x+1=x+5$ $\quad\therefore x=4$

$x=4$를 ㉡에 대입하면 $y=9$

따라서 처음 수는 49이다.

2 N의 백의 자리의 숫자를 x, 십의 자리의 숫자를 y,
일의 자리의 숫자를 z라 하면

$N=100x+10y+z$

N은 각 자리의 숫자의 합의 52배와 같으므로

$100x+10y+z=52(x+y+z)$, $48x-42y-51z=0$

$\therefore 16x-14y-17z=0$ ······ ㉠

백의 자리의 숫자와 일의 자리의 숫자를 바꾼 수

$100z+10y+x$는 N보다 198이 작으므로

$100z+10y+x=100x+10y+z-198$

$-99x+99z=-198$

$\therefore x-z=2$ ······ ㉡

백의 자리의 숫자와 일의 자리의 숫자의 합은 십의 자리의 숫자의 5배와 같으므로

$x+z=5y$

$\therefore x-5y+z=0$ ······ ㉢

즉 $\begin{cases} 16x-14y-17z=0 & \cdots\cdots ㉠ \\ x-z=2 & \cdots\cdots ㉡ \\ x-5y+z=0 & \cdots\cdots ㉢ \end{cases}$

㉡+㉢을 하면 $2x-5y=2$

$\therefore y=\dfrac{2}{5}x-\dfrac{2}{5}$ ······ ㉣

또, ㉡에서 $z=x-2$ ······ ㉤

㉣, ㉤을 ㉠에 대입하면

$16x-14\left(\dfrac{2}{5}x-\dfrac{2}{5}\right)-17(x-2)=0$

$80x-28x+28-85x+170=0$

$-33x+198=0$ $\therefore x=6$

$x=6$을 ㉣, ㉤에 대입하면

$y=2$, $z=4$

따라서 N은 624이다.

3 키위가 x개, 배가 y개라 하면

총 무게가 4.1 kg이므로

$80x+300y+660=4100$에서 $4x+15y=172$ ······ ㉠

총 가격이 19000원이므로

$600x+1400y=19000$에서 $3x+7y=95$ ······ ㉡

㉠×3−㉡×4를 하면 $17y=136$ $\therefore y=8$

$y=8$을 ㉡에 대입하면 $3x+56=95$ $\therefore x=13$

따라서 키위의 개수는 13, 배의 개수는 8이다.

4 현재 은정, 아버지, 할아버지의 나이를 각각 x세, y세, z세라 하면

$y=4x+2$ ······ ㉠

$y+z=12x$ ······ ㉡

$(x+23)+(y+23)=z+23$

$\therefore x+y+23=z$ ······ ㉢

㉢을 ㉡에 대입하면

$y+(x+y+23)=12x$ $\therefore 11x=2y+23$ ······ ㉣

㉠을 ㉣에 대입하면

$11x=2(4x+2)+23$ $\therefore x=9$

따라서 은정이의 나이는 9세이다.

> **TIP** 현재 나이가 x세일 때, n년 후 나이는 $(x+n)$세이다.

5 A가 이긴 횟수를 x회, B가 이긴 횟수를 y회라 하면 A는 y회, B는 x회 진 것이다.

A는 x회 이기고 y회 져서 30칸 올라갔으므로

$3x-2y=30$ ······ ㉠

B는 x회 지고 y회 이겨서 5칸 올라갔으므로

$-2x+3y=5$ ······ ㉡

㉠×3+㉡×2를 하면 $5x=100$ $\therefore x=20$

따라서 A는 20회 이겼다.

6 올라갈 때 걸은 거리를 x km, 내려올 때 걸은 거리를 y km라 하면 내려올 때는 올라갈 때보다 3 km 더 먼 길을 걸었으므로

$y=x+3$ ······ ㉠

총 5시간 40분이 걸렸으므로

$\dfrac{x}{2}+\dfrac{y}{3}=5\dfrac{40}{60}$, $\dfrac{x}{2}+\dfrac{y}{3}=\dfrac{17}{3}$

$\therefore 3x+2y=34$ ······ ㉡

㉠을 ㉡에 대입하면 $3x+2(x+3)=34$, $5x=28$

$\therefore x=5.6$

따라서 올라갈 때 걸은 거리는 5.6 km이다.

7 갑의 속력을 분속 x m, 을의 속력을 분속 y m라 하자.

갑이 600 m 걷는 동안 을이 400 m를 걸으므로

$x:y=600:400$ $\therefore x=\dfrac{3}{2}y$ ······ ㉠

2400 m 떨어진 두 지점에서 서로 마주 보고 걸어서 24분만에 만나므로

$24x+24y=2400$ $\therefore x+y=100$ ······ ㉡

㉠을 ㉡에 대입하면 $\dfrac{5}{2}y=100$ $\therefore y=40$

$y=40$을 ㉠에 대입하면 $x=60$

따라서 갑과 을의 속력은 각각 분속 60 m, 분속 40 m이다.

> **TIP** 두 사람이 서로 마주 보고 걷다가 만나는 경우 다음이 성립한다.
> (두 사람이 이동한 거리의 합)＝(두 사람이 출발한 두 지점 사이의 거리)

8 희선이가 걷는 속력을 시속 x km, 버스의 속력을 시속 y km라 하자.

갈 때는 1시간 걷고 3시간 버스를 타서 52 km를 움직였으므로

$x+3y=52$ ······ ㉠

올 때는 2시간 버스를 타고 5시간 걸어서 52 km를 움직였으므로

$5x+2y=52$ ······ ㉡

㉠$\times2-$㉡$\times3$을 하면 $-13x=-52$ $\therefore x=4$

따라서 희선이가 걷는 속력은 시속 4 km이다.

9 오르막길에서의 속력을 시속 x km, 내리막길에서의 속력을 시속 y km라 하면

$$\begin{cases} \dfrac{8}{x}+\dfrac{12}{y}=3 \\ \dfrac{12}{x}+\dfrac{8}{y}=4 \end{cases}$$

이때 $\dfrac{1}{x}=X$, $\dfrac{1}{y}=Y$라 하면

$$\begin{cases} 8X+12Y=3 \\ 12X+8Y=4 \end{cases}$$ 즉, $\begin{cases} 8X+12Y=3 & \cdots\cdots ㉠ \\ 3X+2Y=1 & \cdots\cdots ㉡ \end{cases}$

㉠$-$㉡$\times6$을 하면

$-10X=-3$ $\therefore X=\dfrac{3}{10}$

$X=\dfrac{3}{10}$을 ㉡에 대입하면

$\dfrac{9}{10}+2Y=1$ $\therefore Y=\dfrac{1}{20}$

즉, $x=\dfrac{10}{3}$, $y=20$이다.

따라서 오르막길에서의 속력은 시속 $\dfrac{10}{3}$ km이고, 내리막길에서의 속력은 시속 20 km이다.

10 A의 속력을 분속 x m, B의 속력을 분속 y m라 하자.

반대 방향으로 걸어가면 20분만에 처음 만나므로

$20x+20y=2400$ $\therefore x+y=120$ ······ ㉠

같은 방향으로 걸어가면 2시간만에 처음 만나므로

$120x-120y=2400$ $\therefore x-y=20$ ······ ㉡

㉠$+$㉡을 하면 $2x=140$ $\therefore x=70$

$x=70$을 ㉠에 대입하면 $y=50$

따라서 A는 분속 70 m, B는 분속 50 m로 걷는다.

11 강물의 속력을 시속 x km, 정지한 물에서 유람선의 속력을 시속 y km라 하자.

거슬러 올라갈 때 강물의 속력만큼 유람선의 속력이 감소하므로 유람선의 속력은 시속 $(y-x)$ km이다.

$\dfrac{10}{y-x}=2$ $\therefore y-x=5$ ······ ㉠

내려올 때 강물의 속력만큼 유람선의 속력이 증가하므로 유람선의 속력은 시속 $(y+x)$ km이다.

$\dfrac{10}{y+x}=1$ $\therefore y+x=10$ ······ ㉡

㉠$+$㉡을 하면 $2y=15$ $\therefore y=7.5$

$y=7.5$를 ㉡에 대입하면 $x=2.5$

따라서 강물의 속력은 시속 2.5 km이고, 정지한 물에서 유람선의 속력은 시속 7.5 km이다.

TIP 흐르는 강에서의 배의 속력을 구할 때에는 강물의 속력을 고려해야 한다.

(1) 배가 강을 거슬러 올라갈 때의 속력

→ (배의 속력)＝(정지한 물에서의 배의 속력)－(강물의 속력)

(2) 배가 강을 따라 내려올 때의 속력

→ (배의 속력)＝(정지한 물에서의 배의 속력)＋(강물의 속력)

(3) 배의 엔진이 멈춰있을 때의 속력

→ (배의 속력)＝(강물의 속력)

12 기차의 속력을 초속 x m, 기차의 길이를 y m라 하자.

길이가 1.6 km인 터널을 완전히 통과하는 데 1분 10초, 즉 70초가 걸리므로

$70x=1600+y$ ······ ㉠

길이가 640 m인 다리를 완전히 통과하는 데 30초가 걸리므로

$30x=640+y$ ······ ㉡

㉠$-$㉡을 하면

$40x=960$ $\therefore x=24$

$x=24$를 ㉡에 대입하면

$720=640+y$ $\therefore y=80$

따라서 기차의 길이는 80 m이다.

TIP 기차가 터널을 통과할 때 움직인 거리를 구할 때에는 기차의 길이를 고려해야 한다.

(1) 터널을 완전히 통과할 때 기차가 움직인 거리

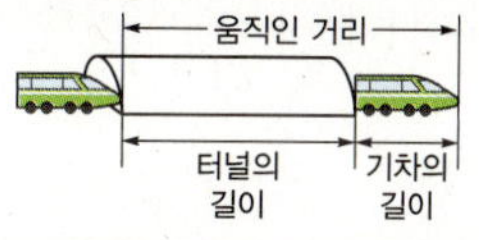

→ (움직인 거리)＝(터널의 길이)＋(기차의 길이)

(2) 터널을 통과할 때 기차가 안 보이는 동안 움직인 거리

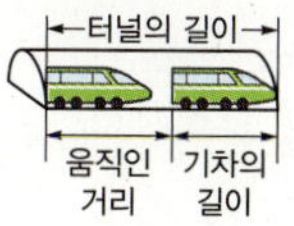

→ (움직인 거리)＝(터널의 길이)－(기차의 길이)

13 기차의 속력을 초속 x m, 기차의 길이를 y m라 하자.

길이가 500 m인 다리를 완전히 통과하는 데 50초가 걸리므로

$50x=500+y$ ······ ㉠

길이가 2140 m인 터널을 통과하는 데 기차 전체가 70초 동안 터널에 있었으므로

$70x=2140-y$ ······ ㉡

㉠$+$㉡에서 $120x=2640$ $\therefore x=22$

$x=22$를 ㉠에 대입하면 $y=600$

따라서 기차의 속력은 초속 22 m, 기차의 길이는 600 m이다.

14 $6\,\%$의 소금물과 $8\,\%$의 소금물을 각각 x g, y g이라 하면 더 부은 물은 y g이므로

$$\begin{cases} x+y+y=200 \\ \dfrac{6}{100}x+\dfrac{8}{100}y=\dfrac{5}{100}\times200 \end{cases}$$

즉, $\begin{cases} x+2y=200 & \cdots\cdots\ \bigcirc \\ 3x+4y=500 & \cdots\cdots\ \bigcirc\!\!\!\bigcirc \end{cases}$

$\bigcirc\!\!\!\bigcirc-\bigcirc\times2$를 하면 $x=100$

따라서 $6\,\%$의 소금물의 양은 100 g이다.

> **TIP** 소금물에 물을 부으면 소금물의 양은 늘어나지만 소금의 양은 변하지 않는다.

15 $4\,\%$의 소금물의 양을 $3x$ g이라 하면 더 부은 물의 양은 $2x$ g이다.

또, $6\,\%$의 소금물의 양을 y g이라 하자.

총 소금물의 양이 600 g이므로

$3x+y+2x=600$에서 $5x+y=600 \qquad \cdots\cdots\ \bigcirc$

농도가 $4.5\,\%$가 되었으므로

$\dfrac{4}{100}\times3x+\dfrac{6}{100}\times y=\dfrac{4.5}{100}\times600$에서

$2x+y=450 \qquad\qquad\qquad \cdots\cdots\ \bigcirc\!\!\!\bigcirc$

$\bigcirc-\bigcirc\!\!\!\bigcirc$을 하면 $3x=150 \qquad \therefore\ x=50$

따라서 더 부은 물의 양은 $2x=2\times50=100\,(\text{g})$

16 소금물 A, B의 농도를 각각 $x\,\%$, $y\,\%$라 하면

$$\begin{cases} \dfrac{x}{100}\times200+\dfrac{y}{100}\times300=\dfrac{5}{100}\times500 \\ \dfrac{x}{100}\times300+\dfrac{y}{100}\times200=\dfrac{6}{100}\times500 \end{cases}$$

즉, $\begin{cases} 2x+3y=25 & \cdots\cdots\ \bigcirc \\ 3x+2y=30 & \cdots\cdots\ \bigcirc\!\!\!\bigcirc \end{cases}$

$\bigcirc\times2-\bigcirc\!\!\!\bigcirc\times3$을 하면 $-5x=-40 \qquad \therefore\ x=8$

$x=8$을 $\bigcirc$에 대입하면 $16+3y=25 \qquad \therefore\ y=3$

$5\,\%$의 소금물을 만들기 위해 더 넣어야 할 물의 양을 z g이라 하면

$\dfrac{6}{100}\times500=\dfrac{5}{100}\times(500+z)$

$3000=2500+5z \qquad \therefore\ z=100$

따라서 더 넣어야 할 물의 양은 100 g이고, 처음 두 소금물 A, B의 농도는 각각 $8\,\%$, $3\,\%$이다.

17 지난해 남학생 수와 여학생 수를 각각 x, y라 하면

$\begin{cases} x+y=230 \\ \dfrac{15}{100}x-\dfrac{6}{100}y=3 \end{cases}$, 즉 $\begin{cases} x+y=230 & \cdots\cdots\ \bigcirc \\ 5x-2y=100 & \cdots\cdots\ \bigcirc\!\!\!\bigcirc \end{cases}$

$\bigcirc\times2+\bigcirc\!\!\!\bigcirc$을 하면 $7x=560 \qquad \therefore\ x=80$

$x=80$을 $\bigcirc$에 대입하면 $80+y=230 \qquad \therefore\ y=150$

따라서 올해 남학생 수는 $80\left(1+\dfrac{15}{100}\right)=92$,

여학생 수는 $150\left(1-\dfrac{6}{100}\right)=141$이다.

18 입학 지원자의 수가 140이고 남자와 여자의 수의 비가 $3:4$이므로

남자의 수는 $140\times\dfrac{3}{3+4}=60$,

여자의 수는 $140\times\dfrac{4}{3+4}=80$

합격자의 남자와 여자의 수의 비가 $3:5$이므로 합격한 남자와 여자의 수를 각각 $3x$, $5x$라 하고, 불합격자의 남자와 여자의 수의 비가 $1:1$이므로 불합격한 남자와 여자의 수를 각각 y라 하면

	남자(명)	여자(명)
지원자	60	80
합격자	$3x$	$5x$
불합격자	y	y

위의 표에서 $\begin{cases} 3x+y=60 & \cdots\cdots\ \bigcirc \\ 5x+y=80 & \cdots\cdots\ \bigcirc\!\!\!\bigcirc \end{cases}$

$\bigcirc-\bigcirc\!\!\!\bigcirc$을 하면

$-2x=-20 \qquad \therefore\ x=10$

$x=10$을 $\bigcirc$에 대입하면 $30+y=60 \qquad \therefore\ y=30$

따라서 불합격자의 수는 $2y=60$이다.

19 A, B의 원가를 각각 x원, y원이라 하면

$x+y=3500 \qquad\qquad \cdots\cdots\ \bigcirc$

A는 $40\,\%$의 이익을 붙여 정가를 정하고 정가의 $20\,\%$를 할인하였으므로

A의 판매가는 $\left(1+\dfrac{40}{100}\right)x\times\left(1-\dfrac{20}{100}\right)=\dfrac{112}{100}x\,(\text{원})$

즉, $(\text{A의 이익})=\dfrac{112}{100}x-x=\dfrac{12}{100}x\,(\text{원})$

B는 $50\,\%$의 이익을 붙여 정가를 정하고 정가의 $10\,\%$를 할인하였으므로

B의 판매가는 $\left(1+\dfrac{50}{100}\right)y\times\left(1-\dfrac{10}{100}\right)=\dfrac{135}{100}y\,(\text{원})$

두 상품의 이익을 각각 구하면

즉, $(\text{B의 이익})=\dfrac{135}{100}y-y=\dfrac{35}{100}y\,(\text{원})$

두 상품을 합하여 880원의 이익이 생겼으므로

$\dfrac{12}{100}x+\dfrac{35}{100}y=880$에서

$12x+35y=88000 \qquad \cdots\cdots\ \bigcirc\!\!\!\bigcirc$

$\bigcirc\times12-\bigcirc\!\!\!\bigcirc$을 하면

$-23y=-46000 \qquad \therefore\ y=2000$

$y=2000$을 $\bigcirc$에 대입하면 $x=1500$

따라서 A, B 상품의 원가는 각각 1500원, 2000원이다.

20 A 상품과 B 상품의 팔린 개수를 각각 x, y라 하면

총 82개가 팔렸으므로

$x+y=82$ $\qquad$ ㉠

총 이익이 16020원이므로

$600 \times \dfrac{60}{100}x + 300 \times \dfrac{20}{100}y = 16020$

$\therefore 6x+y=267$ $\qquad$ ㉡

㉠$-$㉡을 하면 $-5x=-185$ $\quad \therefore x=37$

따라서 A 상품은 37개 팔았다.

21 은정이와 현정이가 하루에 할 수 있는 일의 양을 각각 x, y라 하고, 전체 일의 양을 1이라 하면

$\begin{cases} 4(x+y)=1 & \cdots\cdots ㉠ \\ 2x+5y=1 & \cdots\cdots ㉡ \end{cases}$

㉠$-$㉡$\times 2$를 하면 $-6y=-1$ $\quad \therefore y=\dfrac{1}{6}$

$y=\dfrac{1}{6}$을 ㉡에 대입하면 $x=\dfrac{1}{12}$

따라서 은정이가 혼자서 하면 12일이 걸린다.

22 전체 일의 양을 1로 놓고, A, B가 하루에 할 수 있는 일의 양을 각각 x, y라 하면

A가 20일 동안, B가 30일 동안 일을 하면 일을 끝낼 수 있으므로

$20x+30y=1$ $\qquad$ ㉠

A, B가 동시에 하면 24일만에 일을 끝낼 수 있으므로

$24x+24y=1$ $\qquad$ ㉡

㉠$\times 6-$㉡$\times 5$를 하면

$60y=1$ $\quad \therefore y=\dfrac{1}{60}$

$y=\dfrac{1}{60}$을 ㉠에 대입하면 $x=\dfrac{1}{40}$

따라서 각각 혼자서 일을 하면 A는 40일, B는 60일이 걸린다.

23 1분당 A, B 수도관에서 나오는 물의 양을 각각 x L, y L라 하자. A 수도관을 20분, B 수도관을 24분 사용하여 모두 채울 수 있으므로

$20x+24y=1000$에서 $5x+6y=250$ $\qquad$ ㉠

A, B의 두 수도관을 동시에 16분, A 수도관을 10분 더 사용하면 80 L가 부족하게 채워지므로

$16(x+y)+10x=920$에서 $13x+8y=460$ $\qquad$ ㉡

㉠$\times 4-$㉡$\times 3$을 하면

$-19x=-380$ $\quad \therefore x=20$

따라서 A 수도관만을 사용할 때 $\dfrac{1000}{20}=50$(분)이 걸린다.

24 큰 수를 x, 작은 수를 y라 하면

$\begin{cases} x=8y+4 & \cdots\cdots ㉠ \\ 2x=17y+1 & \cdots\cdots ㉡ \end{cases}$

㉠을 ㉡에 대입하면

$2(8y+4)=17y+1$, $16y+8=17y+1$

$-y=-7$ $\quad \therefore y=7$

$y=7$을 ㉠에 대입하면

$x=56+5=60$

따라서 큰 수는 60, 작은 수는 7이므로 두 수의 합은

$60+7=67$

25 합격자의 평균 점수를 x점, 불합격자의 평균 점수를 y점이라 하면 합격자가 40명, 불합격자가 60명이므로

전체 평균 점수는 $\dfrac{40x+60y}{100}=\dfrac{2x+3y}{5}$(점)이다.

$x-15=2y-20=\dfrac{2x+3y}{5}+6$에서

$\begin{cases} x-15=2y-20 \\ x-15=\dfrac{2x+3y}{5}+6 \end{cases}$, 즉 $\begin{cases} x-2y=-5 & \cdots\cdots ㉠ \\ x-y=35 & \cdots\cdots ㉡ \end{cases}$

㉠$-$㉡을 하면 $-y=-40$ $\quad \therefore y=40$

$y=40$을 ㉡에 대입하면

$x-40=35$ $\quad \therefore x=75$

따라서 합격자의 평균 점수는 75점이므로 최저 합격 점수는

$x-15=75-15=60$(점)

26 A 학교가 전반전에 얻은 점수를 x점, 후반전에 얻는 점수를 y점이라 하면 B 학교가 전반전에 얻은 점수는 $(x-10)$점, 후반전에 얻은 점수는 $2y$점이므로

$\begin{cases} x+y=82 \\ (x-10)+2y=102 \end{cases}$, 즉 $\begin{cases} x+y=82 & \cdots\cdots ㉠ \\ x+2y=112 & \cdots\cdots ㉡ \end{cases}$

㉠$-$㉡을 하면 $-y=-30$ $\quad \therefore y=30$

$y=30$을 ㉠에 대입하면 $x+30=82$ $\quad \therefore x=52$

따라서 A 학교가 전반전에 얻은 점수는 52점이다.

1 16 **2** 남자: 30, 여자: 25

3 A: 312000원, B: 408000원 **4** 506

5 A: 140 g, B: 280 g **6** 68점

7 A: 27세, B: 36세 **8** A: 2 %, B: 7 %

9 $a=72, b=35$ **10** 72명

11 빵: 1000 g, 버터: 100 g

12 40원: 8개, 80원: 2개, 120원: 6개

13 가로의 길이: 10 cm, 세로의 길이: 8 cm

14 3 %: 200 g, 4 %: 300 g, 5 %: 300 g

15 입장료: 52000원, 식사비: 42000원, 교통비: 2000원

16 나연: 시속 4.5 km, 현정: 시속 1.5 km **17** 12 km

1 사과를 x개, 배를 y개 산다고 하면
$3000x+5000y=50000$에서 $3x+5y=50$
조건을 만족시키는 순서쌍 (x, y)는
$(5, 7)$, $(10, 4)$, $(15, 1)$이므로
$5+7=12$, $10+4=14$, $15+1=16$
따라서 사과와 배의 개수의 합 중 가장 큰 값은 16이다.

2 남자와 여자의 수를 각각 x, y라 하면
$$\begin{cases} x+y=55 \\ \dfrac{1}{6}x+\dfrac{2}{5}y=55\times\dfrac{3}{11} \end{cases}, \ 즉 \begin{cases} x+3=55 & \cdots\cdots ㉠ \\ 5x+12y=450 & \cdots\cdots ㉡ \end{cases}$$
$㉡-㉠\times5$를 하면 $7y=175$
$\therefore y=25, \ x=30$
따라서 남자의 수는 30, 여자의 수는 25이다.

3 지난 달의 A, B의 판매액을 각각 x원, y원이라 하면
$x+y=700000$ $\cdots\cdots ㉠$
이 달의 판매 증가액은 A가 $0.04x$원, B가 $0.02y$원이므로
$$\dfrac{4}{100}x+\dfrac{2}{100}y=20000$$
$\therefore 2x+y=1000000$ $\cdots\cdots ㉡$
$㉡-㉠$을 하면 $x=300000$

$x=300000$을 ㉠에 대입하면 $y=400000$
따라서 이 달의 A, B의 판매액은 각각
$(1+0.04)x=1.04x=1.04\times300000=312000$(원)
$(1+0.02)y=1.02y=1.02\times400000=408000$(원)

4 서술형

표현 단계 작년 남학생과 여학생 수를 각각 x, y라 하면
올해 남학생 수는 작년에 비해 $\dfrac{10}{100}x$만큼 감소하였
고, 올해 여학생 수는 작년에 비해 $\dfrac{10}{100}y$만큼 증가
했으므로
$$\begin{cases} x+y=960 & \cdots\cdots ㉠ \\ -\dfrac{10}{100}x+\dfrac{10}{100}y=-4 & \cdots\cdots ㉡ \end{cases}$$
변형 단계 $㉡\times10$을 하면
$-x+y=-40$ $\cdots\cdots ㉢$
풀이 단계 $㉠+㉢$을 하면
$2y=920$ $\therefore y=460$
확인 단계 따라서 올해의 여학생 수는
$$460\times\left(1+\dfrac{10}{100}\right)=506이다.$$

5 필요한 합금 A, B의 양을 각각 x g, y g이라 하면 합금
A의 철과 니켈의 비가 1 : 1이므로 철과 니켈의 양은 각각
$\dfrac{1}{2}x$ g이고, 합금 B의 철과 니켈의 비가 3 : 1이므로 철과 니
켈의 양은 각각 $\dfrac{3}{4}y$ g, $\dfrac{1}{4}y$ g이다.

또한, 두 종류의 합금을 녹여서 철과 니켈을 2 : 1의 비율로
합금 420 g을 만들어야 하므로 새로운 합금의 철과 니켈의
양은 각각 280 g, 140 g이다.

	철(g)	니켈(g)
합금 A	$\dfrac{1}{2}x$	$\dfrac{1}{2}x$
합금 B	$\dfrac{3}{4}y$	$\dfrac{1}{4}y$
새로운 합금	280	140

$$\begin{cases} \dfrac{1}{2}x+\dfrac{3}{4}y=280 \\ \dfrac{1}{2}x+\dfrac{1}{4}y=140 \end{cases}, \ 즉 \begin{cases} 2x+3y=1120 & \cdots\cdots ㉠ \\ 2x+y=560 & \cdots\cdots ㉡ \end{cases}$$
$㉠-㉡$을 하면 $2y=560$ $\therefore y=280$
$y=280$을 ㉡에 대입하면 $x=140$
따라서 합금 A는 140 g, 합금 B는 280 g이 필요하다.

다른 풀이

합금 A에 들어 있는 철과 니켈의 양을 각각 x g이라 하고 합
금 B에 들어 있는 철과 니켈의 양을 각각 $3y$ g, y g이라 하면

	철(g)	니켈(g)
합금 A	x	x
합금 B	$3y$	y
새로운 합금	280	140

$$\begin{cases} x+3y=280 & \cdots\cdots \ \textcircled{\small ㄱ} \\ x+y=140 & \cdots\cdots \ \textcircled{\small ㄴ} \end{cases}$$

$\textcircled{\small ㄱ}-\textcircled{\small ㄴ}$을 하면 $2y=140$ $\quad \therefore y=70$

$y=70$을 $\textcircled{\small ㄴ}$에 대입하면 $x=70$

따라서 합금 A는 $2x=2\times70=140(\mathrm{g})$, 합금 B는

$4y=4\times70=280(\mathrm{g})$이 필요하다.

6 합격자의 평균을 x점, 불합격자의 평균을 y점이라 하자.

전체 평균은 $\dfrac{30x+20y}{50}=\dfrac{3x+2y}{5}$이고,

최저 합격 점수는 50명의 평균보다 5점이 낮고 합격자의 평균보다는 30점이 낮으며, 불합격자의 평균의 2배보다 3점이 낮으므로 최저 합격 점수는

$$\dfrac{3x+2y}{5}-5=x-30=2y-3$$

$$\begin{cases} \dfrac{3x+2y}{5}-5=x-30 \\ x-30=2y-3 \end{cases}, \ \text{즉} \ \begin{cases} 2x-2y=125 & \cdots\cdots \ \textcircled{\small ㄱ} \\ x-2y=27 & \cdots\cdots \ \textcircled{\small ㄴ} \end{cases}$$

$\textcircled{\small ㄱ}-\textcircled{\small ㄴ}$을 하면 $x=98$

따라서 구하는 최저 합격 점수는 $98-30=68$(점)이다.

> **TIP 두 집단의 평균 구하기**
> A 집단 학생 a명과 B 집단 학생 b명의 점수의 평균을 각각 x점, y점이라 하면 A 집단과 B 집단의 점수의 총합은 각각 ax점, by점이므로 두 집단 전체의 평균은 $\dfrac{ax+by}{a+b}$점이다.

7 A, B는 현재 나이를 각각 x세, y세라 하면 A의 나이가

$\dfrac{y}{2}$세일 때, B의 나이가 x세이므로

	과거 나이(세)	현재 나이(세)
A	$\dfrac{1}{2}y$	x
B	x	y

$$\begin{cases} x+y=63 \\ x-\dfrac{y}{2}=y-x \end{cases}, \ \text{즉} \ \begin{cases} x+y=63 & \cdots\cdots \ \textcircled{\small ㄱ} \\ 4x-3y=0 & \cdots\cdots \ \textcircled{\small ㄴ} \end{cases}$$

$\textcircled{\small ㄱ}\times3+\textcircled{\small ㄴ}$을 하면 $7x=189$ $\quad \therefore x=27$

$x=27$을 $\textcircled{\small ㄱ}$에 대입하면 $y=36$

따라서 A의 현재 나이는 27세, B의 현재 나이는 36세이다.

8 두 그릇을 A, B라 하고 각각의 소금물의 농도를 $x\%$, $y\%$라 하자.

A, B에 담긴 소금물을 40 g씩 맞바꾸었으므로

A의 소금의 양은 $\dfrac{x}{100}\times60+\dfrac{y}{100}\times40=4$

$\therefore 3x+2y=20$ $\quad \cdots\cdots \ \textcircled{\small ㄱ}$

B의 소금의 양은 $\dfrac{x}{100}\times40+\dfrac{y}{100}\times60=5$

$\therefore 2x+3y=25$ $\quad \cdots\cdots \ \textcircled{\small ㄴ}$

$\textcircled{\small ㄱ}\times3-\textcircled{\small ㄴ}\times2$를 하면

$5x=10$ $\quad \therefore x=2$

$x=2$를 $\textcircled{\small ㄱ}$에 대입하면

$6+2y=20$ $\quad \therefore y=7$

따라서 A, B 두 그릇의 소금물의 농도는 각각 2%, 7%이다.

9 a는 b보다 37만큼 크므로 $a=b+37$ $\cdots\cdots \ \textcircled{\small ㄱ}$

b의 십의 자리의 숫자를 m, 일의 자리의 숫자를 n이라 하면

$b=10m+n$ $\quad \cdots\cdots \ \textcircled{\small ㄴ}$

일의 자리의 숫자와 십의 자리의 숫자를 바꾼 수

$10n+m$은 a보다 19만큼 작으므로

$10n+m=a-19$ $\quad \cdots\cdots \ \textcircled{\small ㄷ}$

$\textcircled{\small ㄴ}$을 $\textcircled{\small ㄱ}$에 대입하면 $a=10m+n+37$ $\cdots\cdots \ \textcircled{\small ㄹ}$

$\textcircled{\small ㄹ}$을 $\textcircled{\small ㄷ}$에 대입하면 $10n+m=10m+n+37-19$

$9n=9m+18$ $\quad \therefore n=m+2$ $\quad \cdots\cdots \ \textcircled{\small ㅁ}$

a는 두 자리의 자연수이므로 $\textcircled{\small ㄱ}$에서

$10\le b+37\le99$ $\quad \therefore -27\le b\le62$

또, b도 두 자리의 자연수이므로 $10\le b\le99$

$\therefore 10\le b\le62$ $\quad \cdots\cdots \ \textcircled{\small ㅂ}$

따라서 $\textcircled{\small ㄴ}$, $\textcircled{\small ㅂ}$에서 $10\le10m+n\le62$이면서 $\textcircled{\small ㅁ}$을 만족시키는 순서쌍 (m, n)은

$(1, 3), (2, 4), (3, 5), (4, 6), (5, 7)$

$\therefore b=13, 24, 35, 46, 57$

이때 $\textcircled{\small ㄱ}$에서 $a=50, 61, 72, 83, 94$이고, 이 중에서 3의 배수는 72뿐이므로

$a=72, b=35$

10 서술형

표현 단계 처음 항구 A에서 배에 탔던 남자 승객을 x명, 여자 승객을 y명이라 하자.

(ⅰ) 항구 B를 지났을 때 남은 승객은 남자는 $(x-12)$명, 여자는 y명이므로 $4(x-12)=y$

즉, $4x-y=48$

(ⅱ) 항구 C를 지났을 때 남은 승객은 남자는 $\{(x-12)-6\}$명, 여자는 $(y-6)$명이므로

$(x-12)-6=\dfrac{1}{7}(y-6)$

즉, $7x-y=120$

풀이 단계 $\begin{cases} 4x-y=48 & \cdots\cdots \ \textcircled{\small ㄱ} \\ 7x-y=120 & \cdots\cdots \ \textcircled{\small ㄴ} \end{cases}$에서

ⓛ－㉠을 하면

$3x=72$ $\therefore x=24$

$x=24$를 ㉠에 대입하면

$96-y=48$ $\therefore y=48$

확인 단계 따라서 처음 배에 탔던 승객은 $24+48=72$(명)이다.

11 빵을 x g, 버터를 y g 먹는다고 하면

단백질 섭취량은

$\dfrac{8}{100}x+\dfrac{2}{100}y=82,\ 4x+y=4100$ $\cdots\cdots$ ㉠

지방 섭취량은

$\dfrac{1}{100}x+\dfrac{80}{100}y=90,\ x+80y=9000$ $\cdots\cdots$ ㉡

㉡$\times 4-$㉠을 하면

$319y=31900$ $\therefore y=100$

$y=100$을 ㉠에 대입하면 $x=1000$

따라서 빵 1000 g, 버터 100 g을 먹으면 된다.

12 40원, 80원, 120원짜리 물건을 각각 x개, y개, z개 샀다고 하자. (단, x, y, z는 모두 양의 정수이다.)

물건을 총 16개 샀으므로

$x+y+z=16$ $\cdots\cdots$ ㉠

가격이 총 1200원이므로

$40x+80y+120z=1200$

$x+2y+3z=30$ $\cdots\cdots$ ㉡

㉡－㉠을 하면 $y+2z=14$ $\cdots\cdots$ ㉢

㉢에서 y, z는 모두 양의 정수이고 z를 최대로 하려면

$z=6,\ y=2$

㉠에서 $x+2+6=16$이므로 $x=8$

따라서 40원, 80원, 120원짜리 물건을 각각 8개, 2개, 6개 샀다.

13 서술형

표현 단계 작은 직사각형의 가로의 길이를 x cm, 세로의 길이를 y cm $(x>y)$라 하면

직사각형 ABCD의 넓이는

$\overline{AB}\times\overline{BC}=5y(x+y)=720$ 또는

(작은 직사각형의 넓이)$\times 9=9xy=720$으로 나타낼 수 있다.

변형 단계 $\begin{cases}5y(x+y)=720\\9xy=720\end{cases}$, 즉 $\begin{cases}xy+y^2=144 & \cdots\cdots ㉠\\xy=80 & \cdots\cdots ㉡\end{cases}$

풀이 단계 ㉡을 ㉠에 대입하면 $80+y^2=144$

$y^2=64$

y는 양수이므로 $y=8$

$y=8$을 ㉡에 대입하면 $x=10$

확인 단계 따라서 작은 직사각형의 가로의 길이는 10 cm, 세로의 길이는 8 cm이다.

14 $3\ \%$, $4\ \%$, $5\ \%$의 소금물의 양을 각각 x g, y g, z g이라 하면

$x+y+z=800$ $\cdots\cdots$ ㉠

$\dfrac{3}{100}x+\dfrac{4}{100}y=\dfrac{3.6}{100}(x+y)$에서

$3x=2y$ $\therefore y=\dfrac{3}{2}x$ $\cdots\cdots$ ㉡

$\dfrac{3}{100}x+\dfrac{5}{100}z=\dfrac{4.2}{100}(x+z)$에서

$3x=2z$ $\therefore z=\dfrac{3}{2}x$ $\cdots\cdots$ ㉢

㉡, ㉢을 ㉠에 대입하면

$x+\dfrac{3}{2}x+\dfrac{3}{2}x=800$

$x=200$을 ㉡, ㉢에 대입하면 $y=300$, $z=300$

따라서 $3\ \%$, $4\ \%$, $5\ \%$의 소금물의 양은 각각 200 g, 300 g, 300 g이다.

15 입장료를 x원, 식사비를 y원, 교통비를 z원이라 하면 입장료가 교통비의 5배에 식사비를 합한 것과 같으므로

$x=5z+y$ $\cdots\cdots$ ㉠

희선, 찬희, 지은이가 부담한 금액은 각각

$(x-20000)$원, $(y-10000)$원, $(z+30000)$원이고 모두 같은 금액을 부담하였으므로

$x-20000=y-10000=z+30000$ $\cdots\cdots$ ㉡

㉡에서

$\begin{cases}x-20000=y-10000\\y-10000=z+30000\end{cases}$, 즉 $\begin{cases}x-y=10000 & \cdots\cdots ㉢\\y-z=40000 & \cdots\cdots ㉣\end{cases}$

㉠을 ㉢에 대입하면 $5z=10000$ $\therefore z=2000$

$z=2000$을 ㉣에 대입하면 $y=42000$

$y=42000$을 ㉢에 대입하면 $x=52000$

따라서 입장료, 식사비, 교통비는 각각 52000원, 42000원, 2000원이다.

16 서술형

표현 단계 나연이의 속력을 시속 x km, 현정이의 속력을 시속 y km라 하면

(시간)$\times$(속력)$=$(거리)이고 자전거로 간 거리가 더 많으므로

$\begin{cases}2x-2y=6\\x+y=6\end{cases}$, 즉 $\begin{cases}x-y=3 & \cdots\cdots ㉠\\x+y=6 & \cdots\cdots ㉡\end{cases}$

풀이 단계 ㉠$+$㉡을 하면

$2x=9$ $\therefore x=4.5$

$x=4.5$를 ㉡에 대입하면

$4.5+y=6$ $\therefore y=1.5$

_{확인 단계} 따라서 나연이의 속력은 시속 4.5 km, 현정이의 속력은 시속 1.5 km이다.

17 A, B의 속력의 비가 $200:300=2:3$이므로 A의 속력을 분속 $2x$ m, B의 속력을 분속 $3x$ m라 하고 호수의 둘레의 길이를 y m라 하면

$$\begin{cases} 80\times3x-80\times2x=y \\ 10\times2x+10\times3x\times1.2=y-3600 \end{cases}$$

즉, $\begin{cases} 80x=y & \cdots\cdots \text{㉠} \\ 56x=y-3600 & \cdots\cdots \text{㉡} \end{cases}$

㉠을 ㉡에 대입하면

$56x=80x-3600$ $\therefore x=150$

$x=150$을 ㉠에 대입하면 $y=12000$

따라서 호수의 둘레의 길이는 12 km이다.

---

3 STEP

최고 실력 완성하기

102~103쪽

1 16 또는 20   **2** A: 260원, B: 120원

3 민수의 수입액: 16800원, 영희의 지출액: 10500원

4 $a=80$, $b=120$, $c=180$ **5** $\dfrac{5}{36}$

6 $a=18$, $b=3$ **7** 10곡   **8** 1400 g

9 초속 850 m   **10** 시속 12 km

---

1 A, B, C 구슬이 각각 $2a$개, $2b$개, $2c$개씩 주머니에 들어 있다고 하자. (단, a, b, c는 자연수)

구슬의 개수가 56이므로

$2a+2b+2c=56$ $\therefore a+b+c=28$ $\cdots\cdots$ ㉠

구슬의 무게가 192 g이므로

$6\times2a+4\times2b+2\times2c=192$

$\therefore 3a+2b+c=48$ $\cdots\cdots$ ㉡

㉡$-$㉠을 하면 $2a+b=20$ $\cdots\cdots$ ㉢

또, A 구슬의 개수가 가장 적고, C 구슬의 개수가 가장 많으

므로 $a<b<c$ $\cdots\cdots$ ㉣

즉, ㉠, ㉢, ㉣을 만족시키는 자연수의 순서쌍 (a, b, c)는

$(5, 10, 13)$, $(6, 8, 14)$

따라서 $b=8$ 또는 $b=10$이므로 B 구슬의 개수는 16 또는 20이다.

2 A, B 두 물건의 100 g당 정가를 각각 $13k$원, $6k$원(k는 자연수)이라 하자. A, B를 각각 $16m$ g, $27m$ g(m은 양수) 구입했다면 구입 비용의 비는

$$\left\{(13k-8)\times\frac{16m}{100}\right\}:\left\{(6k-8)\times\frac{27m}{100}\right\}=4:3$$

$3\times16m\times(13k-8)=4\times27m\times(6k-8)$

$52k-32=54k-72$ $\therefore k=20$

따라서 A, B의 100 g당 정가는 각각 260원, 120원이다.

3 민수와 영희의 일주일 동안의 수입액을 각각 $12k$원, $7k$원(k는 자연수)이라 하고, 지출액을 각각 $7m$원, $5m$원(m은 자연수)이라 하면

$$\begin{cases} 12k-7m=2100 & \cdots\cdots \text{㉠} \\ 7k-5m=-700 & \cdots\cdots \text{㉡} \end{cases}$$

㉠$\times5-$㉡$\times7$을 하면

$11k=15400$ $\therefore k=1400$

$k=1400$을 ㉠에 대입하면

$12\times1400-7m=2100$ $\therefore m=2100$

따라서 민수의 수입액은 $12k=12\times1400=16800$(원),

영희의 지출액은 $5m=5\times2100=10500$(원)이다.

4 $\dfrac{10}{100}\times a+\dfrac{20}{100}\times b=\dfrac{16}{100}(a+b)$에서

$5a+10b=8a+8b$, $3a=2b$

$\therefore a=\dfrac{2}{3}b$ $\cdots\cdots$ ㉠

$\dfrac{20}{100}\times b+\dfrac{30}{100}\times c=\dfrac{26}{100}(b+c)$에서

$10b+15c=13b+13c$, $3b=2c$

$\therefore c=\dfrac{3}{2}b$ $\cdots\cdots$ ㉡

$a+b+c=380$이므로 ㉠, ㉡에서

$\dfrac{2}{3}b+b+\dfrac{3}{2}b=380$, $4b+6b+9b=2280$

$\therefore b=120$

㉠에서 $a=\dfrac{2}{3}b=\dfrac{2}{3}\times120=80$

㉡에서 $c=\dfrac{3}{2}b=\dfrac{3}{2}\times120=180$

$\therefore a=80$, $b=120$, $c=180$

5 전체 일의 양을 1이라 하고, A, B, C가 하루에 하는 일의 양을 각각 x, y, z라 하자.

A, B, C가 함께 하면 6일이 걸리므로

$6x+6y+6z=1$ $\cdots\cdots$ ㉠

A와 C가 함께 하면 9일이 걸리므로

$9x+9z=1$ $\cdots\cdots$ ㉡

B와 C가 함께 하면 12일이 걸리므로

$12y+12z=1$ $\cdots\cdots$ ㉢

㉠$\times2-$㉢을 하면

$12x=1$ $\quad\therefore x=\dfrac{1}{12}$

$x=\dfrac{1}{12}$을 ㉡에 대입하면

$\dfrac{3}{4}+9z=1$ $\quad\therefore z=\dfrac{1}{36}$

$z=\dfrac{1}{36}$을 ㉢에 대입하면

$12y+\dfrac{1}{3}=1$ $\quad\therefore y=\dfrac{1}{18}$

따라서 A, B가 하루에 하는 일의 양이 각각 전체의

$\dfrac{1}{12}$, $\dfrac{1}{18}$이므로 둘이 함께 일하면 하루에 할 수 있는 일의 양

은 전체의 $\dfrac{1}{12}+\dfrac{1}{18}=\dfrac{5}{36}$이다.

6 (ⅰ) 비커 A의 소금물의 반을 비커 B에 넣고 잘 섞었을 때
A의 소금물의 양은 400 g,

소금의 양은 $\dfrac{a}{100}\times400=4a\,(\mathrm{g})$

B의 소금물의 양은 1200 g,

소금의 양은 $4a+\dfrac{b}{100}\times800=4a+8b\,(\mathrm{g})$

(ⅱ) 다시 비커 B의 소금물의 반을 비커 A에 넣고 잘 섞었을 때
A의 소금물의 양은 $600+400=1000\,(\mathrm{g})$,

소금의 양은 $4a+\dfrac{1}{2}(4a+8b)=6a+4b\,(\mathrm{g})$

B의 소금물의 양은 600 g,

소금의 양은 $\dfrac{1}{2}(4a+8b)=2a+4b\,(\mathrm{g})$

비커 A의 소금물의 농도가 12 %이므로

$\dfrac{6a+4b}{1000}\times100=12$, $3a+2b=60$ $\cdots\cdots$ ㉠

비커 B의 소금물의 농도가 8 %이므로

$\dfrac{2a+4b}{600}\times100=8$, $a+2b=24$ $\cdots\cdots$ ㉡

㉠$-$㉡을 하면

$2a=36$ $\quad\therefore a=18$

$a=18$을 ㉡에 대입하면

$18+2b=24$ $\quad\therefore b=3$

7 6분짜리 x곡과 8분짜리 y곡을 연주하기로 처음에 계획
했다면 곡과 곡 사이에는 1분간의 쉬는 시간이 있으므로 쉬

는 시간은 모두 $(x+y-1)$분이다.

$\begin{cases} 6x+8y+(x+y-1)=105 \\ 6y+8x+(x+y-1)=117 \end{cases}$

즉, $\begin{cases} 7x+9y=106 & \cdots\cdots ㉠ \\ 9x+7y=118 & \cdots\cdots ㉡ \end{cases}$

㉠$\times7-$㉡$\times9$를 하면

$-32x=-320$ $\quad\therefore x=10$

따라서 처음에 연주하려고 계획했던 6분짜리 곡의 수는 10곡
이다.

8 3 : 7의 비로 섞인 페인트 x g과 1 : 4의 비로 섞인 페
인트 y g을 섞었을 때, 원하는 페인트가 만들어졌다면

	흰색(g)	갈색(g)	합계(g)
3 : 7로 섞인 페인트	$\dfrac{3}{10}x$	$\dfrac{7}{10}x$	x
1 : 4로 섞인 페인트	$\dfrac{1}{5}y$	$\dfrac{4}{5}y$	y

섞어서 만든 페인트의 흰색과 갈색의 비가 2 : 5이므로

$\left(\dfrac{3}{10}x+\dfrac{1}{5}y\right):\left(\dfrac{7}{10}x+\dfrac{4}{5}y\right)=2:5$

$5\left(\dfrac{3}{10}x+\dfrac{1}{5}y\right)=2\left(\dfrac{7}{10}x+\dfrac{4}{5}y\right)$

양변에 10을 곱하면

$15x+10y=14x+16y$

$\therefore x=6y$

그런데 $0\le x\le1200$이므로 $x+y$의 최댓값은

$x=1200$, $y=200$일 때, $x+y=1200+200=1400$이다.

따라서 최대 1400 g의 페인트를 만들 수 있다.

> **TIP** 문제의 조건을 만족시키도록 두 페인트를 각각 얼마나 섞어야 하는지
> 알기 어렵기 때문에 두 페인트를 섞는 비부터 찾아야 한다.

9 탄환의 속력을 초속 x m, 소리의
속력을 초속 y m라 하면
A가 쏜 탄환이 표적에 맞는 데 걸린
시간이 $\dfrac{1700}{x}$초이고, 표적에 맞는 소리
가 A에게 들리는 시간이 $\dfrac{1700}{y}$초이므로

$\dfrac{1700}{x}+\dfrac{1700}{y}=7$ $\cdots\cdots$ ㉠

A가 쏜 탄환이 표적에 맞는 데 걸린 시간이 $\dfrac{1700}{x}$초이고,

표적에 맞는 소리가 B에게 들리는 시간이 $\dfrac{2000}{y}$초,

A의 총성이 B에게 들리는 시간이 $\dfrac{980}{y}$초이므로

$\dfrac{1700}{x}+\dfrac{2000}{y}=\dfrac{980}{y}+5$ $\cdots\cdots$ ㉡

$\bigcirc-\bigcirc$을 하면 $\dfrac{680}{y}=2$ $\quad\therefore y=340$

$y=340$을 $\bigcirc$에 대입하면 $x=850$

따라서 탄환의 속력은 초속 850 m이다.

10 정지된 물에서의 배의 속력을 시속 x km, 흐르는 물의

속력을 시속 y km라 하면 20분간 떠내려 간 거리는 $\dfrac{y}{3}$ km

이므로

강물을 거슬러 올라가는 데 걸린 시간은

$\left(20+\dfrac{y}{3}\right)\times\dfrac{1}{x-y}$(시간),

내려오는 데 걸린 시간은 $\dfrac{20}{x+y}$(시간)

이고, 배가 고장나서 떠내려 간 시간은 $\dfrac{1}{3}$시간이다.

$$\begin{cases}\left(20+\dfrac{y}{3}\right)\times\dfrac{1}{x-y}+\dfrac{20}{x+y}+\dfrac{1}{3}=4 & \cdots\cdots\ \bigcirc\\ \left(20+\dfrac{y}{3}\right)\times\dfrac{1}{x-y}=\dfrac{20}{x+y}\times\dfrac{7}{4} & \cdots\cdots\ \bigcirc\end{cases}$$

$\bigcirc$을 $\bigcirc$에 대입하면

$$\dfrac{20}{x+y}\times\dfrac{7}{4}+\dfrac{20}{x+y}+\dfrac{1}{3}=4$$

$$\dfrac{35}{x+y}+\dfrac{20}{x+y}=\dfrac{11}{3},\ \dfrac{55}{x+y}=\dfrac{11}{3}$$

$x+y=15$ $\quad\therefore y=15-x$ $\quad\cdots\cdots\ \bigcirc$

$\bigcirc$을 $\bigcirc$에 대입하면

$$\left(20+\dfrac{15-x}{3}\right)\times\dfrac{1}{x-(15-x)}+\dfrac{20}{15}+\dfrac{1}{3}=4$$

$$\dfrac{75-x}{3}\times\dfrac{1}{2x-15}=\dfrac{7}{3}$$

$75-x=7(2x-15)$

$15x=180$ $\quad\therefore x=12$

따라서 정지된 물에서의 배의 속력은 시속 12 km이다.

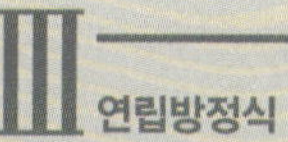

단원 종합 문제

105~110쪽

1 $a=2,\ b\neq-1$	**2** $x=3,\ y=-1$
3 $x=-3,\ y=-\dfrac{26}{7}$	**4** 3 **5** -2
6 -1 **7** $x=2,\ y=2$	**8** $x=\dfrac{1}{3},\ y=\dfrac{1}{4}$
9 4 **10** 15	**11** $x=1,\ y=-2$
12 $x=7,\ y=14,\ z=21$	**13** $-3,\ 1$
14 교통비: 92000원, 숙박비: 124000원	**15** 70 g
16 35 L **17** 어머니: 30세, 딸: 5세	
18 영어: 81점, 수학: 88점	**19** A: 40 kg, B: 20 kg
20 30 g **21** 16	**22** 6 km, 4 km
23 439 **24** 시속 3.15 km	
25 A: 840 g, B: 660 g	

1 $2x^2-4x+y+1=ax^2+x-by$에서

$(2-a)x^2-5x+(b+1)y+1=0$

이 식이 $x,\ y$에 대한 일차방정식이 되려면

$2-a=0,\ b+1\neq0$이어야 하므로

$a=2,\ b\neq-1$

2 $\begin{cases}0.3x-y=1.9 & \cdots\cdots\ \bigcirc\\ \dfrac{1}{2}x-\dfrac{5}{12}y=\dfrac{23}{12} & \cdots\cdots\ \bigcirc\end{cases}$

$\bigcirc\times10,\ \bigcirc\times12$를 하면

$\begin{cases}3x-10y=19 & \cdots\cdots\ \bigcirc\\ 6x-5y=23 & \cdots\cdots\ \bigcirc\end{cases}$

$\bigcirc-\bigcirc\times2$를 하면

$-9x=-27$ $\quad\therefore x=3$

$x=3$을 $\bigcirc$에 대입하면

$9-10y=19$ $\quad\therefore y=-1$

3 주어진 식의 각 변에 12를 곱하면

$4(x-y+1)=3(-2x+y)=2(3x-2y+5)$에서

$\begin{cases}4(x-y+1)=3(-2x+y)\\ 3(-2x+y)=2(3x-2y+5)\end{cases}$

즉, $\begin{cases} 10x-7y=-4 & \cdots\cdots\ \text{㉠} \\ 12x-7y=-10 & \cdots\cdots\ \text{㉡} \end{cases}$

㉠$-$㉡을 하면 $-2x=6$ $\quad\therefore x=-3$

$x=-3$을 ㉠에 대입하면

$-30-7y=-4$ $\quad\therefore y=-\dfrac{26}{7}$

4 $x:y=1:2$이므로 $y=2x$를 주어진 연립방정식에 대입하면

$\begin{cases} 4x+2ax=10 & \cdots\cdots\ \text{㉠} \\ ax+6x=9 & \cdots\cdots\ \text{㉡} \end{cases}$

㉠$-$㉡$\times2$를 하면 $-8x=-8$ $\quad\therefore x=1$

$x=1$을 ㉠에 대입하면

$4+2a=10,\ 2a=6$ $\quad\therefore a=3$

5 $\begin{cases} 2x+3y+a=0 \\ ax-3y+2=0 \end{cases}$의 해가 무수히 많으려면

$\dfrac{2}{a}=\dfrac{3}{-3}=\dfrac{a}{2}$

$\dfrac{2}{a}=\dfrac{3}{-3}$에서 $3a=-6$

$\therefore a=-2$

6 $\begin{cases} x+ay+4=0 \\ 2x+(a-1)y-8=0 \end{cases}$ 이 해를 갖지 않으려면

$\dfrac{1}{2}=\dfrac{a}{a-1}\neq\dfrac{4}{-8}$

$\dfrac{1}{2}=\dfrac{a}{a-1}$에서 $2a=a-1$

$\therefore a=-1$

7 주어진 식의 각 변에 12를 곱하면

$12x-4(5y-8)=4(2x-3)+6y=24x-(50-9y)$

$12x-20y+32=8x+6y-12=24x+9y-50$에서

$\begin{cases} 12x-20y+32=8x+6y-12 \\ 8x+6y-12=24x+9y-50 \end{cases}$

즉, $\begin{cases} 4x-26y=-44 & \cdots\cdots\ \text{㉠} \\ 16x+3y=38 & \cdots\cdots\ \text{㉡} \end{cases}$

㉠$\times4-$㉡을 하면

$-107y=-214$ $\quad\therefore y=2$

$y=2$를 ㉠에 대입하면

$4x-52=-44$ $\quad\therefore x=2$

8 $\begin{cases} \dfrac{1}{x}-\dfrac{1}{2y}=1 \\ \dfrac{2}{3x}-\dfrac{3}{4y}=-1 \end{cases}$ 에서 $\dfrac{1}{x}=a,\ \dfrac{1}{y}=b$라 하면

$\begin{cases} a-\dfrac{b}{2}=1 \\ \dfrac{2}{3}a-\dfrac{3}{4}b=-1 \end{cases}$, 즉 $\begin{cases} 2a-b=2 & \cdots\cdots\ \text{㉠} \\ 8a-9b=-12 & \cdots\cdots\ \text{㉡} \end{cases}$

㉠$\times9-$㉡을 하면

$10a=30$ $\quad\therefore a=3$

$a=3$을 ㉠에 대입하면

$6-b=2$ $\quad\therefore b=4$

따라서 $\dfrac{1}{x}=3$에서 $x=\dfrac{1}{3}$, $\dfrac{1}{y}=4$에서 $y=\dfrac{1}{4}$

9 $\begin{cases} ax-5y=1 \\ 5x-7y=a \end{cases}$에 $x=2,\ y=b$를 대입하면

$\begin{cases} 2a-5b=1 \\ 10-7b=a \end{cases}$에서 $\begin{cases} 2a-5b=1 & \cdots\cdots\ \text{㉠} \\ a+7b=10 & \cdots\cdots\ \text{㉡} \end{cases}$

㉠$-$㉡$\times2$를 하면 $-19b=-19$ $\quad\therefore b=1$

$b=1$을 ㉡에 대입하면 $a+7=10$ $\quad\therefore a=3$

$\therefore a+b=3+1=4$

10 두 연립방정식

$\begin{cases} 2x+y=4 & \cdots\cdots\ \text{㉠} \\ x+2y=m & \cdots\cdots\ \text{㉡} \end{cases}$ $\begin{cases} x-y=5 & \cdots\cdots\ \text{㉢} \\ nx+4y=4 & \cdots\cdots\ \text{㉣} \end{cases}$

의 해가 서로 같으므로 ㉠, ㉡, ㉢, ㉣의 해가 모두 같다.

이때 미지수가 없는 ㉠과 ㉢을 연립해서 해를 먼저 구한다.

㉠$+$㉢을 하면

$3x=9$ $\quad\therefore x=3$

$x=3$을 ㉠에 대입하면

$6+y=4$ $\quad\therefore y=-2$

$x=3,\ y=-2$를 ㉡과 ㉣에 대입하면

$3+2\times(-2)=m$

$\therefore m=-1$

$3n+4\times(-2)=4,\ 3n=12$

$\therefore n=4$

$\therefore n^2-m^2=4^2-(-1)^2=15$

11 $\begin{cases} ax-3y=8 & \cdots\cdots\ \text{㉠} \\ 3x+by=-1 & \cdots\cdots\ \text{㉡} \end{cases}$

A는 ㉡을 바르게 보고 풀었으므로 A가 구한 해를 ㉡에 대입하면

$-9+4b=-1$ $\quad\therefore b=2$

B는 ㉠을 바르게 보고 풀었으므로 B가 구한 해를 ㉠에 대입하면

$7a-6=8$ $\quad\therefore a=2$

$a=2,\ b=2$를 ㉠, ㉡에 대입하면

$\begin{cases} 2x-3y=8 & \cdots\cdots\ \text{㉢} \\ 3x+2y=-1 & \cdots\cdots\ \text{㉣} \end{cases}$

㉢$\times2+$㉣$\times3$을 하면

$13x=13$ $\quad\therefore x=1$

$x=1$을 ㉣에 대입하면

$3+2y=-1$ $\quad\therefore y=-2$

12 $x:y:z=1:2:3$이므로 $x=a$라 하면
$y=2a$, $z=3a$
$4x-3y+z=7$에 대입하면
$4a-6a+3a=7$ $\therefore a=7$
$\therefore x=7$, $y=2\times7=14$, $z=3\times7=21$

13 $\begin{cases} x+|y|=8 & \cdots\cdots ㉠ \\ x-|y|=4 & \cdots\cdots ㉡ \end{cases}$
㉠+㉡을 하면
$2x=12$ $\therefore x=6$
$x=6$을 ㉠에 대입하면 $|y|=2$
(i) $y=2$일 때
  $x+y+z=6+2+z=5$ $\therefore z=-3$
(ii) $y=-2$일 때
  $x+y+z=6+(-2)+z=5$ $\therefore z=1$
(i), (ii)에서 $z=-3$ 또는 $z=1$

14 작년의 교통비를 x원, 숙박비를 y원이라 하면
$\dfrac{120}{100}(x+y)=216000$에서 $x+y=180000$ $\cdots\cdots ㉠$
따라서 올해의 교통비와 숙박비의 합계는 작년에 비해
$216000-180000=36000$(원) 증가했으므로
$\dfrac{15}{100}x+\dfrac{24}{100}y=36000$에서 $5x+8y=1200000$ $\cdots\cdots ㉡$
㉠$\times5-㉡$을 하면
$-3y=-300000$ $\therefore y=100000$
$y=100000$을 ㉠에 대입하면 $x=80000$
따라서 올해의 교통비는 $80000\times\left(1+\dfrac{15}{100}\right)=92000$(원)이고,
숙박비는 $100000\times\left(1+\dfrac{24}{100}\right)=124000$(원)이다.

15 새로 만들어질 합금은 280 g이고 구리와 주석의 비가
$9:5$이므로
구리의 양은 $280\times\dfrac{9}{9+5}=180$(g)
주석의 양은 $280\times\dfrac{5}{9+5}=100$(g)
필요한 합금 A, B의 양을 각각 x g, y g이라 하면 합금 A의
구리와 주석의 비가 $2:1$이므로 구리와 주석의 양은 각각
$\dfrac{2}{3}x$ g, $\dfrac{1}{3}x$ g이고, 합금 B의 구리와 주석의 비가 $4:3$이므
로 구리와 주석의 양은 각각 $\dfrac{4}{7}y$ g, $\dfrac{3}{7}y$ g이다.

	구리(g)	주석(g)
합금 A	$\dfrac{2}{3}x$	$\dfrac{1}{3}x$
합금 B	$\dfrac{4}{7}y$	$\dfrac{3}{7}y$
새로운 합금	180	100

$\begin{cases} \dfrac{2}{3}x+\dfrac{4}{7}y=180 \\ \dfrac{1}{3}x+\dfrac{3}{7}y=100 \end{cases}$, 즉 $\begin{cases} 7x+6y=1890 & \cdots\cdots ㉠ \\ 7x+9y=2100 & \cdots\cdots ㉡ \end{cases}$
㉠$-㉡$을 하면
$-3y=-210$ $\therefore y=70$
따라서 사용해야 할 합금 B의 무게는 70 g이다.

다른 풀이

합금 A, B의 구리와 주석의 양을 각각 a, b를 써서 나타내면

	구리(g)	주석(g)	합계(g)
합금 A	$2a$	a	$3a$
합금 B	$4b$	$3b$	$7b$
새로운 합금	$2a+4b$	$a+3b$	$3a+7b$

$(2a+4b):(a+3b)=9:5$에서 $10a+20b=9a+27b$
$\therefore a=7b$ $\cdots\cdots ㉠$
㉠을 $3a+7b=280$에 대입하면
$21b+7b=280$ $\therefore b=10$, $a=70$
따라서 합금 B의 무게는 $7\times10=70$(g)이다.

16 A, B 두 호스에서 1분당 나오는 물의 양을 각각 x L,
y L라 하면 A 호스로 5분, B 호스로 2분 동안 채우면 전체
의 $\dfrac{3}{4}$이 채워지므로
$5x+2y=160\times\dfrac{3}{4}$, $5x+2y=120$ $\cdots\cdots ㉠$
A 호스로 2분, B 호스로 4분 동안 채우면 전체의 $\dfrac{2}{3}$가 채워
지므로
$2x+4y=160\times\dfrac{2}{3}$, $x+2y=\dfrac{160}{3}$ $\cdots\cdots ㉡$
㉠$-㉡$을 하면
$4x=\dfrac{200}{3}$ $\therefore x=\dfrac{50}{3}$
$x=\dfrac{50}{3}$을 ㉡에 대입하면 $y=\dfrac{55}{3}$
따라서 A, B 두 호스로 1분 동안
$\dfrac{50}{3}+\dfrac{55}{3}=\dfrac{105}{3}=35$(L)의 물을 채울 수 있다.

17 현재 어머니의 나이를 x세, 딸의 나이를 y세라 하면
어머니와 딸의 나이 차가 25세이므로
$x-y=25$ $\cdots\cdots ㉠$
20년 후의 어머니의 나이는 딸의 나이의 2배이므로
$x+20=2(y+20)$, $x-2y=20$ $\cdots\cdots ㉡$
㉠$-㉡$을 하면 $y=5$
$y=5$를 ㉠에 대입하면 $x=30$
따라서 현재 어머니의 나이는 30세, 딸의 나이는 5세이다.

18 중간고사 영어 점수와 수학 점수를 각각 x점, y점이라 하면 중간고사 때 두 과목의 점수의 평균이 85점이므로

$$\frac{x+y}{2}=85, \quad x+y=170 \qquad \cdots\cdots \ \text{㉠}$$

또, 기말고사 영어 점수와 수학 점수의 증감은 각각 $-0.1x$점, $0.1y$점이므로

$-0.1x+0.1y=-1$에서 $x-y=10 \qquad \cdots\cdots \ \text{㉡}$

㉠$+$㉡을 하면

$2x=180 \qquad \therefore \ x=90$

$x=90$을 ㉠에 대입하면

$90+y=170 \qquad \therefore \ y=80$

따라서 기말고사 영어 점수는 $(1-0.1)x=0.9\times90=81$(점)이고, 수학 점수는 $(1+0.1)y=1.1\times80=88$(점)이다.

19 합금 A를 x kg, 합금 B를 y kg 섞는다고 하자.

총 합금의 양은 $x+y=60 \qquad \cdots\cdots \ \text{㉠}$

합금 속의 금의 양은

$0.8x+0.5y=0.7\times60, \ 8x+5y=420 \qquad \cdots\cdots \ \text{㉡}$

㉠$\times5-$㉡을 하면

$-3x=-120 \qquad \therefore \ x=40$

$x=40$을 ㉠에 대입하면 $y=20$

따라서 합금 A는 40 kg, 합금 B는 20 kg을 섞어야 한다.

20 더 부은 물의 양을 x g, 8 %의 소금물의 양을 y g이라 하면 5 %의 소금물의 양은 $4x$ g이므로

$$\begin{cases} 4x+y+x=300 \\ \dfrac{5}{100}\times4x+\dfrac{8}{100}\times y=\dfrac{6}{100}\times300 \end{cases}$$

즉, $\begin{cases} 5x+y=300 & \cdots\cdots \ \text{㉠} \\ 5x+2y=450 & \cdots\cdots \ \text{㉡} \end{cases}$

㉠$\times2-$㉡을 하면

$5x=150 \qquad \therefore \ x=30$

따라서 더 부은 물의 양은 30 g이다.

21 A 종목에서 상을 받은 사람을 x명, B 종목에서 상을 받은 사람을 y명이라 하면

$\begin{cases} x+y-10=20 \\ x=y+2 \end{cases}$, 즉 $\begin{cases} x+y=30 & \cdots\cdots \ \text{㉠} \\ x-y=2 & \cdots\cdots \ \text{㉡} \end{cases}$

㉠$+$㉡을 하면

$2x=32 \qquad \therefore \ x=16$

따라서 A 종목에서 상을 받은 사람은 16명이다.

22 A 지점에서 P 지점까지의 거리를 x km, P 지점에서 B 지점까지의 거리를 y km라 하자.

A 지점에서 B 지점까지의 거리가 10 km이므로

$x+y=10 \qquad \cdots\cdots \ \text{㉠}$

A 지점에서 P 지점까지는 시속 6 km로, P 지점에서 B 지점까지는 시속 8 km로 가서 총 1시간 30분이 걸리므로

$$\frac{x}{6}+\frac{y}{8}=1\frac{30}{60}, \ 4x+3y=36 \qquad \cdots\cdots \ \text{㉡}$$

㉠$\times3-$㉡을 하면

$-x=-6 \qquad \therefore \ x=6$

$x=6$을 ㉠에 대입하면 $y=4$

따라서 A 지점에서 P 지점까지의 거리는 6 km이고, P 지점에서 B 지점까지의 거리는 4 km이다.

23 세 자리의 자연수를 $100a+10b+c$라 하자.

가장 왼쪽의 숫자를 가장 오른쪽에 옮기면 $100b+10c+a$가 되고 이 수가 처음의 수보다 45만큼 작으므로

$100b+10c+a=100a+10b+c-45$

$\therefore \ 11a-10b-c=5 \qquad \cdots\cdots \ \text{㉠}$

백의 자리의 숫자의 9배는 십의 자리와 일의 자리의 숫자로 된 두 자리의 자연수 $10b+c$보다 3만큼 작으므로

$9a=10b+c-3$

$\therefore \ 9a-10b-c=-3 \qquad \cdots\cdots \ \text{㉡}$

㉠$-$㉡을 하면 $2a=8 \qquad \therefore \ a=4$

$a=4$를 ㉠에 대입하면 $10b+c=39$

b, c는 한 자리의 자연수이므로 $b=3$, $c=9$

따라서 구하는 수는 439이다.

24 강물의 속력을 시속 x km, 정지한 물에서 보트의 속력을 시속 y km라 하자.

강을 따라 내려올 때 보트의 속력은 시속 $(y+x)$ km이므로

$$\frac{40}{60}(y+x)=7 \qquad \therefore \ 2x+2y=21 \qquad \cdots\cdots \ \text{㉠}$$

강을 거슬러 올라갈 때 보트의 속력은 시속 $(y-x)$ km이므로

$$1\frac{40}{60}(y-x)=7 \qquad \therefore \ -5x+5y=21 \qquad \cdots\cdots \ \text{㉡}$$

㉠$\times5-$㉡$\times2$를 하면

$20x=63 \qquad \therefore \ x=3.15$

따라서 강물의 속력은 시속 3.15 km이다.

25 금속 A x g과 금속 B y g을 섞어서 합금 1500 g을 만들었다고 하면

$x+y=1500, \ y=1500-x \qquad \cdots\cdots \ \text{㉠}$

물 속에서의 무게는

$$\frac{4}{15}x+\frac{3}{4}y=719, \ 16x+45y=43140 \qquad \cdots\cdots \ \text{㉡}$$

㉠을 ㉡에 대입하면

$16x+45(1500-x)=43140$

$29x=24360 \qquad \therefore \ x=840$

$x=840$을 ㉠에 대입하면 $y=660$

따라서 금속 A는 840 g, 금속 B는 660 g이 섞여 있다.

1 함수

1 12	**2** ①, ⑤	**3** ㄴ, ㅅ	**4** 15
5 2	**6** 0	**7** −20	**8** 26
9 $\dfrac{27}{10}$	**10** 27	**11** ②, ③	**12** ③

---

1 x의 값인 1, 2, 3의 각각에 y의 문자 a, b, c, d를 하나하나 짝지으면 되므로 구하는 순서쌍은

$(1, a)$, $(1, b)$, $(1, c)$, $(1, d)$,

$(2, a)$, $(2, b)$, $(2, c)$, $(2, d)$,

$(3, a)$, $(3, b)$, $(3, c)$, $(3, d)$이다.

따라서 순서쌍 (x, y)의 개수는 12이다.

다른 풀이

x인 3개의 수에 y의 문자 4개를 일일이 짝지으면 되므로 구하는 대응의 순서쌍의 개수는

$3 \times 4 = 12$

2 ② $1 \longrightarrow 3$, $1 \longrightarrow 4$로 x의 값 1개에 y의 값 2개가 대응하므로 함수가 아니다.

③ $1 \longrightarrow 0$, $1 \longrightarrow 1$로 x의 값 1개에 y의 값 2개가 대응하므로 함수가 아니다.

④ x의 값 2에 대응하는 y의 값이 없으므로 함수가 아니다.

따라서 y가 x의 함수인 것은 ①, ⑤이다.

> **TIP** y가 x의 함수이면 x의 값이 하나씩 정해질 때마다 y의 값이 오직 하나씩만 대응하므로 y가 x의 함수가 되지 않는 경우는 다음과 같다.
> (1) x의 값 하나에 여러 개의 y의 값에 대응되는 경우가 존재할 때
> (2) y의 값에 대응되지 않는 x의 값이 존재할 때

3 x, y 사이의 관계식을 구해 보면 다음과 같다.

ㄱ. $y = 1000x$

ㄴ. x의 값 하나에 y의 값이 여러 개 대응한다.

ㄷ. $y = \dfrac{7}{100}x$

ㄹ. $x = 1, 2, 3, \cdots, 10$일 때 $y = 100$,

$x = 11$일 때 $y = \dfrac{1000}{11}$, $x = 12$일 때 $y = \dfrac{250}{3}$, $\cdots$

ㅁ. $xy = 40$에서 $y = \dfrac{40}{x}$

ㅂ. $xy = 10$에서 $y = \dfrac{10}{x}$

ㅅ. x의 값 하나에 y의 값이 여러 개 대응한다.

따라서 함수가 되기 위해서는 x의 값 하나에 대하여 y의 값이 하나로 정해져야 하므로 함수가 아닌 것은 ㄴ, ㅅ이다.

4 $f\left(\dfrac{33}{2}\right) = \left(\dfrac{33}{2} \text{ 미만인 소수의 개수}\right)$에서

$\dfrac{33}{2} = 16.5$ 미만의 소수는 2, 3, 5, 7, 11, 13의 6개이다.

$\therefore f\left(\dfrac{33}{2}\right) = 6$

$f(24) = (24 \text{ 미만인 소수의 개수})$에서

24 미만의 소수는 2, 3, 5, 7, 11, 13, 17, 19, 23의 9개이다.

$\therefore f(24) = 9$

$\therefore f\left(\dfrac{33}{2}\right) + f(24) = 6 + 9 = 15$

5 $f(x) = \dfrac{3}{2}x + 1$에서 $f(a) = 4$이므로

$\dfrac{3}{2}a + 1 = 4$, $\dfrac{3}{2}a = 3$

$\therefore a = 2$

6 (i) $g(1)$은 $g(x) = -6x + 5$에서 $x = 1$일 때의 함숫값이므로

$g(1) = -6 \times 1 + 5 = -1$

(ii) $f(-3)$은 $f\left(\dfrac{3x}{x+1}\right) = 2x - 1$에서 $\dfrac{3x}{x+1} = -3$일 때의 함숫값이므로

$\dfrac{3x}{x+1} = -3$, $3x = -3(x+1)$

$3x = -3x - 3$, $6x = -3$ $\therefore x = -\dfrac{1}{2}$

$\therefore f(-3) = 2 \times \left(-\dfrac{1}{2}\right) - 1 = -2$

(i), (ii)에서 $g(1) - f(-3) = -1 - (-2) = 1$

$\therefore f(g(1) - f(-3)) = f(1)$

이때 (ii)와 마찬가지로 $f(1)$은 $f\left(\dfrac{3x}{x+1}\right) = 2x - 1$에서

$\dfrac{3x}{x+1} = 1$일 때의 함숫값이므로

$\dfrac{3x}{x+1} = 1$, $3x = x + 1$ $\therefore x = \dfrac{1}{2}$

$\therefore f(g(1) - f(-3)) = f(1) = 2 \times \dfrac{1}{2} - 1 = 0$

7 $f(1) = 3$, $f(a+b) = f(a) + f(b) + 2ab$이므로

(i) $a=1$, $b=1$을 대입하면
$$f(1+1)=f(1)+f(1)+2\times1\times1$$
$$=3+3+2=8$$
$$\therefore f(2)=8$$

(ii) $a=2$, $b=1$을 대입하면
$$f(2+1)=f(2)+f(1)+2\times2\times1$$
$$=8+3+4=15$$
$$\therefore f(3)=15$$

(iii) $a=3$, $b=2$를 대입하면
$$f(3+2)=f(3)+f(2)+2\times3\times2$$
$$=15+8+12=35$$
$$\therefore f(5)=35$$
$$\therefore f(3)-f(5)=15-35=-20$$

8 $f(x)=3x+2$에 x의 값 0, 1, 2, 3을 각각 대입하면
$f(0)=3\times0+2=2$
$f(1)=3\times1+2=5$
$f(2)=3\times2+2=8$
$f(3)=3\times3+2=11$
따라서 모든 함숫값의 합은
$2+5+8+11=26$

9 $f(1)=\dfrac{6}{1}=6$, $f(2)=\dfrac{6}{2}=3$, $f(3)=\dfrac{6}{3}=2$,
$f(4)=\dfrac{6}{4}=\dfrac{3}{2}$, $f(5)=\dfrac{6}{5}$, $f(6)=\dfrac{6}{6}=1$
따라서 함숫값 중 정수가 아닌 것의 합은
$\dfrac{3}{2}+\dfrac{6}{5}=\dfrac{27}{10}$

10 함수 $f:x \longrightarrow$ (x의 약수 중 가장 큰 소수)는
$f(x)=$(x의 약수 중 가장 큰 소수)이므로
x에 4, 5, 6, 7, 8, 9, 10을 각각 대입하여 함숫값을 구하면
$f(4)=$(4의 약수 중 가장 큰 소수)$=2$
$f(5)=$(5의 약수 중 가장 큰 소수)$=5$
$f(6)=$(6의 약수 중 가장 큰 소수)$=3$
$f(7)=$(7의 약수 중 가장 큰 소수)$=7$
$f(8)=$(8의 약수 중 가장 큰 소수)$=2$
$f(9)=$(9의 약수 중 가장 큰 소수)$=3$
$f(10)=$(10의 약수 중 가장 큰 소수)$=5$
따라서 구하는 값은
$2+5+3+7+2+3+5=27$

11 ① $x=3$에 대응하는 y의 값이 없으므로 함수가 아니다.
④ $x=1$, 2, 4, 5에 대응하는 y의 값이 없고, $x=3$에 대응하는 y의 값이 2개 이상이므로 함수가 아니다.

⑤ $x=4$에 대응하는 y의 값이 없고, $x=5$에 대응하는 y의 값이 2개 이상이므로 함수가 아니다.
따라서 y가 x의 함수인 그래프는 ②, ③이다.

12 ①, ②, ④, ⑤ x의 값 1개에 y의 값이 2개 이상 대응하는 경우가 있으므로 함수가 아니다.
③ x의 값 하나에 y의 값이 하나씩만 정해져 있고, y의 값에 대응되지 못한 x가 없으므로 함수이다.
따라서 y가 x의 함수인 그래프는 ③이다.

1 $y=\dfrac{a-b}{b-100}x$	**2** ㄴ	**3** ④, ⑤
4 4개	**5** ⑤	**6** ③ **7** -1
8 $\dfrac{5}{2}$	**9** 6	**10** -2, $\dfrac{1}{2}$, 2, 3, 6
11 33	**12** 58	**13** 7 **14** 4
15 -6	**16** -1	

1 $a\,\%$의 소금물 x g에 녹아 있는 소금의 양은 $\dfrac{a}{100}x$ g
$b\,\%$의 소금물 $(x+y)$ g에 녹아 있는 소금의 양은
$\dfrac{b}{100}\times(x+y)$ g이므로
$\dfrac{a}{100}x+y=\dfrac{b}{100}\times(x+y)$에서
$(a-b)x=(b-100)y$ $\therefore y=\dfrac{a-b}{b-100}x$

> **TIP 소금의 양 구하기**
> (소금의 양)$=\dfrac{\text{(소금물의 농도)}}{100}\times$(소금물의 양)

2 ㄱ. $1 \longrightarrow 4$, $1 \longrightarrow 5$로 x의 값 1개에 y의 값 2개가 대응하고, 3에 대응하는 y의 값이 없으므로 함수가 아니다.
ㄴ. $-1 \longrightarrow 4$, $0 \longrightarrow 3$, $1 \longrightarrow 4$이므로 함수이다.

ㄷ. x의 값 1에 대응하는 y의 값이 없으므로 함수가 아니다.

ㄹ. $y=-\dfrac{1}{2}x$에서 x의 값이 2, 4, 6일 때, y의 값이 각각 -1, -2, -3, -4로 모든 x의 값에 대응하는 y의 값이 없으므로 함수가 아니다.

따라서 y가 x의 함수인 것은 ㄴ이다.

3　① x의 값 2는 1과 2에 동시에 대응, 3은 1과 3에 동시에 대응, 4는 1, 2, 4에 동시에 대응, 5는 1과 5에 동시에 대응되어 x의 값 1개에 y의 값이 여러 개 대응하므로 함수가 아니다.

② x의 값 2는 2, 4, 6에 동시에 대응, 3은 3과 6에 동시에 대응되어 x의 값 1개에 y의 값이 여러 개 대응하므로 함수가 아니다.

③ 2 ⟶ 4이지만 나머지 x의 값 3, 4, 5에 대응하는 y의 값이 없으므로 함수가 아니다.

④ 2 ⟶ 2, 3 ⟶ 2, 4 ⟶ 3, 5 ⟶ 2이므로 함수이다.

⑤ 2 ⟶ 1, 3 ⟶ 1, 4 ⟶ 1, 5 ⟶ 1이므로 함수이다.

따라서 y가 x의 함수인 것은 ④, ⑤이다.

4　ㄱ. -1 ⟶ 0, 0 ⟶ 1, 1 ⟶ 2이므로 함수이다.

ㄴ. -1 ⟶ -1, 0 ⟶ 0, 1 ⟶ 1이므로 함수이다.

ㄷ. 1 ⟶ -1이지만 나머지 x의 값 -1, 0에 대응하는 y의 값이 없으므로 함수가 아니다.

ㄹ. -1 ⟶ 2, 0 ⟶ 1, 1 ⟶ 2이므로 함수이다.

ㅁ. x의 값 -1이 1, 2에 동시에 대응되어 x의 값 1개에 y의 값 2개가 대응하므로 함수가 아니다.

ㅂ. -1 ⟶ 0, 0 ⟶ -1, 1 ⟶ 0이므로 함수이다.

따라서 함수인 것은 ㄱ, ㄴ, ㄹ, ㅂ의 4개이다.

5　① 각각의 x는 서로 다른 y의 값을 갖는다.
② 3이 아닌 x의 값에 대응하는 y의 값이 없다.
③ 모든 x는 항상 y의 값 -3을 갖는다.
④ -3이 아닌 x의 값에 대응하는 y의 값이 없다.
⑤ 모든 x는 항상 y의 값 3을 갖는다.

따라서 구하는 그래프는 ⑤이다.

6　$f(x)=-x+5$이므로
$f(a-1)+f(a+1)=-(a-1)+5-(a+1)+5=6$
$-a+1+5-a-1+5=6$
$-2a=-4$
$\therefore a=2$

7　$y+5$가 $2(x-3)$에 정비례하므로
$y+5=k\times2(x-3)$ (k는 0이 아닌 상수)라 하자.

$y=f(x)$, 즉 $f(x)=2k(x-3)-5$에서
$f(-2)=-10k-5=15$
$10k=-20$
$k=-2$
$\therefore f(x)=-4x+7$
$\therefore f(2)=-8+7=-1$

8　$f(x)=ax-1-(a-x)$, 즉 $f(x)=(a+1)x-a-1$
에서 $f(2)=3$이므로
$3=2(a+1)-a-1,\ 3=a+1$
$\therefore a=2$
$f(x)=3x-3$이고 $f(2)+f(3)=3+6=9$이므로
$2f(b)=9$에서 $6b-6=9$
$\therefore b=\dfrac{5}{2}$

9　자연수 x에 대하여 $f(x)=\dfrac{12}{x}$의 값이 자연수이므로
x는 12의 약수이다.
따라서 이를 만족시키는 x의 값은 1, 2, 3, 4, 6, 12이므로 x의 개수는 6이다.

10　서술형

표현 단계　함수가 되지 않으려면 x의 값 하나에 대한 함숫값이 2개 이상이면 된다. 즉, 주어진 x의 값들 중 2개 이상이 같으면 된다.

변형 단계　(i) $m-1=2m+1$
　　　　　(ii) $m-1=2$ 또는 $m-1=5$
　　　　　(iii) $2m+1=2$ 또는 $2m+1=5$

풀이 단계　(i)에서 $m=-2$
　　　　　(ii)에서 $m=3$ 또는 $m=6$
　　　　　(iii)에서 $m=\dfrac{1}{2}$ 또는 $m=2$

확인 단계　따라서 m의 값은 -2, $\dfrac{1}{2}$, 2, 3, 6이다.

11　서술형

표현 단계　a는 3, 4, 5, 6, 7, 8, 9이므로 a에 각각 대입해 본다.

변형 단계　x의 값이 1이면 $1+4=5$는 소수, $1+5=6$은 소수가 아니므로 x의 값 1은 y의 값 4에 대응된다.
　　　　　x의 값이 2이면 $2+4=6$은 소수가 아니고 $2+5=7$은 소수이므로 x의 값 2는 y의 값 5에 대응된다. 즉, 나머지 a에 대응하는 y의 값이 있는지 알아본다.

풀이 단계　$a=3$일 때, $3+4=7$(소수),
　　　　　　　　　　　$3+5=8$(소수가 아님)

$a=4$일 때, $4+4=8$(소수가 아님),
$\qquad\qquad 4+5=9$(소수가 아님)

$a=5$일 때, $5+4=9$(소수가 아님),
$\qquad\qquad 5+5=10$(소수가 아님)

$a=6$일 때, $6+4=10$(소수가 아님),
$\qquad\qquad 6+5=11$(소수)

$a=7$일 때, $7+4=11$(소수),
$\qquad\qquad 7+5=12$(소수가 아님)

$a=8$일 때, $8+4=12$(소수가 아님),
$\qquad\qquad 8+5=13$(소수)

$a=9$일 때, $9+4=13$(소수),
$\qquad\qquad 9+5=14$(소수가 아님)

즉, a가 4, 5일 때, a에 대응하는 y의 값이 없으므로 함수가 될 수 없다.

확인 단계 따라서 a가 될 수 있는 것은 3, 6, 7, 8, 9이므로 구하는 합은 $3+6+7+8+9=33$

12 12보다 작은 4의 배수는 4, 8의 2개이므로 $f(12)=2$
13보다 작은 4의 배수는 4, 8, 12의 3개이므로 $f(13)=3$
마찬가지로 생각하면 $f(14)=f(15)=f(16)=3$이고
$f(17)=4$이다.
따라서 $f(x)=3$을 만족시키는 모든 x의 값의 합은
$13+14+15+16=58$이다.

13 서술형

표현 단계 $f(-1)=7$이므로 주어진 함수의 식에 $x=-1$을 대입한다.

변형 단계 $f(x)=5+ax-x$에서
$\qquad f(-1)=5-a+1,\ 7=6-a$
$\qquad \therefore a=-1$
$\qquad$ 즉, $f(x)=-2x+5$이다.

풀이 단계 $f(3)=-6+5=-1$
$\qquad f(f(3))=f(-1)=-2\times(-1)+5$

확인 단계 $\qquad\qquad\qquad =7$

14 $f(2)=a=3$이므로 $f(x)=3|x-1|$
$f(x)=3|x-1|=9$에서 $|x-1|=3$이므로
$x-1=3$ 또는 $x-1=-3$
$\therefore x=4$ 또는 $x=-2$
이때 x는 2, 3, 4, 5이므로 $x=4$

15 서술형

표현 단계 $\dfrac{x-8}{2x-1}$의 값이 -2인 경우는

변형 단계 $\dfrac{x-8}{2x-1}=-2,\ x-8=-4x+2$

$\qquad\qquad 5x=10 \qquad \therefore x=2$

풀이 단계 $f\left(\dfrac{x-8}{2x-1}\right)=-x^2+x-4$에 $x=2$를 대입하면
$\qquad f(-2)=-2^2+2-4$
$\qquad\qquad\quad =-4+2-4$

확인 단계 $\qquad\qquad\quad =-6$

16 $f(-1.7)=[-1.7]$
$\qquad\qquad =(-1.7$보다 크지 않은 최대의 정수$)$
$\qquad\qquad =-2$

$f(-0.4)=[-0.4]$
$\qquad\qquad =(-0.4$보다 크지 않은 최대의 정수$)$
$\qquad\qquad =-1$

$f(1)=[1]=(1$보다 크지 않은 최대의 정수$)=1$
$f(1.3)=[1.3]=(1.3$보다 크지 않은 최대의 정수$)=1$
$\therefore f(-1.7)+f(-0.4)+f(1)+f(1.3)$
$\quad =(-2)+(-1)+1+1=-1$

3 STEP
최고 실력 완성하기

119~120쪽

1 $y=\dfrac{4}{15}x$	**2** $y=60x$	**3** ③	**4** ③, ④
5 ④	**6** 4	**7** 9	**8** 4
9 18	**10** 18	**11** 3	

1 두 톱니바퀴 P, Q의 톱니의 수의 비는 $2:3=4:6$이고 두 톱니바퀴 Q, R의 톱니의 수의 비는 $2:5=6:15$이므로 두 톱니바퀴 P, R의 톱니의 수의 비는 $4:15$이다.
두 톱니바퀴 P, R의 톱니의 수를 각각
$4a,\ 15a$(a는 자연수)라 하면 1분 동안 돌아간 톱니의 수는 각각 $4a\times x,\ 15a\times y$이고 서로 같아야 하므로
$4ax=15ay \qquad \therefore y=\dfrac{4}{15}x$

2 1시간은 60분이므로 시계의 분침이 1분 동안 움직이는

각도는 $\dfrac{360°}{60}=6°$이다.

즉, 1분 동안 분침은 $6°$, 초침은 $360°$ 움직이므로 분침이 $1°$

움직이는 동안 초침은 $\dfrac{360°}{6}=60°$ 움직인다.

$\therefore y=60x$

3 ① $f(1)=4$, $f(2)=5$, $f(3)=6$, $f(4)=7$,

$f(5)=8$, $f(6)=9$, $\cdots$

즉, $x=1$, 2, 3, 4, $\cdots$일 때 $y=4$, 5, 6, 7, $\cdots$이 차례로

대응하므로 함수이다.

② $f(1)=0$, $f(2)=0$, $f(3)=1$, $f(4)=1$, $f(5)=2$,

$f(6)=2$, $\cdots$

즉, $x=1$, 2, 3, 4, $\cdots$일 때 $y=0$, 0, 1, 1, $\cdots$이 차례로

대응하므로 함수이다.

③ 1 이외의 자연수의 약수는 모두 2개 이상이므로 x의 값

1개에 y의 값이 여러 개 대응하여 함수가 아니다.

④ $f(1)=1$, $f(2)=2$, $f(3)=3$, $f(4)=0$, $f(5)=1$,

$f(6)=2$, $\cdots$

즉, $x=1$, 2, 3, 4, $\cdots$일 때 $y=1$, 2, 3, 0, $\cdots$이 차례로

대응하므로 함수이다.

⑤ $f(1)=0$, $f(2)=2$, $f(3)=4$, $f(4)=6$, $f(5)=8$,

$f(6)=10$, $\cdots$

즉, $x=1$, 2, 3, 4, $\cdots$일 때 $y=0$, 2, 4, 6, $\cdots$이 차례로

대응하므로 함수이다.

따라서 함수를 나타내는 것이 아닌 것은 ③이다.

4 ① $f(1)=2$, $f(2)=3$, $f(3)=4$이지만 나머지 x의

값 4, 5에 대응하는 y의 값이 없으므로 함수가 아니다.

② $f(1)=1$, $f(5)=1$이지만 나머지 x의 값 2, 3, 4에 대응

하는 y의 값이 2개 이상이므로 함수가 아니다.

③ $f(1)=1$, $f(2)=2$, $f(3)=3$, $f(4)=0$, $f(5)=1$이므

로 함수이다.

④ $f(1)=0$, $f(2)=1$, $f(3)=2$, $f(4)=3$, $f(5)=4$이므

로 함수이다.

⑤ $f(3)=2$이지만 x의 값 1, 2에 대응하는 y의 값은 없고, x

의 값 4, 5에 대응하는 y의 값은 2개씩이므로 함수가 아니

다.

따라서 y가 x의 함수인 것은 ③, ④이다.

5 ① $5x+5=5(x+1)$를 5로 나눈 나머지는 0이다.

$\therefore f(5x+5)=0$

② $x+10=x+5\times2$를 5로 나눈 나머지는 x를 5로 나눈 나

머지와 같다.

$\therefore f(x+10)=f(x)$

③ $5x-2=5(x-1)+3$이므로 5로 나누어 3이 남는 수와

5로 나누어 2가 모자라는 수를 5로 나눈 나머지는 서로 같

다.

$\therefore f(5x+3)=f(5x-2)$

④ $x=2$이면 $f(x)=f(2)=2$, $f(x+1)=f(3)=3$이므로

$f(2)+f(3)=5$

또, $f(2x+1)=f(5)=0$이다.

$\therefore f(x)+f(x+1)\neq f(2x+1)$

⑤ $x=3$이면 $f(5x+3)=f(18)=3$

또, $f(x-2)=f(1)=1$이므로 $5f(x-2)=5$

$\therefore f(5x+3)\neq 5f(x-2)$

따라서 옳지 않은 것은 ④이다.

6 $f(x)=2$, 즉 약수의 개수가 2인 자연수는 소수이고,

9 이하의 자연수 중 소수는 2, 3, 5, 7이므로 구하는

x의 개수는 4이다.

7 y가 x의 함수가 되는 경우는 함숫값 $f(1)$, $f(2)$가 각

각 다음과 같이 3, 4, 5에 대응될 때이다.

$f(1)$	3	3	3	4	4	4	5	5	5
$f(2)$	3	4	5	3	4	5	3	4	5

따라서 구하는 x의 함수 y의 개수는 9이다.

다른 풀이

x가 2개, y가 3개이므로 공식에 의해 $3^2=9$

> **TIP 함수의 개수**
>
> 두 변수 x, y에 대하여 x가 a개, x가 대응될 수 있는 y가 b개일 때, 가능한
> 함수 $y=f(x)$의 개수는 b^a이다. → x가 a개일 때, x의 각각의 수에 대응하
> 는 함숫값이 b개씩 존재하므로 가능한 함수의 개수는 $\underbrace{b\times b\times\cdots\times b}_{a\text{개}}=b^a$

8 x의 값이 커질수록 함숫값은 작아지도록 y의 값 4, 5,

6, 7 중의 3개를 뽑아 대응시킨다. 즉,

$f(1)$	6	7	7	7
$f(2)$	5	5	6	6
$f(3)$	4	4	4	5

따라서 구하는 함수의 개수는 4이다.

9 (i) $a=1$일 때

$1+f(1)$이 짝수이어야 하므로 $f(1)$은 반드시 홀수이어

야 한다.

즉, 가능한 $f(1)$의 값은 1, 3, 5의 3개이다.

(ii) $a=2$일 때

$2+f(2)$가 짝수이어야 하므로 $f(2)$는 반드시 짝수이어

야 한다.

즉, 가능한 $f(2)$의 값은 2, 4의 2개이다.

(ⅲ) $a=3$일 때

3+$f(3)$이 짝수이어야 하므로 $f(3)$은 반드시 홀수이어 야 한다.

즉, 가능한 $f(3)$의 값은 1, 3, 5의 3개이다.

따라서 구하는 함수의 개수는

$3\times2\times3=18$

10 $f(x)=\begin{cases} 2 & (x\leq3) \\ f(x-2)+f(x-3) & (x\geq4) \end{cases}$ 에서

$f(1)=f(2)=f(3)=2$

$f(4)=f(2)+f(1)=2+2=4$

$f(5)=f(3)+f(2)=2+2=4$

$f(6)=f(4)+f(3)=4+2=6$

$f(7)=f(5)+f(4)=4+4=8$

$f(8)=f(6)+f(5)=6+4=10$

$\therefore f(7)+f(8)=8+10=18$

> **TIP** x의 값에 따라 식이 달라지는 함수
>
> 함수 $f(x)=\begin{cases} 2 & (x\leq3) \\ f(x-2)+f(x-3) & (x\geq4) \end{cases}$ 과 같이 x의 값에 따라 식이 달라지는 경우 x의 값을 대입할 때, 식을 올바르게 선택해야 한다.

11 주어진 관계식에 $x=1$, $y=0$을 대입하면

$f(1)f(0)=f(1)+f(1)$, $f(1)f(0)=2f(1)$

$f(1)=1$이므로 $f(0)=2$

주어진 관계식에 $x=1$, $y=1$을 대입하면

$f(1)f(1)=f(2)+f(0)$

$f(1)=1$, $f(0)=2$이므로 $1=f(2)+2$

$\therefore f(2)=-1$

$\therefore 2f(0)+f(2)=3$

---

2 일차함수와 그래프

1 STEP

주제별 실력다지기

1 ①, ②	**2** (1) $-\dfrac{1}{2}$ (2) -4 (3) 2 (4) 1		
3 $a=\dfrac{3}{2}, b=-3$	**4** 1	**5** 6	
6 ④, ⑤	**7** $a=-3, b=-8$	**8** $\dfrac{7}{3}$	
9 12	**10** (1) $\dfrac{7}{3}$ (2) $-\dfrac{1}{2}$	**11** -6	
12 6	**13** 3	**14** -9	**15** $\dfrac{1}{2}$
16 ⑤	**17** 제2사분면	**18** $2<a\leq7$	

1　① 정x각형의 대각선의 개수는 $\dfrac{x(x-3)}{2}$ 이므로

$y=\dfrac{1}{2}x^2-\dfrac{3}{2}x$ $\quad\therefore$ 이차함수

② 정x각형의 외각의 크기의 합은 360°이므로

$y=360$ $\quad\therefore$ 일차함수가 아니다.

③ $y=2x$ $\quad\therefore$ 일차함수

④ $y=4x$ $\quad\therefore$ 일차함수

⑤ $y=\dfrac{x}{100}\times300$이므로 $y=3x$ $\quad\therefore$ 일차함수

따라서 일차함수가 아닌 것은 ①, ②이다.

> **TIP** 일차함수의 정의
>
> 함수 $y=f(x)$에서 y가 x에 관한 일차식 $y=ax+b$ $(a\neq0,$ $a,$ b는 상수)로 나타날 때, y를 x에 대한 일차함수라고 한다.

2　(1) $f(3)=-\dfrac{1}{2}\times3+1=-\dfrac{1}{2}$

(2) $f(a)=-\dfrac{1}{2}a+1=3$ $\quad\therefore a=-4$

(3) x절편은 $y=0$일 때 x의 값이므로

$-\dfrac{1}{2}x+1=0$ $\quad\therefore x=2$

(4) y절편은 $x=0$일 때 y의 값이므로

$y=1$

3 y절편이 -3이므로 $b=-3$

$y=ax-3$의 그래프의 x절편이 2이므로 $x=2$, $y=0$을 대입하면

$0=2a-3$, $2a=3$

$\therefore a=\dfrac{3}{2}$

4 주어진 일차함수의 그래프의 x절편은 $-\dfrac{b}{a}$, y절편은

b이므로 $\mathrm{A}\left(-\dfrac{b}{a},\,0\right)$, $\mathrm{B}(0,\,b)$이다.

$\overline{\mathrm{AB}}$의 중점의 좌표는 $\left(\dfrac{-\dfrac{b}{a}}{2},\,\dfrac{b}{2}\right)$, 즉 $\left(-\dfrac{b}{2a},\,\dfrac{b}{2}\right)$

점 $\left(-\dfrac{b}{2a},\,\dfrac{b}{2}\right)$가 점 $(1,\,1)$과 일치하므로

$-\dfrac{b}{2a}=1$, $\dfrac{b}{2}=1$

$\therefore a=-1$, $b=2$

$\therefore a+b=1$

5 두 그래프가 x축과 만나는 점의 y좌표는 0이다.

$y=-\dfrac{4}{3}x+8$에 $y=0$을 대입하면

$0=-\dfrac{4}{3}x+8$, $\dfrac{4}{3}x=8$ $\quad\therefore x=6$

즉, $\mathrm{P}(6,\,0)$

$y=3x+a$에 $y=0$을 대입하면

$0=3x+a$, $-3x=a$ $\quad\therefore x=-\dfrac{a}{3}$

즉, $\mathrm{Q}\left(-\dfrac{a}{3},\,0\right)$

이때 $\overline{\mathrm{PQ}}=8$이므로 $6-\left(-\dfrac{a}{3}\right)=8$

$6+\dfrac{a}{3}=8$, $\dfrac{a}{3}=2$ $\quad\therefore a=6$

6 ④ $y=ax+b$의 그래프는 $y=ax$의 그래프를 y축의 방향으로 b만큼 평행이동한 그래프이다.

⑤ $|a|$가 클수록 y축에 가까워진다.

따라서 옳지 않은 것은 ④, ⑤이다.

7 $y=ax+b$의 그래프를 x축의 방향으로 2만큼, y축의 방향으로 3만큼 평행이동하였으므로

$y-3=a(x-2)+b$

$\therefore y=ax-2a+b+3$ $\quad\cdots\cdots$ ㉠

㉠과 $y=-3x+1$의 그래프가 일치하므로

$a=-3$, $-2a+b+3=1$

$\therefore a=-3$, $b=-8$

8 $y=3x+1$의 그래프를 x축의 방향으로 2만큼, y축의 방향으로 -1만큼 평행이동하면

$y-(-1)=3(x-2)+1$

$\therefore y=3x-6$ $\quad\cdots\cdots$ ㉠

$y=3x+1$의 그래프를 x축의 방향으로 m만큼 평행이동하면

$y=3(x-m)+1$

$\therefore y=3x-3m+1$ $\quad\cdots\cdots$ ㉡

㉠, ㉡이 일치하므로

$-3m+1=-6$ $\quad\therefore m=\dfrac{7}{3}$

9 $y=-4x+3$의 그래프를 y축의 방향으로 b만큼 평행이동하였으므로

$y-b=-4x+3$

$\therefore y=-4x+3+b$

이 그래프가 점 $(3,\,-6)$을 지나므로 $y=-4x+3$에 대입하면

$-6=(-4)\times3+3+b$, $-b=-3$ $\quad\therefore b=3$

즉, $y=-4x+6$의 그래프가 점 $(-a,\,5a+2)$를 지나므로

$5a+2=(-4)\times(-a)+6$, $5a+2=4a+6$ $\quad\therefore a=4$

$\therefore ab=4\times3=12$

10 세 점이 한 직선 위에 있으려면 세 점 중 어느 두 점을 선택해도 직선의 기울기가 같아야 한다.

(1) $\dfrac{2-(-1)}{3-1}=\dfrac{1-2}{a-3}$에서

$3(a-3)=-2$ $\quad\therefore a=\dfrac{7}{3}$

(2) $\dfrac{a-1}{-1-2}=\dfrac{2-1}{4-2}$에서

$2(a-1)=-3$ $\quad\therefore a=-\dfrac{1}{2}$

> **TIP** 세 점 A, B, C가 한 직선 위에 있을 때, $\overrightarrow{\mathrm{AB}}=\overrightarrow{\mathrm{AC}}=\overrightarrow{\mathrm{BC}}$이므로 세 직선의 기울기는 같다.

11 $f(m)-f(n)=3n-3m=-3(m-n)$에서

$\dfrac{f(m)-f(n)}{m-n}=-3$이므로 일차함수 $y=f(x)$의 그래프의 기울기인 $a=-3$

x의 값이 2만큼 증가할 때 y의 값은 k만큼 증가하므로

$(\text{기울기})=\dfrac{(y\text{의 값의 증가량})}{(x\text{의 값의 증가량})}=\dfrac{k}{2}=-3$

$\therefore k=-6$

12 $y=f(x)$, $y=g(x)$의 그래프의 기울기가 각각 1과 -2이므로

$f(x)=x+m$, $g(x)=-2x+n$이라 하면

$y=f(x)$의 그래프의 x절편이 3이고

$y=f(x)$와 $y=g(x)$의 그래프의 교점의 x좌표가 3이므로 교점의 좌표는 $(3, 0)$이다.

$g(x)=-2x+n$에 $x=3$, $y=0$을 대입하면

$0=-2\times 3+n$

$\therefore n=6$

따라서 $g(x)=-2x+6$이므로 구하는 y절편은 6이다.

13 두 점 $(4, 3a+1)$, $(-1, -a+3)$을 지나는 직선의 기울기는

$$\frac{-a+3-(3a+1)}{-1-4}=\frac{-4a+2}{-5}$$

직선과 일차함수 $y=2x+5$의 그래프가 평행하므로

$$\frac{-4a+2}{-5}=2$$

$-4a+2=-10$, $-4a=-12$ $\qquad \therefore a=3$

14 두 일차함수의 그래프가 평행하므로 $a=3$

$y=3x+6$에 $y=0$을 대입하면

$0=3x+6$, $-3x=6$ $\qquad \therefore x=-2$

즉, $A(-2, 0)$

$y=3x+b$에 $y=0$을 대입하면

$0=3x+b$, $-3x=b$ $\qquad \therefore x=-\dfrac{b}{3}$

즉, $B\left(-\dfrac{b}{3}, 0\right)$

이때 $b<0$이므로 점 B의 x좌표는 양수이다.

$\overline{AB}=6$에서 $\left(-\dfrac{b}{3}\right)-(-2)=6$, $-\dfrac{b}{3}=4$

$\therefore b=-12$

$\therefore a+b=3+(-12)=-9$

15 일차함수 $y=ax+b$의 그래프가 두 점 $(4, 0)$, $(0, 2)$를 지나므로

$$\begin{cases} 0=4a+b \\ 2=a\times 0+b \end{cases}$$

$\therefore a=-\dfrac{1}{2}$, $b=2$

$y=-\dfrac{1}{2}x+2$의 그래프의 기울기는 $-\dfrac{1}{2}$이고

$y=\dfrac{1}{m}x-\dfrac{2}{m}$의 그래프의 기울기는 $\dfrac{1}{m}$이다.

두 직선이 수직이려면 기울기의 곱이 -1이어야 하므로

$$\left(-\dfrac{1}{2}\right)\times \dfrac{1}{m}=-1$$

$\therefore m=\dfrac{1}{2}$

16 $a<0$, $b>0$이므로 $-a>0$, $-b<0$이다.

① $y=ax-b$에서 (기울기)<0, (y절편)<0이므로

제2, 3, 4사분면을 지난다.

② $y=-ax+b$에서 (기울기)>0, (y절편)>0이므로

제1, 2, 3사분면을 지난다.

③ $y=bx+a$에서 (기울기)>0, (y절편)<0이므로

제1, 3, 4사분면을 지난다.

④ $y=bx-a$에서 (기울기)>0, (y절편)>0이므로

제1, 2, 3사분면을 지난다.

⑤ $y=-bx-a$에서 (기울기)<0, (y절편)>0이므로

제1, 2, 4사분면을 지난다.

따라서 제3사분면을 지나지 않는 그래프는 ⑤이다.

17 $bc<0$, $ac>0$이므로 a와 c는 같은 부호, b는 다른 부호이다.

즉, $a>0$, $b<0$, $c>0$ 또는 $a<0$, $b>0$, $c<0$이다.

$y=-\dfrac{a}{b}x+\dfrac{b}{c}$에서 (기울기)$=-\dfrac{a}{b}>0$, ($y$절편)$=\dfrac{b}{c}<0$

이므로 제1, 3, 4사분면을 지난다.

따라서 지나지 않는 사분면은 제2사분면이다.

18 일차함수의 그래프가 제3사분면을 지나지 않으려면

(기울기)<0, (y절편)≥ 0이어야 하므로

$$y=\left(1-\dfrac{a}{2}\right)x+7-a\text{에서}$$

$1-\dfrac{a}{2}<0$, $-\dfrac{a}{2}<-1$ $\qquad \therefore a>2$

$7-a\geq 0$, $-a\geq -7$ $\qquad \therefore a\leq 7$

따라서 두 범위를 동시에 만족시키는 a의 값의 범위는 $2<a\leq 7$이다.

실력 높이기

127~131쪽

1 ④, ⑤	**2** $y=2x+1$	**3** $-2\le b\le0$	**4** 1
5 $\dfrac{32}{5}$	**6** $\dfrac{1}{5}\le m<\dfrac{2}{3}$	**7** $\dfrac{3}{4}$	
8 $-\dfrac{5}{2}\le a\le-\dfrac{2}{5}$		**9** $-3\le k\le0$	
10 $y=x+2$	**11** $\dfrac{1}{2}$, 1, 2	**12** 2	**13** $\dfrac{1}{2}$
14 2	**15** $\left(\dfrac{8}{5},0\right)$	**16** 72 cm²	

17 $\begin{cases} y=8x\ (0<x<5) \\ y=90-10x\ (5\le x<9) \end{cases}$ **18** 40분 **19** 오후 5시

20 $y=3x+10\,(0\le x\le30)$, 그래프는 풀이 참조

---

1 ①, ② 기울기가 양수이므로 $a>0$

y절편이 0과 1 사이에 있으므로

$0<b+1<1$

$\therefore -1<b<0$

③, ④ $x=1$일 때, y의 값은 양수이므로

$a+b+1>0$

⑤ $x=2$일 때, y의 값은 양수이므로

$2a+b+1>0$

$\therefore 2a+b>-1$

따라서 항상 옳은 것은 ④, ⑤이다.

2 $f(x)=ax+b$라 하면

$\dfrac{f(m^2)-f(n)}{m^2-n}=2$는 일차함수 $y=f(x)$의 그래프의 기울

기이므로

$y=2x+b$

$f(2)=5$이므로

$5=2\times2+b \quad \therefore b=1$

따라서 일차함수의 식은 $y=2x+1$이다.

3 서술형

표현 단계 $y=ax+b$의 그래프가 점 $(1,1)$을 지나므로

풀이 단계 $x=1$, $y=1$을 대입하면

$a+b=1 \quad \therefore b=1-a$

$1\le a\le3$에서

$-3\le -a\le-1$

$\therefore -2\le1-a\le0$

확인 단계 따라서 b의 값의 범위는 $-2\le b\le0$

4 세 점 O, A, B를 이동시킨 점을 각각 O′, A′, B′이라 하면

$O(0,0)\to O'(0,0)$

$A(2,4)\to A'(6,-2)$

$B(m,2)\to B'(m+2,m-2)$

세 점 O′, A′, B′이 한 직선 위에 있으므로 두 직선 O′A′, O′B′의 기울기가 같아야 한다.

두 점 O′, A′을 지나는 직선의 기울기는

$\dfrac{-2-0}{6-0}=-\dfrac{1}{3} \qquad \cdots\cdots \ \text{㉠}$

두 점 O′, B′을 지나는 직선의 기울기는

$\dfrac{(m-2)-0}{(m+2)-0}=\dfrac{m-2}{m+2} \qquad \cdots\cdots \ \text{㉡}$

㉠, ㉡이 일치하므로

$\dfrac{m-2}{m+2}=-\dfrac{1}{3},\ 3(m-2)=-(m+2)$

$\therefore m=1$

5 점 B는 직선 $y=x$ 위의 점이므로 점 B의 좌표를 (a,a)로 놓으면

$\triangle\text{BOC}=\dfrac{1}{2}\times6\times a=8$

$\therefore a=\dfrac{8}{3}$

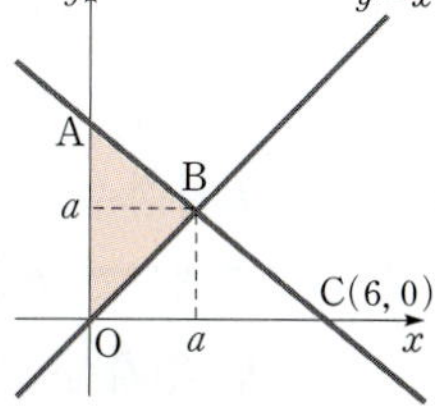

두 점 $\text{B}\left(\dfrac{8}{3},\dfrac{8}{3}\right)$, $\text{C}(6,0)$을 지나는 직선 BC의 기울기는

$\dfrac{0-\dfrac{8}{3}}{6-\dfrac{8}{3}}=-\dfrac{4}{5}$

직선 BC의 방정식을 $y=-\dfrac{4}{5}x+k$라 놓고 $\text{C}(6,0)$의 좌표를 대입하면 $k=\dfrac{24}{5}$

$\therefore y=-\dfrac{4}{5}x+\dfrac{24}{5}$

따라서 점 A의 좌표는 $\left(0,\dfrac{24}{5}\right)$이므로

$\triangle\text{AOB}=\dfrac{1}{2}\times\dfrac{24}{5}\times\dfrac{8}{3}=\dfrac{32}{5}$

6 서술형

표현 단계 일차함수의 그래프가 제2사분면을 지나지 않을 때는 오른쪽 그림과 같이 (기울기)>0, (y절편)≤0인 경우이다.

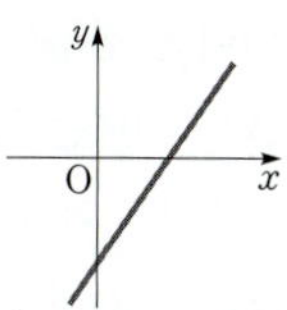

변형 단계 $y=(2-3m)x-5m+1$에서
$2-3m>0$이고 $-5m+1\leq0$

풀이 단계 즉, $2-3m>0$에서 $-3m>-2$ $\quad\therefore m<\dfrac{2}{3}$

또한, $-5m+1\leq0$에서 $-5m\leq-1$

$\therefore m\geq\dfrac{1}{5}$

확인 단계 $\therefore \dfrac{1}{5}\leq m<\dfrac{2}{3}$

7 $y=-\dfrac{3}{2}x+1$의 그래프
와 수직으로 만나는 직선 l의
기울기를 m이라 하면
$\left(-\dfrac{3}{2}\right)\times m=-1$

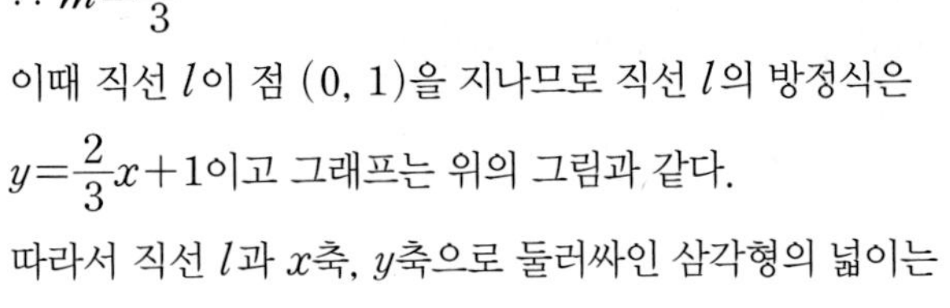

$\therefore m=\dfrac{2}{3}$

이때 직선 l이 점 $(0, 1)$을 지나므로 직선 l의 방정식은

$y=\dfrac{2}{3}x+1$이고 그래프는 위의 그림과 같다.

따라서 직선 l과 x축, y축으로 둘러싸인 삼각형의 넓이는

$\dfrac{1}{2}\times\dfrac{3}{2}\times1=\dfrac{3}{4}$

8 서술형

표현 단계 그래프로 나타내면
오른쪽 그림과 같다.

변형 단계 일차함수 $y=ax-1$의
그래프가 $\overline{AB}$와 만나려
면 일차함수의 그래프의

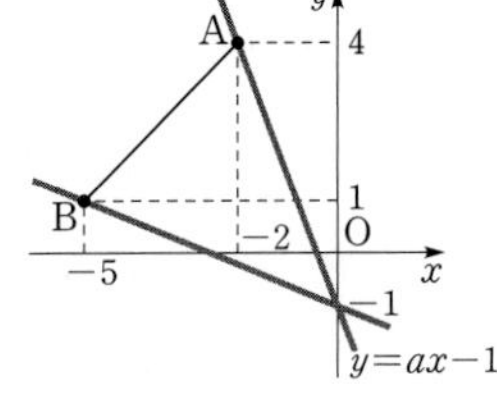

기울기가 점 A를 지날 때보다 크거나 같고, 점 B를
지날 때보다 작거나 같아야 한다.

풀이 단계 $y=ax-1$에

$x=-2, y=4$를 대입하면

$4=-2a-1$ $\quad\therefore a=-\dfrac{5}{2}$

$x=-5, y=1$을 대입하면

$1=-5a-1$ $\quad\therefore a=-\dfrac{2}{5}$

확인 단계 $\therefore -\dfrac{5}{2}\leq a\leq-\dfrac{2}{5}$

TIP 일차함수 $y=ax-1$에서 a의 값에 관계없이 $x=0$일 때, $y=-1$이므로 일차함수 $y=ax-1$의 그래프는 a의 값에 관계없이 점 $(0, -1)$을 지난다.

9 직선 $y=2x+k$가 선분 AB와
만나는 경우는 오른쪽 그림과 같이 점
A를 지나는 직선부터 점 B를 지나는
직선까지이다.

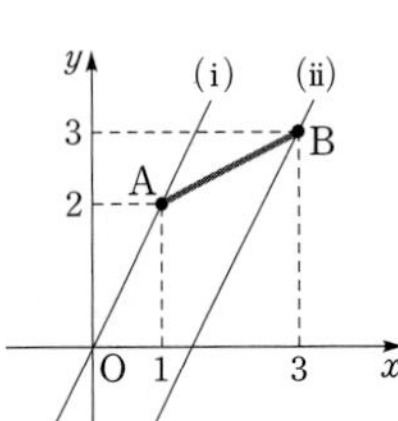

(i) $y=2x+k$의 그래프가

점 A$(1, 2)$를 지날 때
$2=2+k$ $\quad\therefore k=0$

(ii) $y=2x+k$의 그래프가 점 B$(3, 3)$을 지날 때
$3=6+k$ $\quad\therefore k=-3$

(i), (ii)에 의해 $-3\leq k\leq0$

10 은정이가 그린 것은 일차함수 $y=-x+2$의 그래프이
고 b의 값은 바르게 보았으므로 $b=2$
현정이가 그린 것은 일차함수 $y=x-2$의 그래프이고 a의 값
은 바르게 보았으므로 $a=1$
따라서 처음 일차함수의 식은 $y=x+2$이다.

11 직선 $y=mx-1$이 점 $(4, 7)$을 지나므로
$7=4m-1$ $\quad\therefore m=2$
세 직선이 삼각형을 이루지 못하는 경우는 다음 세 가지 중
하나이다.

(i) 직선 $y=ax+5$가 점 $(4, 7)$을 지날 때
$7=4a+5$ $\quad\therefore a=\dfrac{1}{2}$

(ii) 직선 $y=ax+5$가 직선 $y=x+3$과 평행할 때
$a=1$

(iii) 직선 $y=ax+5$가 직선 $y=mx-1$과 평행할 때
$a=m=2$

(i), (ii), (iii)에 의해 $a=\dfrac{1}{2}$ 또는 $a=1$ 또는 $a=2$

TIP 세 직선 $y=x+3$, $y=mx-1$, $y=ax+5$의 y절편은 각각 3, -1, 5로 모두 다르므로 세 직선 중 적어도 두 직선이 일치하는 경우는 생기지 않는다.

12 $y=mx+1$의 그래프의 y절편은
1이고 x의 값의 범위는 $-1\leq x\leq1$,
함숫값의 범위는 $0\leq y\leq n$이므로 그래
프의 모양은 오른쪽 그림과 같이 $m>0$
인 경우와 $m<0$인 경우로 2가지이다.

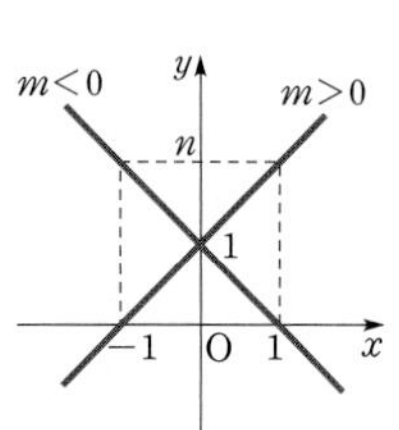

(i) $m>0$일 때
점 $(-1, 0)$을 지나므로
$-m+1=0$ $\quad\therefore m=1$
$\therefore y=x+1$
점 $(1, n)$을 지나므로
$1+1=n$ $\quad\therefore n=2$

(ii) $m<0$일 때
점 $(1, 0)$을 지나므로
$m+1=0$ $\quad\therefore m=-1$
$\therefore y=-x+1$
점 $(-1, n)$을 지나므로

$-(-1)+1=n \qquad \therefore n=2$

(i), (ii)에서 $n=2$

13 오른쪽 그림과 같이 $y=\dfrac{1}{x}$의
그래프와 $\overline{AB}$의 교점을 P, Q라 하면
$\overline{BP}=\overline{PQ}=\overline{QA}$이므로
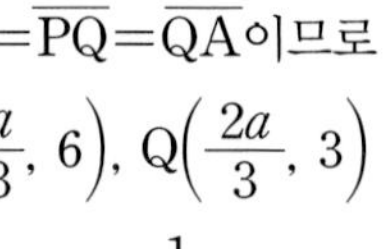
$P\left(\dfrac{a}{3},\ 6\right)$, $Q\left(\dfrac{2a}{3},\ 3\right)$

점 P는 $y=\dfrac{1}{x}$의 그래프 위의 점이므로

$6=\dfrac{1}{\dfrac{a}{3}}$, $6=\dfrac{3}{a}$

$\therefore a=\dfrac{1}{2}$

14 오른쪽 그림과 같이
$\overline{BC} : \overline{OD}=2 : 1$이므로
$\overline{OD}=a$라 하면 $\overline{BC}=2a$이고
점 A에서 $\overline{OD}$와 평행하게 보조
선을 그어 $\overline{BD}$와 만나는 점을
E라 하자.
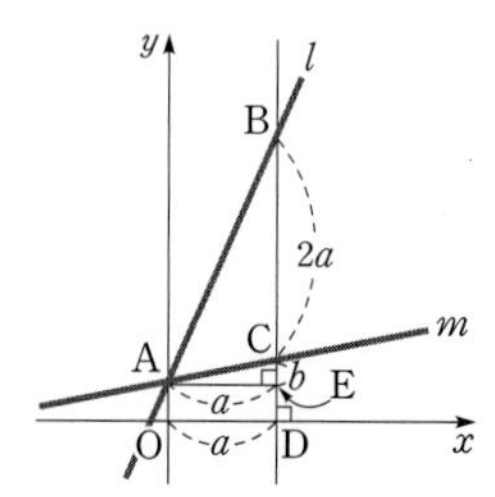
$\overline{AE}=a$이고 $\overline{CE}=b$라 하면 직선 l의 기울기는 $\dfrac{2a+b}{a}$,

직선 m의 기울기는 $\dfrac{b}{a}$이다.

따라서 두 직선 l, m의 기울기의 차는

$\dfrac{2a+b}{a}-\dfrac{b}{a}=\dfrac{2a}{a}=2$이다.

다른 풀이

점 D의 좌표를 $(a,\ 0)$이라 하
고, 두 직선 l, m의 관계식을
각각 $y=px+q$, $y=tx+q$라
하면 점 B의 좌표는
$B(a,\ ap+q)$이고, 점 C의 좌
표는 $C(a,\ at+q)$이다.
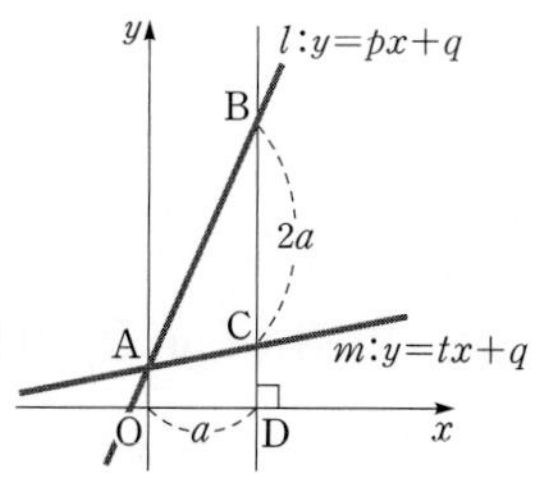
이때 $\overline{BC} : \overline{OD}=2 : 1$이고 $\overline{OD}=a$이므로 $\overline{BC}=2a$

$\overline{BD}-\overline{CD}=\overline{BC}$이므로 $ap+q-(at+q)=2a$

$ap+q-at-q=2a$, $a(p-t)=2a$ $\qquad \therefore p-t=2$

따라서 두 직선 l, m의 기울기의 차는 $p-t=2$이다.

15 오른쪽 그림과 같이 점
$A(1,\ 1)$과 x축 대칭인 점을 A'이라
하면 $A'(1,\ -1)$이다.
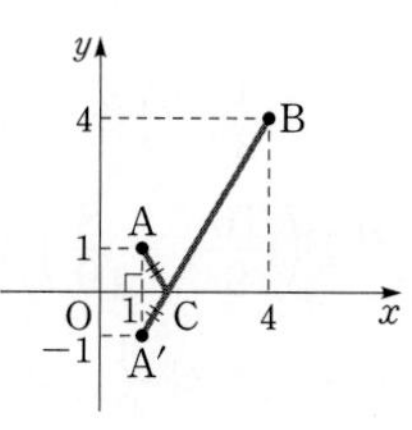
$\overline{AC}=\overline{A'C}$이므로 $\overline{AC}+\overline{BC}$의 길이
가 최소가 되려면 $\overline{A'C}+\overline{BC}$의 길이
가 최소가 되면 된다.

즉, 세 점 A', C, B가 한 직선 위에 있을 때, $\overline{A'C}+\overline{BC}$의 길
이는 최소가 된다. 두 점 $A'(1,\ -1)$, $B(4,\ 4)$를 지나는 직
선을 그래프로 하는 일차함수를 $y=ax+b$라 하면

점 $A'(1,\ -1)$을 지나므로

$-1=a+b$ $\qquad$ …… ㉠

또, 점 $B(4,\ 4)$를 지나므로

$4=4a+b$ $\qquad$ …… ㉡

㉠, ㉡을 연립하여 풀면

$a=\dfrac{5}{3}$, $b=-\dfrac{8}{3}$

$\therefore y=\dfrac{5}{3}x-\dfrac{8}{3}$ $\qquad$ …… ㉢

점 C는 일차함수 ㉢의 그래프와 x축의 교점이므로

$0=\dfrac{5}{3}x-\dfrac{8}{3}$ $\qquad \therefore x=\dfrac{8}{5}$

따라서 점 C의 좌표는 $\left(\dfrac{8}{5},\ 0\right)$이다.

16 사각형 PBCQ가 등변사다리꼴이 되려면 $\overline{AP}=\overline{QD}$이
어야 한다.

x초 후에 사각형 PBCQ가 등변사다리꼴이 된다고 하면
$\overline{AP}=x$ cm이고 $\overline{AQ}=3x$ cm이므로

$\overline{QD}=(12-3x)$ cm

$\overline{AP}=\overline{QD}$에서 $x=12-3x$ $\qquad \therefore x=3$

즉, 3초 후에 사각형 PBCQ는 등변사다리꼴이 된다.

$\overline{PQ}=\overline{AQ}-\overline{AP}=2x$ cm이므로

사다리꼴 PBCQ의 넓이를 y cm^{2}라 하면

$y=\dfrac{1}{2}\times(2x+12)\times 8$ $\qquad \therefore y=8x+48$

$y=8x+48$에 $x=3$을 대입하면 $y=8\times 3+48=72$

따라서 사다리꼴 PBCQ가 등변사다리꼴이 되었을 때의 넓이
는 72 cm^{2}이다.

17 서술형

표현 단계 x의 값의 범위가 $0<x<5$일 때 점 P는 $\overline{AB}$ 위에
있고, x의 값의 범위가 $5\le x<9$일 때 점 P는 $\overline{BC}$
위에 있다.

풀이 단계 (i) 점 P가 $\overline{AB}$ 위에 있을 때,

$\overline{AP}=2x$ cm이므로

$\triangle APC=\dfrac{1}{2}\times 2x\times 8=8x\,(\text{cm}^2)$

$\therefore y=8x\ (0<x<5)$

(ii) 점 P가 $\overline{BC}$ 위에 있을 때,

$\overline{CP}=(18-2x)$ cm이므로

$\triangle APC=\dfrac{1}{2}\times(18-2x)\times 10$

$\qquad\qquad =90-10x\,(\text{cm}^2)$

$$\therefore y=90-10x \ (5\le x<9)$$

<u>확인 단계</u> 따라서 x, y 사이의 관계식은
$$\begin{cases} y=8x \ (0<x<5) \\ y=90-10x \ (5\le x<9) \end{cases}$$

> **TIP** 위의 문제의 답은 $\begin{cases} y=8x \ (0<x\le5) \\ y=90-10x \ (5<x<9) \end{cases}$ 와 같이 나타내어도 된다.
> 이렇게 두 범위에 모두 등호를 넣어줄 수 있을 때는 보통 $5\le x<9$와 같이 '크다.' 쪽에 등호를 붙여서 표현한다.

18 5분에 15 ℃씩 올라가므로 1분에 3 ℃씩 올라가고,
3분에 6 ℃씩 내려가므로 1분에 2 ℃씩 내려간다.
x분 후의 온도를 y ℃라 하면
올라갈 때 : $y=3x+10$
내려갈 때 : $y=85-2x$
10 ℃의 물이 85 ℃까지 올라가는 데 걸린 시간은
$y=3x+10$에 $y=85$를 대입하면
$$85=3x+10$$
$$\therefore x=25(분)$$
85 ℃의 물이 55 ℃까지 내려가는 데 걸린 시간은
$y=85-2x$에 $y=55$를 대입하면
$$55=85-2x$$
$$\therefore x=15(분)$$
$$\therefore (전체\ 소요\ 시간)=25+15=40(분)$$

19 1분에 2 mL씩 x분 동안 맞으면 $2x$ mL, 3 mL씩 y분
동안 맞으면 $3y$ mL이므로 $2x+3y=600$에서
$$3y=-2x+600 \qquad \therefore y=-\frac{2}{3}x+200$$
2 mL씩 1시간 30분 동안 맞았으므로 $x=90$을 대입하면
$$y=-\frac{2}{3}\times90+200$$
$$=-60+200=140$$
즉, 3 mL씩 140분 동안 맞아야 한다.
따라서 오후 2시 40분에서 2시간 20분이 지난 후이므로 다
맞았을 때의 시각은 오후 5시이다.

20 서술형
<u>표현 단계</u> $70-40=30(\text{cm})$이므로 물은 10분 동안 30 cm,
즉 1분에 3 cm씩 채워지고, 10분 후의 높이가
40 cm이었으므로 물을 틀기 전의 물통에는
10 cm 높이의 물이 채워져 있었다.
따라서 x, y 사이의 관계식은 $y=3x+10$이다.
<u>풀이 단계</u> 물이 가득 찼을 때의 높이는 100 cm이므로
$y=3x+10$에 $y=100$을 대입하면
$$100=3x+10 \qquad \therefore x=30$$

즉, x의 값의 범위는 $0\le x\le30$, 함숫값의 범위는
$10\le y\le100$이다.

<u>확인 단계</u> 따라서 x, y 사이의 관계식은
$y=3x+10 \ (0\le x\le30)$이고,
그래프로 나타내면 오른쪽 그림
과 같다.

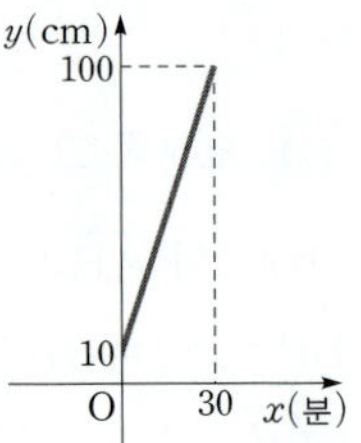

3 STEP
최고 실력 완성하기 132~134쪽

1 $m=-2, n=\dfrac{8}{3}$ **2** 52

3 2 또는 -8 **4** 제3사분면   **5** $\left(-\dfrac{7}{5},\ 0\right)$

6 $m=\dfrac{2}{n}$ **7** 33   **8** $y=-\dfrac{1}{2}x+5$

9 $y=-\dfrac{8}{9}x$ **10** $3<y<7$ **11** $\left(\dfrac{5}{3},\ 0\right)$

12 $\left(-\dfrac{29}{7},\ \dfrac{26}{7}\right)$

1 직선 l의 y절편이 -2이므로 직선 l을 그래프로 하는
일차함수의 식은 $y=kx-2$
직선 l이 점 $(4, 4)$를 지나므로
$$4=4k-2 \qquad \therefore k=\frac{3}{2}$$
즉, $y=\dfrac{3}{2}x-2$이고 이 직선이 점 $\text{A}(3a, 0)$을 지나므로
$$0=\frac{9}{2}a-2,\ 2=\frac{9}{2}a \qquad \therefore a=\frac{4}{9}$$
$$\therefore \text{A}\left(\frac{4}{3},\ 0\right),\ \text{B}\left(\frac{16}{9},\ -\frac{8}{9}\right)$$
일차함수 $y=mx+n$의 그래프가
점 $\text{A}\left(\dfrac{4}{3},\ 0\right)$을 지나므로 $\dfrac{4}{3}m+n=0$ …… ㉠
점 $\text{B}\left(\dfrac{16}{9},\ -\dfrac{8}{9}\right)$을 지나므로 $\dfrac{16}{9}m+n=-\dfrac{8}{9}$ …… ㉡
㉡$-$㉠에서 $\dfrac{4}{9}m=-\dfrac{8}{9} \qquad \therefore m=-2$
$m=-2$를 ㉠에 대입하면

$$-\frac{8}{3}+n=0 \qquad \therefore n=\frac{8}{3}$$

다른 풀이

일차함수 $y=mx+n$의 그래프가

두 점 $A\left(\frac{4}{3},\ 0\right)$, $B\left(\frac{16}{9},\ -\frac{8}{9}\right)$을 지나므로

$$m=\frac{-\frac{8}{9}-0}{\frac{16}{9}-\frac{4}{3}}=\frac{-\frac{8}{9}}{\frac{4}{9}}=-2$$

일차함수 $y=-2x+n$의 그래프가 점 $A\left(\frac{4}{3},\ 0\right)$을 지나므로

$$0=-2\times\frac{4}{3}+n \qquad \therefore n=\frac{8}{3}$$

2 $\dfrac{f(b)-f(a)}{b-a}$는 일차함수 $y=f(x)$의 그래프의 기울

기이므로 이 기울기를 m이라 하면

$$\frac{f(10)-f(1)}{9}+\frac{f(9)-f(2)}{7}+\frac{f(8)-f(3)}{5}$$
$$+\frac{f(7)-f(4)}{3}+\frac{f(6)-f(5)}{1}$$
$$=\frac{f(10)-f(1)}{10-1}+\frac{f(9)-f(2)}{9-2}+\frac{f(8)-f(3)}{8-3}$$
$$+\frac{f(7)-f(4)}{7-4}+\frac{f(6)-f(5)}{6-5}$$
$$=m+m+m+m+m=10$$

즉, $5m=10 \qquad \therefore m=2$

이때 $\dfrac{f(50)-f(24)}{50-24}=2$이므로 $\dfrac{f(50)-f(24)}{26}=2$

$\therefore f(50)-f(24)=52$

3 x의 값의 범위가 $1\leq x\leq2$, 함
숫값의 범위가 $2\leq y\leq4$인 일차함수
$y=ax+b$의 그래프는 오른쪽 그림
과 같이 2개 있다.

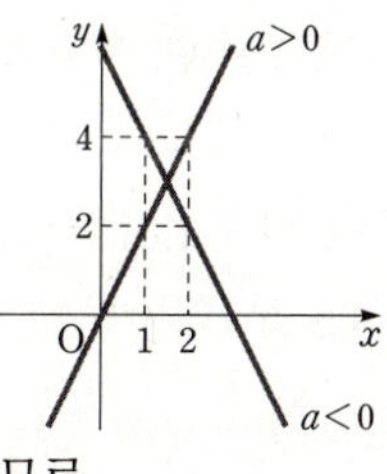

(i) $a>0$일 때

그래프가 두 점 $(1,\ 2)$, $(2,\ 4)$를 지나므로

$a+b=2,\ 2a+b=4$

$\therefore a=2,\ b=0$

(ii) $a<0$일 때

그래프가 두 점 $(1,\ 4)$, $(2,\ 2)$를 지나므로

$a+b=4,\ 2a+b=2$

$\therefore a=-2,\ b=6$

(i), (ii)에 의해 $a-b=2$ 또는 $a-b=-8$이다.

4 $\begin{cases} y=ax+b & \cdots\cdots\ \bigcirc \\ y=bx+a & \cdots\cdots\ \bigcirc\!\!\!\bigcirc \end{cases}$

$\bigcirc-\bigcirc\!\!\!\bigcirc$을 하여 정리하면

$(a-b)x=a-b \qquad \therefore x=\dfrac{a-b}{a-b}=1\ (\because a\neq b)$

두 그래프의 교점의 좌표는 $(1,\ a+b)$이고 이 점이 제4사분
면 위에 있으므로 $a+b<0$

그런데 $ab>0$이므로 $a<0,\ b<0$

따라서 점 $(a,\ b)$는 제3사분면 위의 점이다.

5 오른쪽 그림과 같이
두 점 $A(-5,\ a)$, $B(7,\ b)$는
일차함수 $y=-\dfrac{1}{3}x+\dfrac{16}{3}$의 그
래프 위에 있으므로

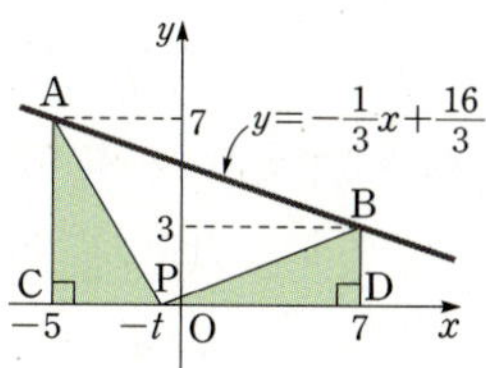

$$a=-\frac{1}{3}\times(-5)+\frac{16}{3}=7$$

$$b=-\frac{1}{3}\times7+\frac{16}{3}=3$$

즉, $A(-5,\ 7)$, $B(7,\ 3)$이므로 $C(-5,\ 0)$, $D(7,\ 0)$

점 P의 좌표를 $(-t,\ 0)\ (t>0)$이라 하면

$$\triangle ACP=\frac{1}{2}\times(5-t)\times7$$

$$\triangle BPD=\frac{1}{2}\times(t+7)\times3$$

$\triangle ACP=\triangle BPD$이므로

$(5-t)\times7=(t+7)\times3,\ 35-7t=3t+21,\ 10t=14$

$\therefore t=\dfrac{7}{5}$

따라서 점 P의 좌표는 $\left(-\dfrac{7}{5},\ 0\right)$이다.

6 $y=mx+2$에 $x=nt+1$을 대입하면

$y=m(nt+1)+2$

$\therefore y=mnt+m+2 \qquad \cdots\cdots\ \bigcirc$

$\bigcirc$에서 t의 값이 1에서 4까지 증가하면 y의 값의 증가량은

$(4mn+m+2)-(mn+m+2)=3mn$

따라서 $3mn=6$이므로 $m=\dfrac{2}{n}$

7 $\begin{cases} y=ax+b & \cdots\cdots\ \bigcirc \\ y=bx+a & \cdots\cdots\ \bigcirc\!\!\!\bigcirc \end{cases}$

$\bigcirc-\bigcirc\!\!\!\bigcirc$을 하여 정리하면 $(a-b)x=a-b$

$\therefore x=1\ (\because 0<a<b)$

즉, 교점의 좌표는 $(1,\ 14)$이므로 $\bigcirc$에 $x=1,\ y=14$를 대입

하면 $a+b=14 \qquad \cdots\cdots\ \bigcirc\!\!\!\bigcirc\!\!\!\bigcirc$

또, 주어진 조건에 의해 오른쪽
그림의 색칠한 부분의 넓이는

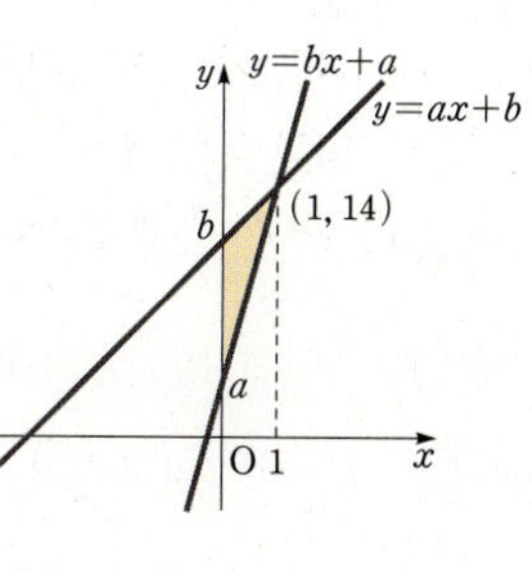

$$\frac{1}{2}\times(b-a)\times1=4$$

$\therefore b-a=8 \qquad \cdots\cdots\ \textcircled{=}$

$\bigcirc\!\!\!\bigcirc\!\!\!\bigcirc$, $\textcircled{=}$을 연립하여 풀면

$a=3,\ b=11$

$\therefore ab=33$

8 직선 $y=x+2$의 y절편은 2
이므로 B$(0, 2)$이다. 점 A의 좌
표를 $(n, 0)$이라 하면

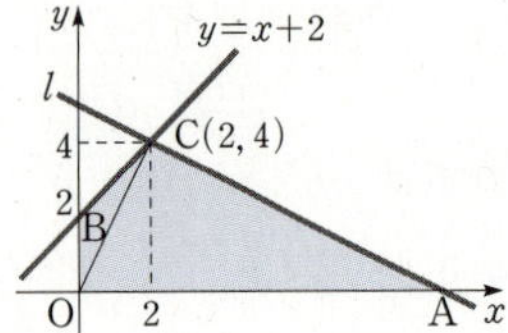

(사각형 OACB)

$=\triangle$CBO$+\triangle$COA

$=\dfrac{1}{2}\times 2\times 2+\dfrac{1}{2}\times n\times 4$

$=2+2n$

(사각형 OACB)$=22$이므로 $2+2n=22$ $\quad \therefore n=10$

직선 l은 두 점 C$(2, 4)$, A$(10, 0)$을 지나므로

직선 l이 일차함수 $y=ax+b$의 그래프라 하면

$a=\dfrac{0-4}{10-2}=-\dfrac{1}{2}$

$y=-\dfrac{1}{2}x+b$에 A$(10, 0)$을 대입하면 $b=5$

따라서 직선 l을 그래프로 하는 일차함수의 식은

$y=-\dfrac{1}{2}x+5$

9 구하는 직선은 원점을 지나므로 일차함수의 식을
$y=ax$라 하자.

(사각형 ABCD)$=\dfrac{1}{2}\times(2+6)\times 8=32$

이므로 원점을 지나는 직선으로 이등분된 도형의 넓이는 각
각 16이다.

$\triangle$ABO$=\dfrac{1}{2}\times 6\times 6=18$이므로 사각형 ABCD의 넓이를

이등분하는 직선은 오른쪽
그림과 같이 $\overline{AB}$와 만난다.

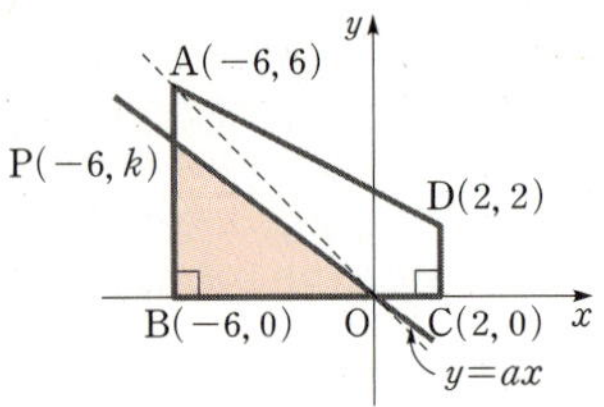

사각형 ABCD의 넓이를 이
등분하는 직선과 $\overline{AB}$의 교
점을 P$(-6, k)$ $(k>0)$라
하면

$\triangle$PBO$=\dfrac{1}{2}\times 6\times k=16$ $\quad \therefore k=\dfrac{16}{3}$

직선 $y=ax$는 점 P$\left(-6, \dfrac{16}{3}\right)$을 지나므로

$\dfrac{16}{3}=-6a$ $\quad \therefore a=-\dfrac{8}{9}$

$\therefore y=-\dfrac{8}{9}x$

10 $x=0$일 때 $-1<y<1$, $x=1$일 때
$2<y<3$이므로 일차함수 $y=ax+b$의
그래프는 오른쪽 그림에서 색칠한 부분에
있어야 한다.

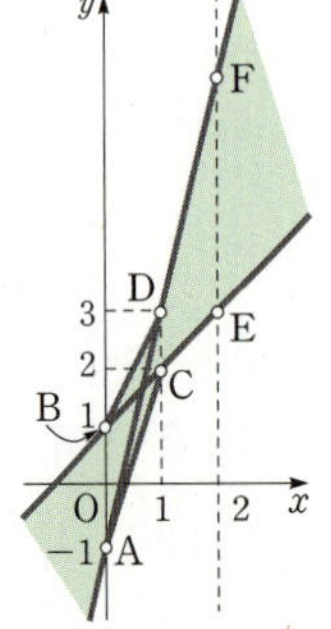

여기에서 직선 BC를 그래프로 하는 일차
함수의 식은 $y=x+1$이므로 점 E의 y좌
표는 $2+1=3$

또한, 직선 AD를 그래프로 하는 일차함수

의 식은 $y=4x-1$이므로 점 F의 y좌표는 $8-1=7$

따라서 $x=2$일 때의 y의 값의 범위는 $3<y<7$

11 일차함수 $y=x+a$의 그래프 위에 점 A$(1, 2)$가 있으
므로

$2=1+a$ $\quad \therefore a=1$

즉, 일차함수 $y=x+1$의 그래프 위에 점 B$(3, b)$가 있으므로

$b=4$

$\therefore$ B$(3, 4)$

오른쪽 그림과 같이 점 A$(1, 2)$와
x축 대칭인 점이 A$'(1, -2)$이고
$\overline{AP}+\overline{BP}=\overline{A'P}+\overline{BP}$이다.

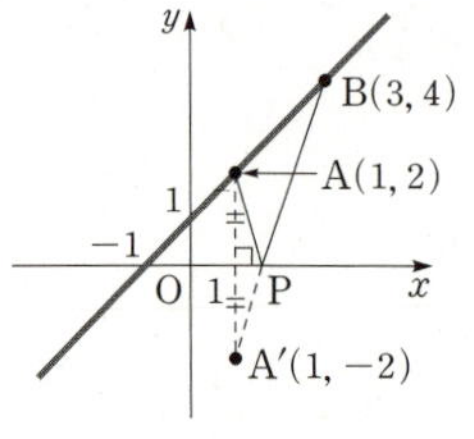

이것이 최소가 될 때는 세 점 A$'$,
P, B가 한 직선 위에 있을 때이다.

직선 A$'$B를 그래프로 하는 일차함수의 식을 $y=mx+n$이
라 하면 그래프가 두 점 A$'(1, -2)$와 B$(3, 4)$를 지나므로

$\begin{cases} m+n=-2 \\ 3m+n=4 \end{cases}$

$\therefore m=3, n=-5$

$\therefore y=3x-5$

점 P는 직선 $y=3x-5$와 x축의 교점이므로

$0=3x-5$

$\therefore x=\dfrac{5}{3}$

따라서 점 P의 좌표는 $\left(\dfrac{5}{3}, 0\right)$이다.

12 오른쪽 그림과 같이
$\overline{PA}=\overline{PB}$이므로 점 P는 $\overline{AB}$의 수
직이등분선 위의 점이다.
직선 AB의 기울기가

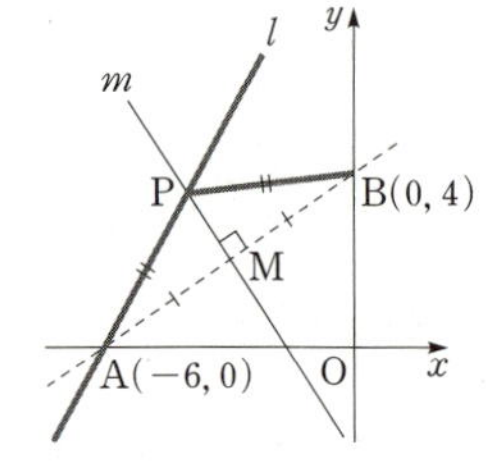

$\dfrac{4-0}{0-(-6)}=\dfrac{2}{3}$이므로 $\overline{AB}$에 수직

인 직선의 기울기는 $-\dfrac{3}{2}$

$\overline{AB}$에 수직인 직선 m을 그래프로 하는 일차함수의 식을

$y=-\dfrac{3}{2}x+b$로 놓으면 두 점 A$(-6, 0)$, B$(0, 4)$의

중점 M$\left(\dfrac{-6+0}{2}, \dfrac{0+4}{2}\right)$, 즉 M$(-3, 2)$가 직선 m을

지나므로

$2=-\dfrac{3}{2}\times(-3)+b$에서 $b=-\dfrac{5}{2}$

따라서 직선 m을 그래프로 하는 일차함수의 식은

$y=-\dfrac{3}{2}x-\dfrac{5}{2}$ $\qquad \cdots\cdots$ ㉠

한편, 기울기가 2인 직선 l을 그래프로 하는 일차함수의 식을
$y=2x+b'$이라 하면

이 직선이 점 A$(-6, 0)$을 지나므로
$0=2\times(-6)+b'$에서 $b'=12$
$\therefore y=2x+12$ ...... ㉡
따라서 점 P는 직선 l과 직선 m의 교점이므로 ㉠, ㉡을
연립하여 풀면 점 P의 좌표는 $\left(-\dfrac{29}{7}, \dfrac{26}{7}\right)$이다.

3 일차함수와 일차방정식

1

주제별 실력다지기

137~140쪽

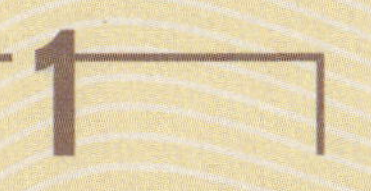

1 ③	**2** 제1사분면	**3** (1) $x=3$ (2) $y=2x+7$

4 $y=-\dfrac{2}{3}x-\dfrac{7}{6}$

5 (1) $y=-\dfrac{1}{2}x+\dfrac{5}{2}$ (2) $y=3x+3$

6 $y=6x+10$ **7** $y=-2x+4$ **8** $\dfrac{46}{15}$

9 17 **10** $\dfrac{25}{2}$ **11** 2

12 -6 또는 6 **13** $\dfrac{14}{3}$ **14** 108 cm^2

15 $y=\dfrac{1}{2}x+1$

1 $ax+by+c=0$에서 $y=-\dfrac{a}{b}x-\dfrac{c}{b}$
주어진 그래프에서 (기울기)>0, (y절편)>0이므로
$-\dfrac{a}{b}>0$, $-\dfrac{c}{b}>0$ $\therefore \dfrac{a}{b}<0$, $\dfrac{c}{b}<0$
즉, $a>0$, $b<0$, $c>0$ 또는 $a<0$, $b>0$, $c<0$
$bx+ay+c=0$에서 $y=-\dfrac{b}{a}x-\dfrac{c}{a}$
이때 $-\dfrac{b}{a}>0$, $-\dfrac{c}{a}<0$이므로
구하는 그래프의 기울기는 양수이고,
y절편은 음수이다.
따라서 $bx+ay+c=0$의 그래프의
개형은 오른쪽 그림과 같다.

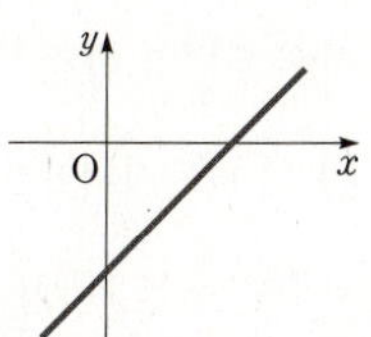

2 직선 $y=-\dfrac{1}{m}x-\dfrac{n}{m}$이 제2사

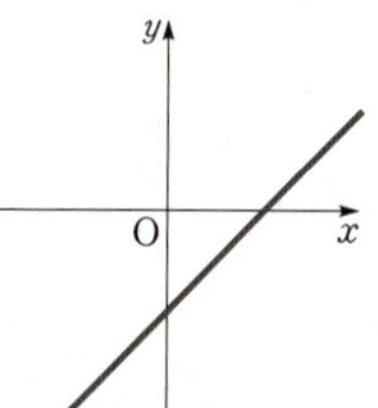

분면을 지나지 않으므로 오른쪽 그림
과 같이 직선의 기울기는 양수이고, y
절편은 음수이다.
즉, $-\dfrac{1}{m}>0$, $-\dfrac{n}{m}<0$
$\therefore m<0$, $n<0$

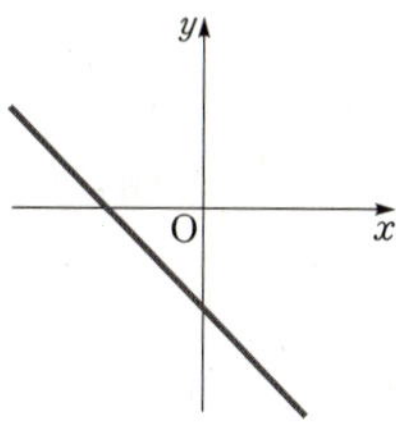

즉, 일차함수 $y=mx+n$의 그래프의
기울기와 y절편이 음수이므로 그래프
의 개형은 오른쪽 그림과 같다.
따라서 제1사분면을 지나지 않는다.

3 (1) 점 $(3, 4)$를 지나고 x축에 수직인

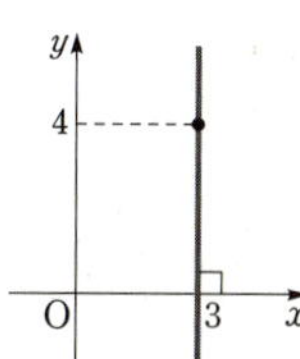

직선은 오른쪽 그림과 같다.
따라서 직선의 방정식은 $x=3$
(2) 직선의 기울기가 2이므로
$y=2x+b$라 하고 $x=-2$, $y=3$을 대
입하면
$3=2\times(-2)+b$
$\therefore b=7$
따라서 직선의 방정식은 $y=2x+7$

4 두 점 $(-2, 1)$, $(3, -4)$를 연결한 선분의 중점의 좌
표는 $\left(\dfrac{-2+3}{2}, \dfrac{1+(-4)}{2}\right)$, 즉 $\left(\dfrac{1}{2}, -\dfrac{3}{2}\right)$이고
구하는 직선은 직선 $2x+3y+1=0$과 평행하므로 기울기가
같다.
$2x+3y+1=0$에서 $y=-\dfrac{2}{3}x-\dfrac{1}{3}$이므로 기울기는 $-\dfrac{2}{3}$
구하는 직선의 방정식을 $y=-\dfrac{2}{3}x+b$라 하고
$x=\dfrac{1}{2}$, $y=-\dfrac{3}{2}$을 지나므로
$-\dfrac{3}{2}=\left(-\dfrac{2}{3}\right)\times\dfrac{1}{2}+b$ $\therefore b=-\dfrac{7}{6}$
$\therefore y=-\dfrac{2}{3}x-\dfrac{7}{6}$

5 (1) 두 점 $(-3, 4)$, $(1, 2)$를 지나는 직선의 방정식을
$y=ax+b$라 하고 두 점의 좌표를 대입하면
$\begin{cases} -3a+b=4 \\ a+b=2 \end{cases}$ $\therefore a=-\dfrac{1}{2}$, $b=\dfrac{5}{2}$
따라서 구하는 직선의 방정식은
$y=-\dfrac{1}{2}x+\dfrac{5}{2}$

다른 풀이

$y=ax+b$에서 $a=\dfrac{2-4}{1-(-3)}=-\dfrac{1}{2}$
즉, 직선 $y=-\dfrac{1}{2}x+b$가 점 $(1, 2)$를 지나므로

$2=\left(-\dfrac{1}{2}\right)\times 1+b \qquad \therefore b=\dfrac{5}{2}$

따라서 구하는 직선의 방정식은

$$y=-\dfrac{1}{2}x+\dfrac{5}{2}$$

(2) 두 점 $(-1,\,0)$, $(0,\,3)$을 지나는 직선의 방정식을 $y=ax+b$라 하고 두 점의 좌표를 대입하면

$$\begin{cases} -a+b=0 \\ b=3 \end{cases} \qquad \therefore a=3,\ b=3$$

따라서 구하는 직선의 방정식은 $y=3x+3$

다른 풀이 (1)

직선 $y=ax+b$가 점 $(0,\,3)$을 지나므로 y절편은 3이다.

$\therefore b=3$

기울기는 $a=\dfrac{3-0}{0-(-1)}=3$

따라서 구하는 직선의 방정식은 $y=3x+3$

다른 풀이 (2)

두 점 $(-1,\,0)$, $(0,\,3)$을 지나므로 x절편은 -1, y절편은 3이다.

따라서 구하는 직선의 방정식은

$$\dfrac{x}{-1}+\dfrac{y}{3}=1 \qquad \therefore y=3x+3$$

6 점 A는 직선 $2x-y+6=0$ 위의 점이므로

$y=4$이면 $2x-4+6=0 \qquad \therefore x=-1$

$\therefore \mathrm{A}(-1,\,4)$

점 B는 직선 $2x+y+6=0$ 위의 점이므로

$y=-2$이면 $2x-2+6=0 \qquad \therefore x=-2$

$\therefore \mathrm{B}(-2,\,-2)$

직선 AB의 방정식을 $y=ax+b$라 하면

$a=\dfrac{-2-4}{-2-(-1)}=6$

$y=6x+b$에 $(-1,\,4)$를 대입하면 $b=10$

따라서 구하는 직선의 방정식은 $y=6x+10$

7 직선 $x+2y-10=0$은 오른쪽 그림과 같고 직선 $x+2y-10=0$과 y축 대칭인 직선 l은 두 점 $(-10,\,0)$, $(0,\,5)$를 지나므로 직선 l의 방정식은

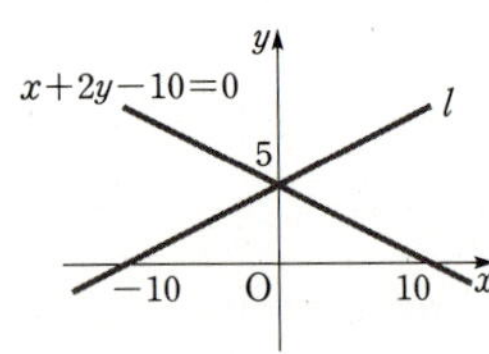

$$\dfrac{x}{-10}+\dfrac{y}{5}=1$$

$$\therefore y=\dfrac{1}{2}x+5$$

직선 l의 기울기는 $\dfrac{1}{2}$이므로 직선 l과 수직인 직선의 기울기는 -2이다.

구하는 직선은 기울기가 -2이므로 직선의 방정식을 $y=-2x+b$라 하면 이 직선이 점 $(1,\,2)$를 지나므로

$2=-2\times 1+b \qquad \therefore b=4$

$\therefore y=-2x+4$

다른 풀이

$x+2y-10=0$에서

$y=-\dfrac{1}{2}x+5 \qquad \cdots\cdots\ \text{㉠}$

직선 l과 직선 ㉠은 y축 대칭이므로

$y=-\dfrac{1}{2}\times(-x)+5$

따라서 직선 l의 방정식은 $y=\dfrac{1}{2}x+5$이다.

직선 l과 수직인 직선의 기울기는 -2이므로 구하는 직선의 방정식을 $y=-2x+b$라 하면 이 직선이 점 $(1,\,2)$를 지나므로 $2=-2\times 1+b \qquad \therefore b=4$

$\therefore y=-2x+4$

8 $2x-3y=3+a \qquad \cdots\cdots\ \text{㉠}$

$x+3y=1-a \qquad \cdots\cdots\ \text{㉡}$

$3x-y=2a-1 \qquad \cdots\cdots\ \text{㉢}$

㉠, ㉡을 연립하여 풀면 $x=\dfrac{4}{3}$, $y=-\dfrac{3a+1}{9}$이므로

㉠, ㉡의 교점의 좌표는 $\left(\dfrac{4}{3},\ -\dfrac{3a+1}{9}\right)$

세 직선이 한 점에서 만나므로 ㉢이 점 $\left(\dfrac{4}{3},\ -\dfrac{3a+1}{9}\right)$을 지난다.

$3\times\dfrac{4}{3}-\left(-\dfrac{3a+1}{9}\right)=2a-1,\ 4+\dfrac{3a+1}{9}=2a-1$

$-15a=-46 \qquad \therefore a=\dfrac{46}{15}$

> **TIP 세 직선이 한 점에서 만나기 위한 조건**
> 세 직선이 한 점에서 만나려면 세 직선 중 두 직선의 교점을 나머지 한 직선이 지나야 한다.

9 두 점 A, B를 지나는 직선의 x절편이 4, y절편이 3이므로 직선 AB의 방정식은

$$\dfrac{x}{4}+\dfrac{y}{3}=1 \qquad \therefore y=-\dfrac{3}{4}x+3 \qquad \cdots\cdots\ \text{㉠}$$

점 $\mathrm{E}(2,\,b)$가 직선 ㉠ 위에 있으므로

$b=-\dfrac{3}{4}\times 2+3=\dfrac{3}{2} \qquad \therefore \mathrm{E}\left(2,\,\dfrac{3}{2}\right)$

두 점 $\mathrm{C}(1,\,-1)$, $\mathrm{E}\left(2,\,\dfrac{3}{2}\right)$을 지나는 직선의 기울기는

$$\dfrac{\dfrac{3}{2}-(-1)}{2-1}=\dfrac{5}{2}$$

직선 CE의 방정식을 $y=\dfrac{5}{2}x+n$이라 하면 이 직선이 점 $(1,\,1)$을 지나므로

$-1=\dfrac{5}{2}\times 1+n \qquad \therefore n=-\dfrac{7}{2}$

$$\therefore y=\frac{5}{2}x-\frac{7}{2} \qquad \cdots\cdots \text{ⓒ}$$

점 $D(a, 2)$가 직선 ⓒ 위에 있으므로

$$2=\frac{5}{2}a-\frac{7}{2} \qquad \therefore a=\frac{11}{5}$$

$$\therefore 5a+4b=5\times\frac{11}{5}+4\times\frac{3}{2}=11+6=17$$

10 기울기가 2, y절편이 4인 직선 l의
방정식은

$$y=2x+4 \qquad \cdots\cdots \text{㉠}$$

기울기가 -2, x절편이 3인 직선

m의 방정식을 $y=-2x+b$라 하면

$(3, 0)$을 지나므로

$$0=-2\times3+b \qquad \therefore b=6$$

$$\therefore y=-2x+6 \qquad \cdots\cdots \text{㉡}$$

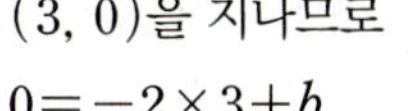

㉠, ㉡을 연립하여 풀면 $x=\frac{1}{2},\ y=5$

즉, 두 직선 l, m의 교점의 좌표는 $\left(\frac{1}{2}, 5\right)$

따라서 구하는 도형의 넓이는 위의 그림에서

$$\frac{1}{2}\times5\times5=\frac{25}{2}$$

11 연립방정식의 해가 없으므로 $\dfrac{3}{15}=\dfrac{4-a}{5a}\neq\dfrac{8}{4}$

$$15a=60-15a,\ 16-4a\neq40a$$

$$\therefore a=2$$

다른 풀이

$3x+(4-a)y=8$에서

$$y=-\frac{3}{4-a}x+\frac{8}{4-a} \qquad \cdots\cdots \text{㉠}$$

$15x+5ay=4$에서

$$y=-\frac{3}{a}x+\frac{4}{5a} \qquad \cdots\cdots \text{㉡}$$

연립방정식의 해가 없으므로 두 직선 ㉠, ㉡의 기울기가 같으
면서 y절편이 다르다. 즉, 기울기에서

$$-\frac{3}{4-a}=-\frac{3}{a} \qquad \therefore a=2$$

$a=2$이면 ㉠, ㉡에서 $\dfrac{8}{4-a}\neq\dfrac{4}{5a}$

$$\therefore a=2$$

12 직선 l의 기울기는 $a=\dfrac{2-6}{1-(-1)}=-2$이므로

직선 l의 방정식은 $y=-2x+b$로 놓을 수 있다.

이때 x절편은 $\dfrac{b}{2}$, y절편은 b이므로 직선 l은 두 점

$\left(\dfrac{b}{2}, 0\right),\ (0, b)$를 지난다.

따라서 직선 l과 x축, y축으로 둘러싸인 삼각형의 넓이는

$$\frac{1}{2}\times\left|\frac{b}{2}\right|\times|b|=9,\ b^2=36$$

$$\therefore b=-6 \ \text{또는}\ 6$$

> **TIP** 직선의 기울기가 일정할 때, 직선과 x축, y축으로 둘러싸인 특정한 넓
> 이의 삼각형은 항상 2개가 존재한다.

13 $a>0$이므로 세 점 $(0, 2)$, $(a, 0)$,
$(b, 4)$를 지나는 직선이 존재하기 위해
서 $b<0$이어야 한다. 즉, 세 점을 지나
는 직선은 오른쪽 그림과 같고 직선과 x
축, y축으로 둘러싸인 삼각형의 넓이가

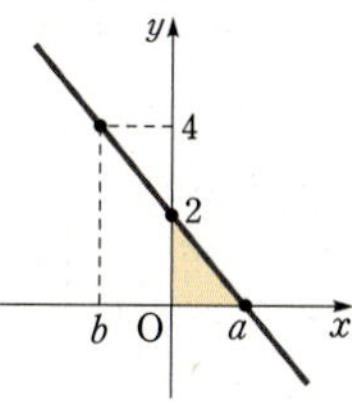

$\dfrac{7}{3}$이므로

$$\frac{1}{2}\times a\times2=\frac{7}{3} \qquad \therefore a=\frac{7}{3}$$

두 점 $(0, 2)$, $\left(\dfrac{7}{3}, 0\right)$을 지나는 직선의 방정식은

$$y=\frac{0-2}{\frac{7}{3}-0}x+2$$

$$\therefore y=-\frac{6}{7}x+2 \qquad \cdots\cdots \text{㉠}$$

또, 직선 ㉠은 점 $(b, 4)$를 지나므로

$$4=-\frac{6}{7}b+2 \qquad \therefore b=-\frac{7}{3}$$

$$\therefore |b-a|=\left|-\frac{7}{3}-\frac{7}{3}\right|=\frac{14}{3}$$

14 점 A의 x좌표는 매초 3 cm의 속력으로 2초 동안 움직
인 거리이므로 $3\times2=6$

$$\therefore \overline{OA}=6\ \text{cm}$$

점 A$'$의 x좌표는 매초 3 cm의 속력으로 6초 동안 움직인 거
리이므로 $3\times6=18$

$$\therefore \overline{OA'}=18\ \text{cm}$$

$$\therefore \overline{AA'}=18-6=12\,(\text{cm})$$

점 B의 y좌표는 $\dfrac{2}{3}\times6+1=5$

$$\therefore \overline{AB}=5\ \text{cm}$$

점 B$'$의 y좌표는 $\dfrac{2}{3}\times18+1=13$

$$\therefore \overline{A'B'}=13\ \text{cm}$$

따라서 사각형 AA$'$B$'$B의 넓이는

$$\frac{1}{2}\times(\overline{AB}+\overline{A'B'})\times\overline{AA'}=\frac{1}{2}\times(5+13)\times12$$

$$=108\,(\text{cm}^2)$$

15 점 $P\left(1, \dfrac{3}{2}\right)$을 지나는 직선이

정사각형 OABC의 넓이를 이등분하
려면 오른쪽 그림과 같이 정사각형
OABC의 두 대각선의 교점인

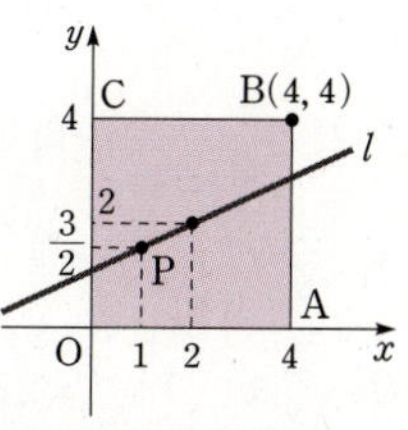

점 $(2, 2)$를 지나야 하므로 직선 l의

기울기는

$$\frac{2-\dfrac{3}{2}}{2-1}=\frac{1}{2}$$

직선 l의 방정식을 $y=\dfrac{1}{2}x+b$라 하고 $x=2$, $y=2$를 대입

하면

$b=1$

$$\therefore y=\frac{1}{2}x+1$$

실력 높이기

1 제3사분면 **2** -13 또는 5 **3** $x\leq-\dfrac{7}{3}$ **4** $-\dfrac{3}{11}$

5 $y=-\dfrac{5}{8}x+\dfrac{21}{16}$ **6** $\left(1,\dfrac{1}{2}\right)$

7 $-8, 4, 20$ **8** $y=\dfrac{2}{3}x-2$

9 $-1<m<0$ 또는 $0<m<\dfrac{2}{3}$ **10** 7

11 제4사분면 **12** $-\dfrac{2}{9}$ **13** 10 **14** $\dfrac{3}{2}$

15 $\left(\dfrac{4}{3},\dfrac{8}{3}\right)$ **16** 9

17 $m<-\dfrac{1}{3}$ 또는 $m>1$ **18** $y=\dfrac{5}{9}x+2$

1 x좌표와 y좌표가 같은 점을 $\mathrm{A}(a, a)$라 하면

$7a+2a+18=0$ $\therefore a=-2$

따라서 $\mathrm{A}(-2, -2)$이므로 제3사분면 위의 점이다.

2 두 직선 $y=\dfrac{3}{2}x-4$와 $y=ax+b$가 서로 평행하므로

$a=\dfrac{3}{2}$

직선이 x축과 만나는 점의 x좌표는 x절편이다.

$y=\dfrac{3}{2}x-4$의 x절편은 $y=0$을 대입하면

$0=\dfrac{3}{2}x-4$ $\therefore x=\dfrac{8}{3}$

점 P의 좌표는 $\left(\dfrac{8}{3}, 0\right)$이고 $\overline{\mathrm{PQ}}=6$이므로

점 Q의 좌표는

$\left(\dfrac{8}{3}+6, 0\right)$ 또는 $\left(\dfrac{8}{3}-6, 0\right)$

즉, 점 $\mathrm{Q}\left(\dfrac{26}{3}, 0\right)$ 또는

점 $\mathrm{Q}\left(-\dfrac{10}{3}, 0\right)$이다.

(ⅰ) $y=\dfrac{3}{2}x+b$가 점 $\left(\dfrac{26}{3}, 0\right)$을 지날 때,

$0=\dfrac{3}{2}\times\dfrac{26}{3}+b$ $\therefore b=-13$

(ⅱ) $y=\dfrac{3}{2}x+b$가 점 $\left(-\dfrac{10}{3}, 0\right)$을 지날 때,

$0=\dfrac{3}{2}\times\left(-\dfrac{10}{3}\right)+b$ $\therefore b=5$

(ⅰ), (ⅱ)에 의해 b의 값은 -13 또는 5이다.

3 서술형

표현 단계 일차함수 $y=f(x)$의 그래프는 두 점 $(-3, 0)$,

$(-1, 1)$을 지나므로 기울기는 $\dfrac{1-0}{-1-(-3)}=\dfrac{1}{2}$

$y=\dfrac{1}{2}x+b$로 놓고 $x=-1$, $y=1$을 대입하면

$1=\dfrac{1}{2}\times(-1)+b, b=\dfrac{3}{2}$

$$\therefore f(x)=\frac{1}{2}x+\frac{3}{2}$$

일차함수 $y=g(x)$의 그래프는 두 점 $(1, 0)$,

$(-1, 1)$을 지나므로 기울기는 $\dfrac{1-0}{-1-1}=-\dfrac{1}{2}$

$y=-\dfrac{1}{2}x+b'$로 놓고 $x=1$, $y=0$을 대입하면

$0=\left(-\dfrac{1}{2}\right)\times1+b', b'=\dfrac{1}{2}$

$$\therefore g(x)=-\frac{1}{2}x+\frac{1}{2}$$

변형 단계 $2f(x)-g(x)=(x+3)-\left(-\dfrac{1}{2}x+\dfrac{1}{2}\right)$

$$=\frac{3}{2}x+\frac{5}{2}$$

이므로 $\dfrac{3}{2}x+\dfrac{5}{2}\leq-1$

풀이 단계 $\dfrac{3}{2}x\leq-\dfrac{7}{2}$에서 $3x\leq-7$, $x\leq-\dfrac{7}{3}$

확인 단계 따라서 구하는 해는 $x\leq-\dfrac{7}{3}$이다.

4 $ax+by+1=0$에서

$y=-\dfrac{a}{b}x-\dfrac{1}{b}$ ······ ㉠

$2x-(a-3b)y+2b=0$에서

$y=\dfrac{2}{a-3b}x+\dfrac{2b}{a-3b}$ ······ ㉡

$3x+2y=1$에서

$y=-\dfrac{3}{2}x+\dfrac{1}{2}$ $\qquad$ …… ㉢

수직인 두 직선의 기울기의 곱은 -1이고

㉠, ㉢이 수직이므로

$\left(-\dfrac{a}{b}\right)\times\left(-\dfrac{3}{2}\right)=-1$ $\quad\therefore 3a=-2b$ $\quad$ …… ㉣

㉡, ㉢이 수직이므로

$\dfrac{2}{a-3b}\times\left(-\dfrac{3}{2}\right)=-1$ $\quad\therefore a-3b=3$ $\quad$ …… ㉤

㉣에서 $b=-\dfrac{3}{2}a$를 ㉤에 대입하면

$a+\dfrac{9}{2}a=3$ $\quad\therefore a=\dfrac{6}{11}$

$\therefore b=\left(-\dfrac{3}{2}\right)\times\dfrac{6}{11}=-\dfrac{9}{11}$

$\therefore a+b=\dfrac{6}{11}-\dfrac{9}{11}=-\dfrac{3}{11}$

5 $\overline{AB}$의 수직이등분선의 방정식을 $y=mx+n$이라 하면
두 점 A, B를 지나는 직선의 기울기가

$\dfrac{5-(-3)}{3-(-2)}=\dfrac{8}{5}$이므로

$\dfrac{8}{5}\times m=-1$ $\quad\therefore m=-\dfrac{5}{8}$

$\overline{AB}$의 중점의 좌표가

$\left(\dfrac{3+(-2)}{2},\ \dfrac{5+(-3)}{2}\right)$, 즉 $\left(\dfrac{1}{2},\ 1\right)$이므로

$y=-\dfrac{5}{8}x+n$에 $x=\dfrac{1}{2}$, $y=1$을 대입하면

$1=-\dfrac{5}{8}\times\dfrac{1}{2}+n$ $\quad\therefore n=\dfrac{21}{16}$

따라서 구하는 직선의 방정식은

$y=-\dfrac{5}{8}x+\dfrac{21}{16}$

6 두 직선 l, m이 한 점에서 만나므로
$x+y=1$, $2x-3y=1$을 연립하여 풀면

$x=\dfrac{4}{5}$, $y=\dfrac{1}{5}$

직선 n도 두 직선 l, m의 교점 $\left(\dfrac{4}{5},\ \dfrac{1}{5}\right)$을 지나므로

$(a+2)\times\dfrac{4}{5}-a\times\dfrac{1}{5}=4$, $4(a+2)-a=20$

$3a=12$ $\quad\therefore a=4$

즉, 직선 n의 방정식은

$6x-4y=4$ $\quad\therefore 3x-2y=2$

이 직선 위의 점 중 x좌표가 y좌표의 2배가 되는 점의 좌표를
$(2b,\ b)$라 하면

$6b-2b=2$ $\quad\therefore b=\dfrac{1}{2}$

따라서 구하는 점의 좌표는 $\left(1,\ \dfrac{1}{2}\right)$이다.

7 서술형

표현 단계 세 직선으로 삼각형을 만들 수 없는 경우는 세 직선
중 어느 두 직선이 서로 평행하거나 세 직선이 한 점
에서 만날 때이다.

변형 단계 $x-y=0$, 즉 $y=x$ $\qquad$ …… ㉠

$2x+y=3$, 즉 $y=-2x+3$ $\qquad$ …… ㉡

$mx-4y=16$, 즉 $y=\dfrac{m}{4}x-4$ $\qquad$ …… ㉢

풀이 단계 (i) ㉠과 ㉢이 평행할 때,

$\dfrac{m}{4}=1$ $\quad\therefore m=4$

(ii) ㉡과 ㉢이 평행할 때,

$\dfrac{m}{4}=-2$ $\quad\therefore m=-8$

(iii) ㉠, ㉡, ㉢이 한 점에서 만날 때,

㉠, ㉡을 연립하여 풀면 $x=1$, $y=1$

$x=1$, $y=1$을 ㉢에 대입하면

$1=\dfrac{m}{4}-4$, $\dfrac{m}{4}=5$ $\quad\therefore m=20$

확인 단계 따라서 m의 값은 -8, 4, 20이다.

8 평행한 두 직선 l, n의 기울기는 서로 같으므로

(직선 n의 기울기)$=$(직선 l의 기울기)$=\dfrac{4-2}{3-0}=\dfrac{2}{3}$

직선 n의 방정식을 $y=\dfrac{2}{3}x+b$라 하면 이 직선이

점 C$(3,\ 0)$을 지나므로 $0=\dfrac{2}{3}\times 3+b$ $\quad\therefore b=-2$

따라서 직선 n의 방정식은 $y=\dfrac{2}{3}x-2$

9 서술형

표현 단계 두 일차함수의 그
래프 교점이
제1사분면 위에
있기 위해서는
오른쪽 그림과

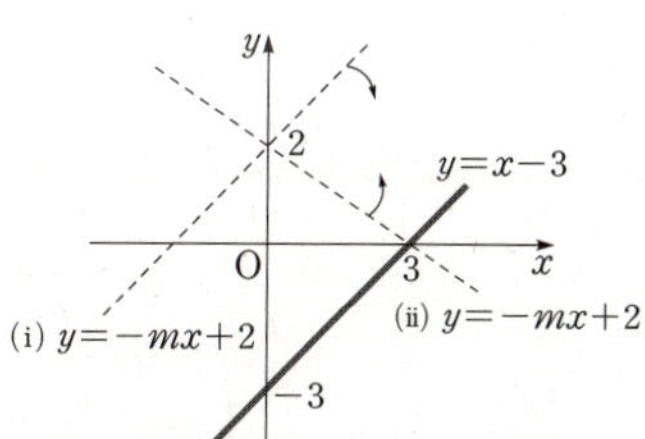

같이 $y=-mx+2$의 기울기인 $-m$이 두 일차함
수가 서로 평행할 때의 기울기보다 작고, x축 위에
서 만날 때의 기울기보다 커야 한다.

풀이 단계 (i) 두 직선이 서로 평행할 때,

$y=-mx+2$와 $y=x-3$의 그래프의 기울기가
같아야 한다.

$\therefore m=-1$

(ii) 두 직선이 x축 위에서 만날 때,

직선 $y=-mx+2$가 점 $(3,\ 0)$을 지나므로

$0=-3m+2$ $\quad\therefore m=\dfrac{2}{3}$

확인 단계 $-1<m<\dfrac{2}{3}$이고 $m\neq 0$이므로

$$-1 < m < 0 \text{ 또는 } 0 < m < \frac{2}{3}$$

10 두 직선의 방정식을 각각 정리하면
$$(a-3)x+2y=0, \quad (a-1)x+3y=0$$
상수항이 없는 일차방정식이므로 좌표평면에 그래프를 그리면 두 직선은 모두 원점을 지난다.
두 직선이 원점 이외의 점에서도 만나려면 두 직선은 일치해야 한다.
즉, $\dfrac{a-1}{a-3}=\dfrac{3}{2}$에서 $2a-2=3a-9$
$$\therefore a=7$$

11 $\begin{cases} y=ax+b & \cdots\cdots \text{㉠} \\ y=bx+a & \cdots\cdots \text{㉡} \end{cases}$

㉠$-$㉡을 하면
$$0=(a-b)x+(b-a)$$
$$(a-b)x=a-b$$
이때 두 직선의 기울기가 다르므로 $a \neq b$, 즉 $a-b \neq 0$이다.
$$\therefore x=\frac{a-b}{a-b}=1$$
$x=1$을 ㉠에 대입하면 두 직선의 교점의 좌표는 $(1,\ a+b)$
점 $(a,\ b)$가 제3사분면 위의 점이므로 $a<0,\ b<0$
$$\therefore a+b<0$$
따라서 두 직선의 교점 $(1,\ a+b)$는 제4사분면 위의 점이다.

12 세 직선으로 둘러싸인 삼각형은 x축 위쪽보다 아래쪽의 넓이가 더 크므로 구하는 직선 l은 오른쪽 그림과 같이 직선 $2x-3y-6=0$과 만난다.

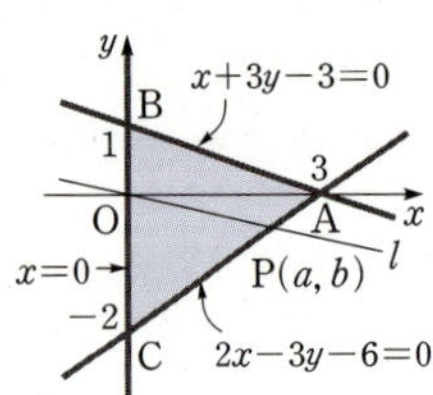

이때 직선 $2x-3y-6=0$과 직선 l의 교점을 $\mathrm{P}(a,\ b)$라 하면
$$\triangle \mathrm{ABC}=\frac{1}{2}\times 3\times 3=\frac{9}{2}\text{이므로}$$
$$\triangle \mathrm{POC}=\frac{1}{2}\times 2\times a=\frac{9}{4} \quad \therefore a=\frac{9}{4}$$
점 $\mathrm{P}\left(\dfrac{9}{4},\ b\right)$가 직선 $2x-3y-6=0$ 위에 있으므로
$$2\times \frac{9}{4}-3b-6=0 \quad \therefore b=-\frac{1}{2}$$
따라서 직선 l의 기울기는 $\dfrac{-\frac{1}{2}-0}{\frac{9}{4}-0}=-\dfrac{2}{9}$

13 서술형

<u>표현 단계</u> $3x+ay=6a$의 x절편, y절편을 구한다.

<u>변형 단계</u> $y=0$을 대입하면 $3x=6a \quad \therefore x=2a$
$\qquad\qquad x=0$을 대입하면 $ay=6a \quad \therefore y=6$

<u>풀이 단계</u> 즉, x절편이 $2a$, y절편이 6인 직선과 x축, y축으로

둘러싸인 삼각형의 넓이가 18이므로
$$\frac{1}{2}\times 2a\times 6=18$$
$$6a=18 \quad \therefore a=3$$
직선 $3x+ay=6a$는 $y=-x+6$이다.
이때 원점을 지나는 직선 $y=bx$가
직선 $y=-x+6$과 x축, y축으로 둘러싸인 직각이등변삼각형의 넓이를 이등분하므로 직선 $y=bx$는 이 삼각형의 빗변의 중점을 지난다. 삼각형의 빗변의 중점의 좌표를 구하면
$$\left(\frac{6+0}{2},\ \frac{0+6}{2}\right),\ \text{즉}\ (3,\ 3)$$

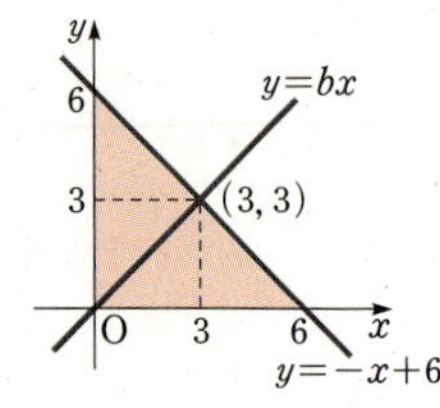

직선 $y=bx$는 점 $(3,\ 3)$을 지나므로 그래프로 나타내면 오른쪽 그림과 같다.
$y=bx$에 $x=3,\ y=3$을 대입하면
$$3=3b \quad \therefore b=1$$

<u>확인 단계</u> $\therefore a^2+b^2=9+1=10$

14 두 직선 $y=x+3,\ y=-3x+6$의 x절편은 각각 -3, 2이므로 $\mathrm{A}(-3,\ 0),\ \mathrm{B}(2,\ 0)$
$y=x+3,\ y=-3x+6$을 연립하여 풀면 $x=\dfrac{3}{4},\ y=\dfrac{15}{4}$

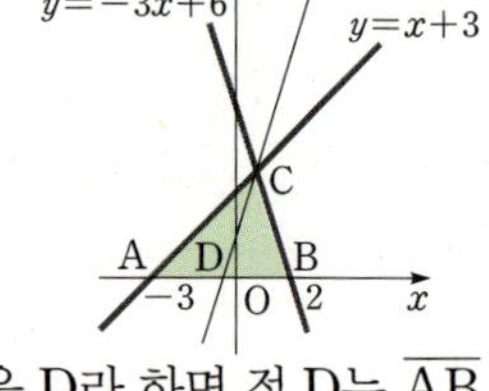

$$\therefore \mathrm{C}\left(\frac{3}{4},\ \frac{15}{4}\right)$$
점 C를 지나고 $\triangle \mathrm{ABC}$의 넓이를 이등분하는 직선이 x축과 만나는 점을 D라 하면 점 D는 $\overline{\mathrm{AB}}$의 중점이므로
$$\mathrm{D}\left(\frac{-3+2}{2},\ \frac{0+0}{2}\right) \quad \therefore \mathrm{D}\left(-\frac{1}{2},\ 0\right)$$
직선 CD의 기울기는
$$\frac{\frac{15}{4}-0}{\frac{3}{4}-\left(-\frac{1}{2}\right)}=3$$
이므로 구하는 직선의 방정식을 $y=3x+b$라 하고
$x=-\dfrac{1}{2},\ y=0$을 대입하면
$$0=3\times\left(-\frac{1}{2}\right)+b \quad \therefore b=\frac{3}{2}$$
따라서 직선 CD의 y절편은 $\dfrac{3}{2}$이다.

15 직선 $y=\dfrac{1}{2}x+a$의 x절편은 $-2a$, y절편은 a이므로
$\mathrm{B}(-2a,\ 0),\ \mathrm{C}(0,\ a)$
이때 $\triangle \mathrm{BOC}$의 넓이가 4이므로
$$\frac{1}{2}\times 2a\times a=a^2=4$$

그런데 $a>0$이므로 $a=2$

따라서 $y=2x$, $y=\dfrac{1}{2}x+2$를 연립하여 풀면

$x=\dfrac{4}{3}$, $y=\dfrac{8}{3}$

이므로 교점 A의 좌표는 $\left(\dfrac{4}{3},\ \dfrac{8}{3}\right)$이다.

16 서술형

표현 단계 사각형 ABCD가 정사각형이므로 $\overline{AB}=\overline{BC}$이다.

점 B의 x좌표를 a라 하면 점 B의 좌표는 $(a,\ 0)$

점 A의 좌표는 $(a,\ 3a)$

점 C의 좌표는 $(4a,\ 0)$ $(\because \overline{AB}=\overline{BC}=3a)$

점 D의 좌표는 $(4a,\ 3a)$

풀이 단계 점 D는 직선 $y=-3x+15$ 위의 점이므로

$3a=-3\times 4a+15$

$15a=15$ $\therefore a=1$

즉, 정사각형 ABCD의 한 변의 길이는

$4a-a=3a=3$이다.

확인 단계 따라서 사각형 ABCD의 넓이는 9이다.

17 △ABC를 그려 보면 오른쪽 그림과 같다.

직선 $y=mx+1$이 △ABC와 만나지 않기 위해서는 기울기 m의 값이 직선 ㉠의 기울기보다 크거나 직선 ㉡의 기울기보다 작아야 한다.

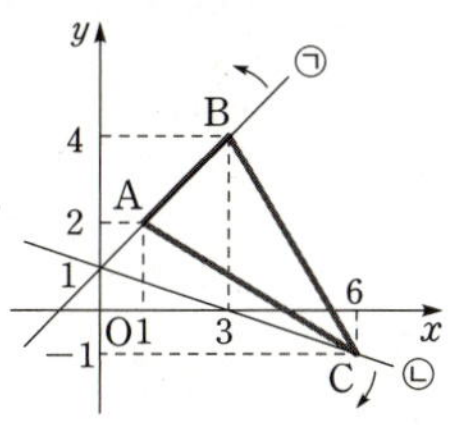

(직선 ㉠의 기울기)$=\dfrac{2-1}{1-0}=1$

(직선 ㉡의 기울기)$=\dfrac{-1-1}{6-0}=-\dfrac{1}{3}$

$\therefore m<-\dfrac{1}{3}$ 또는 $m>1$

18 직선 AB의 기울기가 $\dfrac{1-\frac{7}{3}}{3-(-1)}=-\dfrac{1}{3}$이므로

직선 AB의 방정식을 $y=-\dfrac{1}{3}x+b$라 하고 $x=3$, $y=1$을

대입하면 $b=2$ $\therefore y=-\dfrac{1}{3}x+2$

△ABC의 넓이를 이등분하는 직선이 직선 AB, 직선 BC와 만나는 점을 각각 D, E라 하면 직선 AB의 방정식이

$y=-\dfrac{1}{3}x+2$이므로 $D(0,\ 2)$

세 점 B, C, E의 x좌표는 같으므로 점 E의 좌표를 $(3,\ k)$라

하면 $\triangle ABC=\dfrac{1}{2}\times 4\times 4=8$이고,

$\triangle BED=\dfrac{1}{2}\triangle ABC$이므로

$\triangle BED=\dfrac{1}{2}\times(k-1)\times 3=4$ $\therefore k=\dfrac{11}{3}$

$D(0,\ 2)$, $E\left(3,\ \dfrac{11}{3}\right)$을 지나는 직선의 기울기는

$\dfrac{\frac{11}{3}-2}{3-0}=\dfrac{5}{9}$

따라서 구하는 직선의 방정식은 $y=\dfrac{5}{9}x+2$

<table>
<tr><td colspan="2">

3 STEP

최고 실력 완성하기

</td><td align="right">145~147쪽</td></tr>
</table>

1 ③   **2** $(13,\ -2)$, $(26,\ -9)$, $(39,\ -16)$, $(52,\ -23)$

3 $y=3x-6$ **4** $y=16x-12$ **5** $\dfrac{1}{2}<m<2$

6 3   **7** $m=-\dfrac{25}{6}$, $n=3$ 또는 $m=\dfrac{7}{6}$, $n=-6$

8 $S=a^2-2a+\dfrac{13}{2}$ **9** $\dfrac{10}{9}$ 또는 $\dfrac{20}{9}$

10 168   **11** 최댓값: $\dfrac{22}{7}$, 최솟값: -2

1 주어진 세 직선 l, m, n의 기울기와 y절편의 부호는 다음과 같다.

직선 l : (기울기)>0, (y절편)>0

직선 m : (기울기)<0, (y절편)>0

직선 n : (기울기)<0, (y절편)<0

일차함수의 식에서 기울기의 부호가 다른 하나는 ㉢이므로 일차함수 ㉢의 그래프는 직선 l이다.

즉, $-a>0$, $b-3>0$이므로 $a<0$, $b>3$

㉠에서 y절편은 b이므로 양수이고, ㉡에서 y절편은

$-\dfrac{1}{2}b$이므로 음수이다.

따라서 ㉠의 그래프는 직선 m, ㉡의 그래프는 직선 n, ㉢의 그래프는 직선 l이다.

TIP 좌표평면에서 직선 $y=ax+b$가 지나는 사분면은 다음과 같다.

(1) $a>0$, $b>0$인 경우
직선 $y=ax+b$는 제 1, 2, 3 사분면을 지난다.

(2) $a>0$, $b<0$인 경우
직선 $y=ax+b$는 제 1, 3, 4 사분면을 지난다.

(3) $a<0$, $b>0$인 경우
직선 $y=ax+b$는 제 1, 2, 4 사분면을 지난다.

(4) $a<0$, $b<0$인 경우
직선 $y=ax+b$는 제 2, 3, 4 사분면을 지난다.

2 직선 AB의 기울기는

$\dfrac{23-2}{52-13}=\dfrac{7}{13}$이므로

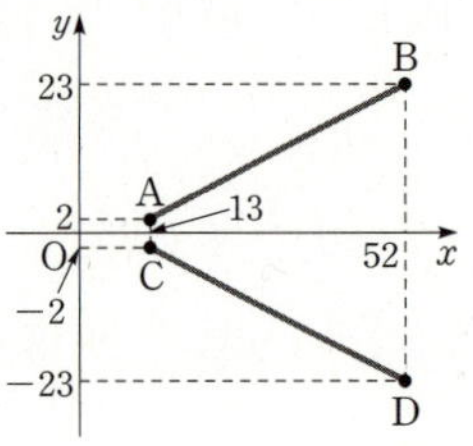

$y=\dfrac{7}{13}x+b$라 하고 점 A의 좌표를

대입하면

$2=\dfrac{7}{13}\times13+b$ $\therefore b=-5$

$\therefore y=\dfrac{7}{13}x-5$ $\qquad$ ······ ㉠

직선 CD는 ㉠과 x축 대칭이므로

㉠에 y 대신 $-y$를 대입하면

$-y=\dfrac{7}{13}x-5$ $\therefore y=-\dfrac{7}{13}x+5$ ······ ㉡

이때 $\overline{\text{CD}}$ 위의 점의 x좌표, y좌표의 범위는 각각

$13\leq x\leq52$, $-23\leq y\leq-2$이고 ㉡에서 y좌표가 정수가 되

려면 x좌표는 13의 배수이어야 한다.

$\therefore x=13,\ 26,\ 39,\ 52$

따라서 구하는 점의 좌표는

$(13,\ -2),\ (26,\ -9),\ (39,\ -16),\ (52,\ -23)$

3 곡선 n의 방정식을 $y=\dfrac{a}{x}$라 하면 이 곡선이 점 B$(3,\ 3)$

을 지나므로

$3=\dfrac{a}{3}$ $\therefore a=9$

$\therefore y=\dfrac{9}{x}$

이때 점 A의 좌표는 A$\left(c,\ \dfrac{9}{c}\right)$이므로 △ABC의 넓이는

$\dfrac{1}{2}\times\dfrac{9}{c}\times(3-c)=\dfrac{9}{4}$ $\therefore c=2$

직선 m은 두 점 B$(3,\ 3)$, C$(2,\ 0)$을 지나므로 직선 m의 기

울기는 $\dfrac{3-0}{3-2}=3$이다.

직선 m의 방정식을 $y=3x+b$라 하면 점 C$(2,\ 0)$을 지나므로

$0=3\times2+b$ $\therefore b=-6$

따라서 직선 m의 방정식은 $y=3x-6$

4 두 점 A, B에서 x축에 내린 수선의 발을 각각 P, Q라

하면

(사각형 APDE)

$=\dfrac{1}{2}\times(\overline{\text{AP}}+\overline{\text{ED}})\times\overline{\text{DP}}$

$=\dfrac{1}{2}\times(4+3)\times2=7$

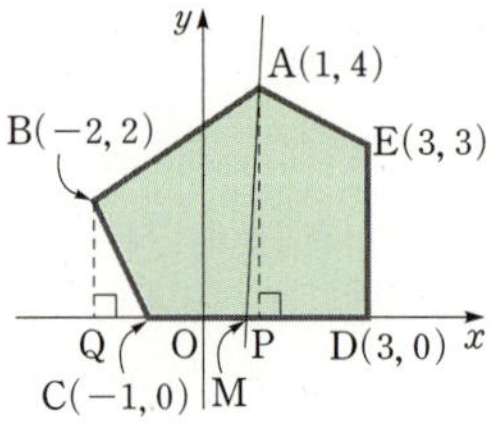

(사각형 ABCP)

$=$(사각형 ABQP)$-$△BQC

$=\dfrac{1}{2}\times(\overline{\text{BQ}}+\overline{\text{AP}})\times\overline{\text{QP}}-\dfrac{1}{2}\times\overline{\text{BQ}}\times\overline{\text{CQ}}$

$=\dfrac{1}{2}\times(2+4)\times3-\dfrac{1}{2}\times2\times1=8$

이때 사각형 APDE와 사각형 ABCP의 넓이의 차는 1이므로

△AMP의 넓이가 $\dfrac{1}{2}$이 되는 $\overline{\text{CP}}$ 위의 점 M을 찾아보자.

△AMP$=\dfrac{1}{2}\times\overline{\text{MP}}\times4=\dfrac{1}{2}$에서 $\overline{\text{MP}}=\dfrac{1}{4}$이므로

점 M의 x좌표는 $1-\dfrac{1}{4}=\dfrac{3}{4}$ $\therefore$ M$\left(\dfrac{3}{4},\ 0\right)$

이때 직선 AM에 의해 (사각형 ABCM)$=$(사각형 AMDE)

두 점 A$(1,\ 4)$, M$\left(\dfrac{3}{4},\ 0\right)$을 지나는 직선 AM의 기울기는

$\dfrac{4-0}{1-\dfrac{3}{4}}=16$

직선 AM의 방정식을 $y=16x+b$라 놓고 점 A의 좌표를 대

입하면

$4=16+b$ $\therefore b=-12$

따라서 구하는 직선의 방정식은 $y=16x-12$이다.

다른 풀이

오른쪽 그림과 같이 5개의 꼭

짓점 A, B, C, D, E를

지나도록 직사각형 RQDS를

그리자.

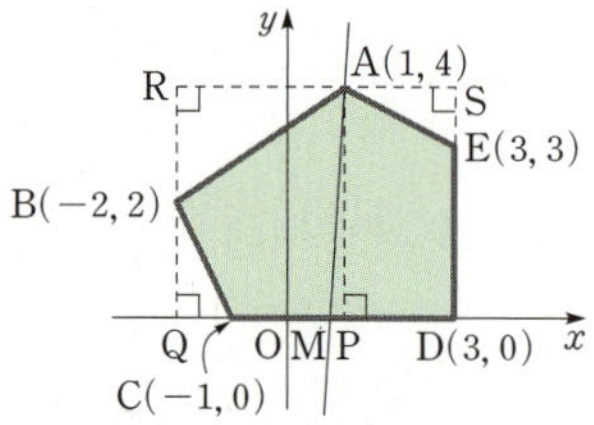

(오각형 ABCDE의 넓이)

$=$(사각형 RQDS)$-$(△ARB$+$△BQC$+$△AES)

$=5\times4-\left(\dfrac{1}{2}\times3\times2+\dfrac{1}{2}\times2\times1+\dfrac{1}{2}\times2\times1\right)$

$=20-5=15$

(사각형 ABCM)$=$(사각형 AMDE)

$\qquad\qquad=\dfrac{1}{2}\times$(오각형 ABCDE의 넓이)

$\qquad\qquad=\dfrac{15}{2}$

한편, (사각형 APDE)$=\dfrac{1}{2}\times(4+3)\times2=7$이므로

△AMP$=$(사각형 AMDE)$-$(사각형 APDE)

$\qquad\quad=\dfrac{15}{2}-7=\dfrac{1}{2}$

△AMP$=\dfrac{1}{2}\times\overline{\text{MP}}\times4=\dfrac{1}{2}$에서 $\overline{\text{MP}}=\dfrac{1}{4}$이므로

점 M의 x좌표는 $1-\dfrac{1}{4}=\dfrac{3}{4}$ $\therefore$ M$\left(\dfrac{3}{4},\ 0\right)$

이때 직선 AM에 의해 (사각형 ABCM)$=$(사각형 AMDE)

두 점 A$(1,\ 4)$, M$\left(\dfrac{3}{4},\ 0\right)$을 지나는 직선 AM의 기울기는

$\dfrac{4-0}{1-\dfrac{3}{4}}=16$

직선 AM의 방정식을 $y=16x+b$라 놓고 점 A의 좌표를 대

입하면

$4=16+b$ $\therefore b=-12$

따라서 구하는 직선의 방정식은 $y=16x-12$이다.

5 직선 $mx+y-1=0$, 즉
$y=-mx+1$은 m의 값에 관계없이
점 $(0, 1)$을 지나고, 직선 $2x+y-4=0$
은 오른쪽 그림과 같으므로 두 직선의
교점이 제4사분면 위에 있으려면

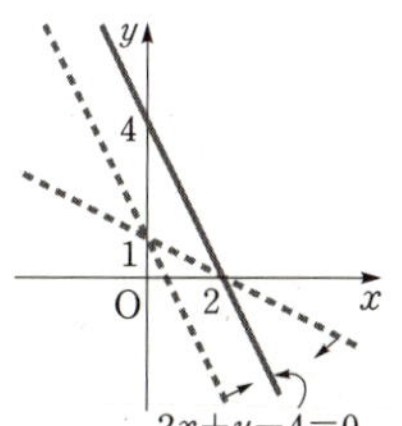

(i) 직선 $y=-mx+1$의 기울기가 점
  $(2, 0)$을 지날 때보다 작아야 한다.

  직선 $y=-mx+1$이 점 $(2, 0)$을 지날 때 $m=\dfrac{1}{2}$이므로

  $-m<-\dfrac{1}{2}$ $\therefore m>\dfrac{1}{2}$

(ii) 직선 $y=-mx+1$의 기울기가 직선 $2x+y-4=0$과 평
  행할 때보다 커야 하므로
  $-m>-2$ $\therefore m<2$

(i), (ii)에서 $\dfrac{1}{2}<m<2$

6 $(y-2)(x-2y+2)=0$
$\iff y-2=0$ ...... ㉠
  또는 $x-2y+2=0$ ...... ㉡
$(2x+y-5)(x-2y-2)=0$
$\iff 2x+y-5=0$ ...... ㉢
  또는 $x-2y-2=0$ ...... ㉣
두 방정식을 동시에 만족시키는 (x, y)가 존재하려면 ㉠과
㉢, ㉠과 ㉣, ㉡과 ㉢, ㉡과 ㉣의 교점이 존재하면 된다.

$$\begin{cases} y=2 & \cdots\cdots ㉠ \\ y=\dfrac{1}{2}x+1 & \cdots\cdots ㉡ \\ y=-2x+5 & \cdots\cdots ㉢ \\ y=\dfrac{1}{2}x-1 & \cdots\cdots ㉣ \end{cases}$$

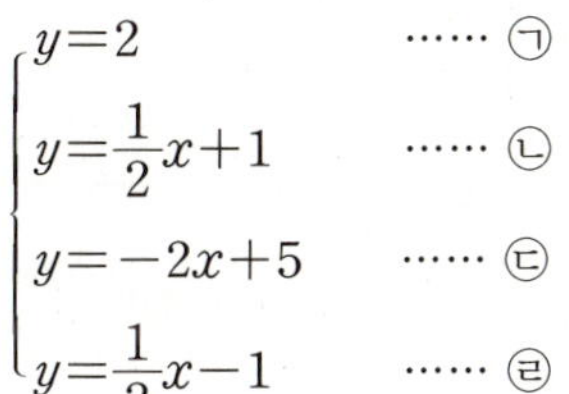

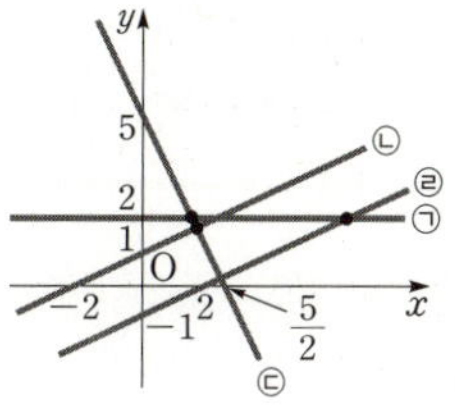

의 그래프는 오른쪽 그림과 같다.
따라서 ㉠과 ㉢, ㉠과 ㉣, ㉡과 ㉢이 서로 만나므로 두 방정식
을 동시에 만족시키는 순서쌍 (x, y)의 개수는 3이다.

> **TIP** 방정식 $(ax+by+c)(a'x+b'y+c')=0$의 그래프
> $(ax+by+c)(a'x+b'y+c')=0$이면
> $ax+by+c=0$ 또는 $a'x+b'y+c'=0$이므로
> $(ax+by+c)(a'x+b'y+c')=0$이 나타내는 그래프는
> 두 직선 $ax+by+c=0$과 $a'x+b'y+c'=0$의 모양으로 나타난다.

7 $$\begin{cases} y=-mx-n+1 & \cdots\cdots ㉠ \\ y=(m+3)x+n+4 & \cdots\cdots ㉡ \end{cases}$$

(i) 직선 ㉠의 y절편이 -2인 경우
  $-n+1=-2$ $\therefore n=3$

  직선 ㉡의 x절편이 6이므로
  $\dfrac{-(n+4)}{m+3}=\dfrac{-7}{m+3}=6$
  $m+3=-\dfrac{7}{6}$ $\therefore m=-\dfrac{25}{6}$

(ii) 직선 ㉡의 y절편이 -2인 경우

$n+4=-2$ $\therefore n=-6$

직선 ㉠의 x절편이 6이므로

$\dfrac{n-1}{-m}=\dfrac{-6-1}{-m}=6$ $\therefore m=\dfrac{7}{6}$

(i), (ii)에서 $m=-\dfrac{25}{6}$, $n=3$ 또는 $m=\dfrac{7}{6}$, $n=-6$

8 직선 AB의 방정식은 $\dfrac{x}{5}+\dfrac{y}{5}=1$
$\therefore y=-x+5$ ...... ㉠
직선 AB와 직선 CD는 평행하므로 기울기가 같다.
즉, 직선 CD의 방정식을 $y=-x+b$라 하고
$P(2, a)$의 좌표를 대입하면 $b=a+2$
$\therefore y=-x+(a+2)$ ...... ㉡
점 C의 x좌표와 점 D의 y좌표는 직선 CD의 x절편과 y절편
이므로 $C(a+2, 0)$, $D(0, a+2)$
두 점 E, F의 y좌표는 점 P의 y좌표와 같으므로 $E(0, a)$
점 F는 ㉠에서 $y=a$인 점이므로 $F(5-a, a)$
두 점 H, G의 x좌표는 점 P의 x좌표와 같으므로 $H(2, 0)$
점 G는 ㉠에서 $x=2$인 점이므로 $G(2, 3)$
즉, $\overline{OC}=a+2$, $\overline{PH}=a$이므로
$\triangle POC=\dfrac{1}{2}\times(a+2)\times a=\dfrac{1}{2}a^2+a$ ...... ㉢
$\overline{PE}=2$, $\overline{DE}=(a+2)-a=2$이므로
$\triangle PDE=\dfrac{1}{2}\times2\times2=2$ ...... ㉣
$\overline{PF}=(5-a)-2=3-a$, $\overline{PG}=3-a$이므로
$\triangle PFG=\dfrac{1}{2}\times(3-a)\times(3-a)$
$\qquad\qquad=\dfrac{1}{2}(9-6a+a^2)$ ...... ㉤
㉢, ㉣, ㉤에 의해
$\therefore S=\dfrac{1}{2}a^2+a+2+\dfrac{1}{2}(9-6a+a^2)=a^2-2a+\dfrac{13}{2}$

9 직선 l의 방정식 $3x+2y-5=0$에서
x절편은 $\dfrac{5}{3}$, y절편은 $\dfrac{5}{2}$이다.
$\triangle AOP$와 $\triangle AOB$의 밑변을 각각 $\overline{AP}$, $\overline{AB}$라 하면 두 삼각
형의 높이가 같으므로 $\triangle AOP$와 $\triangle AOB$의 넓이의 비는
$\overline{AP}$와 $\overline{AB}$의 길이의 비와 같다.
$\triangle AOP=\dfrac{1}{3}\triangle AOB$에서
$\overline{AP}=\dfrac{1}{3}\overline{AB}$ ...... ㉠

(i) 점 P가 $\overline{AB}$ 위에 있을 때

  점 A의 x좌표는 $\dfrac{5}{3}$이므로

  ㉠에서 점 P의 x좌표는

  $\dfrac{5}{3}-\dfrac{5}{3}\times\dfrac{1}{3}=\dfrac{10}{9}$

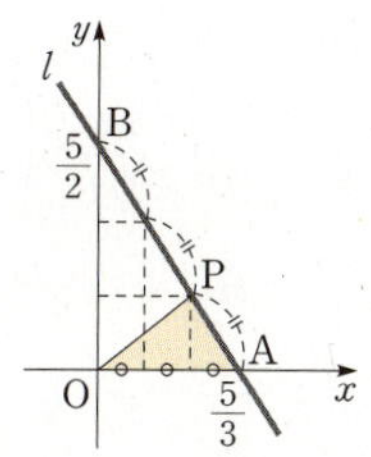

(ii) 점 P가 $\overline{AB}$ 위에 있지 않을 때

점 P는 점 B보다 점 A에 가까이 있고

㉠에서 점 P의 x좌표는

$$\frac{5}{3}+\frac{5}{3}\times\frac{1}{3}=\frac{20}{9}$$

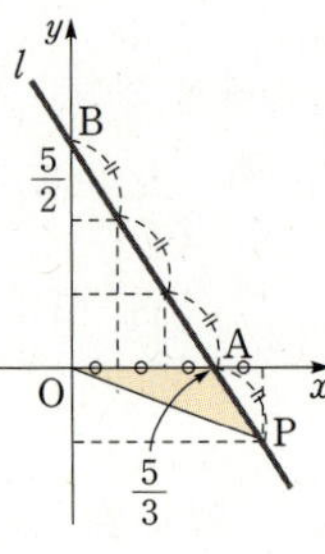

(i), (ii)에서 점 P의 x좌표로 가능한 것은

$$\frac{10}{9} \ \text{또는} \ \frac{20}{9}$$

10 (i) 점 P가 $\overline{BC}$ 위에 있을 때

$$\triangle ABP=\frac{1}{2}\times\overline{BP}\times\overline{AC}$$

$$\therefore y=3x \ (0<x<8)$$

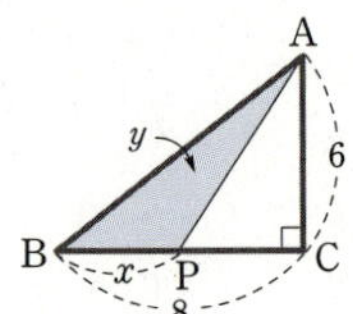

(ii) 점 P가 $\overline{AC}$ 위에 있을 때

$$\overline{AP}=14-x \text{이고}$$

$$\triangle ABP=\frac{1}{2}\times\overline{AP}\times\overline{BC}$$

$$\therefore y=56-4x \ (8\leq x<14)$$

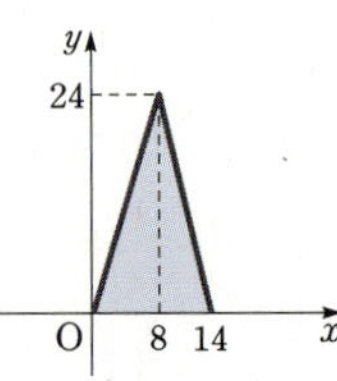

(i), (ii)에 의해 x, y 사이의 관계를 나타내는 그래프는 오른쪽 그림과 같다.

따라서 구하는 도형의 넓이는

$$\frac{1}{2}\times14\times24=168$$

> **TIP** 점 C를 기준으로 점 P의 이동 방향이 바뀌므로
> 점 P가 $\overline{BC}$ 위에 있는 경우와 $\overline{AC}$ 위에 있는 경우로 분류하여 생각한다.

11 직선 $y=x$와 $\triangle ABC$의 변의 교점의 좌표부터 구해 본다.

직선 BC의 방정식을 $y=ax+b$라 하면

$$a=\frac{1-(-1)}{4-(-2)}=\frac{1}{3}$$

$y=\frac{1}{3}x+b$에 $x=4$, $y=1$을 대입하면 $b=-\frac{1}{3}$이므로

직선 BC의 방정식은

$$y=\frac{1}{3}x-\frac{1}{3}$$

직선 $y=x$와 $\overline{BC}$의 교점을 D라 하고

$$\begin{cases} y=x \\ y=\frac{1}{3}x-\frac{1}{3} \end{cases} \text{을 연립하여 풀면 } x=-\frac{1}{2}, \ y=-\frac{1}{2}$$

$$\therefore D\left(-\frac{1}{2}, \ -\frac{1}{2}\right)$$

또한, 직선 AC의 방정식을 $y=a'x+b'$으로 놓으면

$$a'=\frac{1-6}{4-2}=-\frac{5}{2}$$

$y=-\frac{5}{2}x+b'$에 $x=2$, $y=6$을 대입하면 $b'=11$이므로

직선 AC의 방정식은

$$y=-\frac{5}{2}x+11$$

직선 $y=x$와 $\overline{AC}$의 교점을 E라 하고

$$\begin{cases} y=x \\ y=-\frac{5}{2}x+11 \end{cases} \text{을 연립하여 풀면 } x=\frac{22}{7}, \ y=\frac{22}{7}$$

$$\therefore E\left(\frac{22}{7}, \ \frac{22}{7}\right)$$

(i) $y\geq x$일 때,

$[x, \ y]=x$이므로 x좌표의 최대, 최소를 구하면 점 B에서 최소, 점 E에서 최대이다.

$$\therefore -2\leq[x, \ y]\leq\frac{22}{7}$$

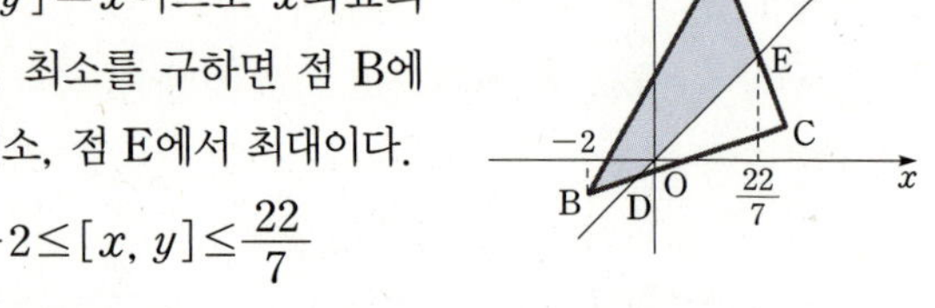

(ii) $y<x$일 때,

$[x, \ y]=y$이므로 y좌표의 최대, 최소를 구하면 점 D에서 최소, 점 E에서 최대이다.

$$\therefore -\frac{1}{2}<[x, \ y]<\frac{22}{7}$$

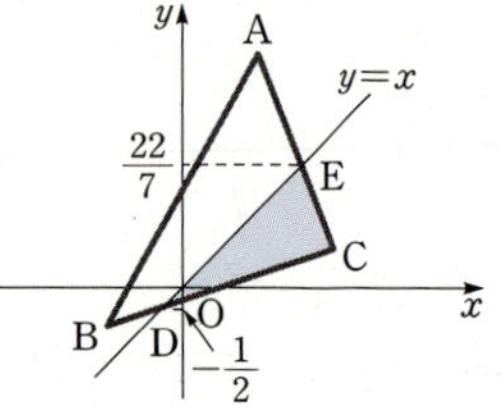

(i), (ii)에서 $[x, \ y]$의 최댓값은 $\frac{22}{7}$, 최솟값은 -2이다.

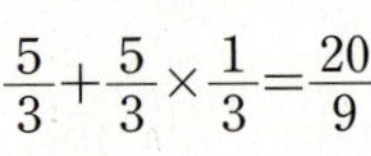

IV 통계

단원 종합 문제

1 ②	**2** 25	**3** $\frac{13}{3}$	**4** $\frac{15}{2}$
5 -15	**6** 2	**7** $ac<0$	**8** ③
9 $\frac{1}{3}$	**10** $y=-\frac{1}{3}x+1$		**11** ⑤
12 $y=x-1$	**13** $y=\frac{3}{2}x+\frac{13}{5}$		
14 $y=-\frac{3}{2}x+\frac{1}{2}$		**15** 4	
16 $y=\frac{3}{2}x-\frac{11}{2}$		**17** $a=\frac{1}{2}, b=1$	
18 $y=2x+12$	**19** $(2, 5)$	**20** 4	**21** 3
22 ④	**23** 3	**24** $a=\frac{1}{2}, b=2$	
25 $a=-6, m=\frac{16}{3}$		**26** $-\frac{3}{2}$	
27 $\frac{11}{2}$	**28** $y=\frac{15}{13}x$	**29** $\frac{1}{2}$	**30** $\frac{27}{4}$

1 $y=f(x)$라고 하면

① $f(2)=1$, $f(3)=2$, $f(4)=3$이지만 나머지 x의 값 1에
  대응하는 y의 값이 없으므로 함수가 아니다.

② $f(1)=1$, $f(2)=2$, $f(3)=2$, $f(4)=3$이므로 함수이다.

③ x의 모든 값에 대응하는 y의 값이 2개 이상이므로 함수가
  아니다.

④ x의 모든 값에 대응하는 y의 값이 2개 이상이므로 함수가
  아니다.

⑤ $f(1)=3$, $f(2)=2$, $f(3)=1$이지만 나머지 x의 값 4에
  대응하는 y의 값이 없으므로 함수가 아니다.

따라서 y가 x의 함수인 것은 ②이다.

2 $x=14$, 15, 20, 22, 26에 대하여 각 자리의 숫자의 합
이 y의 값이므로

$14 \longrightarrow 1+4=5$

$15 \longrightarrow 1+5=6$

$20 \longrightarrow 2+0=2$

$22 \longrightarrow 2+2=4$

$26 \longrightarrow 2+6=8$

따라서 함숫값의 총합은 $5+6+2+4+8=25$

3 $f(x)=ax+1-(a-x)$

$\qquad =ax+1-a+x$

$\qquad =(a+1)x+1-a$

$f(2)=-1$에서 $a+3=-1$ $\qquad \therefore a=-4$

$\therefore f(x)=-3x+5$

$3f(1)-2f(-2)=3\times 2-2\times 11=-16$

$2f(k)=-6k+10$

이때 $3f(1)-2f(-2)=2f(k)$이므로

$-16=-6k+10$

$\therefore k=\dfrac{13}{3}$

4 $f(3)=5$이므로 $\dfrac{a}{5}=5$ $\qquad \therefore a=25$

즉, $f(x)=\dfrac{25}{x+2}$이므로

$f\left(\dfrac{4}{3}\right)=\dfrac{25}{\dfrac{4}{3}+2}=\dfrac{25}{\dfrac{10}{3}}=\dfrac{15}{2}$

5 x의 값의 증가량은 $a-4-(a+1)=-5$

주어진 일차함수의 그래프의 기울기가 3이므로

$\dfrac{(y\text{의 값의 증가량})}{(x\text{의 값의 증가량})}=\dfrac{(y\text{의 값의 증가량})}{-5}=3$

$\therefore (y\text{의 값의 증가량})=-15$

6 $A(3a, -5)$, $B(-2a+10, -15)$에서 직선 AB가
y축에 평행하므로 두 점 A, B의 x좌표는 같다.

$3a=-2a+10$, $5a=10$ $\qquad \therefore a=2$

> **TIP** x축에 평행한 직선 위의 모든 점은 y좌표가 같고, y축에 평행한 직선
> 위의 모든 점은 x좌표가 같다.

7 일차함수 $ax+by+c=0$의 그래프의 x절편은

$-\dfrac{c}{a}>0$이므로 $\dfrac{c}{a}<0$

$\therefore ac<0$

다른 풀이

$ax+by+c=0$에서 $y=-\dfrac{a}{b}x-\dfrac{c}{b}$

이 일차함수의 그래프의 기울기는 $-\dfrac{a}{b}>0$,

y절편은 $-\dfrac{c}{b}<0$이므로

$\dfrac{a}{b}<0$, $\dfrac{c}{b}>0$

즉, a, b의 부호는 서로 다르고 b, c의 부호는 서로 같다.

따라서 a, c의 부호는 서로 다르므로 $ac<0$

8 $ax+y+b=0$에서 $y=-ax-b$

$a\neq 0$, $b\neq 0$이므로 이 직선이 제2사분
면을 지나지 않으려면 오른쪽 그림의 색
칠한 부분에 있어야 한다.

즉, $(\text{기울기})=-a>0$,

$(y\text{절편})=-b<0$

$\therefore a<0$, $b>0$

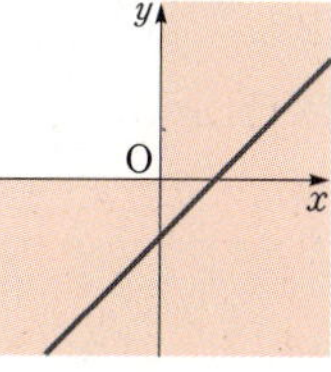

9 세 점 $A(-2, 3)$, $B(-1, 1)$, $C(k, k-2)$가 한 직선 위
에 있으려면 직선 AB와 직선 BC의 기울기가 같아야 하므로

$(\text{직선 AB의 기울기})=\dfrac{1-3}{-1-(-2)}=-2$,

$(\text{직선 BC의 기울기})=\dfrac{k-2-1}{k-(-1)}=\dfrac{k-3}{k+1}$

에서 $-2=\dfrac{k-3}{k+1}$

$k-3=-2(k+1)$, $3k=1$ $\qquad \therefore k=\dfrac{1}{3}$

10 넓이를 이등분하여 만든 두 삼각형
은 높이가 $\overline{OC}$로 같으므로 밑변의 길이가
같아야 한다. 즉, 직선 l이 $\overline{AB}$의 중점을
지날 때, $\triangle ABC$의 넓이를 이등분한다.

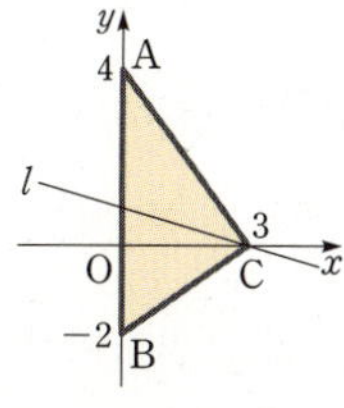

$\overline{AB}$의 중점의 좌표는 $\left(0, \dfrac{4-2}{2}\right)$, 즉

$(0, 1)$이므로

두 점 $(3, 0)$, $(0, 1)$을 지나는 직선의 방정식은

$\dfrac{x}{3}+\dfrac{y}{1}=1$ $\qquad \therefore y=-\dfrac{1}{3}x+1$

11 $y=-\dfrac{1}{3}x+1$의 그래프의 x절편은 3, y절편은 1이다.

$\therefore a=3,\ b=1$

따라서 $x=3,\ y=1$을 대입하여 성립하는 것을 찾으면 ⑤이다.

12 x절편이 a, y절편이 b이므로 구하는 일차함수의 식을
$\dfrac{x}{a}+\dfrac{y}{b}=1$이라 하자.

이때 $b=-a$이고 $ab<0$이므로 $\dfrac{x}{a}+\dfrac{y}{-a}=1$이고,

이 식에 $x=2,\ y=1$을 대입하면

$\dfrac{2}{a}+\dfrac{1}{-a}=1,\ \dfrac{2}{a}-\dfrac{1}{a}=1$

$\dfrac{1}{a}=1\qquad \therefore a=1$

따라서 구하는 일차함수의 식은 $y=x-1$이다.

13 $\begin{cases} y=2x+3 & \cdots\cdots\ \text{㉠} \\ 2y=-x+2 & \cdots\cdots\ \text{㉡} \end{cases}$

㉠$\times2-$㉡에서

$0=5x+4\qquad \therefore x=-\dfrac{4}{5}$

$x=-\dfrac{4}{5}$를 ㉠에 대입하면

$y=2\times\left(-\dfrac{4}{5}\right)+3=\dfrac{7}{5}$

즉, 두 직선의 교점의 좌표는 $\left(-\dfrac{4}{5},\ \dfrac{7}{5}\right)$이다.

기울기가 $\dfrac{3}{2}$인 직선의 방정식을 $y=\dfrac{3}{2}x+b$라 하면 이 직선이

점 $\left(-\dfrac{4}{5},\ \dfrac{7}{5}\right)$을 지나므로

$\dfrac{7}{5}=\dfrac{3}{2}\times\left(-\dfrac{4}{5}\right)+b\qquad \therefore b=\dfrac{13}{5}$

$\therefore y=\dfrac{3}{2}x+\dfrac{13}{5}$

14 $\begin{cases} x+y-1=0 & \cdots\cdots\ \text{㉠} \\ 2x-y+4=0 & \cdots\cdots\ \text{㉡} \end{cases}$

㉠$+$㉡에서 $3x+3=0\qquad \therefore x=-1$

$x=-1$을 ㉠에 대입하면 $-1+y-1=0\qquad \therefore y=2$

즉, 두 직선의 교점의 좌표는 $(-1,\ 2)$이다.

또, 직선 $2x-3y-4=0$, 즉 $y=\dfrac{2}{3}x-\dfrac{4}{3}$와 수직인 직선의

기울기를 m이라 하면

$\dfrac{2}{3}\times m=-1\qquad \therefore m=-\dfrac{3}{2}$

구하는 직선의 방정식을 $y=-\dfrac{3}{2}x+b$라 하면 이 직선이

점 $(-1,\ 2)$를 지나므로

$2=\left(-\dfrac{3}{2}\right)\times(-1)+b\qquad \therefore b=\dfrac{1}{2}$

$\therefore y=-\dfrac{3}{2}x+\dfrac{1}{2}$

15 $\begin{cases} 4x-y=a & \cdots\cdots\ \text{㉠} \\ x+2y=14-a & \cdots\cdots\ \text{㉡} \end{cases}$

㉠$\times2+$㉡에서

$9x=14+a\qquad \therefore x=\dfrac{14+a}{9}$

$x=\dfrac{14+a}{9}$를 ㉠에 대입하면

$\dfrac{56+4a}{9}-y=a\qquad \therefore y=\dfrac{56-5a}{9}$

점 $\left(\dfrac{14+a}{9},\ \dfrac{56-5a}{9}\right)$가 직선 $y=2x$ 위에 있으므로

$\dfrac{56-5a}{9}=2\times\dfrac{14+a}{9},\ 56-5a=28+2a$

$\therefore a=4$

16 $\begin{cases} 2x-y=7 & \cdots\cdots\ \text{㉠} \\ x+y=2 & \cdots\cdots\ \text{㉡} \end{cases}$

㉠$+$㉡에서 $3x=9\qquad \therefore x=3$

$x=3$을 ㉡에 대입하면 $3+y=2\qquad \therefore y=-1$

즉, 두 일차함수의 그래프의 교점의 좌표는 $(3,\ -1)$이다.

$3x-2y=4$에서 $-2y=-3x+4$

$\therefore y=\dfrac{3}{2}x-2$

구하는 일차함수의 그래프의 기울기는 $\dfrac{3}{2}$이고 점 $(3,\ -1)$을

지나므로 함수의 식을 $y=\dfrac{3}{2}x+b$라 하고 $x=3,\ y=-1$을

대입하면

$-1=\dfrac{9}{2}+b\qquad \therefore b=-\dfrac{11}{2}$

$\therefore y=\dfrac{3}{2}x-\dfrac{11}{2}$

17 두 직선 l, m이 평행하므로

$\dfrac{a}{1}=\dfrac{1}{2}\neq\dfrac{0}{10}\qquad \therefore a=\dfrac{1}{2}$

두 직선 l, n의 교점의 x좌표가 -4이므로 직선 l의 방정식

에 $x=-4$를 대입하면

$-4+2y+10=0,\ 2y=-6\qquad \therefore y=-3$

직선 n이 점 $(-4,\ -3)$을 지나므로

$-4b-(-3)+1=0\qquad \therefore b=1$

$\therefore a=\dfrac{1}{2},\ b=1$

직선 $l:x+2y+10=0 \Longleftrightarrow y=-\dfrac{1}{2}x-5$

직선 $m:ax+y=0 \Longleftrightarrow y=-ax$

직선 $n:bx-y+1=0 \Longleftrightarrow y=bx+1$

두 직선 l, m이 평행하므로 $-\dfrac{1}{2}=-a\qquad \therefore a=\dfrac{1}{2}$

두 직선 l, n의 교점의 x좌표가 -4이므로 직선 l의 방정식

에 $x=-4$를 대입하면 $y=-\dfrac{1}{2}\times(-4)-5=-3$

따라서 $x=-4$, $y=-3$을 직선 n의 방정식에 대입하면
$-3=-4b+1$ $\quad \therefore b=1$

18 직선 $y=2x+1$과 평행한 직선의 방정식을 $y=2x+b$
로 놓으면 이 직선이 직선 $y=-3x+12$와 y축에서 만나므
로 y절편이 같다. 즉, $b=12$
$\therefore y=2x+12$

19 직선 l은 x절편과 y절편이 모두 7이므로
직선 l의 방정식은
$\dfrac{x}{7}+\dfrac{y}{7}=1$ $\quad \therefore x+y=7$ $\qquad$ ······ ㉠
직선 m은 x절편과 y절편이 각각 -3, 3이므로
직선 m의 방정식은
$\dfrac{x}{-3}+\dfrac{y}{3}=1$ $\quad \therefore x-y=-3$ $\qquad$ ······ ㉡
㉠, ㉡을 연립하여 풀면 $x=2$, $y=5$
따라서 두 직선의 교점의 좌표는 $(2, 5)$이다.

20 두 그래프가 평행할 조건은 기울기가 같고 y절편이 달라
야 한다.
구하는 직선이 일차함수 $y=2x-4$의 그래프와 평행하므로
직선의 방정식을 $y=2x+b$라 하면 점 $(-1, 2)$를 지나므로
$2=-2+b$ $\quad \therefore b=4$
$\therefore y=2x+4$
즉, 일차함수 $y=2x+4$의 그래프의 x절
편, y절편은 각각 -2, 4이므로 오른쪽 그
림과 같다.
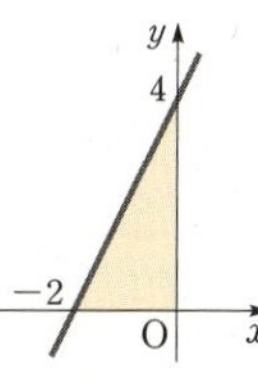
따라서 구하는 삼각형의 넓이는
$\dfrac{1}{2}\times 2\times 4=4$

> **TIP** 직선과 x축, y축으로 둘러싸인 삼각형의 넓이를 구하는 경우, 삼각형
> 의 밑변의 길이는 │(직선의 x절편)│이고 높이는 │(직선의 y절편)│임에 주
> 의해야 한다.

21 세 직선 $y=x-3$,
$y=-\dfrac{1}{2}x+3$, $x=2$는 오른쪽
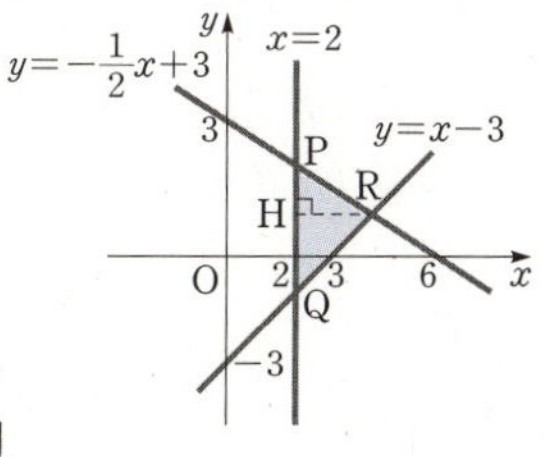
그림과 같다. 두 직선끼리 만나
는 점을 각각 P, Q, R라 하자.
$y=-\dfrac{1}{2}x+3$에 $x=2$를 대입하면
$y=-\dfrac{1}{2}\times 2+3=2$
$\therefore \mathrm{P}(2, 2)$
$y=x-3$에 $x=2$를 대입하면
$y=2-3=-1$
$\therefore \mathrm{Q}(2, -1)$

$y=x-3$과 $y=-\dfrac{1}{2}x+3$을 연립하여 풀면
$x-3=-\dfrac{1}{2}x+3$, $2x-6=-x+6$
$3x=12$ $\quad \therefore x=4$
$y=4-3=1$ $\quad \therefore y=1$
$\therefore \mathrm{R}(4, 1)$
$\therefore \triangle \mathrm{PQR}=\dfrac{1}{2}\times \overline{\mathrm{PQ}}\times \overline{\mathrm{HR}}$
$\qquad =\dfrac{1}{2}\times \{2-(-1)\}\times (4-2)$
$\qquad =\dfrac{1}{2}\times 3\times 2=3$

22 직선 $y=ax+3$이
(i) 점 $\mathrm{A}(2, 7)$을 지날 때
$\quad 7=a\times 2+3$ $\quad \therefore a=2$
(ii) 점 $\mathrm{B}(4, 1)$을 지날 때
$\quad 1=a\times 4+3$ $\quad \therefore a=-\dfrac{1}{2}$
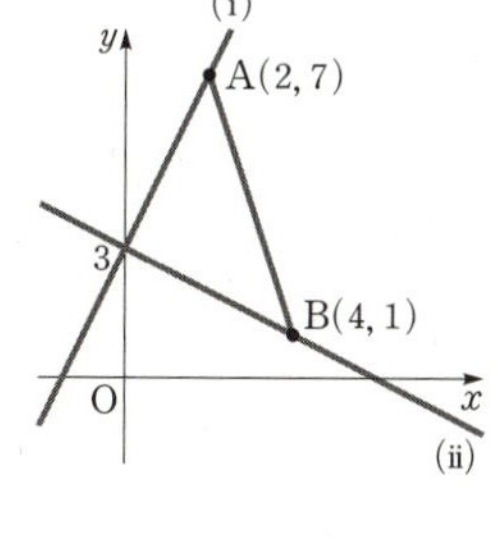
따라서 상수 a의 값의 범위는
$-\dfrac{1}{2}\le a\le 2$

23 일차함수 $y=ax+b$의 x의 값의 범위와 함숫값의 범위
가 각각 $-3\le x\le 5$, $2\le y\le 4$이고 $a<0$이므로
$x=-3$일 때 $y=4$, $x=5$일 때 $y=2$이다.
즉, 일차함수 $y=ax+b$의 그래프는 두 점 $(-3, 4)$, $(5, 2)$
를 지나는 직선이다.
$y=ax+b$에서
$a=\dfrac{2-4}{5-(-3)}=-\dfrac{1}{4}$
$y=-\dfrac{1}{4}x+b$에 $x=-3$, $y=4$를 대입하면
$4=-\dfrac{1}{4}\times (-3)+b$ $\quad \therefore b=\dfrac{13}{4}$
$\therefore a+b=-\dfrac{1}{4}+\dfrac{13}{4}=3$

24 서로 다른 세 직선 $\begin{cases} y=-ax+1 \\ y=-\dfrac{1}{b}x-\dfrac{3}{b} \\ y=-\dfrac{1}{2}x+\dfrac{3}{2} \end{cases}$에 의해 좌표평면이

네 부분으로 나누어지려면 세 직선이 서로 평행해야 한다.
$-a=-\dfrac{1}{b}=-\dfrac{1}{2}$에서
$a=\dfrac{1}{2}$, $b=2$

서로 다른 세 직선 $\begin{cases} ax+y-1=0 & \quad ······ ㉠ \\ x+by+3=0 & \quad ······ ㉡ \\ x+2y-3=0 & \quad ······ ㉢ \end{cases}$이 서로

평행해야 좌표평면이 네 부분으로 나누어지므로

㉠, ㉡에서 $\dfrac{a}{1}=\dfrac{1}{b}\neq\dfrac{-1}{3}$

㉡, ㉢에서 $1=\dfrac{b}{2}\neq-1$

$\therefore a=\dfrac{1}{2},\ b=2$

25 함수 $y=-\dfrac{2}{3}x+4$의 그래프의 기울기가 $-\dfrac{2}{3}<0$

이므로

$x=-5$일 때,

$y=-\dfrac{2}{3}\times(-5)+4=-\dfrac{1}{3}a+m$

$\therefore -a+3m=22$ ····· ㉠

$x=4$일 때,

$y=-\dfrac{2}{3}\times4+4=\dfrac{2}{3}a+m$

$\therefore 2a+3m=4$ ····· ㉡

㉡$-$㉠을 하면 $3a=-18$ $\therefore a=-6$

$a=-6$을 ㉠에 대입하면

$-(-6)+3m=22,\ 3m=16$ $\therefore m=\dfrac{16}{3}$

26 $\triangle AOB$를 y축을 회전축으로 하
여 1회전 시키면 밑면은 $\overline{OB}$를 반지
름으로 하는 원이고 높이는 $\overline{OA}$인 원
뿔이 된다.

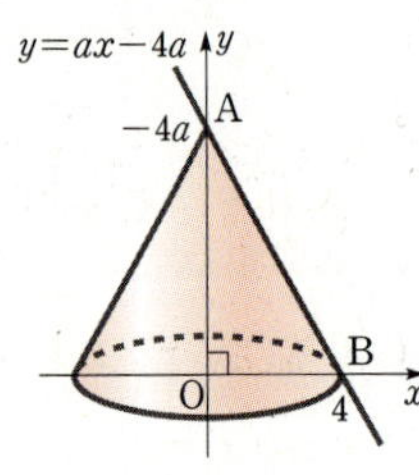

$y=ax-4a$의 그래프의 x절편은 4이
므로 점 B의 좌표는 $(4,\ 0)$이다.

$\overline{OB}=4,\ \overline{OA}=-4a$이므로 회전체의 부피는

$\dfrac{1}{3}\times\pi\times4^{2}\times(-4a)=-\dfrac{64}{3}a\pi=32\pi$

$-\dfrac{64}{3}a\pi=32\pi$ $\therefore a=-\dfrac{3}{2}$

27 $\begin{cases} y=x+a & \cdots\cdots ㉠ \\ y=bx+3 & \cdots\cdots ㉡ \\ y=cx+d & \cdots\cdots ㉢ \end{cases}$

㉡의 y절편이 3이므로 점 $(0,\ 4)$를 지나는 직선은 ㉠과 ㉢이
다. $x=0,\ y=4$를 ㉠, ㉢에 대입하면

$a=4,\ d=4$

점 $(2,\ 1)$은 직선 $y=x+4$(㉠) 위에 있지 않으므로

점 $(2,\ 1)$을 지나는 직선은 ㉡과 ㉢이다.

$x=2,\ y=1$을 ㉡, ㉢에 각각 대입하면

$1=2b+3$ $\therefore b=-1$

$1=2c+4$ $\therefore c=-\dfrac{3}{2}$

$\therefore a+b+c+d=4+(-1)+\left(-\dfrac{3}{2}\right)+4=\dfrac{11}{2}$

28 (사각형 OABC)$=\dfrac{1}{2}\times(4+6)\times6=30$

직선이 $\overline{AB}$와 만나는 점을 $D(a,\ b)$라 하면

$\triangle OAD=15$이므로

$\dfrac{1}{2}\times6\times b=15$ $\therefore b=5$

한편, 직선 AB의 기울기는 $\dfrac{0-6}{6-4}=-3$이므로

직선 AD의 기울기도 -3이어야 한다.

$\dfrac{0-5}{6-a}=-3,\ -5=-18+3a$ $\therefore a=\dfrac{13}{3}$

$\therefore D\left(\dfrac{13}{3},\ 5\right)$

따라서 직선 OD의 기울기는 $\dfrac{5-0}{\dfrac{13}{3}-0}=\dfrac{15}{13}$이므로

구하는 직선의 방정식은 $y=\dfrac{15}{13}x$

29 오른쪽 그림과 같이
직선 l의 x절편은 $-\dfrac{4}{a}$이고,
직선 m의 x절편은 8이다.
$\overline{AO}$가 $\triangle ABC$의 넓이를 이등
분하므로 점 O는 $\overline{BC}$의 중점이다.

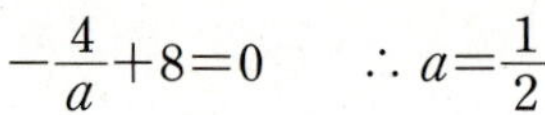
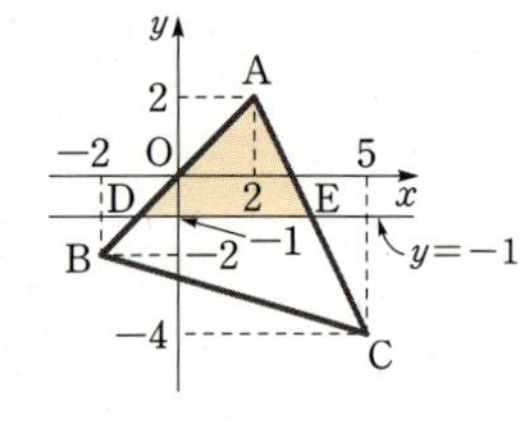

$-\dfrac{4}{a}+8=0$ $\therefore a=\dfrac{1}{2}$

30 세 점 $A(2,\ 2)$,
$B(-2,\ -2)$, $C(5,\ -4)$를 꼭
짓점으로 하는 $\triangle ABC$에서
$y\geq-1$인 부분은 오른쪽 그림에
서 색칠한 부분과 같다.

직선 AB의 방정식이 $y=x$이므로 직선 AB와 직선 $y=-1$
의 교점을 D라 하면 $D(-1,\ -1)$

직선 AC의 기울기는 $\dfrac{-4-2}{5-2}=-2$이므로

직선 AC의 방정식을 $y=-2x+b$라 놓고 $x=2,\ y=2$를
대입하면 $b=6$

$\therefore y=-2x+6$

또, 직선 AC와 직선 $y=-1$의 교점을 E라 하면

$E\left(\dfrac{7}{2},\ -1\right)$

$\therefore \triangle ADE=\dfrac{1}{2}\times\overline{DE}\times3=\dfrac{1}{2}\times\left(1+\dfrac{7}{2}\right)\times3=\dfrac{27}{4}$

개념 확장

최상위수학

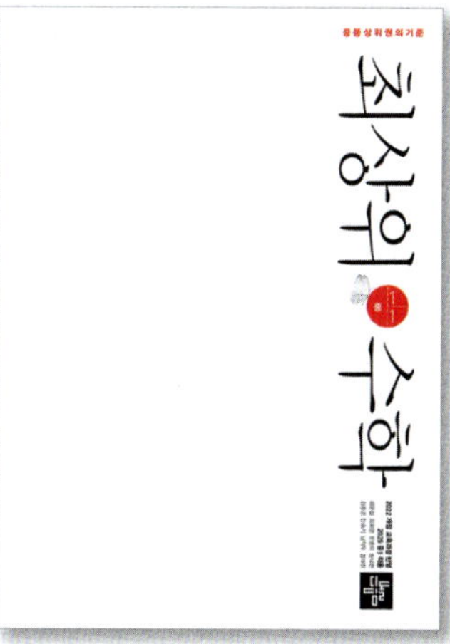

수학적 사고력 확장을 위한
심화 학습 교재

심화 완성

개념부터
심화까지

수학은 개념이다